大学物理

（第二版） 下册

主 编 闫赫 韩雪英 张宇

U0213208

DAXUE WULI

高等教育出版社·北京

内容提要

本书是按照教育部高等学校物理学与天文学教学指导委员会编制的《理工科类大学物理课程教学基本要求》(2010 年版)，结合编者多年的教学实践经验编写而成的。全书分为上下两册，上册主要内容为质点运动学、质点运动定律与守恒定律、刚体的定轴转动、机械振动、机械波、气体动理论、热力学基础、狭义相对论、量子物理基础；下册主要内容为光的干涉、光的衍射、光的偏振、真空中的静电场、静电场中的导体和电介质、恒定磁场、电磁感应、电磁场和电磁波、近代物理的应用。本书概念清晰，叙述简明扼要，理论与实际结合紧密，着重阐述物理思想和物理图像，内容通俗易懂且不乏趣味。

本书可作为高等学校理工科类专业大学物理课程的教材，也可供高职高专学校相关专业师生参考。

图书在版编目（CIP）数据

大学物理．下册 / 闫赫，韩雪英，张宇主编．--2 版．-- 北京 ：高等教育出版社，2021.12

ISBN 978-7-04-057348-0

Ⅰ．①大… Ⅱ．①闫… ②韩… ③张… Ⅲ．①物理学－高等学校－教材 Ⅳ．①O4

中国版本图书馆 CIP 数据核字（2021）第 237264 号

DAXUE WULI

策划编辑 马天魁　责任编辑 马天魁　封面设计 王凌波　版式设计 李彩丽
插图绘制 邓　超　责任校对 高　歌　责任印制 田　甜

出版发行 高等教育出版社
社　　址 北京市西城区德外大街 4 号
邮政编码 100120
印　　刷 北京七色印务有限公司
开　　本 787 mm× 1092 mm　1/16
印　　张 20
字　　数 410千字
购书热线 010-58581118
咨询电话 400-810-0598
网　　址 http://www.hep.edu.cn
http://www.hep.com.cn
网上订购 http://www.hepmall.com.cn
http://www.hepmall.com
http://www.hepmall.cn
版　　次 2016 年 3 月第 1 版
2021 年 12 月第 2 版
印　　次 2021 年 12 月第 1 次印刷
定　　价 47.60 元

物 料 号　57348-00

Contents

目录

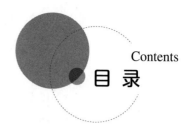

Part 5

第 5 部分 光学

光是一种重要的自然现象。我们之所以能够看到客观世界中五光十色、瞬息万变的景象，是因为眼睛能接收物体发射、反射或散射的光。据统计，人类感官收到外部世界的总信息量中，至少有 90% 通过眼睛。由于光与人类生活和社会实践的密切联系，光学也和天文学、几何学、力学一样，是一门最早发展起来的学科。然而，在很长一段历史时期里，人类的光学知识仅限于对一些现象和简单规律的描述。对光的本性的深入探讨，应该说是从 17 世纪开始的，当时有两个学说并立。一个学说是以牛顿为代表的一些人提出的微粒理论，认为光是按照惯性定律沿直线飞行的微粒流。这个学说直接支持了光的直线传播，并能对光的反射和折射作一定的解释。然而，用微粒说研究光的折射定律时，人们得出了光在水中的速度比在空气中大的错误结论。不过这一点在当时的科学技术条件下还不能通过实验来鉴别。光的微粒理论差不多统治了 17、18 两个世纪。另一个学说是和牛顿同时代的惠更斯提出的光的波动理论，认为光是在一种特殊弹性介质中传播的机械波。这个理论也解释了光的反射和折射等现象，然而惠更斯认为光是纵波，他的理论也是很不完善的。19 世纪初，托马斯·杨和菲涅耳等人的实验和理论工作，把光的波动理论大大向前推进，解释了光的干涉、衍射现象，初步测定了光的波长，并根据光的偏振现象确认了光是横波。根据光的波动理论研究光的折射，得出的结论是光在水中的速度应小于在空气中的速度，这一点在 1862 年为傅科的实验所证实。因此，到 19 世纪中叶，光的波动说战胜了微粒说，在比较坚实的基础上确立起来。

惠更斯 – 菲涅耳旧波动理论的弱点和微粒理论一样，带有机械论的色彩，把光现象看成某种机械运动。要认为光是一种弹性波，就必须臆想一种特殊的弹性介质（历史上叫作“以太”）充满空间。为了不与观测事实相抵触，人们还必须赋予以太极其矛盾的属性：密度极小和弹性模量极大。这不仅在实验上无法得到证实，而且在理论上也显得荒唐。重要的突破发生在 19 世纪 60 年代，麦克斯韦在前人的基础上，建立起他著名的电磁理论。这个理论预言了电磁波的存在，并指出电磁波的速度与光速相同。麦克斯韦确信光是一种电磁现象，即波长较短的电磁波。1888 年，赫兹的实验发现了波长较长的电磁波——无线电波，它有反射、折射、干涉、衍射等与光波类似的性质。后来的实验又证明，红外线、紫外线和 X 射线等也都是电磁波，它们彼此的区别只是波长不同而已。光的电磁理论以大量无可辩驳的事实赢得了普遍的认可。

以上是经典物理学中光的微粒说与波动说之争的简短回顾，其中讨论的主要是光的传播，很少涉及光的发射和吸收。在那时期，光和物质的相互作用问题还没有怎么被研究过，许多现象尚未发现。

19 世纪末、20 世纪初是物理学发生伟大变革的时代。从牛顿力学到麦克斯韦的电磁理论，经典物理学形成了一套严整的理论体系。当时绝大部分物理学家深信，物理学中各种基本问题在原则上都已得到完美的解决，它的理论体系囊括了一切物理现象的基本规律，剩下的似乎只是解微分方程和具体应用的问题了。然而，正当人们欢庆宏伟的经典物理学大厦落成的时候，一个个使经典物理学理论陷入窘境的惊人发现接踵而来。1887 年，迈克耳孙和莫雷利用光的干涉效应，试图探测地球在“以太”中的绝对运动。他们得到了否定的结果，从而动摇了作为光波（电磁波）载体的“以太”假说，以“静止以太”为背景的绝对时空观遇到了根本性困难。随后，瑞利和金斯根据经典统计力学和电磁波理论导出黑体辐射公式，该公式要求辐射能量随频率的增大而趋于无穷。当时，物理学界的权威开尔文把以太和能量均分定理的困难比作物理学晴朗天空中的两朵乌云。从后来物理学的发展看来，这两朵“乌云”正预示着近代物理学两个革命性的重大理论——相对论和量子论的诞生。有趣的是，这两个问题恰好都与光学有关。

现在让我们回到光的本性问题上来。为了解决黑体辐射理论的矛盾，1900 年，普朗克提出了能量子假说，认为各种频率的电磁波（包括光），只能像微粒那样以一定最小份额的能量发生（它称为能量子，正比于频率），这是一个光的发射问题。另一个显示光的微粒性的重要发现是光电效应，即光照射在金属表面上可使电子逸出，逸出电子的能量与光的强度无关，但与光的频率有关，这是一个光的吸收问题。1905 年，爱因斯坦发展了光的量子理论，成功地解释了这个效应。光究竟是微粒还是波动？这个古老的争论重新摆在了我们的面前。

其实，“粒子”和“波动”都是经典物理的概念。近代科学实践证明，光是个十分复杂的客体。对于它的本性问题，只能用它所表现的性质和规律来回答：光的某些方面的行为像经典的“波动”，另一些方面的行为却像经典的“粒子”，这就是所谓“光的波粒二象性”。任何经典的概念都不能完全概括光的本性。

光学是研究光的本质、光的传播和光与物质相互作用等规律的学科，其内容通常分为几何光学、波动光学和量子光学三部分。以光的直线传播为基础，研究光在介质中传播规律的光学称为几何光学；以光的波动性为基础，研究光的传播及规律的光学称为波动光学；以光的粒子性为基础，研究光与物质相互作用规律的光学称为量子光学。

本书着重介绍的是以光的波动性为基础，研究光的传播及规律的波动光学，内容包括光的干涉、衍射和偏振。

Chapter 10

第 10 章 光的干涉

10.1　相干光源

10.1.1　发光机制

能发射光的物体叫作光源。大量分子和原子在外部能量的激发下处于高能量的激发态，当它从激发态返回到较低能量态时，就把多余的能量以光波的形式辐射出来，这便发出了光。这种能量跃迁过程是间歇性的，时间极短，只有 10^{-10}~10^{-8} s。可见光波是一段频率一定、振动方向一定、有限长的波列，通常称为光波列。

10.1.2　相干光源

我们在讨论机械波时已经指出，两列波相遇发生干涉的条件是：振动频率相同、振动方向相同和相位差恒定。在光学中，实验证明两个独立的同频率的单色普通光源（如钠灯）发出的光相遇时不能得到干涉图样。因此要实现光的干涉，必须创造一定的条件。

我们知道，普通光源发出的光是由光源中各个分子或原子发出的波列组成的，而这些波列之间没有固定的相位联系，如图 10-1 所示。因此，来自两个独立光源的光波，即使频率相同、振动方向相同，它们的相位差也不可能保持恒定，因而不可能得到干涉现象。同一光源的两个不同部分发出的光，也不满足相干条件，因此也不是相干光。只有利用从同一光源的同一部分发出的光，通过某些装置分束后，才能获得相干光。

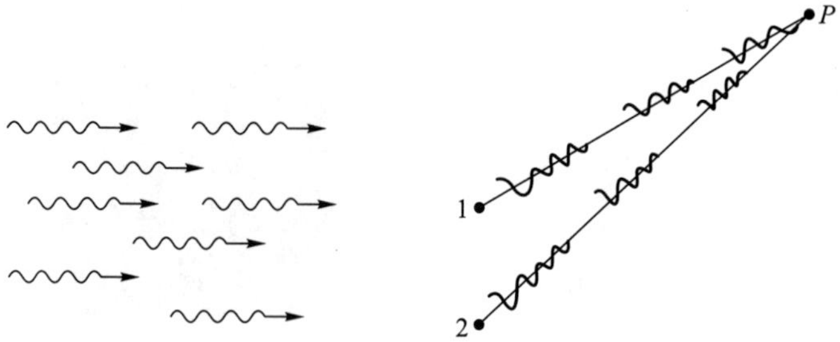

(a) 普通光源的各原子或分子发出的光波波列彼此完全独立　　(b) 波列的叠加

图 10–1　波列

获得相干光的具体方法有两种：分波阵面法和分振幅法。前者是同一波阵面上的不同部分产生的次级波相干，如后面讨论的杨氏双缝干涉；后者是利用光在透明介质薄膜表面的反射和折射将同一光束分割成振幅较小的两束相干光，如后面介绍的薄膜干涉。

这里，我们所谈到的光的干涉，乃是一种理想情况下的干涉，即对光源线度为无限小、波列为无限长的单色光而言的。实际上，光源总是有一定的大小，它将对光的相干性产生影响，主要表现在干涉图样明暗对比的清晰程度上。这就是说，光源的线度应受到一定的限制，这样才能使发出的光获得较好的相干性。其次，由于光源中的分子或原子每次发光的持续时间 Δt 很短，而且先后各次发出的光波波列，其振动方向和相位又不尽相同，故而只有采取上述的分波阵面法或分振幅法，才能够将同一次发出的光波分成两个相干的波列。显然，这两个波列到达空间某点的时间差不能大于一次发光波的持续时间 Δt，否则在该点相遇的两个波列，就不可能是从同一次发出的光波中分出来的，因而不能满足光波的相干条件。显然，Δt 越大，光的相干性就越好。因此，我们在考察光的相干性时，严格地说，应考虑到上述影响。有时可通过适当的装置来消除这些影响，以获得好的相干性。幸而，当前有了激光光源，它与普通光源相比，具有亮度高、方向性好、相干性强的特点，这就为实现光的干涉提供了充分的条件。

10.2　光程与光程差

在前面的讨论中，两束相干光都是在同一种介质中传播的，所以只要计算出两相干光到达相遇点的几何路程差就可以计算出它们的相位差。但是，当两束光通过不同的介质时，例如光通过空气射入薄膜时，两相干光的相位差就不能简单地由路程差来决定了。为此，需要介绍光程与光程差的概念。

单色光的频率在任何介质中都不会发生变化。因此由波速、波长与频率的关系式可知，若光在真空中的波速为 c，则它在真空中的波长为 $\lambda=\dfrac{c}{\nu}$。而光在介质中传播的波速为 $u=\dfrac{c}{n}$，所以光在介质中的波长为 $\lambda_n=\dfrac{u}{\nu}=\dfrac{c}{n\nu}=\dfrac{\lambda}{n}$。这表明光在介质中的波长是其在真空中波长的 $\dfrac{1}{n}$。由于光每传播一个波长的距离其相位就变化 2π，所以当光分别在介质和真空中传播相同的几何路程时，其相位的变化并不相同。这就造成了我们不能再用几何路程差的计算来代替相位差的计算，为了解决这一问题，现引入光程与光程差的概念。

如图 10–2 所示，假设从同相位的两相干光源 S_1 和 S_2 发出的两相干光分别在折射率为 n_1 和 n_2 的介质中传播。相遇点 P 与光源 S_1 和 S_2 的距离分别为 r_1 和 r_2，则在点 P 两束光的相位差为

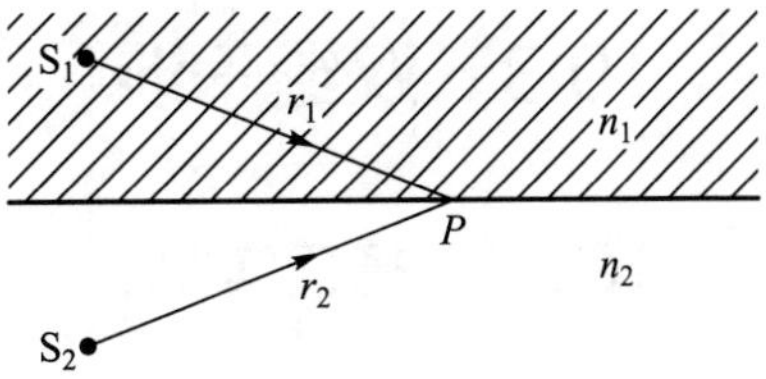

图 10–2　两相干光在不同介质中的传播

$$\Delta\varphi=\frac{2\pi r_2}{\lambda_{n_2}}-\frac{2\pi r_1}{\lambda_{n_1}}=\frac{2\pi}{\lambda}\left(n_2r_2-n_1r_1\right) \qquad (10\text{–}1)$$

上式表明，相位差与几何路程和光所经历的介质的折射率有关。我们把光在某种介质中经历的几何路程与该介质的折射率的乘积 nr 称为**光程**。当光先后经历几种介质时，其总光程为

$$\text{总光程}=\sum n_ir_i \qquad (10\text{–}2)$$

光程实际上是光以在介质中经历的相同时间间隔在真空中传播的距离。通过光程概念的引入，我们可以把两束光在两种不同介质中传播的路程差，转化为其在同一种介质——真空中传播的路程差。这样一来，我们原来得到的路程差与相位差的关系就可以重新使用了。我们把两束光分别在两种介质中传播的光程的差值称为**光程差**。如图 10–2 所示，两束光的光程差为

$$\delta=n_2r_2-n_1r_1$$

则其相位差为

$$\Delta\varphi=\frac{2\pi}{\lambda}\delta \qquad (10\text{–}3)$$

这样，对于两同相的相干光源发出的两束相干光，其干涉条纹的明暗条件可由光程差 δ 决定，即

$$\delta=\begin{cases}\pm k\lambda & \left[k=0,\ 1,\ 2,\cdots,\ 加强（明）\right]\\ \pm(2k+1)\dfrac{\lambda}{2} & \left[k=0,\ 1,\ 2,\cdots,\ 减弱（暗）\right]\end{cases} \quad (10\text{–}4)$$

在进行光学实验时，我们经常要使用透镜。不同的光线通过透镜可改变传播方向，那么这会不会引起附加的光程差呢?

实验告诉我们，薄透镜不会引起附加的光程差。

10.3 双缝干涉

10.3.1 杨氏实验

托马斯·杨在 1801 年首先用实验方法研究了光的干涉现象。他首先使太阳光通过一个针孔，然后再通过离这针孔一段距离的两个针孔，于是在两针孔后面的屏幕上得到干涉图样。他继而发现，用相互平行的狭缝代替针孔，会得到更加明亮的干涉条纹。这些干涉实验统称为杨氏干涉实验。杨氏干涉实验的成功，为光的波动理论奠定了实验基础。

杨氏双缝干涉实验装置如图 10–3（a）所示。在普通单色光源后放置一狭缝 S，相当于一个线光源。S 后又放置了与 S 平行且等间距的两平行狭缝 S_1 和 S_2，两缝之间的距离很小。这时 S_1 和 S_2 构成一对相干光源，从 S_1 和 S_2 发出的光波在空间叠加，产生干涉现象。如果在双缝后放置一屏幕，则将出现一系列稳定的明暗相间的条纹，称之为干涉条纹。这些条纹都与狭缝平行，条纹间的距离彼此相等，如图 10–3（b）所示。

在实验中，由光源 S 发出的光的波阵面同时到达 S_1 和 S_2，通过 S_1 和 S_2 后将发生衍射现象，S_1 和 S_2 就成为两个新的波源，这两个新波源发出的光满足相干光的条件。由于 S_1 和 S_2 是从 S 发出的波阵面上取出的两部分，所以人们把这种获得相干光的方法称为分波阵面法。

现在对屏幕上干涉条纹的位置作定量分析。如图 10–4 所示，设相干光源 S_1 和 S_2 之间的距离为 d，其中点为 M，到屏幕的距离为 D。在屏幕上取任意一点 P，P 距 S_1 和 S_2 的距离分别为 r_1 和 r_2。S_1 与 S_2 发出的光到达点 P 的光程差为

$$\delta=r_2-r_1$$

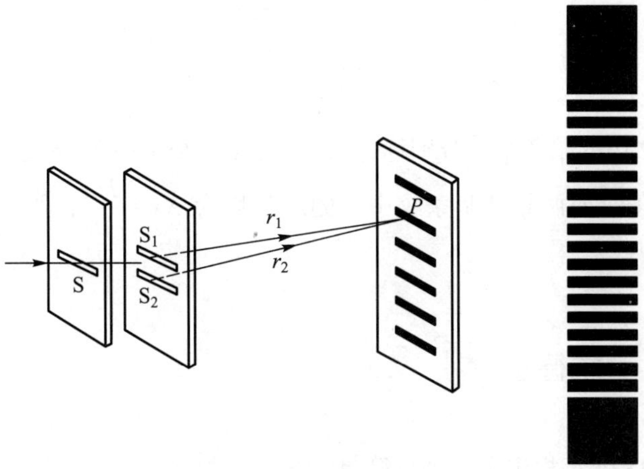

(a)　　(b)

图 10–3　杨氏双缝干涉

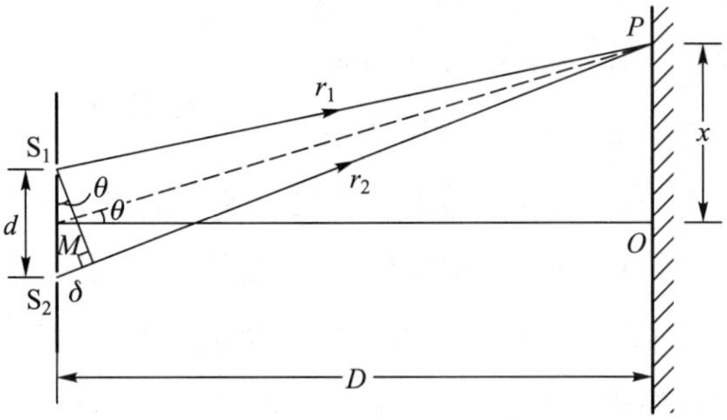

图 10–4　双缝干涉条纹计算

设点 P 到屏幕对称中心 O 的距离为 x, θ 是 PM 和 MO 之间的夹角。为了能看到干涉条纹，在通常的观测条件下要求 $D \gg d$, $D \gg x$，即 θ 角很小。因此有 $\sin\theta \approx \tan\theta$，所以

$$\delta = r_2 - r_1 \approx d\sin\theta \approx d\tan\theta = \frac{xd}{D}$$

从波动理论可知：

如果 $\delta = \dfrac{xd}{D} = \pm k\lambda$，则点 P 处为明条纹，即各级明条纹中心距点 O 的距离为

$$x = \pm k\frac{D}{d}\lambda \quad (k = 0,\ 1,\ 2,\cdots) \qquad (10\text{–}5\text{a})$$

对应于 $k = 0$ 的明条纹，称为零级明条纹或中央明条纹。对应于 $k = 1,\ 2,\cdots$ 的明条纹，分别称为第 1 级、第 2 级……明条纹。

如果 $\delta = \dfrac{xd}{D} = \pm(2k-1)\dfrac{\lambda}{2}$，则点 P 处为暗条纹，即各级暗条纹中心距点 O

的距离为

$$x = \pm(2k-1)\frac{D\lambda}{2d} \quad (k=1,\ 2,\cdots) \tag{10-5b}$$

对应于 $k = 1,\ 2,\cdots$ 的暗条纹，分别称为第 1 级、第 2 级……暗条纹。

两相邻明条纹或两相邻暗条纹中心的间距均为 $\Delta x = \frac{D\lambda}{d}$，所以干涉条纹是等间距分布的。

10.3.2 劳埃德镜

劳埃德于 1834 年提出了一种更简单的获得干涉现象的装置。如图 10–5 所示，MN 是一块平玻璃板，用作反射镜，S_1 是一线光源。从光源发出的光波，一部分掠射到平玻璃板上，经反射到达屏上；另一部分直接照射到屏上。这两部分光也是相干光，它们同样是由分波阵面法得到的。反射光可看成是由虚光源 S_2 发出的。S_1 和 S_2 构成一对相干光源，对干涉条纹的分析与杨氏双缝相似。图中阴影部分为相干区域。

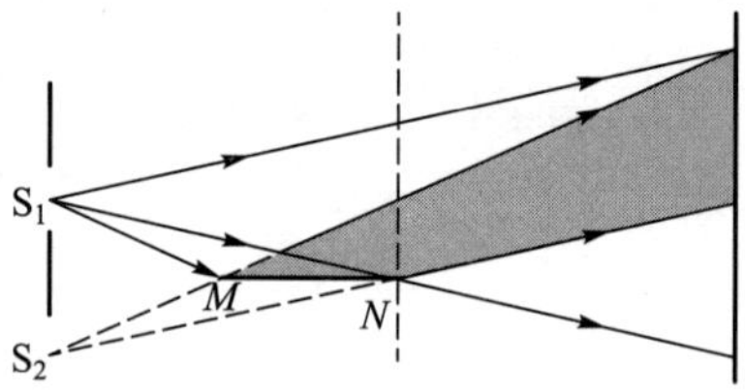

图 10–5　劳埃德镜装置示意图

实验证明，当将屏放在平玻璃板的一端 N 处时，N 处并没有出现明条纹，而是出现了暗条纹，这说明反射光出现了相位 π 的跃变。当光从波疏介质（波速大、折射率小的介质）射到波密介质（波速小、折射率大的介质）时，在掠射（入射角 $i \approx 90°$）或正入射（入射角 $i \approx 0°$）的情况下，反射光的相位较入射光的相位发生 π 的突变，这称为**半波损失**。

例 10–1　用单色光照射相距 0.4 mm 的双缝，缝屏间距为 1 m。（1）从第 1 级明条纹到同侧第 5 级明条纹的距离为 6 mm，求此单色光的波长；（2）若入射单色光为波长 400 nm 的紫光，求相邻两条纹的间距；（3）上述两种单色光同时照射时，求两种波长的明条纹第一次重合在屏上的位置，以及这两种波长的光从双缝到该位置的光程差。

解　（1）由双缝干涉明条纹公式可得

$$\Delta x_{1-5} = x_5 - x_1 = \frac{D}{d}(k_5 - k_1)\lambda$$

得

$$\lambda = \frac{d}{D}\frac{\Delta x_{1-5}}{(k_5 - k_1)} = \frac{4\times10^{-4}\times6\times10^{-3}}{1\times(5-1)}\ \mathrm{m} = 6.0\times10^{-7}\ \mathrm{m}$$

（2）当 $\lambda = 400$ nm 时，相邻两明条纹间距为

$$\Delta x = \frac{D}{d}\lambda = \frac{1\times4\times10^{-7}}{4\times10^{-4}}\ \text{m} = 1.0\times10^{-3}\ \text{m} = 1.0\ \text{mm}$$

（3）设两单色光明条纹第一次重合处距中央明条纹中心距离为 x，则有

$$x = k_1\frac{D}{d}\lambda_1 = k_2\frac{D}{d}\lambda_2$$

即

$$\frac{k_1}{k_2} = \frac{\lambda_2}{\lambda_1} = \frac{400}{600} = \frac{2}{3}$$

由此可见，波长为 400 nm 的紫光的第 3 级明条纹与波长为 600 nm 的橙光的第 2 级明条纹重合，位置为

$$x = k_1\frac{D}{d}\lambda_1 = \frac{2\times1\times6\times10^{-7}}{4\times10^{-4}}\ \text{m} = 3\times10^{-3}\ \text{m} = 3\ \text{mm}$$

双缝到重合处的光程差为

$$\delta = k_1\lambda_1 = k_2\lambda_2 = 1.2\times10^{-6}\ \text{m}$$

例 10-2 如图 10-6 所示，一双缝装置的一个缝被折射率为 1.40 的薄玻璃片所遮盖，另一个缝被折射率为 1.70 的薄玻璃片所遮盖。在两薄玻璃片插入后，中央明条纹中心移动到原来第 5 级明条纹中心处，假定 $\lambda = 480$ nm，且两薄玻璃片厚度均为 d，求 d 值。

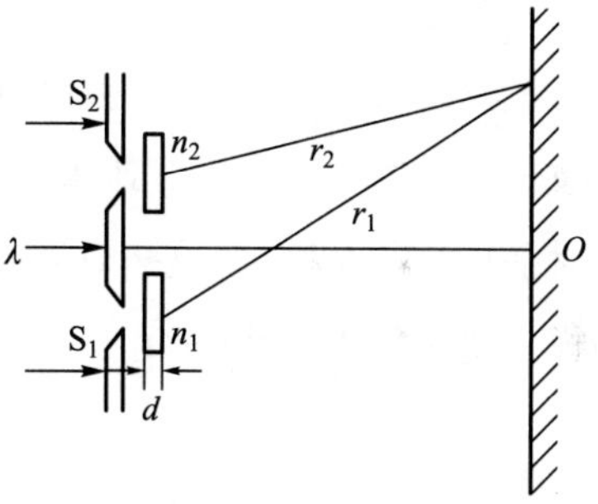

图 10-6

解 插入介质前的光程差为 δ_1，插入介质后的光程差为 δ_2，两片介质插入前后对于中央明条纹所在点 O 有

$$\begin{aligned}\delta_1 &= r_2 - r_1 = -5\lambda\\ \delta_2 &= [(r_2 - d) + n_2 d] - [(r_1 - d) + n_1 d]\\ &= (r_2 - r_1) + (n_2 - n_1)d\end{aligned}$$

故

$$d = \frac{5\lambda}{n_2 - n_1} = 8.0\ \mu\text{m}$$

例 10-3 如图 10-7 所示，已知 d、L，$\lambda = 500$ nm，$e = 0.01$ mm，$n = 1.5$。问：中央明条纹移至原第几级条纹处？

解　中央明条纹$\delta = 0$，故有

$$\delta = r_2 - [(r_1 - e) + ne] = r_2 - r_1 + (1-n)e = 0$$

设原为第 k 级条纹，则有

明条纹：

$$\delta = r_2 - r_1 = k\lambda$$

暗条纹：

$$\delta = r_2 - r_1 = (2k+1)\frac{\lambda}{2}$$

$$k\lambda = (n-1)e = 5 \times 10^{-6}\ \mathrm{m} = (5 \times 10^{-7}\ \mathrm{m})\,k$$

所以$k = 10$，上移至第 10 级条纹处。若$k = -10$，则下移至第 10 级条纹处。

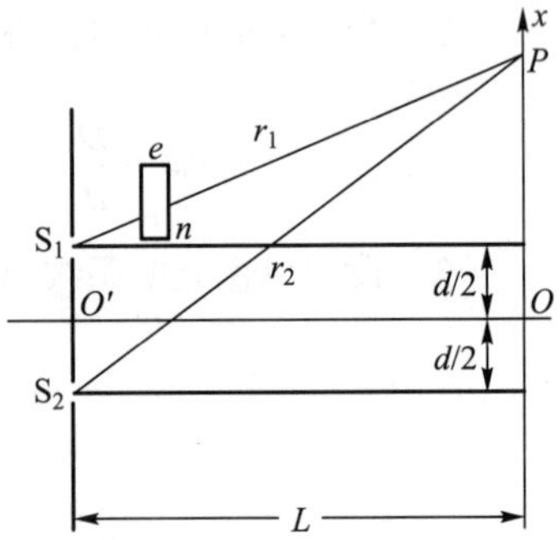

图 10–7

10.4　薄膜干涉　增透膜及增反膜

薄膜干涉现象在日常生活和生产技术中都可以经常见到。如肥皂泡在日光照射下的彩色条纹，镀膜眼镜片和照相机镜头表面上见到的彩色条纹等都是日光的薄膜干涉图样。

我们来讨论光线入射在厚度均匀的薄膜上产生的干涉现象。如图 10–8 所示，波长为 λ 的单色光入射到薄膜表面上，入射角为 i。经膜的反射与折射后，产生一对平行光束 a 和 b。这一对光束是相干光束，它们经过透镜后会在屏上产生干涉图样。现计算其光程差：

$$\delta = n(AC + CB) - n_1 AD + \frac{\lambda}{2} \qquad (10\text{–}6)$$

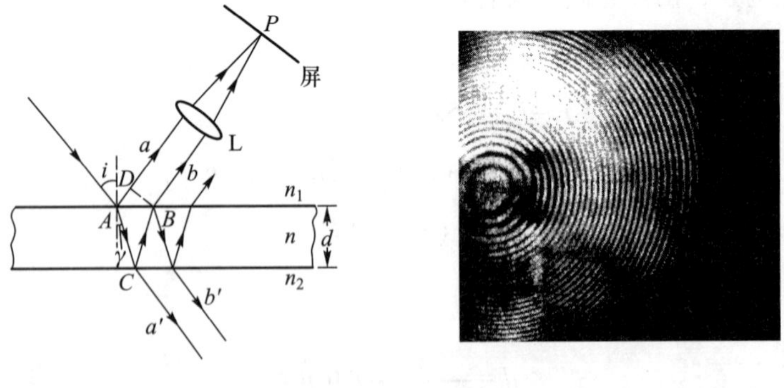

图 10–8　薄膜干涉

式中 $\frac{\lambda}{2}$ 是反射光在薄膜上表面产生的半波损失。由图可知

$$AC = CB = \frac{d}{\cos\gamma}$$

$$AD = AB\sin i = 2d\tan\gamma\sin i$$

式中 γ 为折射角。根据折射定律，有

$$n_1\sin i = n\sin\gamma$$

因此

$$\delta = 2n\frac{d}{\cos\gamma} - 2n_1 d\tan\gamma\sin i + \frac{\lambda}{2} = \frac{2nd}{\cos\gamma}\left(1-\sin^2\gamma\right) + \frac{\lambda}{2}$$

$$= 2nd\cos\gamma + \frac{\lambda}{2} = 2d\sqrt{n^2 - n_1^2\sin^2 i} + \frac{\lambda}{2}$$

点 P 处明暗条纹条件分别为

$$\delta = 2d\sqrt{n^2 - n_1^2\sin^2 i} + \frac{\lambda}{2} = \begin{cases} k\lambda & \left[k=1,\ 2,\cdots,\ \text{加强（明）}\right] \\ (2k+1)\dfrac{\lambda}{2} & \left[k=0,\ 1,\ 2,\cdots,\ \text{减弱（暗）}\right] \end{cases} \tag{10-7}$$

利用薄膜干涉不仅可以测定光波波长和薄膜厚度，而且可以提高或降低光学器件的透射率。光在两介质分界面上反射，透射光的强度将减少，随着分界面数的增加，损失的光能还要增加。为了减少光能的损失，人们通常在透镜表面镀一层透明薄膜（通常为氟化镁 MgF_2，$n = 1.38$，介于空气和玻璃之间），利用薄膜干涉使反射光强减到最小，这样的薄膜称为**增透膜**。

如图 10–9 所示，在玻璃表面镀一层厚度为 d 的氟化镁薄膜，由于上下两界面反射光均有半波损失，所以光程差中没有附加光程差。于是两反射光相干减弱的条件为膜的最小厚度应为（相应于 $k = 0$）

$$d = \frac{\lambda}{4n}$$

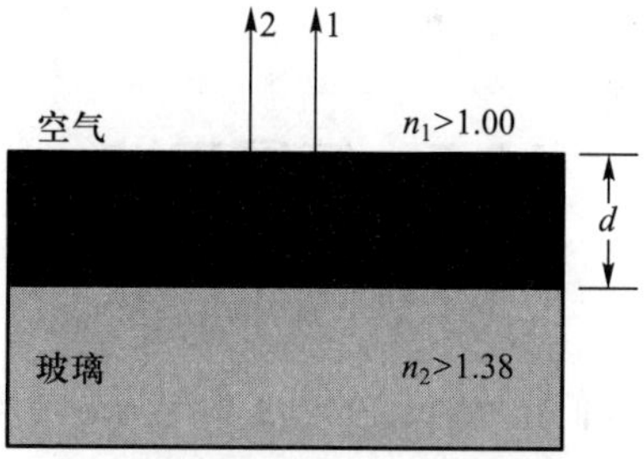

图 10–9　增透膜

由于反射光相消，所以透射光加强（能量守恒）。

有些光学器件需要减少透射率以增加反射光的强度。利用薄膜干涉也可以制成**增反膜**（或**高反膜**）。在图 10–9 中，改用硫化锌（ZnS，$n = 2.40$）镀膜，这时上下两个界面仅有一个产生半波损失，因而反射光相干加强，透射光减弱。有时为了增加反射率，人们也采用多层镀膜（如用氟化镁和硫化锌交替镀膜）使某一特定波长的光反射率增加，以达到更好的反射效果。

例 10–4　如图 10–10 所示，用白光垂直照射厚度为 $d = 400$ nm 的薄膜，若薄膜的折射率 $n_2 = 1.40$，且 $n_1 > n_2 > n_3$，问反射光中哪种波长的可见光得到了加强？

解　由干涉加强条件，有

$$\delta = 2n_2 d = k\lambda$$

当 $k = 2$ 时，$\lambda = 560\ \text{nm}$（黄光）。

当 k 为其他值时，波长均在可见光范围外，故黄光得到加强。

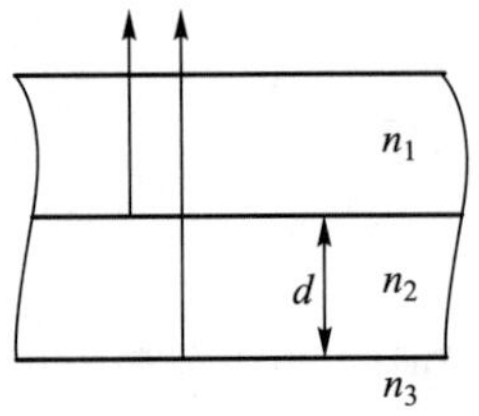

图 10–10

例 10–5　在折射率 $n_3 = 1.52$ 的照相机镜头表面涂有一层折射率 $n_2 = 1.38$ 的 MgF_2 增透膜，若此膜仅适用于波长 $\lambda = 550\ \text{nm}$ 的光，则此膜的最小厚度为多少？

解　两反射光的光程差为

$$\delta = 2n_2 d$$

由干涉相消条件，有

$$\delta = (2k + 1)\,\lambda/2$$

得

$$d_{\min} \approx 99.6\ \text{nm}$$

注意，增透膜与增反膜只针对某一光波波长。

10.5　等厚干涉

上节讨论了厚度均匀的薄膜干涉问题，这节讨论厚度非均匀的薄膜干涉问题。人们把光入射在厚度非均匀的薄膜上产生的干涉条纹，称为等厚干涉条纹。

10.5.1　劈尖

两块平面玻璃板，将它们的一端互相叠加，另一端垫入一薄纸片或一细丝，如图 10–11 所示。这样在两玻璃板间形成一端薄、一端厚的空气薄层，这一劈尖形的空气薄层叫作空气劈尖。两玻璃板重合端的交线称为棱边，夹角 θ 称为劈尖楔角。对于平行于棱边的直线上各点，空气膜厚度 d 是相等的。

当平行单色光垂直照射在平面玻璃板上时，劈尖上下表面的反射光是一对相干光。若劈尖在 C 处厚度为 d，则在劈尖上下表面的反射光的光程差为

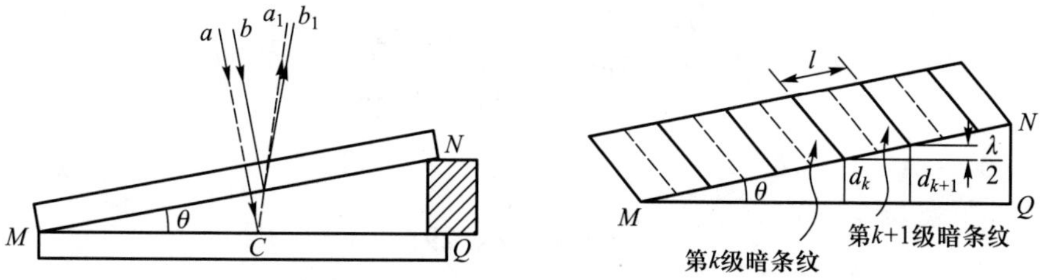

图 10–11　劈尖

$$\delta = 2d + \frac{\lambda}{2} \tag{10–8}$$

于是上下表面反射光的干涉条件为

$$\delta = 2d + \frac{\lambda}{2} = \begin{cases} k\lambda & (k=1,\ 2,\ \cdots,\ 明条纹) \\ (2k+1)\dfrac{\lambda}{2} & (k=0,\ 1,\ 2,\ \cdots,\ 暗条纹) \end{cases} \tag{10–9}$$

在棱边处，$d=0$，我们看到的是暗条纹，这也是半波损失的证据。

任意相邻两明条纹或暗条纹的间距 l 由下式决定：

$$\sin\theta = \frac{\Delta d}{l} = \frac{d_{k+1}-d_k}{l} = \frac{\lambda}{2l} \tag{10–10}$$

由上式可知，相邻两明条纹或暗条纹中心的膜厚差为$\dfrac{\lambda}{2}$。因此，可应用劈尖干涉对膜的厚度、平面的平整度等进行精确测量。

例 10–6　为了测量金属丝的直径，可把金属丝夹在两块平板玻璃之间。用单色光垂直照射，已知 λ = 589.3 nm，金属丝距棱边的距离为 L = 28.880 mm，30 条明条纹间的距离为 4.295 mm，求金属丝的直径 D。

解　相邻两明条纹间距 $l=\dfrac{4.295}{30-1}$ mm，因为 θ 角很小，所以有

$$\theta \approx \sin\theta \approx \tan\theta \approx \frac{\lambda}{2l} \approx \frac{D}{L}$$

$$D = \frac{L\lambda}{2l} = \frac{28.880\times10^{-3}\times589.3\times10^{-9}}{2\times\dfrac{4.295\times10^{-3}}{29}}\ \mathrm{m} \approx 0.057\,46\ \mathrm{mm}$$

例 10–7　以波长为 600 nm 的单色光垂直入射到两平板玻璃所组成的空气劈尖上，可观测到 24 条完整的明条纹，如改用另一种单色光垂直入射，则可观察到 29 条完整的明条纹，求后者的波长。

解　完整的明条纹是指从暗到暗，也就是在视野中的两端看到的都是暗条纹。用暗条纹公式，

$$\frac{D}{L}=\frac{\lambda}{2nl}=\frac{\lambda_1}{2n\dfrac{L}{24}}=\frac{\lambda_2}{2n\dfrac{L}{29}}$$

有

$$\lambda_1 \cdot 24=\lambda_2 \cdot 29$$

故

$$\lambda_2=\frac{24\times 600\ \text{nm}}{29}\approx 496.6\ \text{nm}$$

例 10–8 用空气劈尖干涉检查工件表面的平整程度，当波长为 λ 的单色光垂直入射时，观察到干涉条纹如图 10–12 所示。（1）若条纹弯曲部分的顶点恰与左边相邻条纹的直线部分相切，则可判断工件表面的缺陷是凸还是凹？（2）凸起的最大高度或凹陷的最大深度为多少？

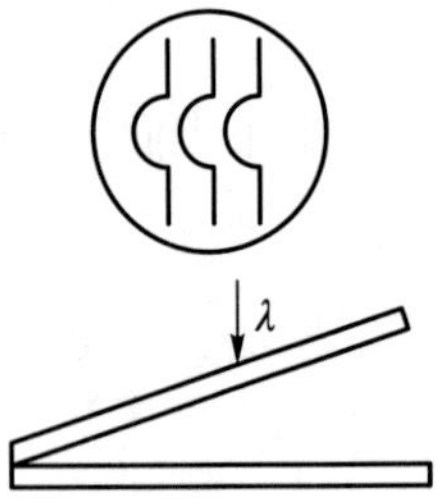

图 10–12

解 （1）凹。

（2）由题意知，弯曲部分的顶点与左边相邻条纹的直线部分相切，有

$$\Delta x=\frac{\lambda}{2}$$

10.5.2 牛顿环

在一块平板玻璃上，放置一个曲率半径很大的平凸透镜，则在它们之间形成一上表面为球面、下表面为平面的空气薄膜。当平行光垂直照射到平凸透镜时，可以观测到以平凸透镜与平板玻璃接触点为中心的一组由同心圆环构成的干涉条纹，称之为牛顿环，如图 10–13 所示。

下面我们来推导干涉条纹的半径公式。在膜厚为 d 处的光程差为

$$\delta=2d+\frac{\lambda}{2}$$

由图 10–13（a）可知

$$r^2=R^2-(R-d)^2=2dR-d^2$$

已知 $R\gg d$，可以略去 d^2，故得

$$r=\sqrt{2dR}=\sqrt{\left(\delta-\frac{\lambda}{2}\right)R}$$

结合（10–9）式，解得

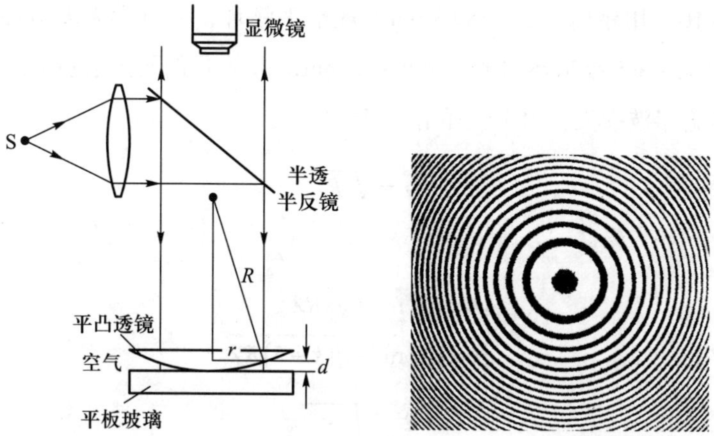

(a) 实验装置　　(b) 干涉图样

图 10–13　牛顿环

$$\text{明环半径}\quad r=\sqrt{\left(k-\frac{1}{2}\right)R\lambda}\quad (k=1,\ 2,\cdots) \tag{10–11}$$

$$\text{暗环半径}\quad r=\sqrt{kR\lambda}\quad (k=0,\ 1,\ 2,\cdots) \tag{10–12}$$

由明、暗环半径公式可知，相邻圆环的间距是变化的，且越远离中心，圆环越密集。

例 10–9　在牛顿环实验中，平凸透镜的曲率半径为 5.0 m，直径为 2.0 cm。（1）用波长为 λ = 589.3 nm 的单色光垂直照射时，可看到多少条干涉条纹？（2）若在空气层中充以折射率为 n 的液体，可看到 46 条明条纹，求液体的折射率。

解　（1）由牛顿环明环半径公式：

$$r=\sqrt{\left(k-\frac{1}{2}\right)R\lambda}$$

可得

$$k=\frac{r^2}{R\lambda}+\frac{1}{2}=\frac{\left(1.0\times10^{-2}\right)^2}{5\times589.3\times10^{-9}}+\frac{1}{2}\approx34.4$$

故可见 34 条明条纹。

（2）若充以液体，则明环半径为

$$r=\sqrt{\left(k-\frac{1}{2}\right)R\frac{\lambda}{n}}$$

故

$$n=\frac{(2k-1)R\lambda}{2r^2}\approx1.34$$

例 10–10 用钠灯（$\lambda = 589.3\ \text{nm}$）观察牛顿环，看到第 k 级暗环的半径为 $r_1 = 4\ \text{mm}$，第 $k+5$ 级暗环的半径为 $r_2 = 6\ \text{mm}$，求所用平凸透镜的曲率半径 R。

解 考虑半波损失，由牛顿环暗环半径公式：

$$r = \sqrt{kR\lambda}$$

有

$$\begin{cases} 4\times10^{3}\ \text{m} = \sqrt{kR\lambda} \\ 6\times10^{3}\ \text{m} = \sqrt{(k+5)R\lambda} \end{cases}$$

$$\frac{2}{3} = \sqrt{\frac{k}{k+5}}$$

$$k = 4$$

故

$$R = \frac{r_1^2}{k\lambda} = \frac{\left(4\times10^{-3}\right)^2}{4\times589.3\times10^{-9}}\ \text{m} \approx 6.79\ \text{m}$$

例 10–11 一柱面平凹透镜 A，曲率半径为 R，放在平玻璃片 B 上，如图 10–14 所示。现用波长为 λ 的平行单色光自上方垂直往下照射，观察 A 和 B 间空气薄膜的反射光的干涉条纹。设空气膜的最大厚度 $d = 2\lambda$。（1）求明、暗条纹的位置（用 r 表示）；（2）问共能看到多少条明条纹？（3）若将平玻璃片 B 向下平移，则条纹如何移动？

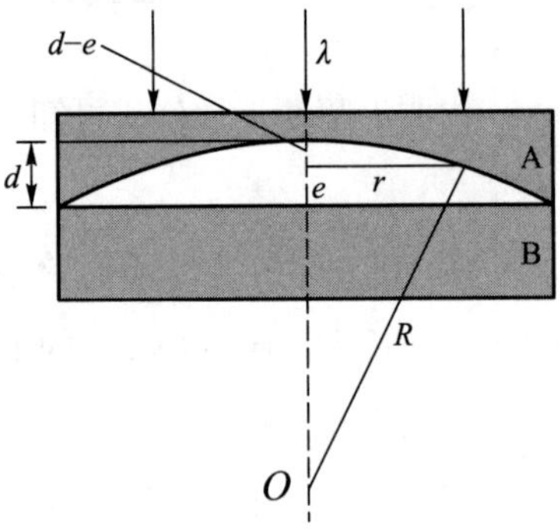

图 10–14

解 设某条纹处透镜的厚度为 e，则对应空气膜厚度为 $d-e$，那么

$$d - e = \frac{r^2}{2R}$$

$$2e + \frac{\lambda}{2} = 2k\frac{\lambda}{2}\quad (k = \pm1,\ \pm2,\ \pm3, \cdots,\ \text{明条纹})$$

$$2e + \frac{\lambda}{2} = (2k+1)\frac{\lambda}{2}\quad (k = 0,\ \pm1,\ \pm2, \cdots,\ \text{暗条纹})$$

（1）明条纹位置为

$$r = \sqrt{2R\left(d - \frac{2k-1}{4}\lambda\right)}\quad (k = \pm1,\ \pm2, \cdots)$$

暗条纹位置为

$$r=\sqrt{2R\left(d-\frac{k}{2}\lambda\right)}\quad (k=0,\ \pm1,\ \pm2,\cdots)$$

（2）对中心处，有 $e_{\max}=d=2\lambda$，$r=0$，代入明条纹位置公式，有

$$k_{\max}=4.5\approx 4$$

又因为是柱面平凹透镜，故共能看到 8 条明条纹。

（3）平玻璃片 B 向下平移时，空气膜厚度增加，条纹由里侧向外侧移动。

思 考 题

10-1 为什么两个独立的同频率的普通光源发出的光波叠加时不能得到干涉图样？

10-2 为什么要引入光程的概念？光程差与相位差有怎样的关系？

10-3 用白色线光源作双缝干涉实验时，若在缝 S_1 后面放一红色滤光片，缝 S_2 后面放一绿色滤光片，问能否观察到干涉条纹？为什么？

10-4 若将杨氏双缝干涉实验装置由空气移入水中，则在屏上的干涉图样有何变化？

10-5 在杨氏双缝干涉实验中，如果在上方的缝后贴一片薄的云母片，则干涉条纹的间距有无变化？中央条纹的位置有何变化？

10-6 试讨论两个相干点光源 S_1 和 S_2 在如下的观察屏上产生的干涉条纹：（1）屏的位置垂直于 S_1 和 S_2 的连线；（2）屏的位置垂直于 S_1 和 S_2 的连线的中垂线。

10-7 在杨氏双缝干涉实验中，如有一条狭缝稍稍加宽一些，则屏幕上的干涉条纹有什么变化？如把其中一条狭缝遮住，则将发生什么现象？

10-8 劳埃德镜实验得到的干涉图样与杨氏双缝干涉图样有何不同之处？

10-9 为什么刚吹起的肥皂泡（很小时）看不到有什么颜色，而当肥皂泡吹大到一定程度时，会看到有颜色，而且这些颜色随着肥皂泡的增大而改变？试解释此现象。当肥皂泡大到将要破裂时，将呈现什么颜色？为什么？

10-10 为什么我们观察不到窗玻璃在日光照射下的干涉条纹？

10-11 用两块玻璃片叠在一起形成空气劈尖。在观察干涉条纹时，如果发现条纹不是平行的直线而是弯弯曲曲的线条，试说明两块玻璃片相对的两面有什么特殊之处。

10–12 在劈尖干涉实验装置中，如果把上面的一块玻璃向上平移，那么干涉条纹将怎样变化？如果将它向右平移，那么干涉条纹又将怎样变化？如果将它绕接触线转动，使劈尖角增大，那么干涉条纹又将怎样变化？

10–13 隐形飞机之所以很难被敌方雷达发现，可能是由于飞机表面涂敷了某种电介质（如塑料或橡胶）使入射的雷达波的反射微乎其微。试说明这样的电介质涂层是怎样减弱反射波的。

习　题

10–1 在杨氏双缝干涉实验中，两缝间距为 1 mm，屏离缝的距离为 1 m，所用光源含有波长分别为 600 nm 和 540 nm 的两种光波。（1）求两光波分别形成的条纹间距；（2）这两组条纹有可能重合吗？

10–2 一平面单色光垂直照射在厚度均匀的薄油膜上，薄油膜覆盖在玻璃板上。所用单色光的波长可以连续变化，现观察到 500 nm 和 700 nm 这两个波长的光在反射中消失。油的折射率为 1.30，玻璃的折射率为 1.50。求薄油膜的厚度。

10–3 白光垂直照射在空气中一厚度为 380 nm 的肥皂水膜上，肥皂水的折射率为 1.33。试问肥皂水膜表面呈现什么颜色？

10–4 人造水晶常用玻璃（折射率为 1.50）作材料，其表面上镀一层一氧化硅（折射率为 2.0）以加强反射，如要使波长为 560 nm 的光垂直照射时反射增强，求膜的厚度。

10–5 在棱镜（$n_1 = 1.52$）表面镀一层增透膜（$n_2 = 1.30$），如要使此增透膜适用于氦氖激光器发出的激光（$\lambda = 632.8$ nm），则膜的厚度应取何值？

10–6 在杨氏双缝干涉装置中，用一很薄的云母片（$n = 1.58$）覆盖其中的一条缝，结果屏幕上的第 7 级明条纹恰好移动到中央明条纹中心的位置。若入射光的波长为 550 nm，求此云母片的厚度。

10–7 在很薄的玻璃劈尖上，垂直地射入波长为 589.3 nm 的钠光。相邻暗条纹间距为 5.0 mm，玻璃的折射率为 1.52，求此玻璃劈尖的夹角。

10–8 当以波长为 632.8 nm 的单色光垂直入射到空气劈尖上时，可以观察到 9 条完整明条纹。若空气劈尖的角度为 1°，求劈尖宽度。

10–9 薄钢片上有两条紧靠着的平行细缝，用杨氏双缝干涉的方法来测量两缝间距。若 $\lambda = 546.1$ nm，$D = 330$ mm，测得中央明条纹两侧第 5 级明条纹间距为 12.2 mm，求两缝间的距离。

Scientist Synopsis

科学家简介

托马斯·杨

Thomas Young

Chapter 11

第 11 章 光的衍射

光在传播过程中遇到障碍物时，能绕过障碍物的边缘继续传播，这种偏离直线传播的现象称为光的衍射现象。和干涉一样，衍射也是波动的一个重要基本特征。

11.1　惠更斯 – 菲涅耳原理

根据光源、衍射屏和接收屏三者之间的位置关系，可以把衍射分为两类。

一类是光源和接收屏都距离衍射屏有限远时的衍射，称为**菲涅耳衍射**［图 11–1（a）］；另一类是把光源和接收屏都移至无穷远处时的衍射，称为**夫琅禾费衍射**。这时，光到达衍射屏和接收屏的波阵面都是平面波［图 11–1（b）］。在实验室中，常把光源放在透镜 L_1 的焦点上，而把接收屏放在透镜 L_2 的焦平面上［图 11–1（c）］，这样到达衍射屏的光和衍射光都是平行光，满足夫琅禾费衍射的条件。在本书中我们只讨论夫琅禾费衍射。

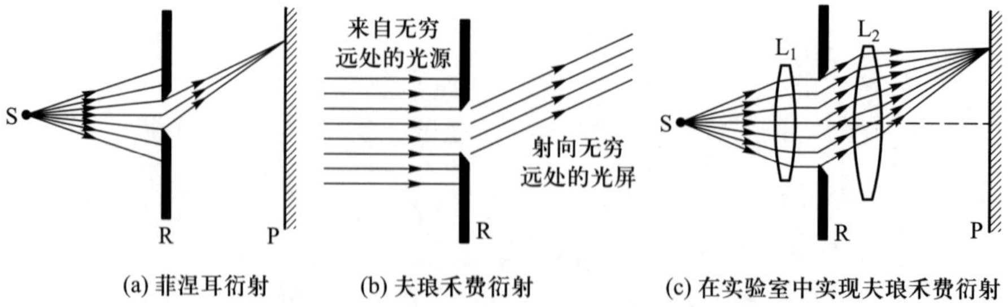

图 11–1　菲涅耳衍射和夫琅禾费衍射

波的衍射现象可以应用惠更斯原理作定性说明，但惠更斯原理不能解释光的衍射图样中光强的分布。菲涅耳发展了惠更斯原理，为衍射理论奠定了基础。菲涅耳假定：在波传播过程中，同一波阵面上的各子波源是相干子波源，从同一波阵面上各子波源发出的子波是相干子波，各相干子波向前传播的过程中，相遇时发生相干叠加。这称为**惠更斯－菲涅耳原理**。

应用惠更斯－菲涅耳原理，原则上可解决一般的衍射问题，但其计算极其复杂。

11.2 单缝衍射

单缝夫琅禾费衍射的实验装置如图 11–2 所示。单色光源 S 放置在凸透镜 L_1 的焦点上，其发出的光经凸透镜 L_1 后与主光轴平行并垂直照射在单缝上，经单缝衍射后的平行衍射光束经由凸透镜 L_2 会聚于放置在其焦平面处的屏上。

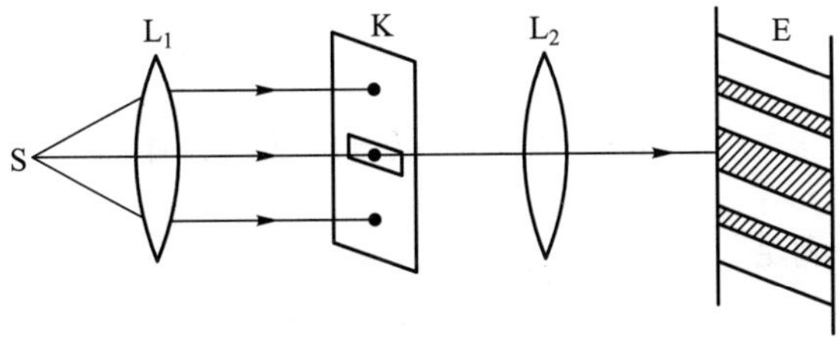

图 11–2　单缝夫琅禾费衍射

单缝衍射可用菲涅耳半波带法进行研究，如图 11–3 所示。设单缝宽度为 a，在平行光垂直照射下，位于单缝所在处的波阵面 AB 上各点所发出的子波沿各个方向传播。我们把衍射后沿某一方向传播的子波波线与衍射屏法线之间的夹角称为衍射角。衍射角相同的平行光束经过透镜会聚后，聚焦于屏幕上点 P。两条边缘衍射光束之间的光程差为

$$BC = a\sin\theta$$

点 P 条纹的明暗完全取决于光程差 BC 的值。菲涅耳在惠更斯－菲涅耳原理的基础上，提出了将波阵面分割成许多等面积的波带的方法。在单缝的例子中，可以作一些平行于 AC 的平面，使两相邻平面之间的距离等于入射光的半波长。假定这些平面将单缝处的波阵面 AB 平均分成 AA_1、A_1A_2、A_2B 等整数个波带。由于各波带的面积相等，所以各个波带在点 P 所引起的光振幅也接近相等。两相邻的波带上任

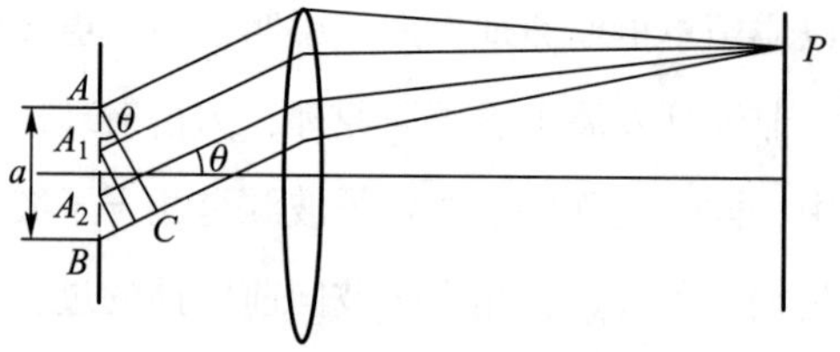

图 11–3　半波带法

意两个对应点发出的子波的光程差恒等于$\frac{\lambda}{2}$，亦即相位差恒为 π。子波经过透镜聚焦后，由于透镜不引起附加光程差，所以到达点 P 时，相位差仍为 π。结果任意两个相邻波带所发出的子波在点 P 引起的光振动将相互抵消。由此可见，当 BC 是半波长的偶数倍时，亦即对应于某个给定点的角度 θ，单缝可分成偶数个波带时，所有波带的作用将成对地相互抵消，在点 P 将出现暗条纹；当 BC 是半波长的奇数倍时，亦即对应于某个给定点的角度 θ，单缝可分成奇数个波带时，相互抵消的结果是，还留下一个波带的作用，在点 P 将出现明条纹。上述结果可用下式表示：

当 θ 满足

$$a\sin\theta = \pm 2k\frac{\lambda}{2}\quad (k=1,\ 2,\ 3,\cdots) \tag{11-1}$$

时为暗条纹。当 θ 满足

$$a\sin\theta = \pm(2k+1)\frac{\lambda}{2}\quad (k=0,\ 1,\ 2,\ \cdots) \tag{11-2}$$

时为明条纹。我们把正负两个第 1 级暗条纹中心之间的区域称为中央明条纹。中央明条纹中心位于屏幕中心，θ 满足

$$a\sin\theta = 0 \tag{11-3}$$

必须强调指出，对任意衍射角 θ 来说，AB 不一定恰好分成整数个波带。此时，衍射光束经透镜会聚后，在屏幕上形成的亮点介于最明与最暗之间的区域。在单缝衍射条纹中，光强分布是不均匀的，如图 11–4 所示，中央明条纹的亮度最大，其他明条纹的亮度要远弱于中央明条纹的亮度。

单缝衍射明、暗条纹中心在屏幕上的位置与衍射角一一对应，可由下式得出：

$$x = f\tan\theta \tag{11-4}$$

一般情况下，衍射角 θ 很小，满足 $\theta \approx \tan\theta \approx \sin\theta$，下式近似成立：

$$x \approx f\theta$$

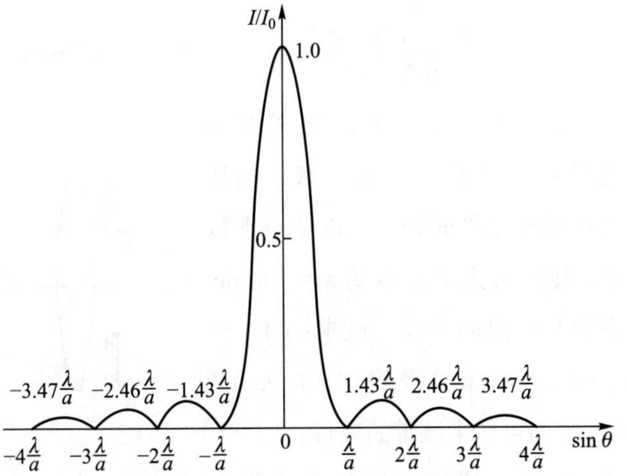

图 11–4　单缝衍射光强分布

中央明条纹宽度由两个第 1 级暗条纹中心界定，即

$$\Delta x_0 = 2f\frac{\lambda}{a} \tag{11-5}$$

一般明条纹和暗条纹的宽度为

$$\Delta x = f\frac{\lambda}{a} \tag{11-6}$$

例 11–1　波长为 $\lambda = 600$ nm 的单色光垂直照射在缝宽为 $a = 0.2$ mm 的单缝上，缝后用焦距为 $f = 0.5$ m 的凸透镜将衍射光会聚在屏幕上。（1）求中央明条纹的宽度；（2）求第 1 级明条纹的位置，并问单缝处波面可分为几个半波带？（3）求第 1 级明条纹的宽度。

解　（1）由中央明条纹宽度公式得

$$\Delta x_0 = 2f\frac{\lambda}{a} = \frac{2\times0.5\times600\times10^{-9}}{0.2\times10^{-3}}\ \text{m} = 3\times10^{-3}\ \text{m} = 3\ \text{mm}$$

（2）由单缝明条纹公式得

$$\sin\theta_1 = (2k+1)\frac{\lambda}{2a} = \frac{(2\times1+1)\times600\times10^{-9}}{2\times0.2\times10^{-3}} = 4.5\times10^{-3}$$

所以第 1 级明条纹在屏幕上的位置为

$$x_1 = f\tan\theta_1 \approx f\sin\theta_1 = 0.5\times4.5\times10^{-3}\ \text{m} = 2.25\times10^{-3}\ \text{m} = 2.25\ \text{mm}$$

第 1 级明条纹在单缝处的波面可分为 $2k+1 = 2\times1+1 = 3$ 个半波带。

（3）由一般明条纹宽度公式得

$$\Delta x=\frac{f\lambda}{a}=\frac{0.5\times 600\times 10^{-9}}{0.2\times 10^{-3}}\ \text{m}=1.5\times 10^{-3}\ \text{m}=1.5\ \text{mm}$$

例 11–2 如图 11–5 所示，狭缝的宽度为 a = 0.60 mm，透镜焦距为 f = 0.40 m，有一与狭缝平行的屏放置在透镜焦平面处。若以单色平行光垂直照射狭缝，则在屏上离点 O 为 x = 1.4 mm 的点 P 处，看到的是衍射明条纹。试求：（1）该入射光的波长；（2）点 P 条纹级数；（3）从点 P 看来，狭缝处的波阵面可作半波带的数目。

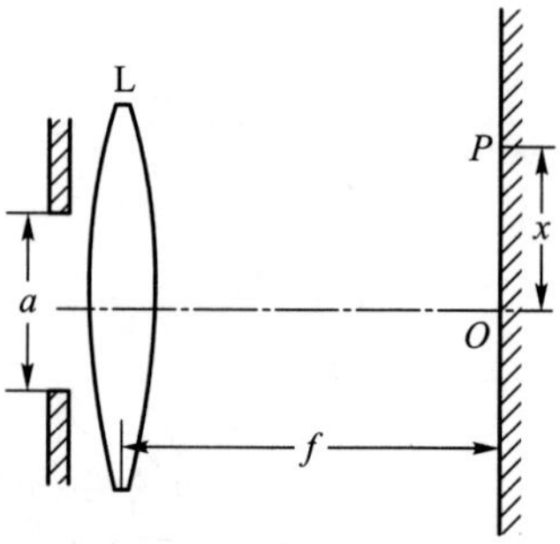

图 11–5

解 （1）如图所示，透镜到屏的距离为 f，由于 $f \gg a$，所以对点 P 而言，有

$$\tan\theta = x/f \approx \sin\theta$$

有

$$a\sin\theta = \pm(2k+1)\frac{\lambda}{2}$$

即

$$\frac{ax}{f} = \pm(2k+1)\frac{\lambda}{2}$$

代入数值并讨论 λ 的取值范围，得：λ_{min} = 400 nm 时，k_{max} = 4.75；λ_{max} = 760 nm 时，k_{min} = 2.27。

k 取整数，故 k = 3 和 k = 4 对应波长 λ_1 = 600 nm 和 λ_2 = 466.7 nm。

（2）当 λ_1 = 600 nm 时，k = 3；当 λ_2 = 466.7 nm 时，k = 4。

（3）当 λ_1 = 600 nm 时，k = 3，半波带数目为 $2k+1=2\times 3+1=7$；当 λ_2 = 466.7 nm 时，k = 4，半波带数目为 9。

例 11–3 一单色平行光垂直照射一单缝，若其第 3 级明条纹位置正好与 600 nm 的单色平行光的第 2 级明条纹位置重合，求前一种单色光的波长。

解 单缝衍射的明条纹公式为

$$a\sin\theta=(2k+1)\frac{\lambda}{2}$$

当 λ = 600 nm 时，k = 2。又 $\lambda=\lambda_x$ 时，k = 3，故重合时 θ 角相同，所以有

$$a\sin\theta=(2\times 2+1)\frac{600\ \text{nm}}{2}=(2\times 3+1)\frac{\lambda_x}{2}$$

得

$$\lambda_x = \frac{5}{7} \times 600\ \text{nm} \approx 428.6\ \text{nm}$$

11.3 圆孔衍射 光学仪器分辨本领

在单缝夫琅禾费衍射实验装置中，如果用一小圆孔代替单缝，则同样也会产生衍射现象。如图 11-6（a）所示，当用单色光垂直照射小圆孔 K 时，在透镜 L 的焦平面处的屏幕 E 上可以观察到圆孔夫琅禾费衍射图样。其正中央是一明亮的圆斑，周围是一组同心的明暗相间的圆环。由最靠近中央的第 1 级暗环所围成的中央亮斑称为**艾里斑**，艾里斑的直径为 d，其半径对透镜 L 的中心所形成的张角 θ 称为艾里斑的半角宽度。圆孔夫琅禾费衍射图样的光强分布如图 11-6（b）所示，其中艾里斑的光强占整个入射光强的 80% 以上。根据理论计算，艾里斑的半角宽度 θ、圆孔直径 D 以及入射光波长 λ 之间的关系为

$$\theta \approx \sin\theta = 1.22\frac{\lambda}{D} = \frac{d}{2f} \tag{11-7}$$

式中 f 为透镜焦距，如图 11-6（c）所示。由上式可知，圆孔直径 D 越小，或入射光波长 λ 越大，则衍射现象越明显。

当我们讨论各种光学仪器的成像问题时，如果仅从几何光学的定律来考虑问题，则只需要适当选择透镜焦距并且适当安排多个透镜的组合，总可以用提高放大

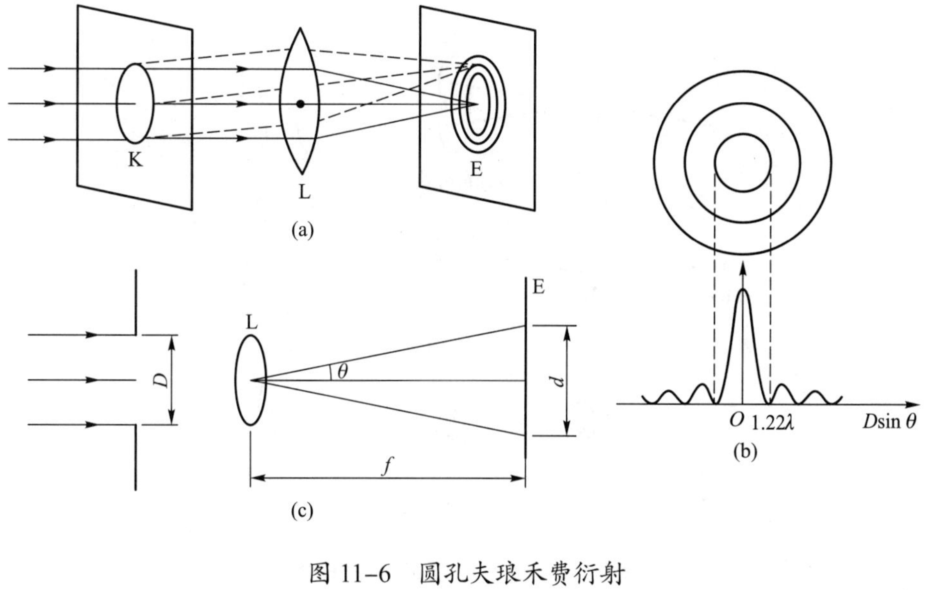

图 11-6 圆孔夫琅禾费衍射

率的方法，把任意小的物体或远处的物体放大到清晰可见的程度。但是，实际上各种光学仪器成像的清晰程度最终要受到光的衍射现象的限制。当放大率提高到一定程度时，仪器分辨物体细节的性能就不会再提高了。也就是说，由于衍射的限制，光学仪器的分辨能力有一个极限。下面讨论光学仪器的分辨本领，也就是要说明为什么有一个分辨极限。

光学仪器中的透镜、光栅等都相当于一个小圆孔。从波动光学的观点来看，光源上的一个点所发出的光波经过仪器中的透镜或光栅后，并不能会聚成一个点，而是形成一个衍射图样。例如，一个点光源发出的光经过望远镜的物镜后所形成的像不是一个点，而是前述的圆孔衍射图样，其主要部分就是艾里斑。虽然望远镜的物镜的孔径（直径）远大于光波的波长，不是平常演示用的“小圆孔”，但孔径毕竟是有限的。一个点光源的像仍然是一个小亮斑，其中心的位置就是几何光学像的位置。两个点光源的像就是两个这样的圆斑。如果这两个点光源相距很近，而它们形成的衍射圆斑又比较大，以至于两个圆斑的绝大部分相互重叠，那么就分辨不出这是两个点了，这种情况如图 11–7（c）所示。此图的照片就是放大若干倍，还是不能分辨出这两个点；若这两个圆斑足够小，或它们中心的距离足够远，如图 11–7（a）所示，那么两个圆斑虽然有一些重叠，我们也能分辨这两个点光源；若一个点光源的衍射图样的中心恰与另一个点光源的衍射图样的第一个最暗处重合，如图 11–7（b）所示，则这时两衍射图样（重叠区）光强约为单个衍射图样的中央最大光强的 80%，一般人的眼睛刚刚能判断出这是两个点的像。这时，我们说这两个点恰能被这一光学仪器分辨。

当两个点光源的像恰好可以分辨时，两个点光源对透镜中心的张角称为光学仪

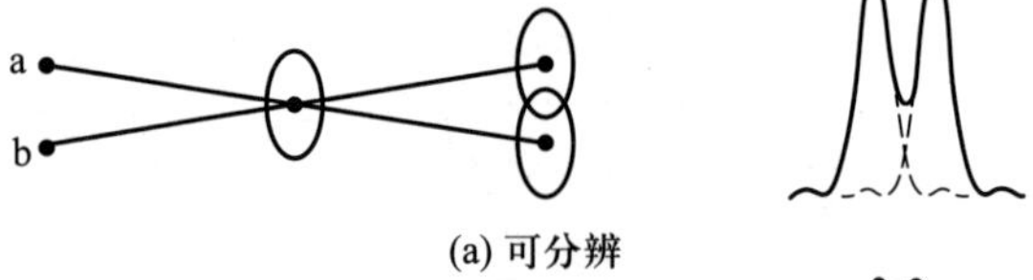

(a) 可分辨

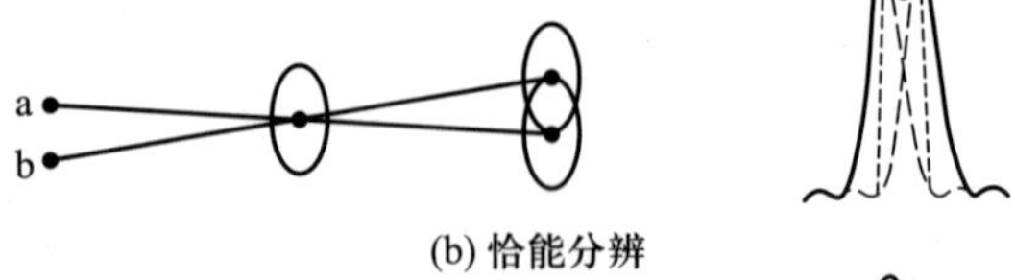

(b) 恰能分辨

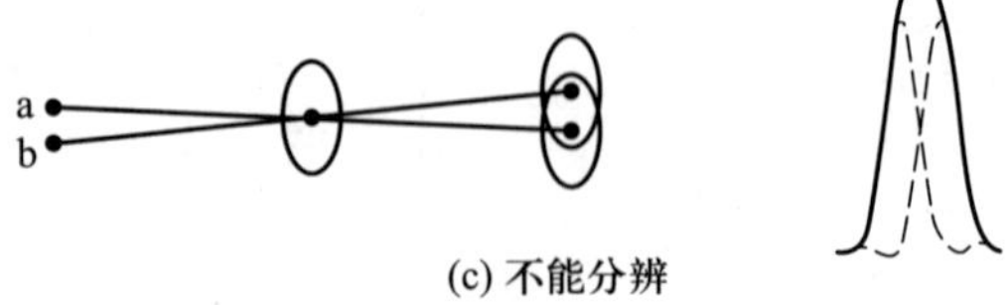

(c) 不能分辨

图 11–7　光学仪器的分辨本领

器的**最小分辨角**，用 θ_0 表示。它正好等于每个艾里斑的半角宽度，即

$$\theta_0 = 1.22\frac{\lambda}{D} \tag{11-8}$$

最小分辨角的倒数 $\frac{1}{\theta_0}$ 称为光学仪器的**分辨本领**。由上式可知，光学仪器的分辨率与波长 λ 成反比，与仪器的孔径 D 成正比。

11.4 光栅衍射

从以前的讨论中我们知道，原则上可以利用单色光通过单缝时所产生的衍射条纹来测定单色光的波长。但为了测定的准确，要求衍射条纹必须分得很开，条纹很细且很明亮。然而对单缝衍射而言，这两个要求难以同时满足。这是因为若要条纹分得很开，单缝的宽度就要很小，这样通过单缝的光能量就少，条纹不够明亮；若要条纹明亮，单缝的宽度就要很大，但这时条纹间距变小，不易分辨开来，所以测定光波波长时，我们往往不使用单缝，而是采用能满足上述条件的衍射光栅。

由大量等间距、等宽度的平行狭缝所组成的光学元件称为**衍射光栅**。用于透射光衍射的叫透射光栅，用于反射光衍射的叫反射光栅。透射光栅一般是在一块光学玻璃片上刻出很多等间距、等宽度的平行刻痕，刻痕处相当于毛玻璃，不易透光，刻痕之间的光滑部分可以透光，如图 11–8 所示。透光部分的宽度记为 a，不透光部分的宽度记为 b，相邻的一个透光部分和一个不透光部分的宽度之和记为 d，即 $d = a + b$，称之为**光栅常量**。一般光栅的光栅常量在 10^{-6}~10^{-5} m 之间。

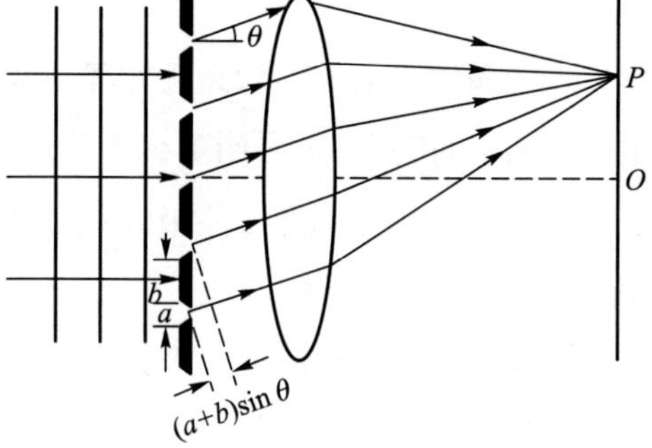

图 11–8　透射光栅示意图

当一束平行单色光照射在光栅上时，每个狭缝都要产生衍射，而缝与缝之间透过的光又要发生干涉。用透镜 L 将其会聚在屏幕上，就会产生如图 11–9 所示

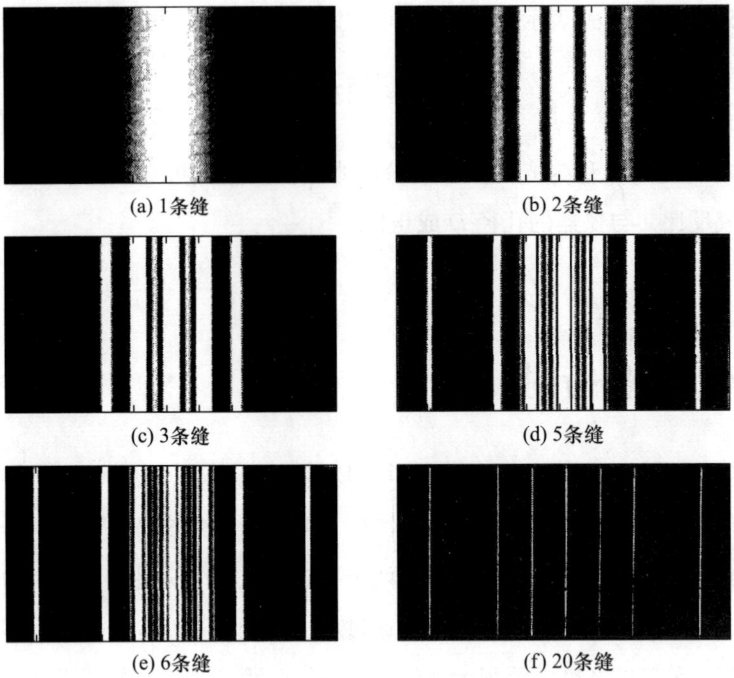

图 11–9　光栅衍射条纹

的光栅衍射条纹。实验表明，随着缝数的增加，明条纹的亮度增大，明条纹的宽度变小。

下面简单讨论一下，在屏幕上某处出现光栅衍射明条纹所应满足的条件。

在图 11–8 中，任意选择两个相邻的透光缝来分析。设这两个相邻缝发出沿衍射角 θ 方向的光，经透镜会聚于点 P，其光程差为 $\delta = (a + b)\sin\theta = d\sin\theta$。如果满足关系式：

$$d\sin\theta = \pm k\lambda \quad (k = 0,\ 1,\ 2,\cdots) \tag{11–9}$$

则干涉加强，在屏幕上出现明条纹。上式称为**光栅方程**，满足光栅方程的明条纹又称为主极大，这些主极大细窄而明亮。k 为明条纹级数。$k = 0$，为零级主极大；$k = 1$，为一级主极大，其余依此类推。除零级主极大只有一条外，其余主极大均有两条，它们对称分布在零级主极大的两侧。

由光栅方程可知，在光栅常量 d 一定时，主极大衍射角 θ 的大小与入射光的波长有关。若用白光照射光栅，则各种不同波长的光将产生各自分开的主极大明条纹。屏幕上除零级主极大由各种波长的光混合为白光外，其两侧将形成各级由紫到红对称排列的彩色光带，这些彩色光带的整体称为衍射光谱，如图 11–10 所示（其中用 V 表示紫光，用 R 表示红光）。在第 2 级和第 3 级光谱中，发生了重叠，级数越大，重叠情况越严重。

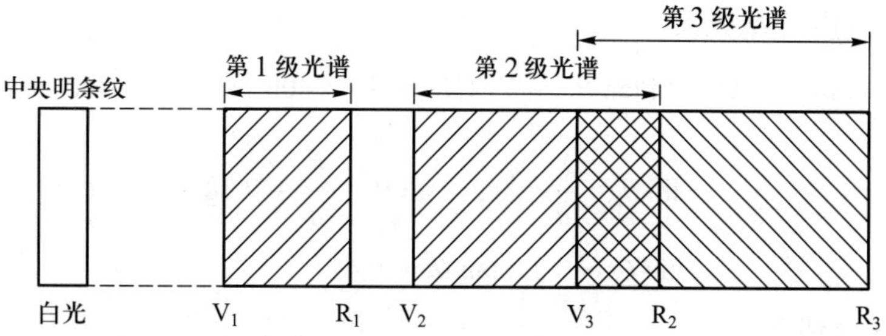

图 11–10　光栅衍射光谱

由于光栅可以将不同波长的光分隔开，且光栅衍射条纹宽度小，测量误差较小，所以常用它作分光元件，其分光性能要比棱镜优越得多。

例 11–4　用每毫米刻有 500 条刻痕的光栅，观察钠光谱线（$\lambda = 589.3$ nm）。问：平行光垂直入射时，最多能看到第几级条纹？总共有多少条条纹？

解　由光栅公式 $d\sin\theta = \pm k\lambda$，得

$$k = \pm\frac{d}{\lambda}\sin\theta$$

可见 k 的最大值对应 $\sin\theta = 1$。

光栅常量为

$$d = \frac{1}{500}\ \text{mm} = 2\times10^{-6}\ \text{m}$$

将结果代入 k 式，并令 $\sin\theta = 1$，得

$$k = \frac{2\times10^{-6}}{589.3\times10^{-9}} \approx 3.4$$

k 只能取整数，故 $k = 3$，即最多只能看到第 3 级明条纹，总共有 $2k+1 = 2\times3+1 = 7$ 条明条纹（其中加一条零级明条纹）。

例 11–5　用 1.0 mm 内有 500 条刻痕的平面光栅观察光谱（λ=589 nm），设透镜焦距 $f = 1.00$ m。（1）光线垂直入射时，最多能看到第几级光谱？（2）若用白光垂直照射光栅，求第 1 级光谱的线宽度。

解　（1）当光线垂直入射时，光栅衍射明条纹条件为

$$d\sin\theta = \pm k\lambda$$

令 $\sin\theta = 1$，得

$$k_{\text{m}} = \pm\frac{d}{\lambda} \approx \pm3.4$$

故最多能看到第 3 级光谱。

（2）由$d\sin\theta = \pm k\lambda$ 和 $\tan\theta = \dfrac{x}{f}$，对应于$\lambda_1 = 400\ \text{nm}$，$\lambda_2 = 760\ \text{nm}$，有

$$\sin\theta_1 = \frac{\lambda_1}{d} = 0.2,\quad \sin\theta_2 = \frac{\lambda_2}{d} = 0.38$$

$$\tan\theta_1 \approx 0.2,\quad \tan\theta_2 \approx 0.41$$

明条纹位置分别为

$$x_1 = f\tan\theta_1 = 0.2\ \text{m},\quad x_2 = f\tan\theta_2 = 0.41\ \text{m}$$

第 1 级光谱的线宽度为

$$\Delta x = x_2 - x_1 = 0.21\ \text{m}$$

例 11-6 波长为 500 nm 的平行单色光垂直照射到每毫米有 200 条刻痕的光栅上，光栅后的透镜焦距为 60 cm。求屏幕上中央明条纹与第 1 级明条纹的间距。

解 由光栅衍射明条纹公式 $d\sin\theta = k\lambda$，因 $k = 1$，所以有

$$\sin\theta = \frac{\lambda}{d} = \frac{500\times10^{-9}}{5\times10^{-6}} = 0.1,\quad \tan\theta \approx 0.100\,5$$

即

$$x_1 = f\tan\theta = 60\times0.100\,5\ \text{cm} = 6.03\ \text{cm}$$

思 考 题

11-1 为什么声波的衍射比光波的衍射更加显著?

11-2 衍射的本质是什么？衍射和干涉有什么联系和区别?

11-3 在观察夫琅禾费衍射的装置中，透镜的作用是什么?

11-4 一人持一狭缝屏紧贴眼睛，通过狭缝注视遥远处的一平行于狭缝的线状白光光源，问这人看到的衍射图样是菲涅耳衍射，还是夫琅禾费衍射?

11-5 光栅衍射与单缝衍射有何区别？为何光栅衍射的明条纹特别明亮而暗区很宽?

11-6 如何理解光栅的衍射条纹是单缝衍射和多缝干涉的总效应?

11-7 光栅衍射图样的强度分布具有哪些特征？这些特征分别与哪些参量有关?

11-8 要分辨出天空中遥远的双星，为什么要用直径很大的天文望远镜?

11-9 使用蓝色激光在光盘上进行数据读写较使用红色激光有何优越性？

11-10 孔径相同的微波望远镜和光学望远镜相比较，哪个分辨本领更大？为什么？

习　　题

11-1 用波长为 0.63 μm 的激光束测一单缝的宽度，测得中心附近两侧第 5 级明条纹间的距离为 26 mm。已知透镜焦距为 $f = 50$ cm，观察屏置于焦平面处。试求缝宽。

11-2 有一由白光照射得到的单缝衍射图样。若某一光波的第 3 级主极大恰与波长为 700 nm 的光的第 2 级主极大相重合，求此光波的波长。

11-3 一单缝缝宽为 0.10 mm，缝后放置一焦距为 50 cm 的会聚透镜。用波长为 546.0 nm 的绿光垂直照射单缝，试求位于透镜焦平面处的屏幕上的中央明条纹及第 2 级明条纹的宽度。

11-4 某单色光垂直照射在一个每厘米刻有 6 000 条刻痕的光栅上。如果第 1 级谱线的衍射角为 20°，试问入射光的波长是多少？它的第 2 级谱线将在何处？

11-5 在圆孔夫琅禾费衍射中，设圆孔半径为 0.10 mm，透镜的焦距为 50 cm，所用单色光波长为 500 nm，求在透镜焦平面处的屏幕上呈现的艾里斑的半径。

11-6 白光（波长为 400~760 nm）垂直入射到每厘米有 6 000 条刻痕的光栅上。试问理论上最多可产生几级完整的可见光谱？

Scientist Synopsis

科学家简介

菲涅耳

Augustin-Jean Fresnel

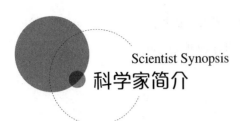

Chapter 12

第 12 章 光的偏振

光的干涉和衍射现象显示了光的波动性，但这些现象并不能告诉我们光是横波还是纵波。光的偏振现象从实验上清楚地显示出光的横波性，这一点和光的电磁理论的预言完全一致。可以说，光的偏振现象为光的电磁波本性提供了进一步的证据。

光的偏振现象在自然界中普遍存在。光的反射、折射以及光在晶体中传播时的双折射都与光的偏振现象有关。偏振光有极其广泛的应用。

12.1 自然光和偏振光

横波和纵波在某些方面的表现是截然不同的。如图 12–1 所示，在机械波的传播路径上，放置一狭缝 *AB*。当狭缝 *AB* 与横波的振动方向平行时［图 12–1（a）］，横波可以通过狭缝继续向前传播；而当狭缝 *AB* 与横波的振动方向垂直时［图 12–1（b）］，横波不能通过狭缝，而纵波却能通过狭缝继续向前传播［图 12–1（c）、（d）］。

光是一种电磁波，光波的电场强度 $\boldsymbol{E}$ 和磁场强度 $\boldsymbol{H}$ 的振动方向相互垂直，且分别与波的传播方向垂直。就可见光而言，能够引起人们视觉或令感光器件起作用的是电场强度 $\boldsymbol{E}$ 的振动，因此用 $\boldsymbol{E}$ 的振动代表光振动，称之为光矢量。在光波的传播过程中，在垂直于传播方向的平面内，光矢量可能有不同的振动状态。光矢量既可以始终在一个方向上振动，也可以随时改变方向，甚至绕传播方向以光频率旋转。光矢量的这种振动状态称为**光的偏振态**。按光的不同偏振态，可以把光分为

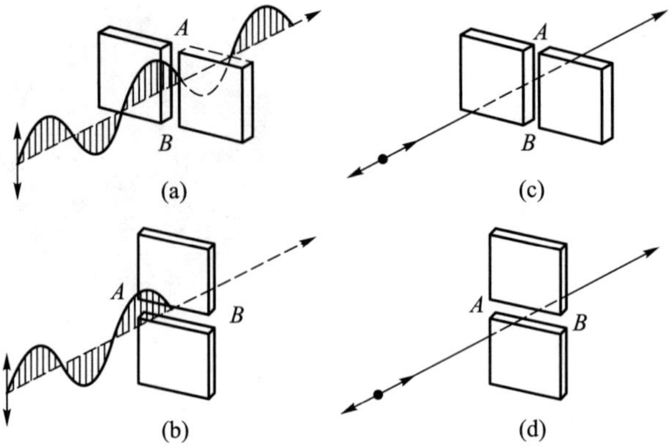

图 12-1　横波与纵波的区别

五类：线偏振光、椭圆偏振光、圆偏振光、部分偏振光和自然光。下面将对此加以说明。

在光波传播过程中，若空间各点的光矢量都沿同一固定的方向振动，如图 12-2 所示，则称这种光为**线偏振光**。由光矢量的振动方向和传播方向决定的平面称为振动面。我们在图中用黑点表示垂直于纸面的光振动，用短线表示平行于纸面的光振动。

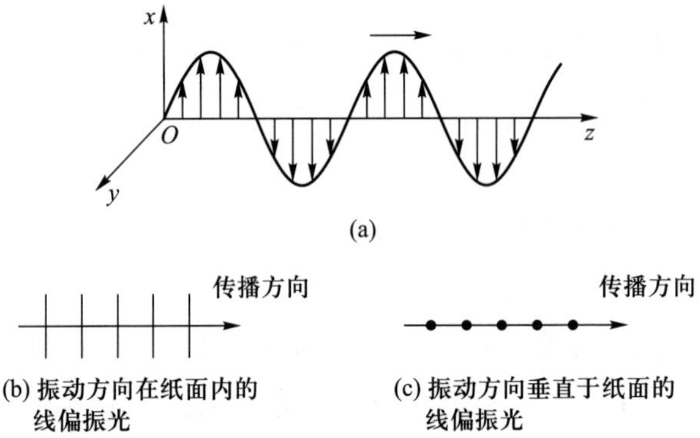

图 12-2　线偏振光

在普通光源中，每个原子（或分子）每次发光所发出的波列可以认为是线偏振光，但是普通光源所发出的光是由大量原子发出的持续时间很短的波列组成的，这些波列的振动方向和相位是无规律的、随机变化的。因此在垂直于光传播方向的平面上看，几乎各个方向都有大小不等、前后不齐而变化很快的光矢量的振动。按统计平均来说，无论哪个方向的振动都不比其他方向更占优势，即光矢量的振动在各个方向上的分布是对称的，振幅也可看作完全相等（图 12-3），这种光就是**自然光**，它是非偏振的。

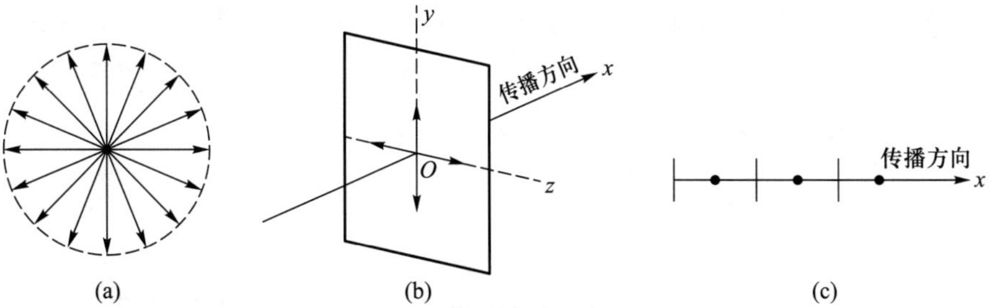

图 12-3　自然光

我们可以把自然光在两个相互垂直的振动方向上进行分解，分解得到的两个分量光的振幅相同，振动方向彼此垂直。它们相互独立，都是线偏振光。这两个线偏振光的光强各占自然光光强的一半。自然光可以用图 12–3（c）所示的方法表示。

与自然光相类似，若某束光可以在相互垂直的两个方向上分解，而这两个分量光的强度不等，则这样的光称为**部分偏振光**，可以用图 12–4 所示的方法表示。图 12–4(a）表示在纸面内的光振动较强；图 12–4(b）表示垂直于纸面的光振动较强。

图 12–4　部分偏振光

相对于自然光（非偏振光）和部分偏振光而言，线偏振光是完全偏振光。实际上，部分偏振光是介于完全偏振光和自然光之间的偏振状态。理论分析表明，部分偏振光可以看作完全偏振光和自然光的混合。

12.2　马吕斯定律

从自然光获得偏振光的过程称为**起偏**，产生起偏作用的光学器件称为**起偏器**。偏振片是一种常见的起偏器，它对入射的自然光的光矢量在某个方向上的分量有强烈的吸收，而对与它相垂直的分量吸收很少。当自然光照射在偏振片上时，它只让某一特定振动方向的光矢量通过，这个方向叫作偏振化方向或透射方向，我们通常用符号“↕”把偏振化方向标示在偏振片上。

偏振片不仅可以使自然光变成线偏振光，还可以用来检测某束光是否为偏振光，这一过程称为**检偏**，即起偏器也可作为**检偏器**。图 12–5 演示了检偏过程。将偏振片B绕入射光的方向旋转一周，透过B的光由全明逐渐变为全暗，又由全暗变为全明，再全明变全暗，全暗变全明，共经历两个全明和全暗的过程。由此可知，入射光是线偏振光。若改用自然光作此实验，则在旋转偏振片B的过程中，人们不会观察到明暗的变化。

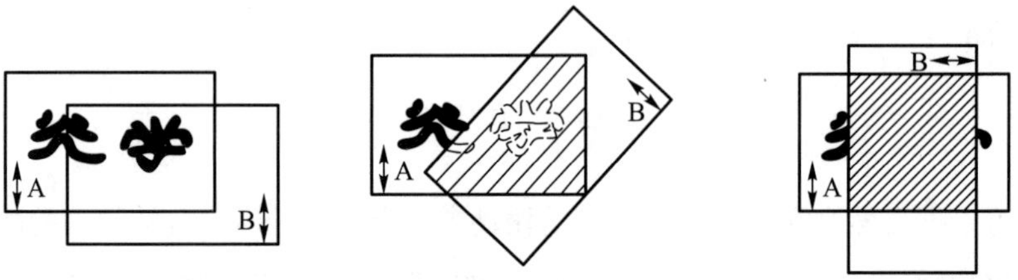

(a) A、B的偏振化方向相同　(b) A、B的偏振化方向成一不为90°的交角　(c) A、B的偏振化方向互相垂直

图 12–5　检偏过程

1809年，马吕斯在研究线偏振光通过检偏器后的透射光光强时发现，若入射光光强为 I_0，线偏振光的振动方向与检偏器的偏振化方向间的夹角为 α，则透射光光强 I 为

$$I = I_0\cos^2\alpha \tag{12–1}$$

式（12–1）称为**马吕斯定律**。现证明如下。

如图12–6所示，ON_1 表示入射线偏振光的振动方向，ON_2 表示检偏器的偏振化方向，两者的夹角为 α。入射线偏振光的光矢量振幅为 E_0，将此光矢量沿 ON_2 方向及垂直于 ON_2 方向分解为两个分量，其中平行于检偏器偏振化方向的分量可以通过检偏器，其光矢量的振幅为 $E_0\cos\alpha$，由于光强与振幅的二次方成正比，所以通过检偏器的透射光光强 I 与入射光光强 I_0 之比为

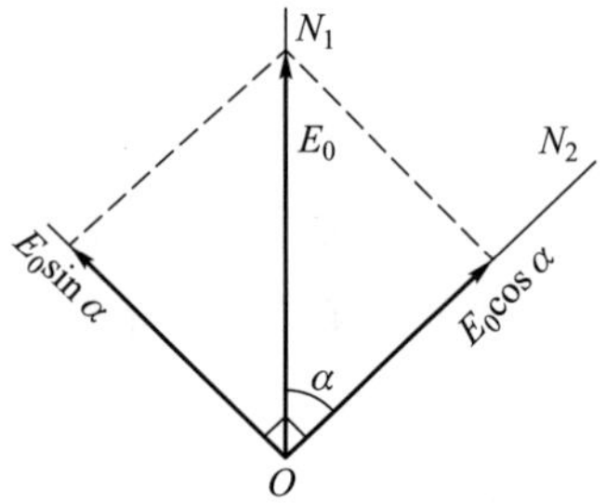

图 12–6　马吕斯定律

$$\frac{I}{I_0} = \frac{(E_0\cos\alpha)^2}{E_0^2} = \cos^2\alpha$$

即

$$I = I_0\cos^2\alpha$$

例12–1　一束光由线偏振光和自然光混合而成，当它通过偏振片时，人们发现透射光的光强依赖于偏振片的偏振化方向的取向，可变化3倍。求入射光中两种成分的光的相对强度。

解 设光束的总光强为 I，其中线偏振光的光强为 I_1，自然光的光强为 I_0，则 $I=I_0+I_1$。

设透射光光强的最大值为 I_{max}，最小值为 I_{min}，由题意有

$$\frac{I_{max}}{I_{min}}=\frac{I_1+\frac{1}{2}I_0}{\frac{1}{2}I_0}=3$$

由此得到

$$\frac{I_1}{I_0}=\frac{1}{1}$$

即入射光中线偏振光光强 $I_1=\frac{1}{2}I$，自然光光强 $I_0=\frac{1}{2}I$。

例 12–2 自然光入射到两个重叠的偏振片上。如果透射光强为：（1）透射光最大光强的三分之一；（2）入射光光强的三分之一，则这两个偏振片的偏振化方向间的夹角为多少？

解 （1） $$I_1=\frac{I_0}{2}\cos^2\alpha_1=\frac{1}{3}I_{max}$$

又

$$I_{max}=\frac{I_0}{2}$$

有

$$I_1=\frac{I_0}{6}$$

故

$$\cos^2\alpha_1=\frac{1}{3},\quad \cos\alpha_1=\frac{\sqrt{3}}{3},\quad \alpha_1\approx 54°44'$$

（2） $$I_2=\frac{I_0}{2}\cos^2\alpha_2=\frac{1}{3}I_0$$

得

$$\cos\alpha_2=\sqrt{\frac{2}{3}},\quad \alpha_2\approx 35°\ 16'$$

例 12–3 使自然光通过两个偏振化方向夹角为 60° 的偏振片时，透射光光强为 I_1，今在这两个偏振片之间再插入一偏振片，它的偏振化方向与前两个偏振片的偏振化方向均成 30° 角，问此时透射光光强 I 与 I_1 之比为多少？

解 由马吕斯定律，有

$$I_1=\frac{I_0}{2}\cos^2 60°=\frac{I_0}{8}$$

$$I=\frac{I_0}{2}\cos^2 30°\cos^2 30°=\frac{9I_0}{32}$$

得

$$\frac{I}{I_1}=\frac{9}{4}=2.25$$

12.3 布儒斯特定律

自然光在两种各向同性的不同介质的分界面上反射和折射时，反射光和折射光都将成为部分偏振光；在特定的情况下，反射光有可能成为完全偏振光。

如图 12–7 所示，MM' 是两种介质（如空气和玻璃）的分界面。SI 是一束自然光，IR 和 IR' 分别是反射光和折射光。i 为入射角，γ 为折射角。图中黑点表示垂直于入射面的光振动，短线表示平行于入射面的光振动。实验表明，反射光是垂直于入射面振动较强的部分偏振光，而折射光是平行于入射面振动较强的部分偏振光。实验还表明，随着入射角 i 的变化，反射光的偏振化程度也随之发生变化，当入射角 i_0 满足

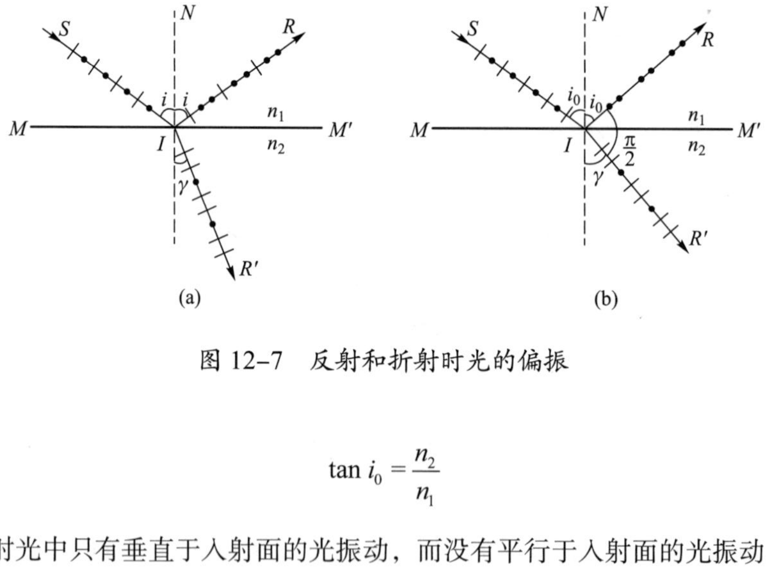

图 12–7　反射和折射时光的偏振

$$\tan i_0=\frac{n_2}{n_1} \tag{12–2}$$

时，反射光中只有垂直于入射面的光振动，而没有平行于入射面的光振动。这时，反射光为线偏振光，而折射光仍为部分偏振光，但折射光的偏振化程度这时最高（图 12–7）。式（12–2）是 1811 年由布儒斯特从实验中得到的，所以称为**布儒斯特定律**，i_0 叫作**起偏角**或**布儒斯特角**。当入射角 i 大于等于起偏角 i_0 时，反射光为线偏振光，而折射光为部分偏振光。

根据折射定律，$n_1\sin i_0=n_2\sin\gamma$，又由布儒斯特定律有

$$\tan i_0 = \frac{\sin i_0}{\cos i_0} = \frac{n_2}{n_1}$$

可得

$$\sin \gamma = \cos i_0$$

故

$$i_0 + \gamma = \frac{\pi}{2}$$

这表明当入射角为起偏角时，反射光与折射光相互垂直。

对于一般的光学玻璃，当自然光以起偏角入射时，反射光虽然是垂直入射面的线偏振光，但其光强只占入射光中垂直入射面的光强的 15%。而折射光的光强包括入射光中全部的平行入射面的光强和垂直入射面的光强的 85%。所以，反射光虽然偏振化程度高，但光强很小；而折射光光强很大，但偏振化程度低。

为了解决上述问题，实验室中常用玻璃堆的方法获得振动相互垂直的两束线偏振光，如图 12–8 所示。玻璃堆是由多片彼此平行的平板光学玻璃中间夹以空气膜构成的。当自然光（或单色光）以大于等于起偏角的角度入射到玻璃堆上时，光束经多次反射和折射，反射光集中了入射光中几乎全部的垂直入射面的光矢量，而折射光集中了入射光中全部的平行入射面的光矢量和极少量的垂直入射面的光矢量。这样就可以获得偏振化程度极佳的两束振动方向相互垂直的偏振光。

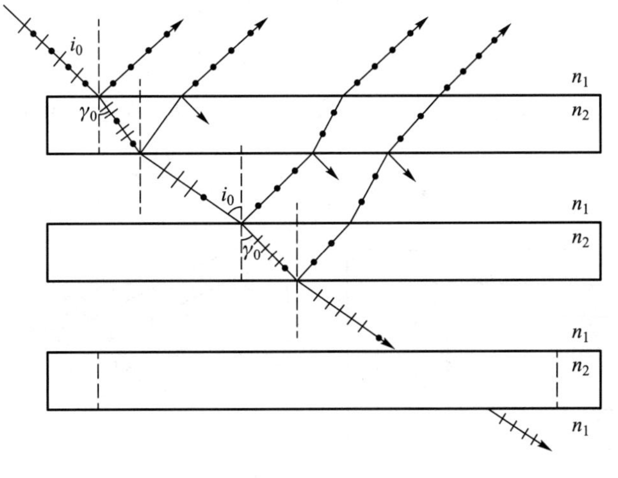

图 12–8　利用玻璃堆获得偏振光

例 12–4　水的折射率为 1.33，空气的折射率近似为 1。当光从水中射入空气中时，起偏角是多少？而光从空气中射入水中时，起偏角又是多少？

解 由布儒斯特定律，光从水中射入空气中时，有

$$\tan i_0 = \frac{n_1}{n_2} = \frac{1}{1.33},\quad i_0 \approx 36.9^\circ$$

光从空气中射入水中时，有

$$\tan i_0' = \frac{n_2}{n_1} = 1.33,\quad i_0' \approx 53.1^\circ$$

例 12-5 若测得釉质在空气中的起偏角为 58°，求釉质的折射率。

解 因 $\tan 58^\circ = \frac{n}{1}$，故 $n \approx 1.60$。

*12.4 光的双折射

12.4.1 寻常光和非常光

在我们日常生活经验中，熟悉的情况是当一束光由一种介质射入另一种介质时，在界面上产生的折射光只有一束。但是，当光射入各向异性的晶体，如方解石晶体（$CaCO_3$）时，折射光不是一束，而是两束。当把这种晶体放在有字的纸上时，我们看到的像是双像［图 12-9（a）］。一束光进入方解石后，分裂成两束光，它们沿不同的方向折射，这种现象称为**双折射**。这是由于晶体的各向异性造成的。除立方晶体外，光线进入其他晶体时，也会产生双折射现象。图 12-9（b）表示光束在方解石晶体内的双折射，显然，晶体越厚，射出的光束分得越开。

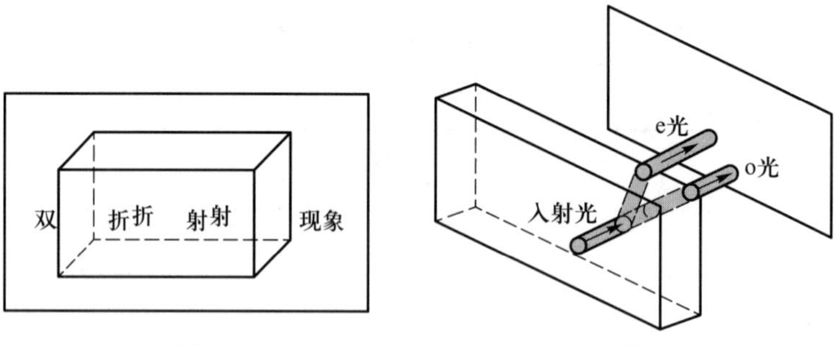

图 12-9 双折射现象

实验证明，当改变入射角 i 时，两束折射光中的一束恒遵守通常的折射定律，我们把这束光称为**寻常光**，通常用 o 表示，简称 **o 光**；另一束折射光不遵守通常的折射定律，即折射光线不一定在入射面内，而且对不同的入射角，入射角的正弦与

折射角的正弦之比不是常量，这束光称为**非常光**，通常用e表示，简称e**光**［12–10（a）］。当一束光垂直于方解石表面入射（$i=0$）时，o光沿原方向传播，而e光则一般偏离原方向传播，如图12–10（b）所示。这时，若使方解石以入射光为轴旋转，将发现o光不动，而e光却随之绕轴旋转。检偏器的检验表明，o光和e光都是线偏振光。

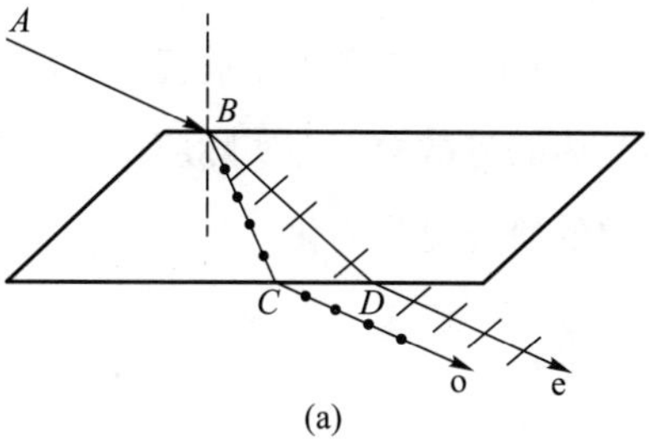

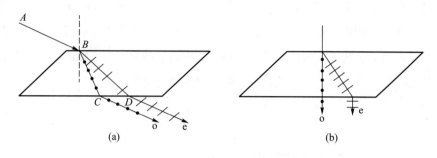

图 12–10　寻常光和非常光

12.4.2　晶体的光轴与光线的主平面

晶体中存在一个特殊的方向，当光沿着这个方向传播时不产生双折射，即o光与e光重合，在该方向上o光与e光的折射率相等，光的传播速度相等。这个特殊的方向称为晶体的**光轴**。如天然方解石晶体是斜平行六面体，两棱之间的夹角约为78°或102°。从其三个钝角面相会合的顶点引出一条直线，并使其与三棱边都成等角，这一直线的方向就是方解石晶体的光轴方向。图12–11（a）为各棱边等长的方解石晶体；图12–11（b）为各棱边不等长的方解石晶体。应该注意的是，光轴不是指一条直线，而是指一个方向。只有一个光轴的晶体称为**单轴晶体**，如方解

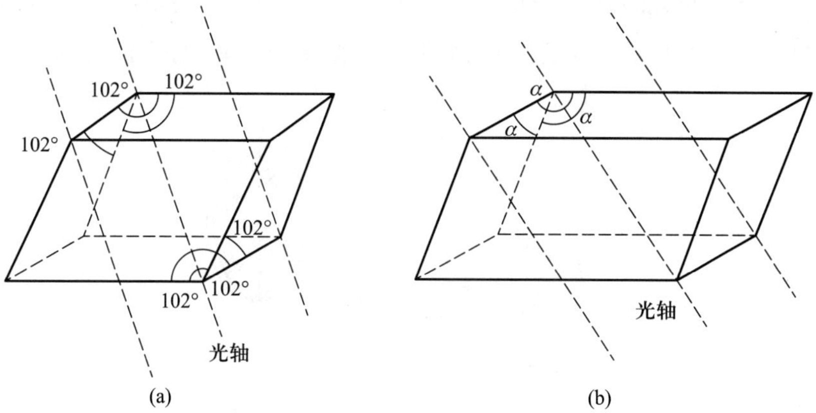

图 12–11　方解石晶体的光轴

石、石英等。有的晶体有两个光轴，称为**双轴晶体**，如云母、蓝宝石等。

我们把光轴和任意一已知光线所组成的平面称为晶体中该光线的**主平面**。o 光和 e 光各有自己的主平面。实验发现，o 光的光振动垂直于 o 光的主平面，e 光的光振动在 e 光的主平面内。在一般情况下，o 光和 e 光的主平面并不重合，它们之间有一个不大的夹角，可以认为 o 光和 e 光的振动方向是相互垂直的。只有当光线沿光轴与晶体表面的法线方向所组成的平面入射时，o 光和 e 光的主平面才严格重合，且就在入射面内。这时，o 光和 e 光的振动方向是严格相互垂直的。这个由光轴与晶体表面的法线方向所组成的平面称为晶体的**主截面**。在实际应用中，人们一般选择光线沿主截面入射，以使对双折射现象的研究更为简化。

*12.5 偏振光的干涉

12.5.1 椭圆偏振光和圆偏振光 波片

两个振动方向相互垂直的同频率的光振动合成后可以获得椭圆偏振光和圆偏振光。如图 12–12 所示，P_1、P_2 为偏振片，其偏振化方向相互垂直。C 为单轴薄晶片，其光轴平行于晶面且与 P_1 的透光轴夹角为 α。光源为单色自然光光源。光源发出的光经过偏振片后变为线偏振光，设其振幅为 A，其进入晶片后分解为 o 光和 e 光，仍沿原方向传播。由于在晶片中的传播速度不同，折射率也不同，所以通过厚度为 d 的晶片后，它们之间的相位差为

$$\Delta\varphi = \frac{2\pi}{\lambda} d\left(n_o - n_e\right) \tag{12-3}$$

式中 λ 为入射单色光的波长。这样，两束频率相同、振动方向相互垂直，且具有一定相位差的两个光振动就合成为椭圆偏振光。适当选择晶片的厚度 d，使得相位差

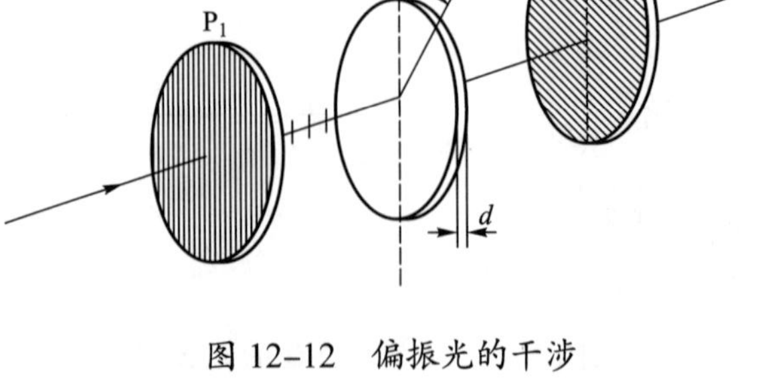

图 12–12 偏振光的干涉

$$\Delta\varphi=\frac{2\pi}{\lambda}d\left(n_o-n_e\right)=\frac{\pi}{2}$$

则通过晶片后的合成光为正椭圆偏振光。由于这时 o 光和 e 光的光程差为

$$\delta=\left(n_o-n_e\right)d=\frac{\lambda}{4}$$

所以这样厚度的晶片称为四分之一波片。显然，这是对特定波长而言的。

如果图 12–12 中的波片 C 为四分之一波片，且 $\alpha=\frac{\pi}{4}$，则晶体中 o 光和 e 光的振幅相等。此时通过晶片后的合成光为圆偏振光。如果波片 C 为二分之一波片，且 $\alpha=\frac{\pi}{4}$，则 o 光和 e 光通过晶片后相位差为 π，且振幅仍相等，合成光为线偏振光，不过振动方向将旋转 90°。

椭圆偏振光和圆偏振光也是完全偏振光。

12.5.2 偏振光的干涉

在图 12–12 中，经过晶片 C 后得到的 o 光和 e 光再经过偏振片 P_2 后，两者在偏振片的偏振化方向上的分振动是具有相干性的。两束光透过偏振片后的振幅矢量 $\boldsymbol{A}_{2e}$ 和 $\boldsymbol{A}_{2o}$ 的方向相反。它们的量值分别为 e 光和 o 光振幅 A_e 和 A_o 在偏振片 P_2 的偏振化方向上的分量，即

$$A_{2e}=A_e\sin\alpha=A_1\sin\alpha\cos\alpha,\quad A_{2o}=A_o\cos\alpha=A_1\sin\alpha\cos\alpha$$

由此可知，通过偏振片 P_2 的两束光是频率相同、振动方向相同、振幅相等和相位差恒定的相干光，因而可以观察到偏振光的干涉现象。两束光的相位差为

$$\Delta\varphi=\frac{2\pi}{\lambda}d\left(n_o-n_e\right)+\pi \tag{12–4}$$

式中第一项是晶片厚度引起的光程差，第二项是由于 $\boldsymbol{A}_{2e}$ 和 $\boldsymbol{A}_{2o}$ 的振幅矢量方向相反引起的附加光程差。当 $\Delta\varphi=2k\pi\ (k=1,\ 2,\cdots)$ 时，干涉最强；当 $\Delta\varphi=(2k+1)\pi\ (k=0,\ 1,\cdots)$ 时，干涉最弱。

如果入射光为白光，则不同波长的光满足各自的干涉条件，在视场中将呈现彩色干涉图样，这种现象称为**色偏振**。

12.5.3 人为双折射现象

某些非晶体在受到外界作用（如机械、电场或磁场等作用）时，会失去各向同

性的性质，也呈现出双折射现象，称之为**人为双折射现象**。

1. 光弹性效应

本来透明的各向同性的介质在机械力作用下，显示出光学上的各向异性，这种现象称为光弹性效应，有时也称为机械双折射或应力双折射。如图 12–13 所示，对物体施以压力或张力时，其有效光轴都在应力方向上，并且引起的双折射与应力成正比。由实验可得

$$n_o - n_e = kp$$

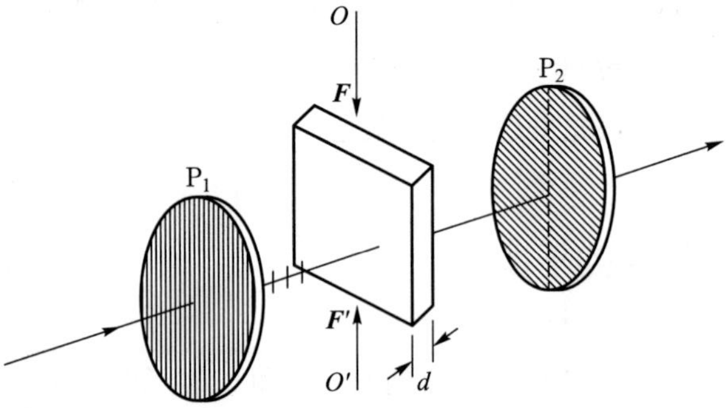

图 12–13　压力下的双折射现象

式中 k 为比例系数，p 为应力压强，n_o、n_e 为受力介质对 o 光和 e 光的折射率。

两偏振光通过厚度为 d 的介质后所产生的相位差为

$$\Delta\varphi = \frac{2\pi}{\lambda} d\left(n_o - n_e\right) \tag{12–5}$$

透明样品在应力作用下，由于各处压强不同，将出现衍射图样，这种特性称为**光弹性**。它在工程技术上已得到广泛应用。

2. 克尔效应

有些非晶体或液体，在强大电场的作用下，显示出双折射现象，这是克尔在 1875 年发现的，所以称为**克尔效应**。

如图 12–14 所示，C 是装有平板电极且储有非晶体或液体的容器，叫作克尔盒。P_1、P_2 为两个偏振化方向相互垂直的偏振片，它们的偏振化方向与电场方向成 45° 角。电源未接通时，视场是暗的，接通电源后，视场由暗转明，这说明在电场作用下，非晶体变为双折射晶体。其光轴方向与外电场强度方向平行，有如下关系存在：

$$n_o - n_e = KE^2\lambda \tag{12–6}$$

式中 λ 为入射光波长，E 为电场强度大小，K 为克尔常量，与材料有关。

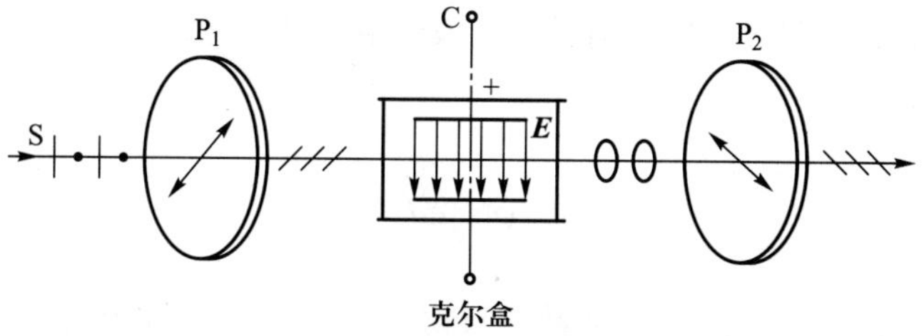

图 12-14　克尔效应

利用克尔效应可以制成光的断续器——光开关。其优点是几乎没有惯性，故其应用极其广泛。

12.5.4　旋光现象

阿拉戈在 1811 年发现，当线偏振光通过某些透明物质时，它的振动面将以光的传播方向为轴旋转一定的角度，这种现象称为旋光现象。能使线偏振光振动面旋转的物质称为旋光性物质。实验证明，振动面旋转的角度取决于旋光性物质的性质、厚度以及入射光的波长等。

如图 12-15 所示，图中 F 是滤光器，用以获得单色光。C 为旋光物质，如晶面与光轴垂直的石英片。P_1、P_2 为两个偏振化方向相互垂直的偏振片。当将旋光物质放入光路中时，视场将由暗变明；将偏振片 P_2 绕光的传播方向旋转某一角度后，视场将由明变暗。这说明线偏振光透过旋光物质后仍为线偏振光，但其振动面旋转了一定角度，旋转角度恰为偏振片 P_2 转过的角度。

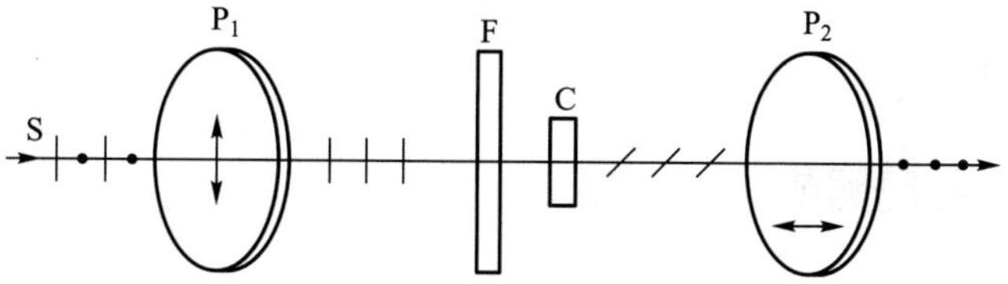

图 12-15　旋光现象

上述实验的结果如下：

（1）不同的旋光物质可以使线偏振光的振动面向不同的方向旋转。面向光源观察，使振动面向右（顺时针方向）旋转的物质称为右旋物质，如葡萄糖；使振动面向左（逆时针方向）旋转的物质称为左旋物质，如果糖、石英晶体。由于结晶形态的不同，有的物质是右旋物质，有的物质是左旋物质。

（2）振动面的旋转角与波长有关，当波长给定时，与旋光物质的厚度有关，它们满足下面的关系：

$$\varphi = ad \quad (12\text{–}7)$$

式中 d 的单位为 mm，a 为**旋光常量**，与物质的性质、入射光的波长等有关。如 1 mm 厚的石英片所产生的旋转角对红光、黄光、紫光分别为 15°、21.7°、51°。当偏振白光通过旋光物质后，各种色光的振动面将分散在不同的平面内，这种现象称为**旋光色散**。

（3）线偏振光通过糖溶液、松节油等液体时，其振动面的旋转角可用下式表示：

$$\varphi = acd \quad (12\text{–}8)$$

式中 a 和 d 的意义同上，c 为旋光物质溶液的质量浓度。在制糖工业中，测定糖溶液质量浓度的糖量计就是根据这一原理制成的。

*12.6 近、现代光学

20 世纪中叶，光学领域中发生了三件大事：1948 年全息照相术的诞生，1955 年像质评价函数的提出，1960 年激光的诞生。这使光学在理论方法和实际应用上都有了重大的突破和进展，形成了现代光学。现代光学的研究范围极广，包括全息光学、非线性光学、傅里叶光学、激光光谱学、光化学、光通信、光存储和光信息处理等。

12.6.1 全息照相

1. 全息照相的特点

普通的黑白照相底片只记录了物体各点的光强（振幅）信息，彩色照相底片还记录了光的波长信息；而全息照相记录的是光的全部信息（波长、振幅和相位）。

普通照相得到的只是物体的二维平面图像，而全息照相得到的是物体的三维立体图像。

如果普通的照相底片缺失一部分，那么所记录的图像也是不完整的；而全息照相底片破碎了，即使只剩下一小块碎片，仍可以再现完整的图像。

2. 全息照相的记录和再现

全息照相的记录和再现实际上是光的干涉和衍射的结果。

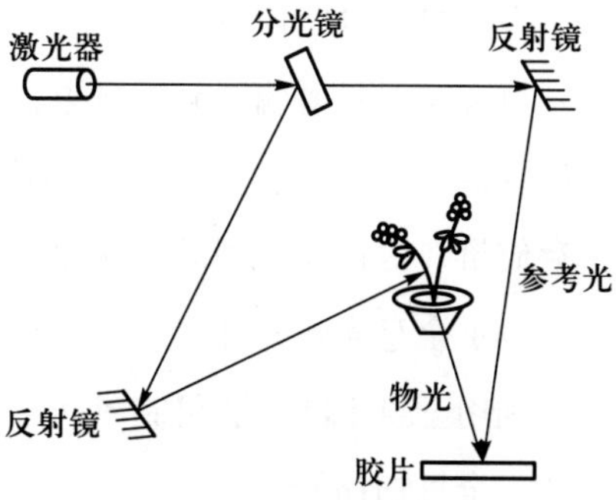

图 12–16　全息照相

全息照相的实验装置如图 12–16 所示，激光器发出的激光经过分光镜分成两束，一束经反射镜和扩束镜（图中未画出）投射在物体上，然后经物体的反射或透射后再射到感光底片上，这部分光称为**物光**；另一束经反射镜和扩束镜（图中未画出）后直接投射到感光底片上，这部分光称为**参考光**。物光和参考光相互叠加，在感光底片上形成干涉条纹。经显影、定影后，我们就得到了全息照片，称之为**全息图**。这种全息图通过干涉方法记录了物光波前上各点的全部光信息。

全息照相的再现，是用一束与参考光的波长和传播方向完全相同的光束照射在全息照片上，这束光称为**再现光**。这样在原先拍摄时放置物体的方向上，人们就能看到一幅非常逼真的立体的原物的形象（虚物）（图 12–17）。和虚物相对应的，在全息照片相对称的位置上，还有一实像。实际上，波前的再现是衍射过程。这两个像相当于光栅衍射的 +1 级和 –1 级的两个衍射图像。

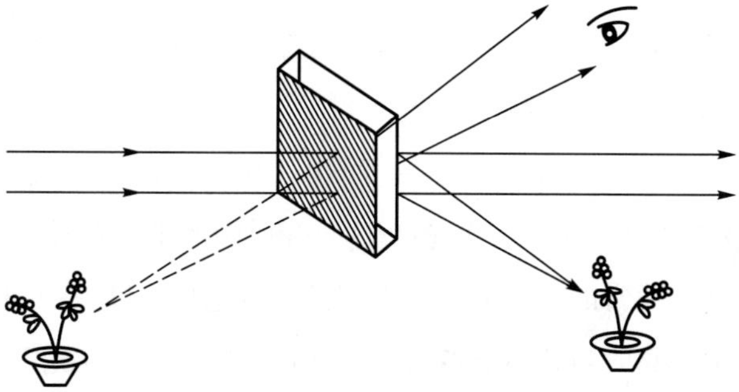
图 12–17　全息照相再现

3. 全息照相的应用

（1）全息显微术

利用全息照相可以进行显微放大，可放大几千倍到上万倍。

（2）全息干涉计量

这是目前全息照相应用最广泛的领域之一。全息照相在无损探测、微应力应变测量、振动分析等方面都得到应用。

（3）全息信息存储

在拍摄全息照片时，改变参考光束的方向，可以把不同物体摄制在同一张底片上。再现时，只要偏转照明光束，就能将各个物体互不干扰地显现出来。一张底片可以存储许多信息，如文字、图片或资料等，全息照片正在发展成为信息存储器，其存储量要比目前使用的其他存储器高一到两个数量级。

（4）全息光学元件

利用全息干涉方法可制成薄片型的光学元件，如全息透镜、全息光栅、全息滤光片、全息扫描器等。

12.6.2　非线性光学

1. 非线性光学现象

光是一种电磁波，当光通过介质时，介质中的原子在电场作用下极化。介质的电极化强度 $\boldsymbol{P}$ 与入射光波电场强度 $\boldsymbol{E}$ 呈线性关系的光学称为**线性光学**，呈非线性关系的光学称为**非线性光学**或**强光光学**。

光与介质发生相互作用时，介质将极化，其电极化强度 $\boldsymbol{P}$ 与入射光波电场强度 $\boldsymbol{E}$ 的方向相同，大小满足如下关系式：

$$P = \alpha E + \beta E^2 + \gamma E^3 + \cdots \tag{12-9}$$

式中 α 为电极化率，β、γ、…分别是二阶、三阶……电极化系数，它们都是与电场强度无关的常量，由介质的性质决定。

普通光源发出的光的电场强度大小为 10^3~10^4 V·m^{-1}，要比原子内部的平均电场强度（约 3×10^{10} V·m^{-1}）小得多。这时介质中产生的电极化强度与外界电场强度成正比，这就是通常的线性光学。但强激光的电场强度大小约为 10^{10} V·m^{-1}，这时（12–9）式中的高阶项就不能忽略了，这就产生了非线性光学现象。

非线性光学现象一般分为两大类：一类是强光与被动介质（在强光作用下，介质的特征频率并不明显起作用）相互作用的非线性光学现象，如光学整流、光学倍频、光学混频和光自聚焦等；另一类是强光与激活介质（在强光作用下，介质的特征频率影响与之相互作用的光波）相互作用的非线性光学现象，如受激拉曼散射和受激布里渊散射等。

2. 光学倍频

设入射光的电场强度大小为 $E = E_0\cos\omega t$，则介质响应的电极化强度大小（略去三次方及以上各项）为

$$P = \alpha E_0 \cos \omega t + \beta E_0^2 \cos^2 \omega t = \alpha E_0 \cos \omega t + \frac{1}{2}\beta E_0^2 + \frac{1}{2}\beta E_0^2 \cos 2\omega t \qquad (12-10)$$

电极化强度 P 中除有频率为 ω 的基频项外，还有频率为 2ω 的倍频项和直流项。直流项表示从一个交变电场得到一个恒定电场，这称为**光学整流**。辐射频率为入射频率两倍的倍频光现象，称为**光学倍频**。

3. 光学混频

如入射光包含两种频率，即 $E = E_1 + E_2 = E_{10}\cos \omega_1 t + E_{20}\cos \omega_2 t$，沿同一方向同时入射到非线性介质上，则介质响应的电极化强度大小（略去三次方及以上各项）为

$$P = \alpha\left(E_{10} \cos \omega_1 t + E_{20} \cos \omega_2 t\right) + \frac{1}{2}\beta E_{10}^2\left(1+\cos 2\omega_1 t\right) + \frac{1}{2}\beta E_{20}^2\left(1+\cos 2\omega_2 t\right)$$

$$+\beta E_{10}E_{20}\left[\cos\left(\omega_1+\omega_2\right)t + \cos\left(\omega_1-\omega_2\right)t\right] \qquad (12-11)$$

式中除了直流、基频和倍频项外，还有和频（$\omega_1 + \omega_2$）和差频（$\omega_1 - \omega_2$）项，这意味着介质将辐射频率为和频和差频的光波，这种现象称为**光学混频**。利用倍频效应和混频效应，可以改变入射光的频率而辐射出新的光波，实现光频的转换，这扩大了相干辐射的频谱范围。

4. 自聚焦

强激光入射到某些非线性介质（如二硫化碳、甲苯等）上时，介质的折射率不再是常数，而是随着光强的增大而变大，这是一种三阶非线性效应。一般在激光束的中央部分，光的功率密度比外围大，当它通过非线性介质时会使中央部分的折射率大于边缘部分，从而使介质起到凸透镜的会聚作用（图 12–18）。这样，光束的直径就要缩小，其结果是使中央部分的功率密度变得更大，这又使光束进一步收缩，最后形成一根极细的亮丝，这就是光的**自聚焦**。

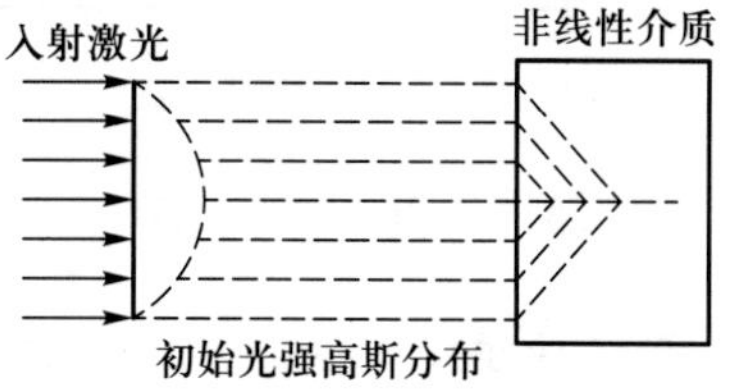

(a) 光的自聚焦

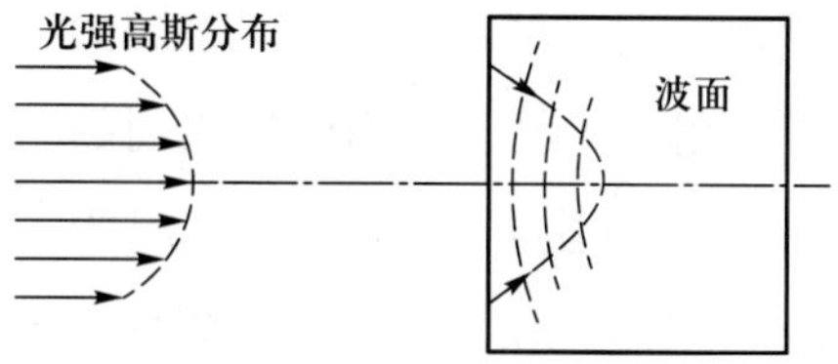

(b) 非线性介质自聚焦

图 12–18 光的自聚焦

12.6.3 光纤

光纤是光导纤维的简称。它是用石英、玻璃或特制塑料拉成的柔软细丝，直径从几微米到 120 μm。像水流经导管一样，光能沿着这种细丝在其内部传播，由此人们把这种细丝称为**光导纤维**。

光纤通信的基本原理是几何光学和波动光学。普通光纤直径较大，可用几何光学方法近似描述；特制光纤直径较小，则需要用波动光学理论分析。下面我们对普通光纤进行简单讨论。

1. 光纤的结构及传光原理

普通光纤由圆柱形二氧化硅玻璃纤芯、包层和护套三部分组成，如图 12–19 所示。护套用尼龙或塑料制成，起保护光纤的作用。纤芯和包层同时参与传光，但纤芯的折射率 n_1 大于包层的折射率 n_2。这是因为当入射角大于临界角 $i_0\left(\sin i_0=\dfrac{n_2}{n_1}\right)$时，就会产生光的全反射，从而使光在光纤中顺利传播。

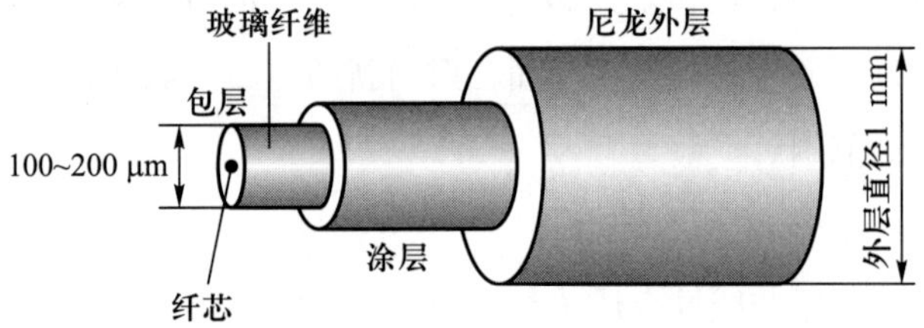

图 12–19　光纤的结构

下面讨论最简单的情况：光纤的端面与光纤轴心线垂直且光纤为直圆柱体。

如图 12–20 所示，光线以一定角度进入光纤截面，我们把入射光与光纤轴心线之间的夹角 θ_0 称为光纤端面入射角；光线在纤芯与包层之间的界面上反射，光线与界面法线之间的夹角 φ 称为包层界面入射角。因为 $n_1>n_2$，所以包层界面有一全反射的临界角 φ_c，光纤端面有一端面临界入射角 θ_c。当端面入射角 $\theta_0\leqslant\theta_c$ 时，光线在纤芯和包层之间不断反射，向前传播。

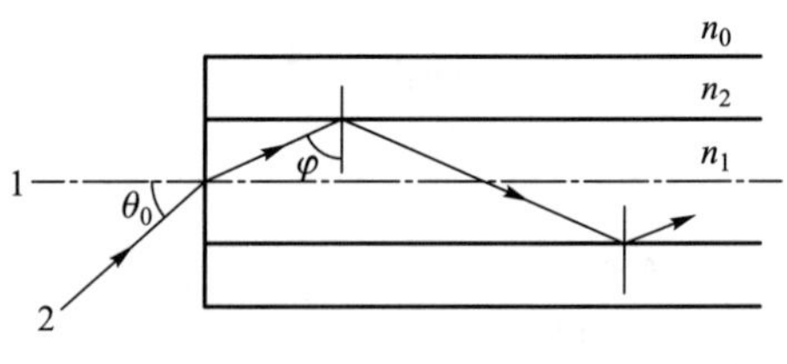

图 12–20　光纤原理

2. 光纤的分类

光纤的折射率分布通常用折射率沿光纤径向的分布函数来表征，这种分布函数称为光纤的折射率剖面 $n(r)$。

我们引入纤芯、包层相对折射率差Δ作为剖面参数，其定义为

$$\Delta=\frac{n_1^2-n_2^2}{2n_1^2}\approx\frac{n_1-n_2}{n_1} \tag{12-12}$$

普通光纤按折射率分布一般有两种：阶跃折射率型和梯度折射率型。阶跃型光纤（简称阶跃光纤）如图 12–21（a）所示；梯度型光纤（简称梯度光纤）如图 12–21（b）所示。

按光纤传输的模数，光纤还可以分为单模光纤和多模光纤。

3. 光纤的数值孔径

数值孔径（N.A.），是一个反映光纤集光本领的物理量。数值孔径越大，集光本领越强。

通常把 $2\theta_c$ 称为光纤的孔径角，其实际上是一个圆锥角（图 12–22）。孔径角越大，光纤端面接收光的能力就越强，在实用中，光纤与光源之间的耦合也就越方便。

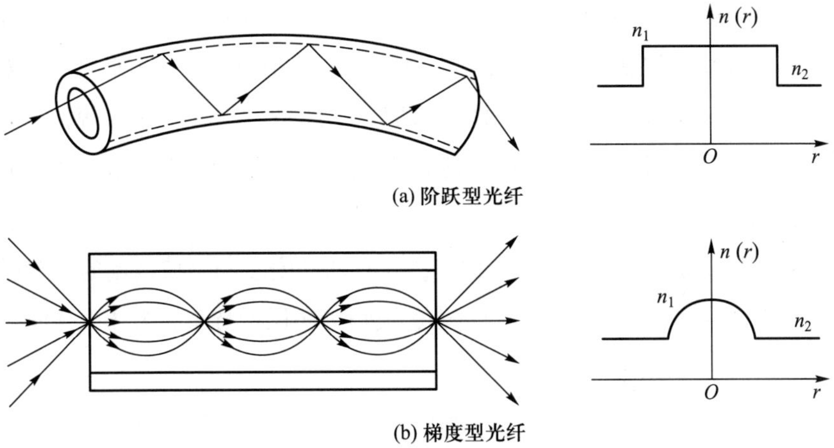

图 12–21　光纤分类

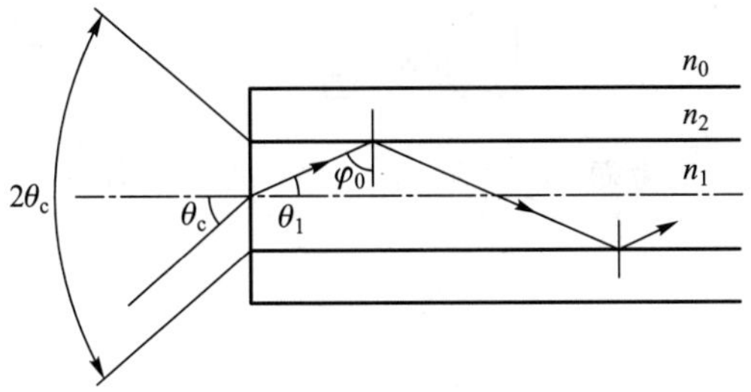

图 12–22　光纤数值孔径计算

在图 12–22 中，应用折射定律可以证明：

$$\sin\theta_c \approx n_1\sqrt{2\Delta} = \text{N. A.} \qquad (12\text{–}13)$$

N.A. 称为光纤的数值孔径。

N.A. 仅由光纤的折射率决定，与光纤的几何尺寸无关。这样，在制作光纤时，可将光纤的数值孔径作得很大而截面积很小，使光纤变得柔软可弯曲。这是光纤能开辟一个新应用领域的原因之一，也是一般光学系统所不能比拟的。

思 考 题

12–1 怎样用偏振片来分辨自然光、部分偏振光和线偏振光？

12–2 两偏振片堆叠在一起，一束自然光垂直入射其上时没有光线通过。当其中一偏振片慢慢转动 180°时，透射光强度发生的变化是什么样的？

12–3 一光束由强度相同的自然光和线偏振光混合而成。当此光束垂直入射到几个叠在一起的偏振片上时，问：（1）欲使最后出射光振动方向垂直于原来入射光中线偏振光的振动方向，并且入射光中两种成分的光的出射光强相等，至少需要几个偏振片？它们的偏振化方向应如何放置？（2）这种情况下最后出射光强与入射光强的比值是多少？

12–4 为了得到线偏振光，人们在激光管两端安装一个玻璃制的“布儒斯特窗”（思考题 12–4 图），使其法线与管轴的夹角为布儒斯特角。为什么这样射出的光就是线偏振光？光振动沿哪个方向？

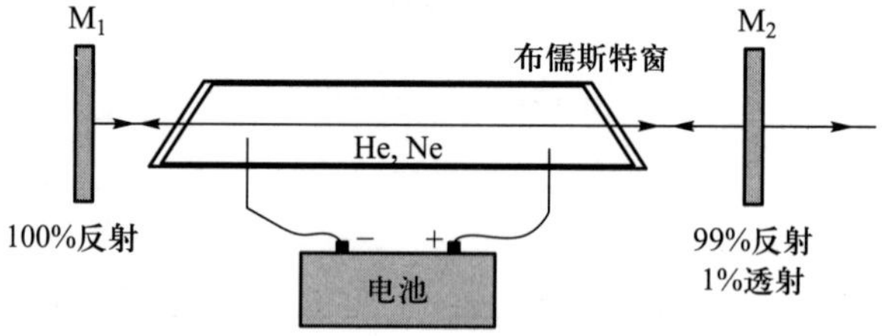

思考题 12–4 图　氦氖激光器结构简图

习　　题

12–1 若从一池静水的表面上反射出来的太阳光是完全偏振的，那么太阳在地平线之上的仰角是多大？此时反射光的振动方向如何？

12–2 一束太阳光以某一入射角照射到平面玻璃上，这时反射光为线偏振光，折射角为 32°。求：（1）入射角；（2）玻璃的折射率。

12–3 投射到起偏器的自然光强度为 I_0，开始时，起偏器和检偏器的偏振化方向平行，然后使检偏器绕入射光的传播方向转过 130°、45°、60°。试问在上述三种情况下，透过检偏器后光的强度分别是 I_0 的几倍？

12–4 如习题 12–4 图所示，三偏振片平行放置，P_1、P_3 偏振化方向垂直，自然光垂直入射到偏振片 P_1、P_2、P_3 上。问：（1）当透过 P_3 的光强为入射自然光光强的 $\frac{1}{8}$ 时，P_2 与 P_1 偏振化方向之间的夹角为多少？（2）当透过 P_3 的光强为零时，P_2 应如何放置？（3）能否找到 P_2 的合适方位，使最后透过光强为入射自然光光强的 $\frac{1}{2}$？

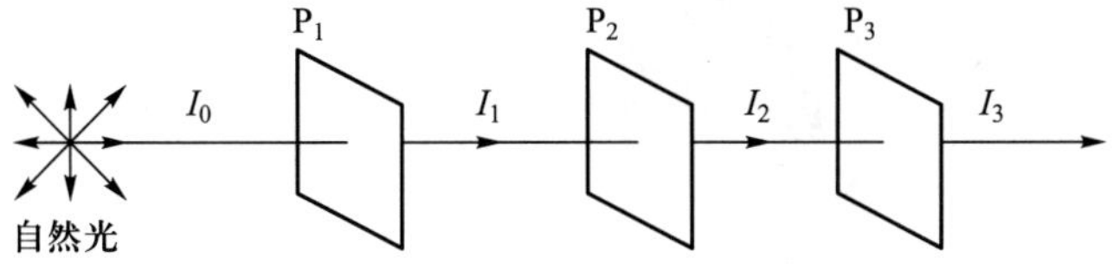

习题 12–4 图

12–5 某一物质对空气的临界角为 45°，光从该物质向空气入射。求 i_0。

12–6 一束自然光从空气入射到折射率为 1.40 的液体表面上，其反射光为线偏振光。试求入射角与反射角。

Scientist Synopsis

科学家简介

布儒斯特

David Brewster

Part 6

第 6 部分 电磁学

电磁学是经典物理学的一部分，主要研究电荷、电流产生电场、磁场的规律，电场和磁场的相互联系，电磁场对电荷、电流的作用，以及电磁场对物质的各种效应等。电磁现象是自然界存在的一种极为普遍的现象，涉及广泛的领域。电的研究和应用在认识客观世界和改造客观世界中展现了巨大的活力。因此，电磁学课程是理科和工科的一门重要基础课。

任何一门科学都有其发展史，都是人类长期实践活动和理论思维的产物。回顾科学发展的历史可以使我们看清楚，在荒漠的知识原野上如何建造起庄严的科学大殿，从而使我们获得科学方法论上的教益。

16 世纪末，英国人吉伯研究了摩擦使物体带电的现象。

18 世纪中叶，美国人富兰克林提出了正、负电荷的概念。

1752 年，富兰克林在费城通过风筝实验验证了闪电是放电的一种形式，把天电与地电统一起来。

1785—1789 年，法国物理学家库仑利用扭秤实验发现了电荷之间的相互作用规律——库仑定律，并测出了静电力常量 k 的值。

1826 年，德国物理学家欧姆通过实验得出了欧姆定律。

1837 年，英国物理学家法拉第引入了电场的概念，并提出用电场线表示电场。

1911 年，荷兰科学家昂内斯发现大多数金属在温度降到某一值时，都会出现电阻突然降为零的现象——超导现象。

1913 年，美国物理学家密立根通过油滴实验精确测定了元电荷 e 的值，从而获得 1923 年诺贝尔物理学奖。

19 世纪，焦耳和楞次先后独立地发现了电流通过导体时产生热效应的规律，即焦耳定律。

1820 年，丹麦物理学家奥斯特发现电流可以使周围的小磁针发生偏转，这称为电流的磁效应。

法国物理学家安培发现两根通有同向电流的平行导线相吸，通有反向电流的平行导线相斥，并总结出安培定则（右手螺旋定则）判断电流与磁场的相互关系和左手定则判断通电导线在磁场中受到的磁场力的方向。

荷兰物理学家洛伦兹提出了运动电荷产生磁场和磁场对运动电荷有作用力（洛伦兹力）的观点。

汤姆孙的学生阿斯顿设计的质谱仪可用来测量带电粒子的质量和分析同位素。

1932 年，美国物理学家劳伦斯发明了回旋加速器，从而能在实验室中产生大量的高能粒子。（最大动能仅取决于磁场和 D 形盒直径，带电粒子圆周运动周期与高频电源的周期相同。）

1831 年，英国物理学家法拉第发现了由磁场产生电流的条件和规律——电磁感应定律。

1834 年，俄国物理学家楞次发表了确定感应电流方向的定律——楞次定律。

1832 年，美国科学家亨利发现了自感现象（因电流变化而在电路本身引起感应电动势的现象），日光灯的工作原理即其应用之一。

时至今日，电磁学已发展成为经典物理学中相当完善的一个分支，它可以用来说明宏观领域内的各种电磁现象。一方面，物质的电结构是物质的基本组成形式（实物由分子、原子组成，而原子由带正电的原子核和带负电的电子组成）；电磁场是物质世界的重要组成部分（除了实物之外，场是物质存在的形式）；电磁作用是物质的基本相互作用之一（通常宏观范围内的各种接触力，如摩擦力、弹性力、黏性力等都是原子之间电磁作用的结果）；电过程是自然界的基本过程。因此，电磁学渗透到物理学的各个领域，成为研究物理过程必不可少的基础；此外，它也是研究化学和生物学某些基元过程的基础。另一方面，电磁学的日臻完善也促进了电技术的发展。电技术具有便于实现电与其他运动形式之间的转化，转化效率高，传递迅速、准确，便于控制等优点。因此，电技术在能源的合理开发、输送和使用方面起着重要作用，它使人类可更广泛、更有效、更方便地利用一切可以利用的能源。电技术在实现机电控制和自动化，在信息的传递及利用各种电效应实现非电学量的电测方面也具有重要意义。此外，在电子计算机领域，电技术也起着重要作用。因此，电磁学也是技术学科的重要基础。时至今日，人类生活、科学技术活动以及物质生产活动等都离不开电。

在科学和技术的不断发展中，电磁学的应用必定会找到自己更为广阔的前景，同时，电磁学内容本身也必将更加丰富。

Chapter 13

第13章 真空中的静电场

现代物理研究把自然界各种各样的物质形态划分为实物和场两大类。实物是人们在日常生活中所熟知的物质形态，看得见也摸得着，而场单凭感觉是既看不到也摸不着的。但场是真实存在的，如引力场、电磁场、核力场等。场和一切实物一样，也具有能量、动量和质量等重要性质，但场又与实物不同，几个场可以同时占有同一空间，所以，场是一种特殊的物质形态。

实验表明，运动电荷会同时激发电场和磁场，这就揭示了电场和磁场具有相互关联的性质。而电荷量不变的电荷相对参考系静止时所激发的电场，称为静电场。

本章只研究真空中静电场的基本性质。我们将介绍电荷的概念及性质，以及它们相互作用的规律；由库仑定律出发，引入描述电场的基本物理量——电场强度；研究静电场的两条基本规律——高斯定理和环路定理；深入介绍应用高斯定理求解静电场的方法，即对称性分析（对称性分析已成为现代物理学一种基本的分析方法）；并引入电势能和电势的概念。无论是概念的引入，或是定律的表述，或是分析方法的介绍，本章所涉及的内容，就思维方法来讲，对整个电磁学（甚至整个物理学）都具有典型的意义，希望读者细心、认真地学习、体会。

13.1 电荷

13.1.1 电荷的种类

电荷是古代人们对电的一种称呼，古代人们认为电是附着在物体上的，因而称其为“电荷”。物体能产生电磁现象，现在都归因于物体带上了电荷以及这些电荷的运动。

在很早的时候，人们就发现了用毛皮摩擦过的琥珀能够吸引羽毛、头发等轻小物体。后来人们又发现，摩擦后能吸引轻小物体的现象，并不是琥珀所独有的，玻璃棒、火漆棒、硬橡胶棒、硫黄块或水晶块等，用毛皮或丝绸摩擦后，也都能吸引轻小物体。

物体有了这种吸引轻小物体的性质，就说它带了电，或有了电荷。带电的物体叫带电体。使物体带电叫作**起电**。用摩擦方法使物体带电叫作**摩擦起电**。

实验指出，两根用毛皮摩擦过的硬橡胶棒互相排斥；两根用丝绸摩擦过的玻璃棒也互相排斥；可是，用毛皮摩擦过的硬橡胶棒与用丝绸摩擦过的玻璃棒互相吸引，这表明硬橡胶棒上的电荷和玻璃棒上的电荷是不同的。实验证明，所有其他物体，无论用什么方法起电，所带的电荷或者与玻璃棒上的电荷相同，或者与硬橡胶棒上的电荷相同。所以，自然界中只存在两种电荷；而且，同种电荷互相排斥，异种电荷互相吸引。18 世纪中期，美国科学家富兰克林首先用正电荷和负电荷来区分它们，并规定：与用丝绸摩擦过的玻璃棒带的电相同的，叫作**正电**；与用毛皮摩擦过的硬橡胶棒带的电相同的，叫作**负电**。

近代科学告诉我们：宏观物体都是由微观原子构成的。任何化学元素的原子，从微观看，都是由带正电的原子核和绕着原子核运动的带负电的电子所组成的。在通常情况下，原子核带的正电荷总数跟核外电子带的负电荷总数相等，原子对外不显电性，所以整个原子是呈电中性的。原子核里正电荷总数很难改变，而核外电子却能摆脱原子核的束缚，转移到其他物体上，从而使核外电子带的负电荷总数发生改变。那么，当物体失去电子时，核外电子带的负电荷总数就要比原子核的正电荷总数少，物体对外就显示出带正电；相反，本来是电中性的物体，当得到电子时，它对外就显示出带负电。摩擦起电就是电子转移的一种现象：两个物体互相摩擦时，其中必定有一个物体失去一些电子，而另一个物体得到多余的电子。如用丝绸摩擦玻璃棒时，玻璃棒的一些电子转移到丝绸上，玻璃棒因失去电子而带正电，丝绸因得到电子而带等量负电。用毛皮摩擦硬橡胶棒，毛皮的一些电子转移到硬橡胶棒上，毛皮带正电，而硬橡胶棒带着等量的负电。

13.1.2 电荷的量子性

物体所带电荷的多少叫作**电荷量**，电荷量用符号 Q 或 q 表示。在国际单位制（SI）中，电荷量的单位是库仑，符号为 C。库仑是一个导出单位，我们知道，单位时间内通过截面的电荷量就是电流，电流的单位为安培。若 1 s 内流过某截面的电荷量为 1 C，则流过该截面的平均电流即 1 A，因此库仑和安培的关系为 1 C = 1 A · s。

1833 年，英国物理学家法拉第提出了两条电解定律。随着物质结构的原子学说的建立，人们由电解定律发现了一个惊人的结果：电荷存在最小单元。人们把负电荷的最小单元叫作**电子**。

1897 年，剑桥大学卡文迪许实验室的汤姆孙在研究阴极射线时发现了电子，并且测出了电子的荷质比（即电荷与质量的比值）。

1913 年，密立根从实验中测出电子电荷量的绝对值为 $e \approx 1.60 \times 10^{-19}$ C，并且测出任何带电体所带有的电荷量都是电子电荷量绝对值 e 的整数倍。这种电荷量只能取分立的、不连续的量值的性质，称为**电荷的量子性**。

粒子物理理论认为，存在具有分数电荷量的粒子——夸克，它们所带电荷量的绝对值是 e 的 $\frac{1}{3}$ 或 $\frac{2}{3}$，但是实验尚未发现单独存在的夸克。即使发现了，也不过把元电荷的大小缩小到目前的 $\frac{1}{3}$，电荷的量子性依然不变。

由于电子电荷量是个非常小的数值，使得宏观电现象很难表现出电荷的量子性，所以我们在计算时经常把带电体上的电荷当作连续分布来处理，并认为电荷变化也是连续的。

13.1.3 电荷守恒定律

摩擦起电现象告诉我们，摩擦使物体带电的过程其实是使物体所带正负电荷分离或转移的过程，在这种过程中，电荷并没有被消灭，也没有被创造，只是从一个物体转移到另外一个物体上，或从物体的一部分转移到另外一部分，再结合其他起电实验，我们不难总结出以下的**电荷守恒定律：对于一个系统，如果没有净电荷出入其边界，则说系统所具有的正负电荷的电荷量的代数和保持不变**。电荷守恒定律同能量守恒定律、角动量守恒定律一样，是自然界的基本定律之一。

在高能粒子相互作用的实验中，电子是可以产生或者消失的。例如，一对正负电子相遇，会同时消失并产生光子：

$$e^+ + e^- \to 2\gamma$$

而一个高能光子和一个重核相互作用时，该光子就可以转化成一个正电子和一个负电子：

$$\gamma \to e^+ + e^-$$

但是在反应过程中，系统的正负电荷的电荷量的代数和并没有发生改变，因此电荷守恒定律依然成立。

13.1.4 电荷的相对论不变性

实验证明，一个电荷的电荷量与它的运动状态无关。较为直接的实验例子是比较氢分子和氦原子的电中性。氢分子和氦原子都有两个电子作为核外电子，这些电子的运动状态相差不大。氢分子还有两个质子，它们是作为两个原子核在保持相对距离约为 0.07 nm 的情况下转动的。氦原子中也有两个质子，但它们组成一个原子核，两个质子紧密地束缚在一起运动。氦原子中两个质子的能量比氢分子中两个质子的能量大得多（一百万倍的数量级），因而两者的运动状态有显著的差别。如果电荷的电荷量与运动状态有关，那么氢分子中质子的电荷量就应该和氦原子中质子的电荷量不同，但两者的电子的电荷量是相同的，因此，两者不可能都是电中性的。但是实验证实，氢分子和氦原子都精确地是电中性的，它们内部正负电荷的电荷量在数值上的相对差异小于$\frac{1}{10^{20}}$。这就说明，质子的电荷量是与其运动状态无关的。

其他实验也证明了电荷的电荷量与其运动状态无关。例如，用加速器把带电粒子加速到接近光速时，粒子的质量会变化，但它们所带电荷的电荷量却没有任何改变。

所以，电荷的电荷量与其运动状态无关，在不同的参考系中观察，同一带电粒子的电荷量也是不变的。电荷的这种性质叫作**电荷的相对论不变性**。

13.2 库仑定律

13.2.1 电场力的基本特性

电场具有这样的性质，即处于电场中的任何带电体都将受到力的作用，而且带电体在电场中移动时，电场对带电体做功。

电场力有以下几个基本特性：

（1）带电体之间相互作用的电场力远大于带电体间的万有引力，因此，除非特别说明，我们通常不考虑带电体间的万有引力；

（2）电场力是一种长程力，相隔无限远的带电体之间仍存在相互作用的电场力；

（3）电场力有引力、斥力两种基本形式，因此我们可对电场力进行屏蔽。

13.2.2 点电荷

从 18 世纪开始，不少人着手研究电荷之间的相互作用的定量规律。研究静止电荷之间的相互作用的理论叫**静电学**。

带电体之间存在相互作用力，我们把这种力称为**电场力**。实验发现，真空中两个静止带电体之间的电性相互作用力，不仅和两个带电体的电荷量、距离有关，而且与它们的大小、形状以及电荷在带电体上的分布有关。当带电体的几何线度远小于带电体之间的距离时，带电体的大小、形状以及电荷在带电体上的分布对它们之间的相互作用力的影响非常小，可以忽略不计。如果带电体的几何线度远小于它到其他带电体的距离，则这种带电体可看成**点电荷**。带电体被简化为点电荷后，可以用一个几何点标识它的位置，两个带电体之间的距离就是标识它们位置的两个几何点之间的距离。点电荷是电学中的一个重要的物理模型，它类似于力学中的质点，是一个理想模型。至于带电体的几何线度比带电体之间的距离小多少才能把带电体当作点电荷，则要根据具体问题要求的精确度来确定。

13.2.3 库仑定律

1785—1789 年，法国物理学家库仑通过扭秤实验，总结出真空中两个静止点电荷间相互作用力的基本规律，即真空中的库仑定律，简称库仑定律。

库仑定律可以表述为：**真空中的两个静止点电荷间的相互作用力，其方向沿两个点电荷的连线，同种电荷相斥，异种电荷相吸；其大小与两点电荷的电荷量乘积成正比，与它们之间距离的二次方成反比。**

库仑定律的矢量表示式为

$$\boldsymbol{F}_{21} = k\frac{q_1 q_2}{r^2}\boldsymbol{e}_{21} \tag{13-1}$$

式中 $\boldsymbol{F}_{21}$ 表示点电荷 q_2 对点电荷 q_1 的作用力，r 表示两个点电荷之间的距离，$\boldsymbol{e}_{21}$ 表示从电荷 q_2 指向电荷 q_1 的单位矢量，k 为比例系数，如图 13-1 所示。

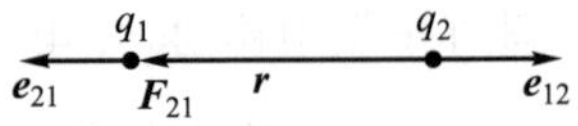

图 13-1　真空中两个静止点电荷之间的作用力

点电荷所带的电荷量 q_1、q_2 为标量，有大小和正负。当 q_1 和 q_2 同号时，$\boldsymbol{F}_{21}$ 与 $\boldsymbol{e}_{21}$ 同方向，表示电荷 q_1 受到 q_2 的排斥作用。而当 q_1 和 q_2 异号时，$\boldsymbol{F}_{21}$ 与 $\boldsymbol{e}_{21}$ 反方向，表示电荷 q_1 受到 q_2 的吸引作用。

在 SI 中，当距离用 m、力用 N、电荷量用 C 作单位时，由实验测得的比例系数为

$$k = 8.988\ 0 \times 10^9\ \mathrm{N \cdot m^2/C^2}$$

为了更方便地表达电磁学公式，人们引入另一个常量 ε_0，使 $k=\dfrac{1}{4\pi\varepsilon_0}$。这样，我们得到了库仑定律的常用形式：

$$\boldsymbol{F}_{21}=\frac{q_1 q_2}{4\pi\varepsilon_0 r^2}\boldsymbol{e}_{21} \qquad (13\text{-}2)$$

这里引入的 ε_0 称为**真空介电常量**（又称**真空电容率**）。在 SI 中，它的数值和单位是

$$\varepsilon_0=\frac{1}{4\pi k}\approx 8.8542\times10^{-12}\ \mathrm{C^2/(N\cdot m^2)} \qquad (13\text{-}3)$$

库仑定律只适用于真空中两个点电荷之间的相互作用，而不能用于直接求解多个点电荷或连续带电体之间的相互作用力。

库仑扭秤实验

库仑制造的扭秤的构造如图 13-2 所示，在一个直径和高度均为 12 英寸（1 英寸 = 2.54 厘米）的玻璃圆筒上，盖一块直径为 13 英寸的玻璃板，板的正中钻有一孔，并装上高为 24 英寸的玻璃管，玻璃管上端装有扭转测微器。端部中间有一只夹子，夹持一根极细的银丝，银丝连着一根浸过蜡的麦秆，麦秆的一端有一小木髓球，另一端贴一小纸片与之平衡，使麦秆呈水平位置，这一部分都装在玻璃筒内。在玻璃盖板上另开有侧孔，孔内放入另一只小木髓球，它可以与麦秆上的小木髓球接触。这样，只要使侧孔处的小木髓球带电，然后与麦秆上的另一只小木髓球接触，两只小球就带同种电荷，相互排斥而分

图 13-2　扭秤

开，银丝就会扭转。多次实验结果表明，扭转角的大小与扭力的大小成正比，斥力的大小与距离的二次方成反比。

扭秤实验的原理如下。

在细金属丝下悬挂一根秤杆，它的一端有一小球 A，另一端有平衡体 P，在 A 旁还置有另一与它一样大小的固定小球 B。为了研究带电体之间的作用力，先使 A、B 各带一定的电荷，这时秤杆会因 A 端受力而偏转。转动悬丝上端的悬钮，使小球回到原来位置(为了测出扭转角)。这时悬丝的扭力矩等于施于小球 A 的电力的力矩。如果悬丝的扭力矩与扭转角之间的关系已事先校准、标定，则由旋钮上指针转过的角度读数和已知的秤杆长度，可以得知在此距离下 A、B 之间的作用力大小。

13.2.4 电场力叠加原理

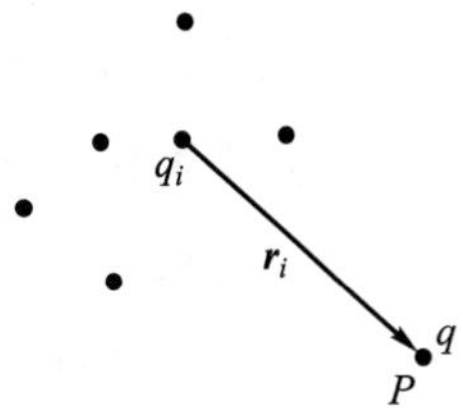

图 13–3 电场力叠加原理

如图 13–3 所示，当空间同时存在多个点电荷时，多个点电荷对点 P 处点电荷 q 作用的总电场力就等于其他点电荷单独存在时对它作用的电场力的矢量和。这就是**电场力叠加原理**，可用公式表达为

$$\boldsymbol{F}=\sum_{i=1}^{n}\boldsymbol{F}_i=\frac{1}{4\pi\varepsilon_0}\sum_{i=1}^{n}\frac{qq_i}{r_i^2}\boldsymbol{e}_i \qquad (13\text{–}4)$$

式中 r_i 和 $\boldsymbol{e}_i$ 分别表示第 i 个点电荷 q_i 到 q 的距离和单位矢量。

电荷连续分布的带电体对点电荷 q 的作用力也可根据库仑定律和电场力叠加原理求解。把带电体分成无限多个电荷元 $\mathrm{d}q$，每个电荷元都可以当成一个点电荷。电荷元 $\mathrm{d}q$ 与点电荷 q 之间的静电力 $\mathrm{d}\boldsymbol{F}$ 遵守库仑定律：

$$\mathrm{d}\boldsymbol{F}=\frac{q\mathrm{d}q}{4\pi\varepsilon_0 r^2}\boldsymbol{e}_r \qquad (13\text{–}5)$$

式中 r 是由电荷元 $\mathrm{d}q$ 到点电荷 q 的距离，$\boldsymbol{e}_r$ 是由 $\mathrm{d}q$ 指向 q 方向的单位矢量。根据电场力叠加原理，带电体对点电荷 q 的作用力等于所有电荷元对 q 作用力的矢量和。因此，点电荷 q 受到的静电力为

$$\boldsymbol{F}=\frac{q}{4\pi\varepsilon_0}\int\frac{\mathrm{d}q}{r^2}\boldsymbol{e}_r \qquad (13\text{–}6)$$

(13–6) 式的积分区间是整个带电体。

库仑定律和电场力叠加原理是电学的基本规律，原则上讲，我们可以用它们解出任何带电体之间的相互作用力。例如，要求两个连续带电体之间的作用力，若两个带电体不能看作点电荷，我们就无法直接应用库仑定律 (13–2) 式来求解。但

是，按照电场力叠加原理，我们可以把连续带电体划分成许多带有电荷的小块，使每个小块都可以看作点电荷。按照库仑定律（13–2）式求出连续带电体上的每个点电荷对另一个带电体上每个点电荷的相互作用力，再根据电场力叠加原理（13–4）式求它们的矢量和，即可得两个连续带电体之间的相互作用的电场力。

13.3 电场强度

13.3.1 静电场

库仑定律给出了两个静止点电荷之间相互作用力的表达式，那么电场力是如何从一个点电荷作用到另一个点电荷上的呢?

在法拉第之前，人们认为两个电荷之间的相互作用力和两个质点之间的万有引力一样，都是一种超距作用。即一个电荷对另一个电荷的作用力是隔着一定空间直接给予的，不需要中间介质传递，也不需要时间。

在 19 世纪 30 年代，法拉第提出另一种观点，认为一个电荷周围存在由它所产生的电场，另外的电荷受这一电荷的作用力就是这个电场给予的。

近代物理学的理论和实验完全证实了场的观点的正确性。电场及磁场已被证明是一种客观实在，它们运动（或传播）的速度是有限的，这个速度就是光速。电磁场与实物一样具有能量、质量和动量。场与实物是物质存在的两种不同形式。

尽管如此，在研究静止电荷的相互作用时，电场的引入可以认为只是描述电荷相互作用的一种方便的方法。而在研究有关运动电荷，特别是其运动迅速改变的电荷的现象时，电磁场的实在性就凸显了。

产生电场的电荷称为**源电荷**。源电荷相对参考系静止时，产生的电场就称为**静电场**。

下面，我们来学习如何描述一个静电场。

13.3.2 电场强度

由于场是特殊物质，不能像一般实物一样直接看得见摸得着，那我们要如何研究它的性质呢？我们说过，处于电场中的任何带电体都将受到力的作用。把一个小电荷放到由点电荷产生的电场中的不同点，分别去测小电荷在不同点受到的作用力。我们发现，小电荷在电场中的位置不同，它受到的电场力的大小和方向是不一样的。因此，小电荷所受的电场力可以用来显示电场的性质。因此，如果要描述任意一个带电体在真空中产生的静电场，我们就可以用其他电荷在该电场中所受的作用力来定量描述它。

引入一个试验电荷 q_0，它的电荷量很小，不会影响周围空间的电场分布。将试验电荷置于一点电荷产生的电场中，它将受到电场力的作用。实验表明，q_0 所受的电场力 $\boldsymbol{F}$ 与试验电荷 q_0 的大小和正负有关，但比值 $\boldsymbol{F}/q_0$ 与试验电荷无关，是一个能反映电场性质的物理量。

我们定义比值 $\boldsymbol{F}/q_0$ 为**电场强度**，简称**场强**，用符号 $\boldsymbol{E}$ 表示。电场中任一点的电场强度可表示为

$$\boldsymbol{E}=\frac{\boldsymbol{F}}{q_0} \tag{13-7}$$

即电场中某点的电场强度的大小等于单位正电荷在该点所受的电场力的大小，方向与单位正电荷在该点所受电场力的方向一致。

场强的 SI 单位是 N/C（牛顿每库仑）或 V/m（伏特每米）。

需要注意的是，电场是一个客观实体，只要有电荷存在，就有电场存在。电场是否存在与是否引入试验电荷无关。试验电荷的引入只是为了检验电场的存在和讨论电场的性质而已。

（13–7）式描述的是电场中某点的电场强度，它由静电场的基本性质推出，但适用于所有电场。

13.3.3 点电荷的电场强度及叠加原理

我们先讨论一个点电荷 q 在真空中所形成的电场中某点的电场强度。引入一试验电荷 q_0，如图 13–4 所示。根据库仑定律，当试验电荷位于电场中某点 P 时，若 P 距源点电荷距离为 r，则试验电荷受到的源点电荷给它的电场力为

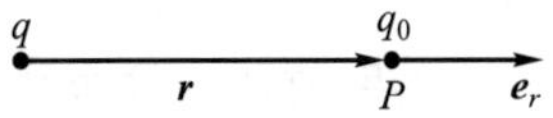

图 13–4 点电荷的场强

$$\boldsymbol{F}=\frac{qq_0}{4\pi\varepsilon_0 r^2}\boldsymbol{e}_r$$

根据电场强度的定义式，我们有

$$\boldsymbol{E}=\frac{\boldsymbol{F}}{q_0}=\frac{q}{4\pi\varepsilon_0 r^2}\boldsymbol{e}_r \tag{13-8}$$

式中 $\boldsymbol{e}_r$ 为由源点电荷指向场点 P 的单位矢量。（13–8）式即**点电荷的场强公式**。

根据（13–8）式，点电荷在周围空间产生的电场呈球对称分布。场强大小与到点电荷的距离 r 的二次方成反比。距离相同处，场强相同。同时我们注意到，当 $r=0$ 时，$E\rightarrow\infty$，这似乎是一个无意义的数值。实际上，点电荷只是一个理想模型，当场点无限靠近点电荷时，点电荷将变成一有几何尺寸的带电体，其场强不能用（13–8）式表示。

场强 $\boldsymbol{E}$ 是一个矢量，对于带正电的点电荷，其方向以点电荷为中心向外辐射；而对于带负电的点电荷，其方向则以点电荷为中心向内辐射。

当场源电荷是由 n 个点电荷 q_1, q_2,…, q_n 构成的点电荷系时，如图 13–5 所示，在电场中某点 P 处的电场强度可由作用在试验电荷 q_0 上的电场力按叠加原理得到。

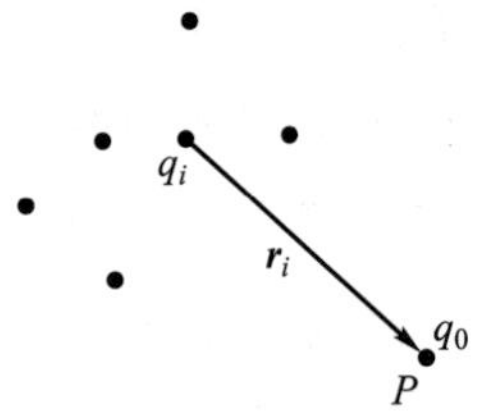

图 13–5　点电荷系的场强

q_0 所受的总的电场力为

$$\boldsymbol{F}=\sum_{i=1}^{n}\boldsymbol{F}_i \tag{13–9}$$

按照电场强度的定义，我们求出 P 处的电场强度为

$$\boldsymbol{E}=\frac{\boldsymbol{F}}{q_0}=\sum_{i=1}^{n}\frac{\boldsymbol{F}_i}{q_0}=\sum_{i=1}^{n}\boldsymbol{E}_i \tag{13–10}$$

式中 $\dfrac{\boldsymbol{F}_i}{q_0}$ 为该点电荷系中第 i 个点电荷在 P 处产生的电场强度。（13–10）式表明，**点电荷系在某点产生的电场强度，等于点电荷系中每个点电荷单独存在时在该点所产生的电场强度的矢量和**。这一结果称为**场强叠加原理**。场强叠加原理由电场力叠加原理推得，但由于其表明了电场的基本性质，故应用更为广泛。

若电荷连续分布在某个区域，我们要求出该连续带电体在空间某点产生的场强，就要先将其分成许多无限小的带电微元 dq，并把每个带电微元当作点电荷来处理，如图 13–6 所示。

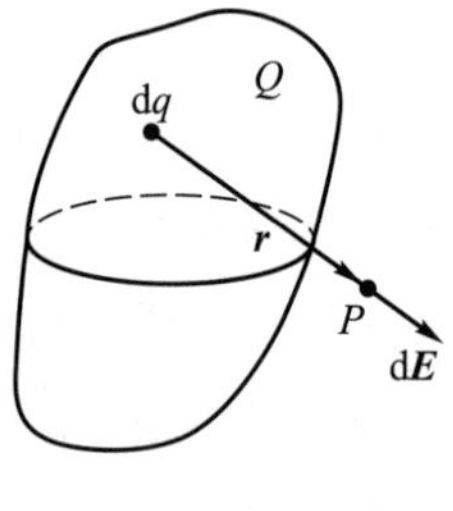

图 13–6　连续带电体的场强

带电微元 dq 在电场中点 P 产生的场强为

$$\mathrm{d}\boldsymbol{E}=\frac{\mathrm{d}q}{4\pi\varepsilon_0 r^2}\boldsymbol{e}_r \tag{13–11}$$

式中 r 为 dq 到场点 P 的距离，$\boldsymbol{e}_r$ 为单位矢量，其方向由 dq 指向场点，二者均随所取的带电微元 dq 不同而改变。

再根据场强叠加原理，我们可以得到整个带电体在点 P 产生的场强：

$$\boldsymbol{E}=\int \mathrm{d}\boldsymbol{E}=\int \frac{\mathrm{d}q}{4\pi\varepsilon_0 r^2}\boldsymbol{e}_r \tag{13-12}$$

根据电荷分布情况，我们通常会遇到三种带电体。

（1）若电荷分布在一条曲线上，我们定义单位长度上所含有的电荷量为**线密度**，用λ表示，则有

$$\lambda=\frac{\mathrm{d}q}{\mathrm{d}l}$$

即所取的带电微元 $\mathrm{d}q$ 为

$$\mathrm{d}q=\lambda \mathrm{d}l \tag{13-13}$$

（2）若电荷分布在一个曲面上，我们定义单位面积所含有的电荷量为**面密度**，用σ表示，则有

$$\sigma=\frac{\mathrm{d}q}{\mathrm{d}S}$$

即

$$\mathrm{d}q=\sigma \mathrm{d}S \tag{13-14}$$

（3）若电荷分布在一个空间区域里，我们定义单位体积所含有的电荷量为**体密度**，用ρ表示，则有

$$\rho=\frac{\mathrm{d}q}{\mathrm{d}V}$$

即

$$\mathrm{d}q=\rho \mathrm{d}V \tag{13-15}$$

实际计算时，要根据带电体的电荷分布情况，写出相应的带电微元 $\mathrm{d}q$ 的表达式，再代入（13–12）式中计算场强。

例 13–1 一均匀带电直棒，长为 L，所带电荷量为 Q。现在其延长线上一点 P 处放一点电荷 q，求该点电荷受到带电直棒给其的电场力，P 到一端点的距离为 a。

分析 选微元，建立坐标系，定原点，写出 $\mathrm{d}\boldsymbol{F}$ 并确立其方向，积分，确定积分上下限。

解 如图 13–7 所示建坐标系，取带电微元 $\mathrm{d}x$，坐标为 x，其所带电荷量为

$$\mathrm{d}q=\frac{Q}{L}\mathrm{d}x$$

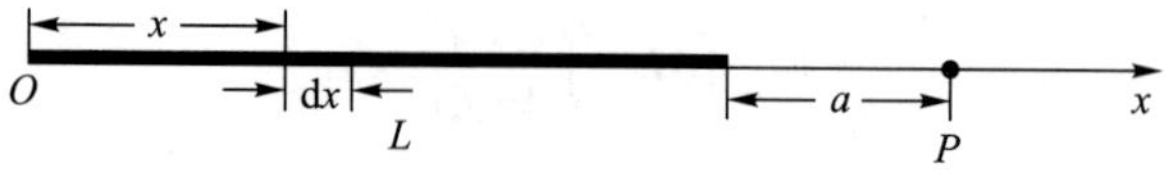

图 13-7

dq 对 P 处点电荷的作用力大小为

$$\mathrm{d}F=\frac{q\mathrm{d}q}{4\pi\varepsilon_0 r^2}=\frac{qQ/L}{4\pi\varepsilon_0(a+L-x)^2}\mathrm{d}x$$

方向沿 x 轴正方向。

考虑直棒上所有带电微元在 P 点产生的场强均沿 x 轴正方向，总的电场力大小为

$$F=\int\mathrm{d}F=\int_0^L\frac{qQ/L}{4\pi\varepsilon_0(a+L-x)^2}\mathrm{d}x=\frac{Qq}{4\pi\varepsilon_0 a(a+L)}$$

写成矢量形式：

$$\boldsymbol{F}=\frac{Qq}{4\pi\varepsilon_0 a(a+L)}\boldsymbol{i}$$

思考 尝试变换坐标轴方向、坐标原点，重新计算，是否影响结果？

例 13-2 一均匀带电直棒，长为 L，所带电荷量为 Q。现求棒外任一场点 P 处的电场强度。设 P 距直棒的垂直距离为 d，点 P 和直棒两端的连线与直棒之间所夹的内角分别为 θ_1 和 θ_2（图 13-8）。

解 如图 13-8 所示建立坐标系，由于电荷分布为线分布，可取带电微元 $\mathrm{d}x$，设其坐标为 x，其所带电荷量为

$$\mathrm{d}q=\frac{Q}{L}\mathrm{d}x,\ \lambda=\frac{Q}{L}$$

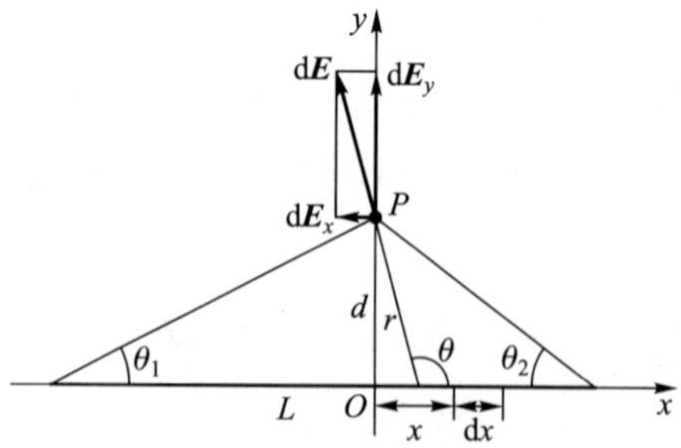

图 13-8 均匀带电直棒在真空中某点产生的场强

$\mathrm{d}x$ 在点 P 产生的场强大小为

$$\mathrm{d}E = \frac{\mathrm{d}q}{4\pi\varepsilon_0 r^2}$$

电场强度是一个矢量，对于线上不同的带电微元，其在点 P 产生的场强方向不同。因此，我们需要写出场强在坐标系中的分量：

$$\mathrm{d}E_x = \mathrm{d}E\cos\theta$$

$$\mathrm{d}E_y = \mathrm{d}E\sin\theta$$

进行积分运算：

$$E_x = \int \mathrm{d}E_x = \int \mathrm{d}E\cos\theta = \int_0^L \frac{\lambda}{4\pi\varepsilon_0 r^2}\cos\theta\mathrm{d}x$$

$$E_y = \int \mathrm{d}E_y = \int \mathrm{d}E\sin\theta = \int_0^L \frac{\lambda}{4\pi\varepsilon_0 r^2}\sin\theta\mathrm{d}x$$

这两个积分中有三个变量：x，θ，r。利用图中所示的几何关系，把它们化为同一个变量再积分，例如全化为 θ，即

$$r = \frac{d}{\sin\theta},\quad x = -d\cot\theta,\quad \mathrm{d}x = \frac{d}{\sin^2\theta}\mathrm{d}\theta$$

代入以上两个积分，并确定积分上下限，得

$$E_x = \int_{\theta_1}^{\pi-\theta_2} \frac{\lambda}{4\pi\varepsilon_0 d}\cos\theta\mathrm{d}\theta = \frac{\lambda}{4\pi\varepsilon_0 d}(\sin\theta_2 - \sin\theta_1)$$

$$E_y = \int_{\theta_1}^{\pi-\theta_2} \frac{\lambda}{4\pi\varepsilon_0 d}\sin\theta\mathrm{d}\theta = \frac{\lambda}{4\pi\varepsilon_0 d}(\cos\theta_2 + \cos\theta_1)$$

写成矢量形式：

$$\boldsymbol{E} = E_x\boldsymbol{i} + E_y\boldsymbol{j}$$

用积分方法计算电场强度时，要注意（13–12）式是矢量积分，不可直接用标量的积分公式求解。积分前，应选择合适的坐标系，并将每个带电微元产生的电场强度沿坐标系进行投影，之后，用数学公式分别求出每个场强分量的表达式，最后再写出总场强的矢量表达式。

下面我们来讨论两种特殊情况，如图 13–9 所示。

（1）若均匀带电直棒可看作无限长，取 $\theta_1 = \theta_2 = 0$，代入电场公式中有

$$E_x = 0,\quad E_y = \frac{\lambda}{2\pi\varepsilon_0 d}$$

此时，电场强度只有沿 y 轴方向的分量。

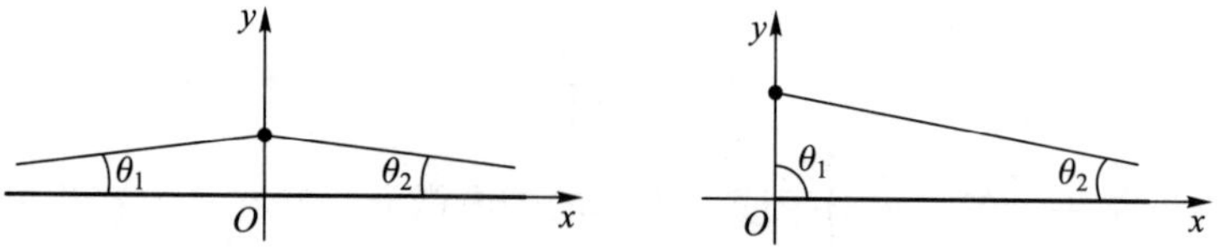

图 13–9　无限长和半无限长带电直棒

（2）若均匀带电直棒可看作半无限长，取 $\theta_1 = \dfrac{\pi}{2}$，$\theta_2 = 0$，代入电场公式中有

$$E_x = -\frac{\lambda}{4\pi\varepsilon_0 d},\quad E_y = \frac{\lambda}{4\pi\varepsilon_0 d}$$

例 13–3　一均匀带电圆环，半径为 R，所带电荷量为 Q。求其轴线上一点 P 处的电场强度。设 P 距圆环中心 O 的距离为 x。

解　由于带电圆环具有轴对称性，所以可知带电微元产生的场强分布亦具有对称性，即同样以轴线为轴对称。如图 13–10 所示，在环上取对称电荷元 $\mathrm{d}q$ 及 $\mathrm{d}q'$，二者在点 P 产生的电场相对于 x 轴对称，场强在 yz 平面上的投影彼此抵消，只有沿 x 轴方向的合场强。因此，整个圆环在轴线上任一点产生的合场强只能沿轴线方向。

电荷元 $\mathrm{d}q$ 的电荷量为

$$\mathrm{d}q = \lambda \mathrm{d}l = \frac{Q}{2\pi R}\mathrm{d}l$$

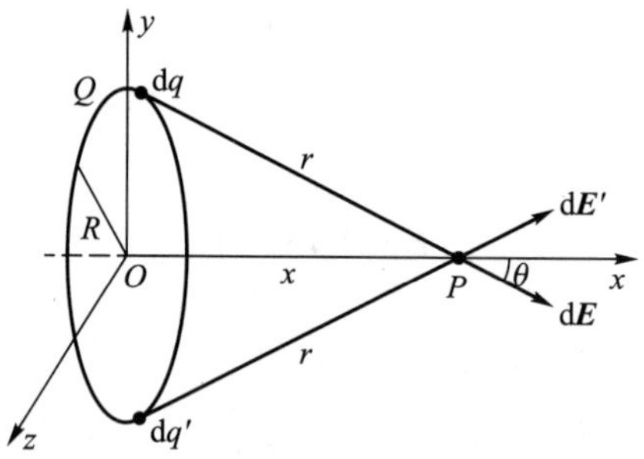

图 13–10　均匀带电圆环轴上一点的场强

电荷元 $\mathrm{d}q$ 在点 P 产生的场强的大小为

$$\mathrm{d}E = \frac{\mathrm{d}q}{4\pi\varepsilon_0 r^2} = \frac{Q/2\pi R}{4\pi\varepsilon_0\left(R^2+x^2\right)}\mathrm{d}l = \frac{Q}{8\pi^2\varepsilon_0 R\left(R^2+x^2\right)}\mathrm{d}l$$

根据刚才的分析，我们知道 $\mathrm{d}\boldsymbol{E}$ 的非轴向分量都将相互抵消，其轴向分量为

$$dE_x = dE\cos\theta = \frac{Qx}{8\pi^2\varepsilon_0 R\left(x^2+R^2\right)^{3/2}}dl$$

因为被积函数中除了 dl 以外均为常量，故有如下积分：

$$E = E_x = \int_0^{2\pi R}\frac{Qxdl}{8\pi^2\varepsilon_0 R\left(R^2+x^2\right)^{3/2}} = \frac{Qx}{4\pi\varepsilon_0\left(R^2+x^2\right)^{3/2}}$$

讨论：

（1）若 $x = 0$，则 $E = 0$，即圆环中心处场强大小为 0。

（2）若 $x \gg R$，则 $E \approx \frac{Q}{4\pi\varepsilon_0 x^2}$，由此可知，一个有限分布的电荷系在无限远处的场强分布与点电荷相似。

根据以上两点讨论，我们知道，当场点距离圆环很远（$x\to\infty$ 或 $x\to-\infty$）时，按照点电荷的场强公式，场强大小为 0，而环心处场强大小也为 0。因此，场强在环面两边至少各有一处极值，让所求出的场强公式对距离求导数，有

$$\frac{dE}{dx} = 0$$

即

$$\frac{d}{dx}\left[\frac{Qx}{4\pi\varepsilon_0\left(R^2+x^2\right)^{3/2}}\right] = 0$$

解得

$$x = \pm\frac{\sqrt{2}}{2}R$$

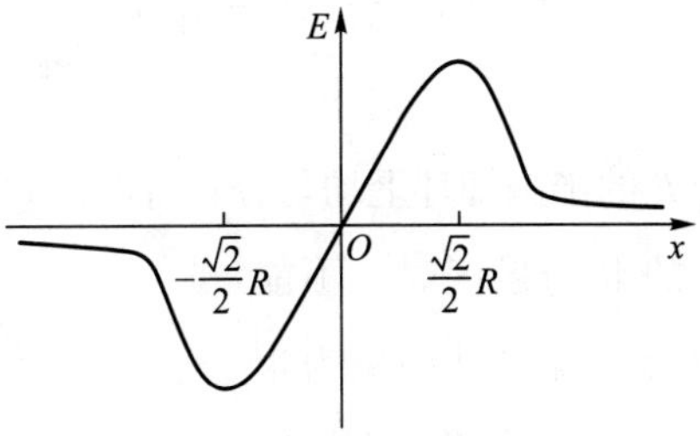

图 13–11　均匀带电圆环轴线上的 $E-x$ 图

我们可以大致画出均匀带电圆环轴线上的 $E-x$ 图，如图 13–11 所示。

例 13–4　利用例 13–3 的结论，求均匀带电圆盘轴线上任意一点的场强。已知圆盘电荷面密度为 σ，半径为 R。

解　我们可以任取带电微元，写出它所带的电荷量，$dq = \sigma dS$，并对所有带电

微元在场点产生的场强进行矢量积分。但正如我们所看到的，圆盘是个平面，积分将是一个二重积分。为了使计算方便，如图 13–12 所示，我们将圆环分成许多同心带电环带，其中半径为 r，宽为 $\mathrm{d}r$ 的环带面积为

$$\mathrm{d}S = 2\pi r\mathrm{d}r$$

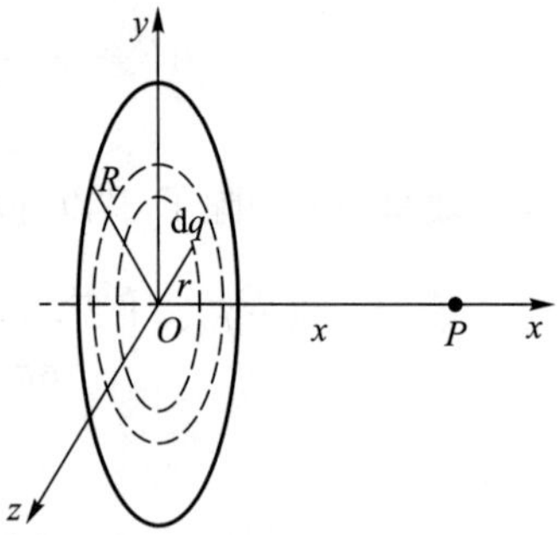

图 13–12　均匀带电圆盘轴线上的场强

其所带电荷量为

$$\mathrm{d}q = \sigma \cdot 2\pi r\mathrm{d}r$$

根据例 13–3 的结论，半径为 r、所带电荷量为 $\mathrm{d}q$ 的圆环在轴线上一点产生的场强沿轴线方向，大小为

$$\mathrm{d}E = \frac{x\sigma \cdot 2\pi r\mathrm{d}r}{4\pi\varepsilon_0\left(r^2 + x^2\right)^{3/2}}$$

因为每个圆环在场点产生的场强方向都沿轴线，所以总场强大小为

$$E = \int_0^R \frac{x\sigma \cdot 2\pi r\mathrm{d}r}{4\pi\varepsilon_0\left(r^2 + x^2\right)^{3/2}} = \frac{x\sigma}{2\varepsilon_0}\int_0^R \frac{r\mathrm{d}r}{\left(r^2 + x^2\right)^{3/2}}$$

可以看出，这只是一重积分，积分后得

$$E = \frac{x\sigma}{2\varepsilon_0}\left(\frac{1}{\sqrt{x^2}} - \frac{1}{\sqrt{x^2 + R^2}}\right)$$

讨论：若 $x \ll R$，则圆盘可以看作无限大的均匀带电平面，上面积分的范围就是从 r 到 ∞，得到无限大均匀带电平面的场强大小为 $\dfrac{\sigma}{2\varepsilon_0}$。这表明，无限大平面附近的电场是均匀电场。

例 13–5　一半径为 R 的半圆细环上均匀分布有电荷 Q，求环心处的电场强度。

分析　在求环心处的电场强度时，不能将带电半圆环视作点电荷。现将其抽象为带电半圆弧线，如图 13–13 所示。在弧线上取线元 $\mathrm{d}l$，此电荷元可视为点电荷 $\mathrm{d}q = \dfrac{Q}{\pi R}\mathrm{d}l$，它在点 O 的电场强度 $\mathrm{d}\boldsymbol{E} = \dfrac{1}{4\pi\varepsilon_0}\dfrac{\mathrm{d}q}{r^2}\boldsymbol{e}_r$。因圆环上电荷对 y 轴呈对称性分布，所以电场分布也是轴对称的，则有 $\int_L \mathrm{d}E_x = 0$，点 O 的合电场强度 $\boldsymbol{E} = \int_L \mathrm{d}E_y \boldsymbol{j}$，统一积分变量可求得 $\boldsymbol{E}$。

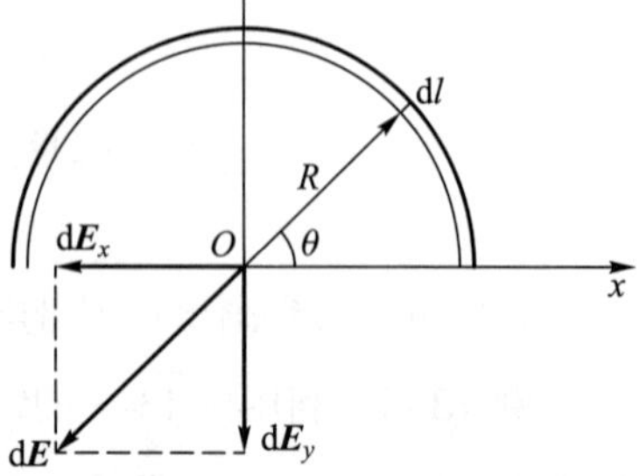

图 13–13

解 由上述分析，点 O 的电场强度为

$$E_O=-\int_L\frac{1}{4\pi\varepsilon_0}\frac{\sin\theta}{R^2}\frac{Q}{\pi R}\mathrm{d}l$$

由几何关系 $\mathrm{d}l=R\mathrm{d}\theta$，统一积分变量后，有

$$E_O=-\int_0^{\pi}\frac{Q}{4\pi^2\varepsilon_0R^2}\sin\theta\mathrm{d}\theta=-\frac{Q}{2\pi^2\varepsilon_0R^2}$$

方向沿 y 轴负方向。

13.4 电场强度通量 高斯定理

前面我们学习了描述电场性质的一个重要的物理量——电场强度，并学习了用点电荷的场强公式和场强叠加原理求解带电体在真空中的场强。本节我们将学习反映静电场性质的一个重要定理——高斯定理。在学习高斯定理之前，我们先介绍电场线及电场强度通量的概念。

13.4.1 电场线

在任何电场中，任一点的场强都有一定的大小和方向。为了能直观地描述任一点处场强的大小和方向，即电场的场强分布，我们可以在电场中画出一系列曲线，用它来确定电场中某点的场强情况，这些曲线就叫作**电场线**。我们规定：**电场中某点的电场强度方向为该点电场线的正切线方向，而大小则等于该点的电场线密度**，如图 13–14 所示。

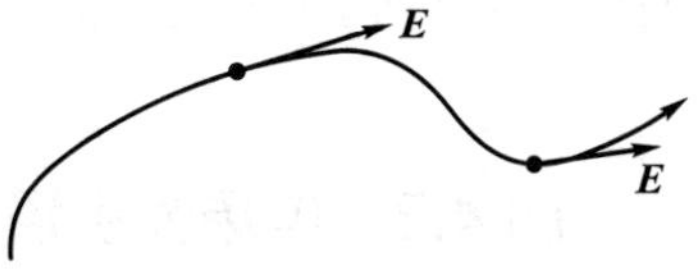

图 13–14 电场线

其中，电场线密度定义如下：在电场中某点附近，垂直于电场方向取面元 $\mathrm{d}S_\perp$，设穿过该面元的电场线根数为 $\mathrm{d}N$，则我们定义 $\mathrm{d}N/\mathrm{d}S_\perp$ 为该点的电场线密度，即

$$E=\frac{\mathrm{d}N}{\mathrm{d}S_\perp} \tag{13–16}$$

图 13–15 画出了几种典型电荷的电场线分布，根据电场线的规定，电场线的方向是电场强度的方向，而电场线的疏密则反映了场强的大小。需要注意的是，电场线实际上并不存在，它只是为形象描绘电场的场强分布而使用的一种几何方法。

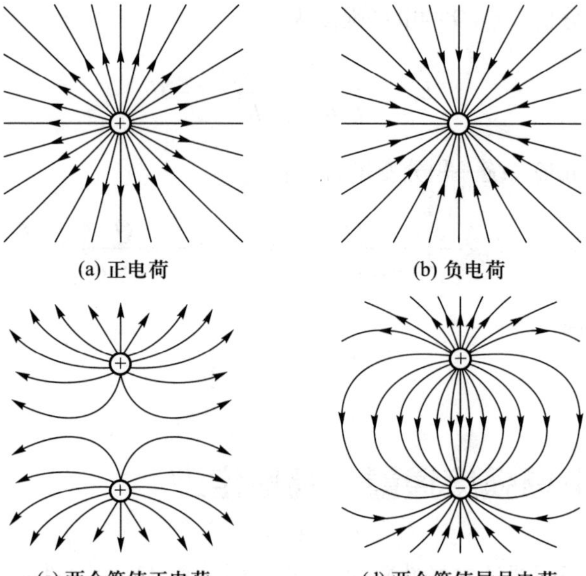

(a) 正电荷　(b) 负电荷

(c) 两个等值正电荷　(d) 两个等值异号电荷

图 13–15　几种典型电荷的电场线分布

从图中我们可以得到电场线的几点性质：

（1）电场线始于正电荷或来自无穷远处，止于负电荷或伸向无穷远处，在没有电荷的地方不会中断；

（2）电场线是不闭合的；

（3）任意两条电场线不会相交。

第三点性质是因为电场中任一点都只能有一个确定的场强方向，第一点性质在我们学完高斯定理后可以简单证明。而第二点性质将在环路定理中得到证明。

13.4.2　电场强度通量

通过电场中任一给定面积的电场线根数，称为**通过该面积的电场强度通量**，用符号 Φ_e 表示。下面我们来研究电场强度通量的算法。

1. 均匀电场

如图 13–16 所示，平面 S 的法线方向 $\boldsymbol{e}_n$ 与场强 $\boldsymbol{E}$ 之间的夹角为 θ，$S_\perp$ 为平面 S 在垂直于场强方向的投影，根据电场线的规定可知，均匀电场中任一点的电场线密度都相等，即

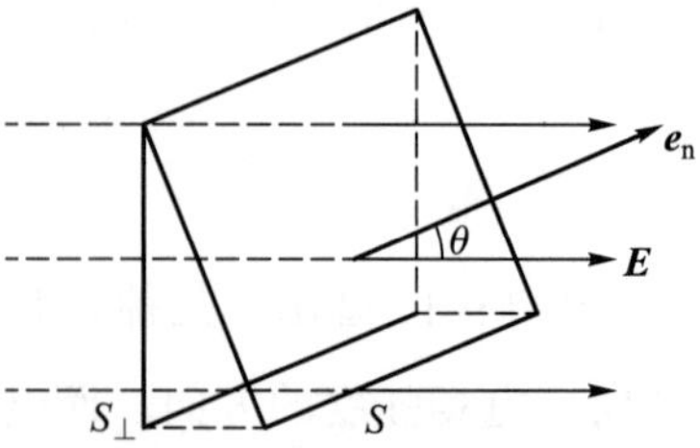

图 13–16　均匀电场中穿过平面的电场强度通量

$$\frac{N}{S_\perp}=E$$

式中 N 为穿过 $S_{\perp}$ 的电场线根数，也就是穿过 $S_{\perp}$ 面的电场强度通量：

$$\Phi_e = N = ES_{\perp}$$

从图 13–16 中可以看出，穿过 S 面的电场强度通量与穿过 $S_{\perp}$ 面的电场强度通量是相等的，也为 $\Phi_e = ES_{\perp} = ES\cos\theta$，式中 θ 角为平面法线方向与场强方向的夹角。我们用矢量标积表示通过面元 S 的电场强度通量，则有

$$\Phi_e = \boldsymbol{E} \cdot \boldsymbol{S} \tag{13-17}$$

2. 非均匀电场

如图 13–17 所示，如果是非均匀电场，那么它穿过任意曲面 S 的电场强度通量就不能用（13–17）式直接计算。但我们可以把曲面分割成无数小面元 $\mathrm{d}S$，使得每个 $\mathrm{d}S$ 都可以看作平面，且穿过它的电场可看作均匀电场。则根据（13–17）式，穿过任一小面元 $\mathrm{d}S$ 的电场强度通量 $\mathrm{d}\Phi_e$ 为

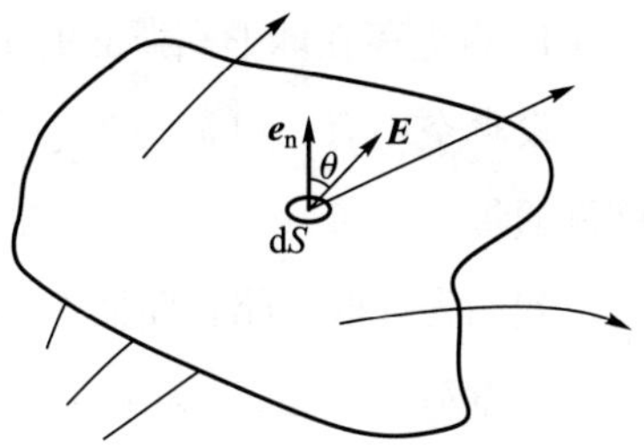

图 13–17　穿过任意曲面的电场强度通量的计算

$$\mathrm{d}\Phi_e = \boldsymbol{E} \cdot \mathrm{d}\boldsymbol{S}$$

则穿过 S 的总的电场强度通量为

$$\Phi_e = \int \mathrm{d}\Phi_e = \int_S \boldsymbol{E} \cdot \mathrm{d}\boldsymbol{S} \tag{13-18}$$

若 S 是一个闭合曲面，我们就要把积分符号换成闭合积分符号 $\oint_S$，计算得其电场强度通量为

$$\Phi_e = \oint_S \boldsymbol{E} \cdot \mathrm{d}\boldsymbol{S} \tag{13-19}$$

对闭合曲面，我们规定**由内向外为曲面面元矢量的正方向**。当面元矢量方向与场强方向夹角满足 $0 \leqslant \theta \leqslant \pi/2$，也就是有电场线由闭合曲面内穿出时，$\mathrm{d}\Phi_e \geqslant 0$；当 $\theta > \pi/2$，即电场线穿入闭合曲面时，$\mathrm{d}\Phi_e < 0$。即穿过闭合曲面的电场强度通量，穿出时为正值，穿入时为负值。

13.4.3　高斯定理

德国数学家和物理学家高斯从理论上给出了通过任一闭合曲面的电场强度通量

与闭合曲面内部所包围的电荷的关系，这个关系称为高斯定理。它是电磁学的一条重要规律。

高斯定理的表述为：**穿过任意闭合曲面的电场强度通量，等于曲面内所包围的全部电荷的电荷量的代数和除以** ε_0，用公式表示为

$$\Phi_e = \oint_S \boldsymbol{E} \cdot \mathrm{d}\boldsymbol{S} = \frac{1}{\varepsilon_0}\sum_{i=1}^{n} q_i \tag{13–20}$$

式中 $\sum_{i=1}^{n} q_i$ 为曲面 S 内所包围的电荷的电荷量的代数和。这个闭合曲面通常称为**高斯面**。

我们来简单证明一下高斯定理。

1. 点电荷在球形高斯面的中心

设真空中有一电荷量为 Q 的点电荷，求穿过其周围空间任一闭合曲面的电场强度通量。

我们先任取一闭合曲面 S，使其包围点电荷，如图 13–18 所示。在曲面内，取一以点电荷为中心、r 为半径的闭合曲面 S'，则根据点电荷的场强公式，S' 上任意点的场强大小均为

$$E = \frac{Q}{4\pi\varepsilon_0 r^2}$$

且 S' 上各点面元矢量方向均与场强方向平行，因此，穿过 S' 的总的电场强度通量为

$$\Phi_e = ES = \frac{Q}{4\pi\varepsilon_0 r^2}4\pi r^2 = \frac{Q}{\varepsilon_0}$$

2. 点电荷在任意形状的高斯面内

如图 13–18 所示，由于点电荷的场强是辐射状的，穿过 S' 的电场线必穿过 S，故穿过闭合曲面 S 的电场强度通量也为

$$\Phi_e = \frac{Q}{\varepsilon_0}$$

根据高斯定理，高斯面内只包含点电荷 Q，故穿过闭合曲面的电场强度通量亦为 Q/ε_0。即高斯定理与计算结果一致。

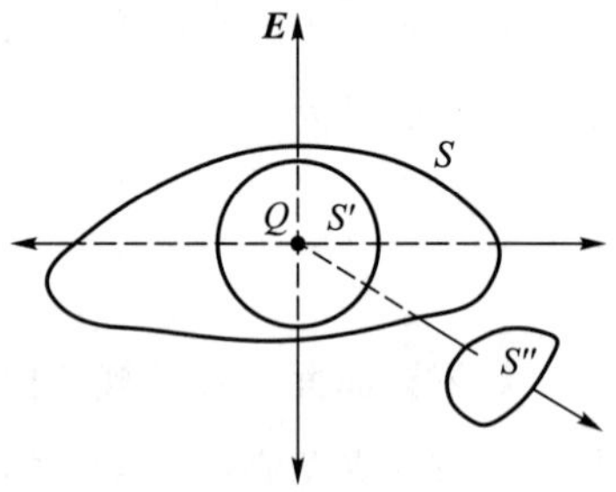

图 13–18 高斯定理的证明——点电荷

3. 点电荷在高斯面外

我们再在点电荷旁边取一闭合曲面 S''，如图 13–18 所示，则穿入 S'' 中的电场线必然要穿出 S''，即总电场强度通量为 0。根据高斯定理，因为高斯面内包含的电荷的电荷量的代数和为 0，故穿过高斯面的电场强度通量为 0。

通过以上计算，我们得出结论：若闭合曲面包围点电荷，则穿过曲面的电场强度通量为点电荷的电荷量除以ε_0。若闭合曲面不包围点电荷，则穿过曲面的电场强度通量为0。

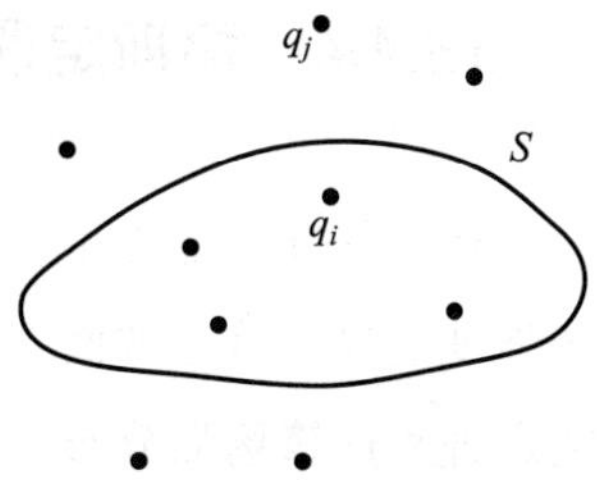

图 13-19 高斯定理的证明——点电荷系

4. 任意点电荷系的静电场

我们再来看一个点电荷系产生的静电场。任取一闭合曲面，设曲面包含了n个点电荷，而有m个点电荷在曲面外，如图13-19所示，则穿过曲面的电场强度通量为

$$\Phi_e = \oint_S \boldsymbol{E} \cdot \mathrm{d}\boldsymbol{S} = \oint_S (\boldsymbol{E}_1 + \boldsymbol{E}_2 + \cdots) \cdot \mathrm{d}\boldsymbol{S}$$
$$= \oint_S \boldsymbol{E}_1 \cdot \mathrm{d}\boldsymbol{S} + \oint_S \boldsymbol{E}_2 \cdot \mathrm{d}\boldsymbol{S} + \cdots = \Phi_{e1} + \Phi_{e2} + \cdots$$

即穿过曲面的电场强度通量为每一个点电荷单独存在时穿过曲面的电场强度通量之和。若点电荷在曲面外，则其产生的电场穿过闭合曲面的电场强度通量为0，所以有

$$\sum_n \Phi_{ei} + \sum_m \Phi_{ej} = \sum_n \frac{q_i}{\varepsilon_0} + \sum_m 0 = \sum_n \frac{q_i}{\varepsilon_0}$$

即穿过闭合曲面的电场强度通量为曲面内包含的电荷的电荷量的代数和除以ε_0。

由于任意连续带电体均可看成点电荷系，故以上证明说明，穿过闭合曲面的电场强度通量只与曲面内的电荷的电荷量的代数和有关，这样，我们就简单证明了高斯定理。

下面我们用高斯定理来证明前面提到的电场线的第一点性质：电场线始于正电荷，止于负电荷，在没有电荷的地方不会中断。

我们作两个很小的高斯面，让它们分别包围一根电场线的起点和终点，如图13-20所示，注意不包围其他任何电荷。

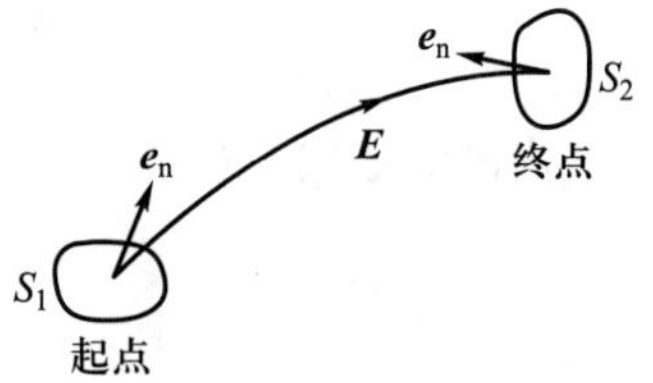

图 13-20 电场线性质的证明

根据穿过闭合曲面的电场强度通量的定义，我们知道，有电场线穿出起点，通过S_1的电场强度通量为正。根据高斯定理，S_1内必包含正电荷。同理，在电场线终点，通过S_2的电场强度通量为负，根据高斯定理，S_2内必包含负电荷。因此，我们说：电场线始于正电荷并止于负电荷，在没有电荷的地方不会中断。

13.4.4 高斯定理的应用

有了高斯定理之后，一方面，我们可以很方便地计算穿过某一个封闭曲面的电场强度通量；另一方面，当电荷的空间分布有很强的对称性时，我们可以利用高斯定理来计算场强分布。注意：**在应用高斯定理时，电场强度 $\boldsymbol{E}$ 指带电体系全部电荷（包括高斯面包围的电荷和高斯面外的电荷）在面元矢量所在处产生的场强，但 $\sum_{i=1}^{n} q_i$ 却只是高斯面内的电荷的电荷量的代数和。这是因为高斯面外的电荷对高斯面的电场强度通量没有贡献，但对总场强是有贡献的。**

适用于高斯定理简单求解场强的常见电荷分布有球对称分布、轴对称分布和镜面对称分布三种。

在求解场强时，应先分析电场的对称性，构造一个适当的高斯面，再由高斯定理计算电场强度通量，进而得到场强分布。

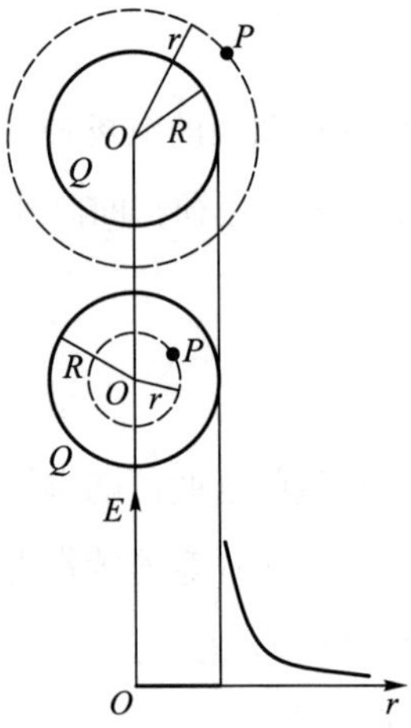

图 13–21

例 13–6 一均匀带电球面，半径为 R，所带电荷量为 Q，求其在空间产生的场强分布（假设 $Q>0$）。

解 由于电荷分布具有球对称性，所以各点的场强都是沿半径方向的，而且到球心距离相同处，场强大小相同。求某点 P 的场强，以球心 O 为中心，$r=OP$ 为半径，作一高斯球面 S，如图 13–21 所示。因 S 上各点的场强方向与球面垂直，且沿外法线方向（$Q>0$），故穿过 S 的电场强度通量为

$$\oint_S \boldsymbol{E}\cdot \mathrm{d}\boldsymbol{S}=\oint_S E\mathrm{d}S=E\oint_S \mathrm{d}S=4\pi r^2 E$$

由高斯定理，有

$$\varPhi_{\mathrm{e}}=\oint_S \boldsymbol{E}\cdot \mathrm{d}\boldsymbol{S}=\frac{1}{\varepsilon_0}\sum_{i=1}^{n} q_i$$

（1）当点 P 在带电球面外，即 $r>R$ 时，高斯面内全部电荷的电荷量的代数和为 Q，即

$$\oint_S \boldsymbol{E}\cdot \mathrm{d}\boldsymbol{S}=4\pi r^2 E=\frac{Q}{\varepsilon_0}$$

则点 P 场强大小为

$$E=\frac{Q}{4\pi r^2\varepsilon_0}$$

从结果可以看出，均匀带电的球面外一点的场强，与假设球面上的电荷全部集中在球心所产生的场强相同，等同于点电荷产生的场强。

（2）当点 P 在带电球面内，即 $r<R$ 时，高斯面内没有电荷，即电荷的电荷量的代数和为 0，根据高斯定理，有

$$\oint_S \boldsymbol{E}\cdot \mathrm{d}\boldsymbol{S}=4\pi r^2 E=0$$

$$E=0$$

即均匀带电球面内场强处处为 0。

讨论：当点 P 在球面上，即 $r=R$ 时，因为无法说明高斯面内所包围的电荷是全部电荷 Q 还是不包含电荷，所以我们不考虑球面上的场强。

例 13–7 一均匀带电球体，半径为 R，所带电荷量为 Q，求其在空间产生的场强分布（$Q>0$）。

解 与上例相同，场强分布具有球对称性，求某点 P 的场强，以球心 O 为中心，$r=OP$ 为半径，作高斯球面 S，如图 13–22 所示。则穿过 S 的电场强度通量为

$$\oint_S \boldsymbol{E}\cdot \mathrm{d}\boldsymbol{S}=4\pi r^2 E$$

（1）若点 P 在球体外（$r>R$），则高斯球面内的电荷即全部电荷 Q。球外一点的场强大小与点电荷的结果相同，有

$$E=\frac{1}{4\pi\varepsilon_0}\frac{Q}{r^2}$$

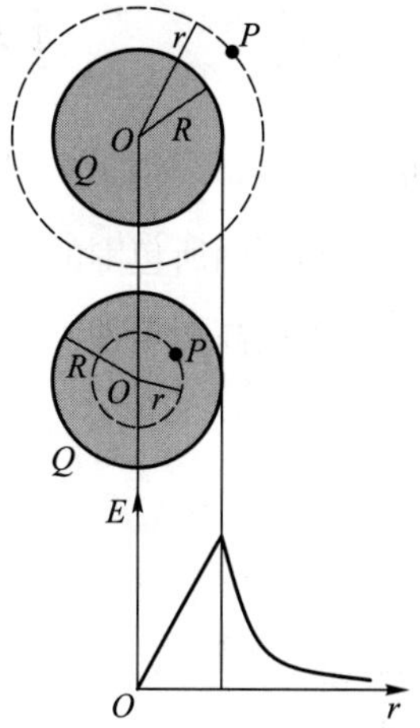

图 13–22

（2）若点 P 在球体内（$r\leqslant R$），因为带电球体的电荷体密度均匀，所以高斯面内所包围的电荷的电荷量为

$$\sum_{i=1}^{n} q_i=\frac{Qr^3}{R^3}$$

根据高斯定理，有

$$4\pi r^2 E=\frac{Qr^3}{\varepsilon_0 R^3}$$

则带电球体内部的场强的大小为

$$E=\frac{Qr}{4\pi\varepsilon_0 R^3}$$

讨论：由于本题中电荷是体分布的，当高斯面取在球面上时，其包围的电荷即全部电荷，所以带电球体的表面场强是可以求解的。

例 13–8 一无限长均匀带电直线，其电荷线密度为 λ（$\lambda > 0$），求其在空间产生的场强分布。

解 首先进行对称性分析，无限长均匀带电直线的电荷分布为轴对称分布，其产生的场强分布也是轴对称的，即在以带电直线为轴的一个柱面上，场强的大小相同，方向辐射向外（$\lambda > 0$ 时），如图 13–23 所示。若要求空间一点 P 处的场强，我们可以以带电直线为轴，以点 P 到直线的距离 r 为半径，作高为 h 的圆柱形高斯面。其中圆柱的上下底面的法线方向与场强方向垂直，则穿过上下底面的电场强度通量为 0；侧面的面元矢量方向与场强方向一致。

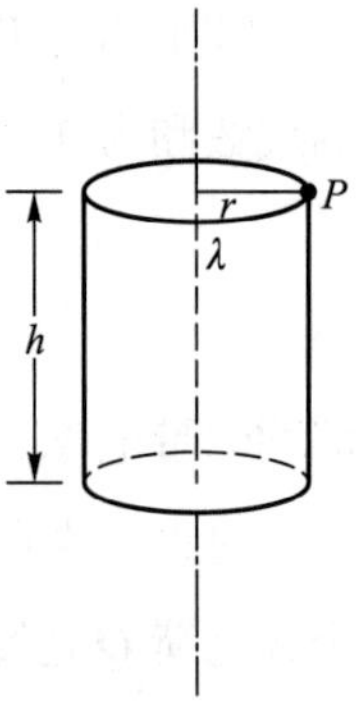

图 13–23

通过整个高斯面的电场强度通量可以写为

$$\oint_S \boldsymbol{E} \cdot \mathrm{d}\boldsymbol{S} = \int_{上} \boldsymbol{E} \cdot \mathrm{d}\boldsymbol{S} + \int_{下} \boldsymbol{E} \cdot \mathrm{d}\boldsymbol{S} + \int_{侧} \boldsymbol{E} \cdot \mathrm{d}\boldsymbol{S}$$

$$= \int_{侧} E\mathrm{d}S = E\int_{侧} \mathrm{d}S = E \cdot 2\pi r h$$

高斯面所包围的是一段长为 h 的带电线段，电荷量为 λh。

根据高斯定理：

$$\Phi_{\mathrm{e}} = \oint_S \boldsymbol{E} \cdot \mathrm{d}\boldsymbol{S} = \frac{1}{\varepsilon_0}\sum_{i=1}^{n} q_i$$

有

$$E \cdot 2\pi r h = \frac{\lambda h}{\varepsilon_0}$$

则无限长均匀带电直线外场强的大小为

$$E = \frac{\lambda}{2\pi\varepsilon_0 r}$$

讨论：如果这个无限长带电直线是一个半径为 R、电荷线密度为 λ 的均匀带电棒，类似于均匀带电球体的情形，我们可以知道棒内也存在轴对称的场强分布。此时在棒内取一个轴对称的柱壳，并计算其包围的电荷的电荷量，根据高斯定理，可得出棒内任一点的场强大小。

对于轴对称带电体，其在空间的电荷分布必须是无限长的。如果仅仅是一段均匀带电线段，则它的场强分布只能具有一定程度的轴对称性，但不会有如此简单的结果。

例 13–9 求无限大均匀带电平面的场强分布，设平面的电荷面密度为 σ（$\sigma > 0$）。

解 由于无限大平面是镜面对称的带电体，所以其场强分布具有镜面对称性，即到平面距离相同的点，场强大小相同，方向垂直于平面。我们构造的高斯面是以平面对称且垂直于平面的圆柱面，穿过其侧面的电场强度通量为 0，而左右两底面处的场强大小相等。当 σ 为正时，两个底面的场强方向与底面的法线方向相同，如图 13–24 所示，则穿过圆柱形高斯面的电场强度通量为

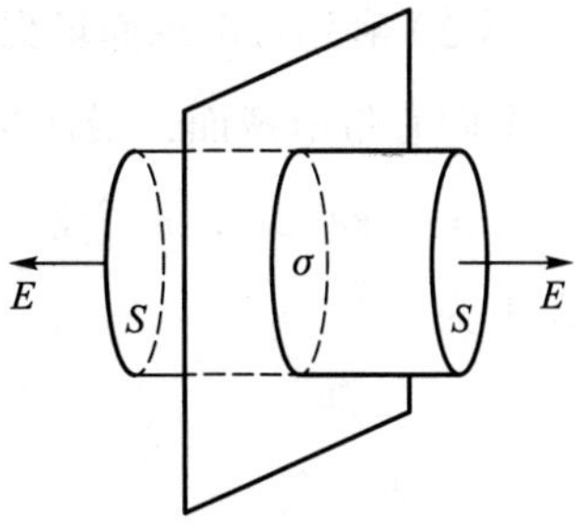

图 13–24

$$\oint_S \boldsymbol{E} \cdot \mathrm{d}\boldsymbol{S} = \int_{左} \boldsymbol{E} \cdot \mathrm{d}\boldsymbol{S} + \int_{右} \boldsymbol{E} \cdot \mathrm{d}\boldsymbol{S} + \int_{侧} \boldsymbol{E} \cdot \mathrm{d}\boldsymbol{S}$$
$$= E\int_{左} \mathrm{d}S + E\int_{右} \mathrm{d}S = 2ES$$

高斯面内所包围的电荷的电荷量为 σS。

根据高斯定理，有

$$2ES = \sigma S/\varepsilon_0$$

于是场强大小为

$$E = \frac{\sigma}{2\varepsilon_0}$$

注意：上式并不包含到平面距离的参量，可知无限大均匀带电平面两侧是方向相反的均匀电场。这个计算结果和我们在例 13–4 中讨论所得到的结果一致。

考察由互相平行放置的电荷面密度分别为 $\pm\sigma$ 的两个无限大均匀带电平面组成的体系，由场强叠加原理可以方便地得到两平面之间的场强大小为 σ/ε_0，方向由正指向负。两平面外的场强均为零，这就是通常所说的平行板电容器的理想模型。

例 13–10 如图 13–25 所示，一内外半径分别为 R_1、R_2 的均匀带电球壳，其上带有的电荷量为 Q，若其球心处放一电荷量为 $-q$ 的点电荷，求空间的场强分布。

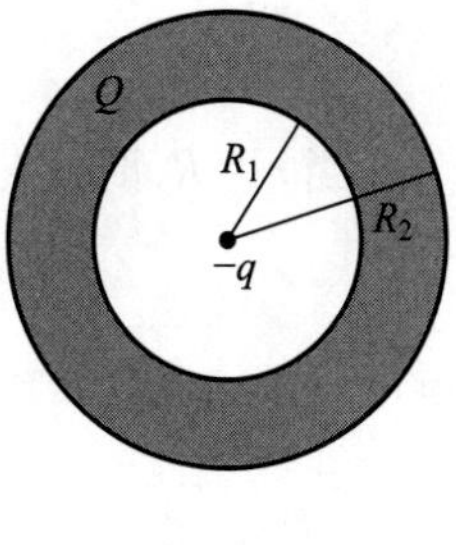

图 13–25

分析 通常有两类处理方法：

（1）利用高斯定理求空间的场强分布。由题意知电荷呈球对称分布，因而电场分布也是球对称的，选择与带电球壳同心的球面为高斯面，在球面上电场强度大小为常量，且方向垂直于球面，因而有

$$\oint_S \boldsymbol{E} \cdot \mathrm{d}\boldsymbol{S} = E \cdot 4\pi r^2$$

根据高斯定理 $\oint_S \boldsymbol{E} \cdot \mathrm{d}\boldsymbol{S} = \frac{\sum q_i}{\varepsilon_0}$ 可解得电场强度分布。

（2）利用带电球面场强叠加的方法求球内外的场强分布。将带电球壳分割成无数个同心带电球面，最后再与球心处点电荷产生的场强叠加。球面所带电荷量为 $\mathrm{d}q=\rho\cdot 4\pi r'^2\mathrm{d}r'$，每个带电球面在内部激发的场强均为零，在其外部激发的场强大小为

$$\mathrm{d}E=\frac{\mathrm{d}q}{4\pi r^2}$$

方向沿径向向外。

解 1 以 r 为半径作与球壳同心的高斯球面，根据高斯定理有

$$\oint_S \boldsymbol{E}\cdot\mathrm{d}\boldsymbol{S}=\frac{\sum q_i}{\varepsilon_0}$$

当 $0<r<R_1$ 时，高斯面内只有点电荷 $-q$ 存在，故

$$E_1\cdot 4\pi r^2=\frac{-q}{\varepsilon_0}$$

$$E_1=\frac{-q}{4\pi r^2\varepsilon_0}$$

当 $R_1<r<R_2$ 时，高斯面包含点电荷 $-q$ 和部分球壳电荷，有

$$E_2\cdot 4\pi r^2=\frac{1}{\varepsilon_0}\left[\rho\left(\frac{4}{3}\pi r^3-\frac{4}{3}\pi R_1^3\right)-q\right]$$

式中电荷体密度为

$$\rho=\frac{Q}{\frac{4}{3}\pi R_2^3-\frac{4}{3}\pi R_1^3}$$

故有

$$E_2=\frac{Q\left(\frac{r^3-R_1^3}{R_2^3-R_1^3}\right)-q}{4\pi r^2\varepsilon_0}$$

当 $r>R_2$ 时，高斯面内包含球壳的全部电荷和点电荷，有

$$E_3\cdot 4\pi r^2=\frac{1}{\varepsilon_0}(Q-q)$$

$$E_3=\frac{Q-q}{4\pi r^2\varepsilon_0}$$

解 2 把带电球壳分割成球面，球面所带电荷量为

$$\mathrm{d}q=\rho\mathrm{d}V=\frac{Q}{\frac{4}{3}\pi(R_2^3-R_1^3)}4\pi r'^2\mathrm{d}r'=\frac{3Q}{R_2^3-R_1^3}r'^2\mathrm{d}r'$$

当 $0 < r < R_1$ 时，场点在所有球面内部，因此全部球面在球壳内产生的场强为零，球壳内的场强只是点电荷产生的场强，即

$$E_1 = \frac{-q}{4\pi r^2 \varepsilon_0}$$

当 $R_1 < r < R_2$ 时，球面在场点产生的场强为

$$E = \int \mathrm{d}E = \int \frac{\mathrm{d}q}{4\pi r^2 \varepsilon_0}$$

$$= \frac{\frac{3Q}{R_2^3 - R_1^3}}{4\pi r^2 \varepsilon_0} \int_{R_1}^{r} r'^2 \mathrm{d}r'$$

$$= \frac{Q\left(\frac{r^3 - R_1^3}{R_2^3 - R_1^3}\right)}{4\pi r^2 \varepsilon_0}$$

再加上点电荷产生的场强，有

$$E_2 = \frac{Q\left(\frac{r^3 - R_1^3}{R_2^3 - R_1^3}\right) - q}{4\pi r^2 \varepsilon_0}$$

当 $r > R_2$ 时，场点在全部球面外，故

$$E = \frac{\frac{3Q}{R_2^3 - R_1^3}}{4\pi r^2 \varepsilon_0} \int_{R_1}^{R_2} r'^2 \mathrm{d}r' = \frac{Q}{4\pi r^2 \varepsilon_0}$$

加上点电荷产生的场强，有

$$E_3 = \frac{Q - q}{4\pi r^2 \varepsilon_0}$$

例 13–11 一无限长带电圆柱壳，其截面的内外半径分别为 r、R，电荷均匀分布在柱壳上，单位长度圆柱壳带有的电荷量为 $-\lambda$，求其在空间产生的场强分布。

分析 此题用高斯定理求解，取同轴、高为 h 的闭合圆柱形高斯面，设高斯面底面半径为 d，如图 13–26 所示。

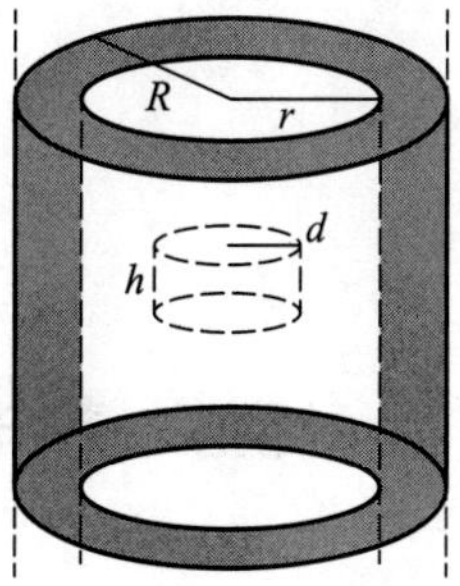

图 13–26

解 根据高斯定理

$$\oint_S \boldsymbol{E} \cdot \mathrm{d}\boldsymbol{S} = \frac{\sum q_i}{\varepsilon_0}$$

有

$$\Phi_{\mathrm{e}} = 2\pi dhE = \frac{\sum q_i}{\varepsilon_0}$$

当 $d<r$ 时，有

$$\sum q_i = 0$$

解得

$$E_1 = 0$$

当 $r<d<R$ 时，有

$$\sum q_i = \rho V$$

单位长度圆柱壳所带电荷量为

$$-\lambda = \rho\pi(R^2 - r^2)$$

其电荷体密度为

$$\rho = \frac{-\lambda}{\pi(R^2 - r^2)}$$

高斯面内包含电荷的体积为 $\pi(d^2 - r^2)\,h$，即高斯面内的电荷的电荷量为

$$\sum q_i = \frac{-\lambda(d^2 - r^2)\,h}{R^2 - r^2}$$

解得

$$E_2 = \frac{-\lambda}{2\pi\varepsilon_0 d}\frac{d^2 - r^2}{R^2 - r^2}$$

当 $d>R$ 时，有

$$\sum q_i = -\lambda h$$

解得

$$E_3 = \frac{-\lambda}{2\pi\varepsilon_0 d}$$

13.5　静电场的环路定理　电势能

13.5.1　静电场力的功

我们来研究电场的另一种外在表现：带电体在电场中移动时，电场对带电体所

做的功。

如图 13–27 所示，在由一个静止的点电荷 Q 产生的电场中，一个试验电荷 q_0 从点 a 沿某一路径移至点 b。求此过程中静电场力所做的功。

在路径上取一位移元 $\mathrm{d}\boldsymbol{l}$，电场力所做的元功为

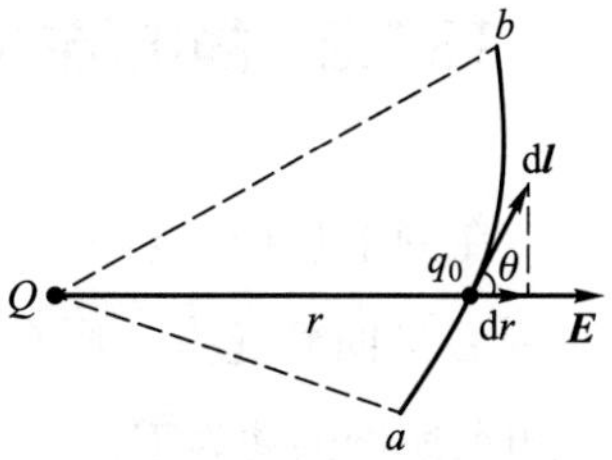

图 13–27

$$\mathrm{d}A=\boldsymbol{F}\cdot\mathrm{d}\boldsymbol{l}=q_0\boldsymbol{E}\cdot\mathrm{d}\boldsymbol{l}=q_0E\cos\theta\mathrm{d}l$$

式中 $\boldsymbol{E}$ 为 q_0 所在处的场强，θ 为 $\boldsymbol{E}$ 与 $\mathrm{d}\boldsymbol{l}$ 之间的夹角。由图可知 $\mathrm{d}l\cos\theta=\mathrm{d}r$，即位矢增量的大小。于是，

$$\mathrm{d}A=q_0\boldsymbol{E}\cdot\mathrm{d}\boldsymbol{l}=\frac{1}{4\pi\varepsilon_0}\frac{Qq_0}{r^2}\mathrm{d}r$$

这样电场力在整个过程中所做的总功为

$$A=\int\mathrm{d}A=q_0\int\boldsymbol{E}\cdot\mathrm{d}\boldsymbol{l}=\frac{Qq_0}{4\pi\varepsilon_0}\int_{r_a}^{r_b}\frac{\mathrm{d}r}{r^2}=\frac{Qq_0}{4\pi\varepsilon_0}\left(\frac{1}{r_a}-\frac{1}{r_b}\right)\qquad(13\text{–}21)$$

式中 r_a 和 r_b 分别是电荷 q_0 移动的起点和终点的位矢大小。上式表明，点电荷 q_0 在点电荷 Q 的电场中移动时，电场力所做的功只与其移动时的起始和终末位置有关，与其所经历的路径无关。

上述结论还可推广到任意带电体产生的静电场中。

由于任何一个带电体产生的电场都可看作由多个点电荷共同产生的电场，那么，由场强叠加原理有

$$\boldsymbol{E}=\sum_{i=1}^{n}\boldsymbol{E}_i=\boldsymbol{E}_1+\boldsymbol{E}_2+\cdots+\boldsymbol{E}_n$$

当一试验电荷 q_0 在此电场中由点 a 移动到点 b 时，电场力所做的功为

$$\begin{aligned}A&=q_0\int_a^b\boldsymbol{E}\cdot\mathrm{d}\boldsymbol{l}=q_0\int_a^b(\boldsymbol{E}_1+\boldsymbol{E}_2+\cdots+\boldsymbol{E}_n)\cdot\mathrm{d}\boldsymbol{l}\\&=q_0\int_a^b\boldsymbol{E}_1\cdot\mathrm{d}\boldsymbol{l}+q_0\int_a^b\boldsymbol{E}_2\cdot\mathrm{d}\boldsymbol{l}+\cdots+q_0\int_a^b\boldsymbol{E}_n\cdot\mathrm{d}\boldsymbol{l}\end{aligned}\qquad(13\text{–}22)$$

等式右端每一项均与移动路径无关，因此电场力对试验电荷所做的功只与电荷的电荷量及始末位置有关，而与其移动路径无关。这与我们以前学过的重力做功或弹性力做功的性质是一样的。

13.5.2 静电场的环路定理

在静电场中，若一个试验电荷沿某一路径移动一周后又回到起点，则在整个过程中，静电场力对该电荷所做的功为零。

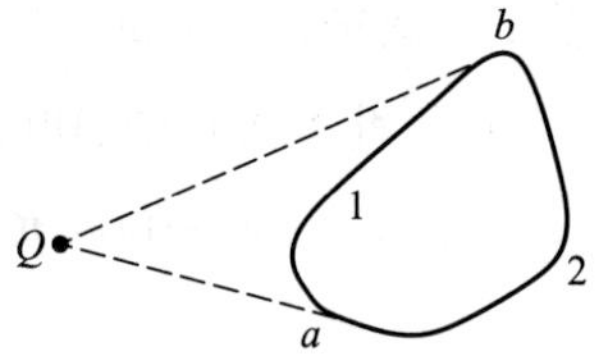

图 13-28

如图 13-28 所示，当点电荷 q_0 在电场中沿一闭合回路移动一周又回到原来位置时，根据（13-21）式，在这一过程中电场力所做的总功为

$$A = q_0\oint_L \boldsymbol{E}\cdot \mathrm{d}\boldsymbol{l} = q_0\int_{a1b}\boldsymbol{E}\cdot \mathrm{d}\boldsymbol{l} + q_0\int_{b2a}\boldsymbol{E}\cdot \mathrm{d}\boldsymbol{l} = 0$$

式中 $q_0 \neq 0$，可得到以下公式：

$$\oint_L \boldsymbol{E}\cdot \mathrm{d}\boldsymbol{l} = 0 \qquad (13\text{-}23)$$

这就是**静电场的环路定理**，其表明，**在静电场中，场强沿任一闭合回路的积分为零**。环路定理同高斯定理一样，是描述静电场性质的重要定理。

我们可以用环路定理简单说明电场线的第二点性质：电场线是不闭合的。

假设静电场中有一条电场线闭合，我们把这条闭合的电场线取作积分回路，取一试验电荷沿该电场线移动一周。由于试验电荷移动方向与电场线方向一致，故电场力始终对电荷做正功，电场力在这一过程中所做的功将大于零。而按照静电场的环路定理，试验电荷移动一周后，电场力对它所做的功应为零。所以我们假设的前提是不存在的，即静电场中不会有闭合的电场线。

环路定理还说明：静电场力与万有引力、弹性力一样，是保守力。静电场是保守力场。

13.5.3 电势能

我们在力学的学习中知道，因保守力具有特殊性质（所做的功与路径无关），所以可相应引入势能的概念来描述保守力所做的功。在静电场中，我们把对应静电场力的势能叫**电势能**，根据功能原理：试验电荷 q_0 由点 a 沿任一路径移动到点 b 时，**静电场力对该电荷所做的功等于系统电势能增量的负值**。用公式表示，有

$$A_{ab} = q_0\int_{r_a}^{r_b}\boldsymbol{E}\cdot \mathrm{d}\boldsymbol{l} = -\left(W_b - W_a\right) \qquad (13\text{-}24)$$

W_a、W_b 分别表示电荷 q_0 在 a、b 两点的电势能。根据（13–24）式，我们知道，静电场力做负功时，系统电势能增加；静电场力做正功时，系统电势能减少。

在国际单位制中，电势能的单位是 J（焦耳）。

电势能与重力势能一样，是一个相对值，为了给出某点的电势能的具体数值，必须先选定电势能的零点。电势能零点的选择是任意的。在上式中，若选点 b 处的电势能为零，则试验电荷 q_0 在点 a 处的电势能为

$$W_a = q_0\int_a^{W=0} \boldsymbol{E}\cdot \mathrm{d}\boldsymbol{l} \tag{13–25}$$

上式表明，**试验电荷在电场中某点的电势能，在数值上等于把它从该点移至电势能为零的点时静电场力所做的功。**

当电荷分布在有限区域时，通常选取无穷远处作为静电场的电势能零点，即 $W_\infty = 0$，这样，试验电荷 q_0 在点 a 的电势能又可写为

$$W_a = q_0\int_a^{\infty} \boldsymbol{E}\cdot \mathrm{d}\boldsymbol{l} \tag{13–26}$$

即它在数值上等于把试验电荷 q_0 由点 a 移到无穷远处时电场力所做的功。

13.6 电势

13.6.1 电势

静电场中某点的电势能，不仅和该点的位置有关，也和试验电荷的电荷量有关，为了只描述静电场中某点电场的性质，我们引入一个新的物理量——电势，用符号 V 表示它。静电场中某点 a 的电势 V_a 为置于该点试验电荷的电势能与试验电荷的电荷量的比值，即

$$V_a = \frac{W_a}{q_0} = \int_a^{V=0} \boldsymbol{E}\cdot \mathrm{d}\boldsymbol{l} \tag{13–27}$$

由该式不难看出，电势和电势能选取的零点相同。静电场中某点 a 的电势，在数值上就等于单位正电荷在点 a 的电势能，或者说等于将单位正电荷由点 a 移动到电势为零的点的过程中电场力所做的功。电势是一个标量，在国际单位制中它的单位是 V（伏特）。

此外，我们还常用符号 U_{ab} 表示静电场中 a、b 两点间的电势差，用公式表示为

$$U_{ab}=\int_a^b \boldsymbol{E}\cdot \mathrm{d}\boldsymbol{l}=-\left(V_b-V_a\right)=V_a-V_b \tag{13–28}$$

即 a、b 两点间的电势差，在数值上等于把单位正电荷由点 a 移动到点 b 时电场力所做的功。

有了电势差的定义之后，电场力把电荷 q_0 从 a 处移动到 b 处所做的功还可以表示为

$$A_{ab}=q_0U_{ab}=q_0(V_a-V_b) \tag{13–29}$$

13.6.2 点电荷电场的电势

我们先计算一下点电荷 q 在真空中产生的电场中某点的电势，已知点电荷的场强为 $\boldsymbol{E}=\dfrac{q}{4\pi\varepsilon_0 r^2}\boldsymbol{e}_r$，选取无穷远处作为电势零点，如图 13–29 所示，则电场中某点 P 的电势为

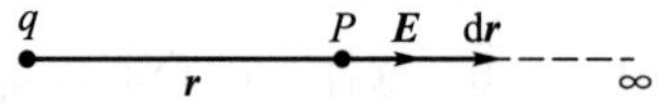

图 13–29 点电荷的电势

$$V_P=\int_P^{\infty}\boldsymbol{E}\cdot \mathrm{d}\boldsymbol{l}=\int_r^{\infty}\boldsymbol{E}\cdot \mathrm{d}\boldsymbol{l}=\int_r^{\infty}\frac{q}{4\pi\varepsilon_0 r^2}\mathrm{d}r=\frac{q}{4\pi\varepsilon_0 r} \tag{13–30}$$

从上式可看出，点电荷的电势具有球对称性，即至点电荷距离相等处电势相同。

注意：

（1）电势是标量，只有大小和正负，没有方向。

（2）上式电势的零点选取在无穷远处。

（3）电势零点的选取不同，同一点处电势的数值就不同。

13.6.3 电势叠加原理

当场源电荷由多个带电体组成时，其在空间某点 P 产生的场强为

$$\boldsymbol{E}=\frac{\boldsymbol{F}}{q_0}=\sum_{i=1}^{n}\frac{\boldsymbol{F}_i}{q_0}=\sum_{i=1}^{n}\boldsymbol{E}_i$$

式中 $\boldsymbol{E}_i$ 为第 i 个电荷单独存在时产生的场强。

选取电场中某点 b 为电势零点，则点 P 电势的计算公式为

$$\begin{aligned}V_P&=\int_P^b \boldsymbol{E}\cdot \mathrm{d}\boldsymbol{l}=\int_P^b(\boldsymbol{E}_1+\boldsymbol{E}_2+\cdots)\cdot \mathrm{d}\boldsymbol{l}=\int_P^b \boldsymbol{E}_1\cdot \mathrm{d}\boldsymbol{l}+\int_P^b \boldsymbol{E}_2\cdot \mathrm{d}\boldsymbol{l}+\cdots\\&=V_1+V_2+\cdots\end{aligned}$$

即

$$V_P=\sum_{i=1}^{n}V_i \tag{13-31}$$

上式表明，**电荷系产生的电场中某点的电势，等于组成电荷系的每个带电体单独存在时在该点产生的电势的代数和。这就是电势叠加原理。**

注意：

（1）电势的叠加是标量叠加，只计算代数和。

（2）电势的分量应选取相同的电势零点。

（3）若选取无穷远处作为电势零点，使用点电荷电势公式计算，则电势叠加原理可表示为

$$V_P=\sum_{i=1}^{n}V_i=\sum_{i=1}^{n}\frac{q_i}{4\pi\varepsilon_0 r} \tag{13-32}$$

对电荷连续分布的带电体，若选取无穷远处作为电势零点，则点 P 电势为

$$V_P=\int_Q\frac{\mathrm{d}q}{4\pi\varepsilon_0 r} \tag{13-33}$$

从上面的公式可看出，我们计算电势的方法有两种：

（1）在已知整个空间场强分布的情况下，使用（13–27）式计算：

$$V_a=\int_a^{V=0}\boldsymbol{E}\cdot\mathrm{d}\boldsymbol{l}$$

注意公式中的电场强度是随路径微元 d$\boldsymbol{l}$ 变化的。

（2）也可使用电势叠加原理，用（13–33）式计算：

$$V_P=\int_Q\frac{\mathrm{d}q}{4\pi\varepsilon_0 r}$$

但注意使用这个公式时，电势零点需取在无穷远处。

例 13–12　一均匀带电直棒，长为 L，所带总电荷量为 Q。现在其延长线上有一点 P 到一端点的距离为 a，求该点的电势。

分析　根据前边的经验，选 P 点为一维坐标系的坐标原点，选微元，建立坐标系，写出积分公式，确定积分上下限。

解　如图 13–30 所示建立坐标系，取带电微元 dx，坐标为 x，其所带电荷量为

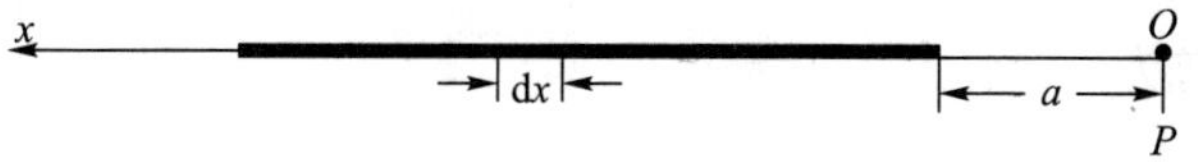

图 13–30

$$\mathrm{d}q = \frac{Q}{L}\mathrm{d}x$$

$\mathrm{d}q$ 在 P 点产生的电势为

$$\mathrm{d}V = \frac{\mathrm{d}q}{4\pi\varepsilon_0 r} = \frac{Q/L}{4\pi\varepsilon_0 x}\mathrm{d}x$$

直接积分得

$$V = \int \mathrm{d}V = \frac{Q/L}{4\pi\varepsilon_0}\int_a^{a+L}\frac{1}{x}\mathrm{d}x = \frac{Q/L}{4\pi\varepsilon_0}\ln\frac{a+L}{a}$$

例 13-13 如图 13-31 所示的导线上均匀分布着电荷线密度为 λ 的正电荷，两直导线的长度和半圆环的半径都等于 R，试求环中心处的电势。

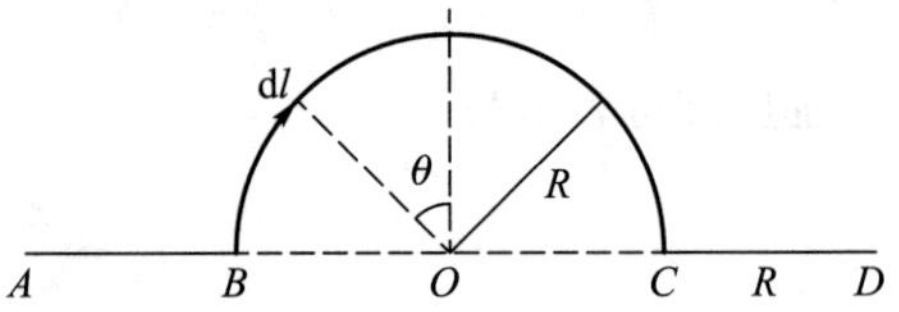

图 13-31

解 AB 段在 O 点的电势为

$$V_O^{(AB)} = \int_R^{2R}\frac{\lambda \mathrm{d}x}{4\pi\varepsilon_0 x} = \frac{\lambda}{4\pi\varepsilon_0}\ln 2$$

CD 段在 O 点的电势为

$$V_O^{(CD)} = \int_R^{2R}\frac{\lambda \mathrm{d}x}{4\pi\varepsilon_0 x} = \frac{\lambda}{4\pi\varepsilon_0}\ln 2$$

BC 段在 O 点的电势为

$$V_O^{(BC)} = \int_0^{\pi R}\frac{\lambda \mathrm{d}l}{4\pi\varepsilon_0 R} = \frac{\lambda}{4\varepsilon_0}$$

O 点电势为

$$V = V_O^{(AB)} + V_O^{(BC)} + V_O^{(CD)} = \frac{\lambda}{2\pi\varepsilon_0}\ln 2 + \frac{\lambda}{4\varepsilon_0}$$

例 13-14 一均匀带电圆环，半径为 R，所带电荷量为 Q，求其轴线上任一点的电势。

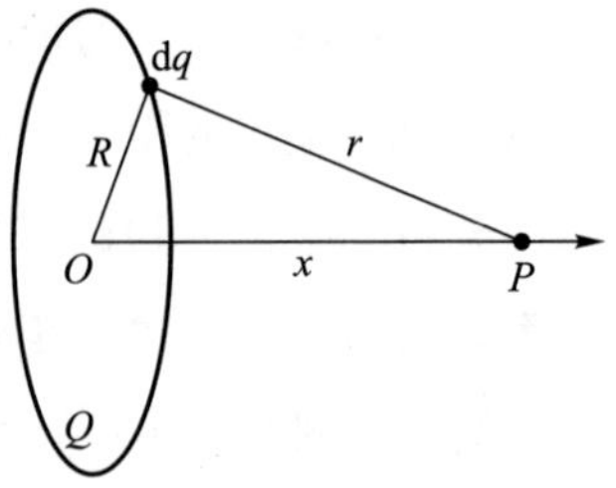

图 13-32

解 如图 13-32 所示，在环上取电荷元

$$\mathrm{d}q = \lambda\,\mathrm{d}l = \frac{Q}{2\pi R}\mathrm{d}l$$

选取无穷远处作为电势零点，则电荷元 $\mathrm{d}q$ 在点 P 产生的电势为

$$\mathrm{d}V = \frac{\mathrm{d}q}{4\pi\varepsilon_0 r}$$

根据电势叠加原理，点 P 的总电势为

$$V_P=\int_Q\frac{\mathrm{d}q}{4\pi\varepsilon_0 r}=\frac{1}{4\pi\varepsilon_0\left(x^2+R^2\right)^{1/2}}\int_Q\mathrm{d}q=\frac{Q}{4\pi\varepsilon_0\left(x^2+R^2\right)^{1/2}}$$

因为电势的叠加是标量叠加，所以计算此类带电体产生的电势比求解场强简单。

例 13–15 一均匀带电球面，半径为 R，所带电荷量为 Q，求其空间电势分布。

解 此题是球对称问题，如图 13–33 所示。之前我们已用高斯定理算出其场强分布为

$$E_1=0,\ r<R$$

$$E_2=\frac{Q}{4\pi\varepsilon_0 r^2},\ r>R$$

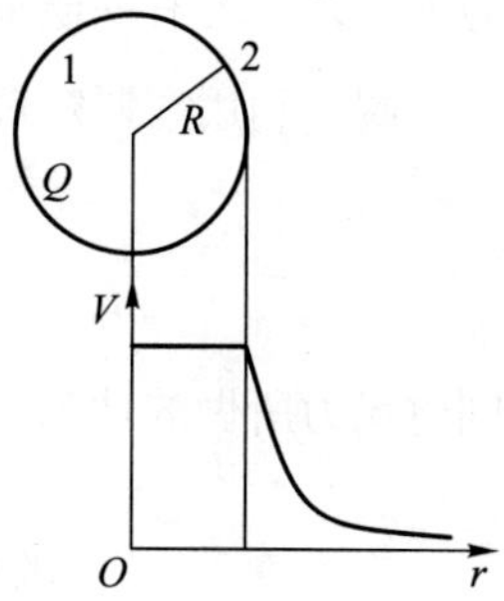

图 13–33

根据（13–30）式，选取无穷远处作为电势零点，有

$$V_P=\int_P^{\infty}\boldsymbol{E}\cdot\mathrm{d}\boldsymbol{l}$$

当 $r>R$ 时，

$$V_2=\int_P^{\infty}\boldsymbol{E}\cdot\mathrm{d}\boldsymbol{l}=\int_r^{\infty}E_2\mathrm{d}r=\int_r^{\infty}\frac{Q}{4\pi\varepsilon_0 r^2}\mathrm{d}r=\frac{Q}{4\pi\varepsilon_0 r}$$

即均匀带电球面，其外部电势与点电荷电势相同。

当 $r<R$ 时，

$$V_1=\int_P^{\infty}\boldsymbol{E}\cdot\mathrm{d}\boldsymbol{l}=\int_r^{R}E_1\mathrm{d}r+\int_R^{\infty}E_2\mathrm{d}r=\int_R^{\infty}\frac{Q}{4\pi\varepsilon_0 r^2}\mathrm{d}r=\frac{Q}{4\pi\varepsilon_0 R}$$

即均匀带电球面，其内部是一个等势体，电势处处相同。

例 13–16 一无限长均匀带电直线，其电荷线密度为 λ，求其电势分布。

解 如图 13–34 所示，由高斯定理可知，无限长均匀带电直线的场强大小为

$$E=\frac{\lambda}{2\pi\varepsilon_0 r}$$

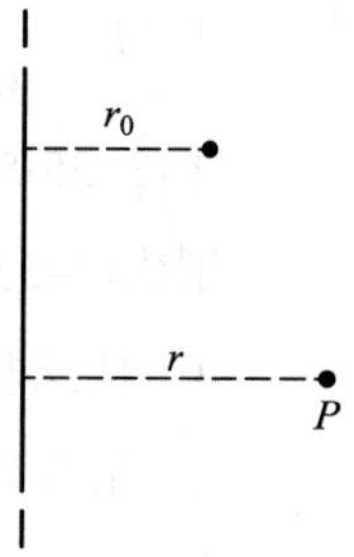

图 13–34

此题中，电荷在无穷远处空间亦有分布，若选取无穷远处作为电势零点，计算积分 $V_P=\int_P^{\infty}\boldsymbol{E}\cdot\mathrm{d}\boldsymbol{l}$ 时会发散，故只能选取有限远处作为电势零点，选至直线距离为 r_0 处作为电势零点，则点 P 处电势为

$$V_P=\int_r^{r_0}E\mathrm{d}r=\int_r^{r_0}\frac{\lambda}{2\pi\varepsilon_0 r}\mathrm{d}r=\frac{\lambda}{2\pi\varepsilon_0}\ln\frac{r_0}{r}$$

讨论：对于电荷分布在无限远空间的带电体，只能选取有限空间内一点为电势零点，同理，计算无限大平面在空间的电势分布时，也应选取有限远处一点作为电势零点。

例 13–17 一无限长直导线的电荷线密度为 λ。以直导线为轴的两圆半径分别为 R_1、R_2。若有一电荷量为 q 的点电荷从小圆运动到大圆上，求电场力所做的功。

解 利用高斯定理可得空间电场分布为

$$E=\frac{\lambda}{2\pi\varepsilon_0 r}$$

则电场力所做的功为

$$W=q\int_{R_1}^{R_2}\boldsymbol{E}\cdot\mathrm{d}\boldsymbol{r}=q\int_{R_1}^{R_2}\frac{\lambda}{2\pi\varepsilon_0 r}\,\mathrm{d}r=\frac{q\lambda}{2\pi\varepsilon_0}\ln\frac{R_2}{R_1}$$

*13.7 电势和电场强度的关系

13.7.1 等势面及其性质

电场中电场强度的分布可以用电场线来形象地描绘出来，电势的分布是否也可以形象地描绘出来呢？下面，我们将引入等势面的概念，并用它来描绘电势的分布。

电场中电势相等的点所构成的面，叫作**等势面**。并且我们规定：**电场中任意两个相邻等势面之间的电势差都相等**。例如，在我们熟悉的点电荷产生的电场中，电势分布为 $V=\dfrac{q}{4\pi\varepsilon_0 r}$，这说明其等势面是一系列以点电荷所在处为中心的同心球面。

图 13–35 是几种常见的等势面和电场线的图示。

由图 13–35，我们不难看出，等势面有以下几条性质：

（1）任意两个等势面不相交，因为电场中任一点的电势是唯一的。

（2）沿等势面移动电荷，电场力不做功。

这条性质容易证明，在等势面上移动电荷，电场力所做的功为 $A_{ab}=q_0(V_a-V_b)=0$，其中 a、b 为等势面上任意两点。

（3）电场线与等势面处处垂直。

应用上面的结论，已知在等势面上移动电荷，电场力所做的功为 0，即

$$\mathrm{d}A=q_0\boldsymbol{E}\cdot\mathrm{d}\boldsymbol{l}=0$$

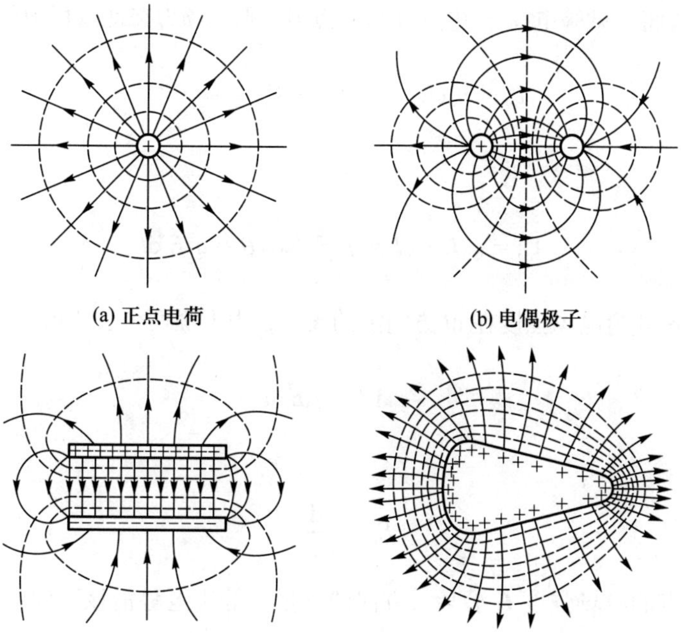

(a) 正点电荷　(b) 电偶极子

(c) 正负带电板　(d) 不规则形状的带电体

图 13–35

d$\boldsymbol{l}$ 是沿等势面的任一位移元，且 q_0、$\boldsymbol{E}$、d$\boldsymbol{l}$ 均不为零，所以 $\boldsymbol{E}$ 与 d$\boldsymbol{l}$ 垂直，即电场线与等势面垂直。

（4）等势面密集的地方，电场强度大；等势面稀疏的地方，电场强度小。

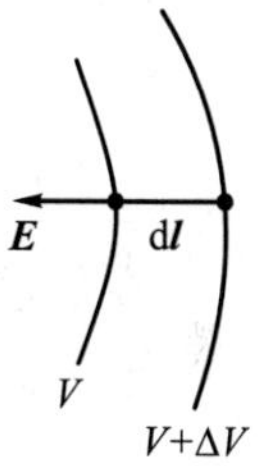

图 13–36

取两个相邻等势面，如图 13–36 所示，设其电势分别为 V 和 $V+\Delta V$。

由于两个面非常接近，所以 $\boldsymbol{E}$ 可看作均匀场强，而 dl 可看作两等势面间的垂直距离。两等势面间电势差为

$$\Delta V = \int_{V+\Delta V}^{V} \boldsymbol{E} \cdot \mathrm{d}\boldsymbol{l} \approx E\mathrm{d}l$$

即两相邻等势面间距 dl 越小，电场强度就越大。

13.7.2　电势梯度

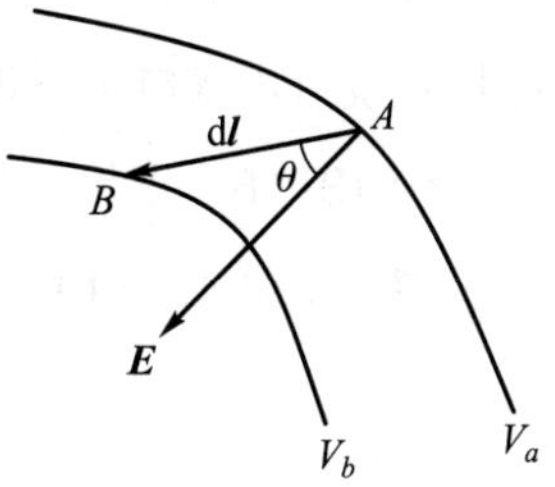

图 13–37　电势和场强的关系

如图 13–37 所示，设静电场中有两个邻近等势面，它们的电势分别为 V_a 和 V_b，且 $V_b - V_a = \mathrm{d}V$。在两等势面上分别取两点 A 和 B，两点靠得很接近，间距为 dl。因为这两点非常接近，所以它们之间的电场强度 $\boldsymbol{E}$ 可

看作不变。现将一试验电荷 q_0 由点 A 移到点 B，则电场力在此过程中所做的功为

$$A_{ab} = q_0U_{ab} = -q_0(V_b - V_a) = -q_0\mathrm{d}V$$

同时，有

$$A_{ab} = q_0\boldsymbol{E} \cdot \mathrm{d}\boldsymbol{l} = q_0 E\mathrm{d}l\cos\theta = q_0E_l\mathrm{d}l$$

式中 $E_l = E\cos\theta$ 为电场强度在 $\mathrm{d}\boldsymbol{l}$ 方向上的投影，由上面两个公式得

$$-q_0\mathrm{d}V = q_0E_l\mathrm{d}l$$

则

$$E_l = -\frac{\mathrm{d}V}{\mathrm{d}l} \tag{13-34}$$

即电场中某点的电场强度 $\boldsymbol{E}$ 沿某一方向的分量，等于电势沿该方向的变化率的负值。显然，在直角坐标系中，电场强度 $\boldsymbol{E}$ 沿 x、y、z 三个方向的投影分别为

$$E_x = -\frac{\partial V}{\partial x},\quad E_y = -\frac{\partial V}{\partial y},\quad E_z = -\frac{\partial V}{\partial z} \tag{13-35}$$

写成偏导数的形式是因为电势通常是三个坐标 x、y、z 的函数。

$\boldsymbol{E}$ 的矢量表达式可以写为

$$\boldsymbol{E} = -\left(\frac{\partial V}{\partial x}\boldsymbol{i} + \frac{\partial V}{\partial y}\boldsymbol{j} + \frac{\partial V}{\partial z}\boldsymbol{k}\right) \tag{13-36}$$

在数学上，$\frac{\partial}{\partial x}\boldsymbol{i} + \frac{\partial}{\partial y}\boldsymbol{j} + \frac{\partial}{\partial z}\boldsymbol{k}$ 称为梯度算符，用符号 ∇ 表示。因此，（13–36）式又可表示为

$$\boldsymbol{E} = -\nabla V \tag{13-37}$$

也就是说，**电场中某点的电场强度为该点的电势梯度的负值。**

在前面的计算中，我们看到，因为电势是标量，与矢量 $\boldsymbol{E}$ 相比更容易计算，所以在实际计算时，可先计算出电势，再用（13–36）式来求出电场强度 $\boldsymbol{E}$。由于电场强度可用求电势梯度的办法计算，所以场强单位也常用 $\mathrm{V \cdot m^{-1}}$。

例 13–18 求均匀带电圆环轴线上任意一点的电势和电场强度。

解 由例 13–14 可知，圆环轴线上任意一点的电势为

$$V_P = \frac{Q}{4\pi\varepsilon_0\left(x^2 + R^2\right)^{1/2}}$$

式中 R 为圆环半径，x 为场点距环心的距离。根据（13–36）式可得，场点的电场

强度为

$$\boldsymbol{E}=\frac{Qx}{4\pi\varepsilon_0\left(x^2+R^2\right)^{3/2}}\boldsymbol{i}$$

结果与例 13–3 的计算结果相同。

*13.8 电偶极子

两个电荷量大小相等、符号相反，相距 l 的点电荷 $+q$ 和 $-q$，它们在空间激发电场。若场点到点电荷的距离远远大于 l，我们就把这样一对点电荷称为**电偶极子**。在研究电介质的极化机理、电场对有极分子的作用等问题时，我们经常需要使用电偶极子的模型，来研究电场对它的作用，或电偶极子对电场的影响。

13.8.1 电偶极子的场强和电势

描述电偶极子特征的物理量叫**电偶极矩**，用矢量 $\boldsymbol{p}$ 来表示它，其定义为 $\boldsymbol{p}=q\boldsymbol{l}$，其中矢量 $\boldsymbol{l}$ 的方向由负电荷指向正电荷。根据场强和电势的关系，对于非高度对称电场，先求出其电势后再用梯度公式求场强比较容易。

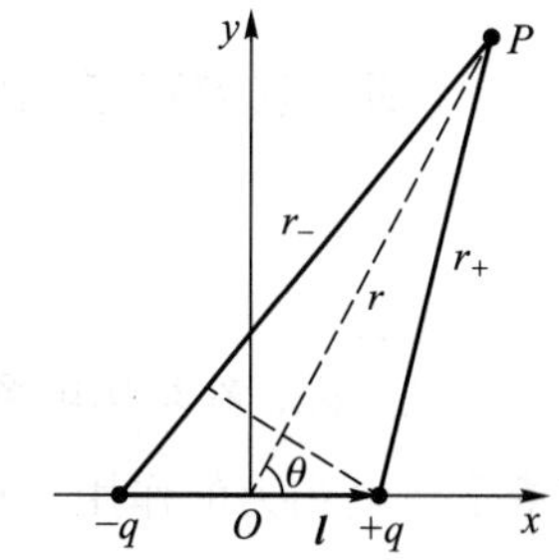

图 13–38 电偶极子

如图 13–38 所示，电偶极子在点 P 产生的电势为

$$V=V_++V_-=\frac{q}{4\pi\varepsilon_0}\left(\frac{1}{r_+}-\frac{1}{r_-}\right)=\frac{q}{4\pi\varepsilon_0}\left(\frac{r_--r_+}{r_+r_-}\right)$$

按照电偶极子的定义，点 P 到电荷的距离远远大于 l，因此有 $r_+r_-\approx r^2$，$r_--r_+\approx l\cos\theta$，其中 θ 为 $\boldsymbol{r}$ 与 $\boldsymbol{p}$ 之间的夹角。代入上面公式得

$$V=\frac{q}{4\pi\varepsilon_0}\left(\frac{r_--r_+}{r_+r_-}\right)=\frac{ql\cos\theta}{4\pi\varepsilon_0r^2}=\frac{\boldsymbol{p}\cdot\boldsymbol{r}}{4\pi\varepsilon_0r^3} \quad (13\text{–}38)$$

我们也可以把电势写为

$$V=\frac{\boldsymbol{p}\cdot\boldsymbol{r}}{4\pi\varepsilon_0r^3}=\frac{pr\cos\theta}{4\pi\varepsilon_0r^3}=\frac{p}{4\pi\varepsilon_0}\frac{x}{\left(x^2+y^2\right)^{3/2}}$$

根据（13–36）式，可以得到点 P 电场强度沿 x 轴、y 轴的分量表达式分别为

$$E_x=-\frac{\partial V}{\partial x}=-\frac{p}{4\pi\varepsilon_0}\frac{y^2-2x^2}{\left(x^2+y^2\right)^{5/2}}$$

$$E_y = -\frac{\partial V}{\partial y} = \frac{p}{4\pi\varepsilon_0}\frac{3xy}{\left(x^2+y^2\right)^{5/2}}$$

点 P 合场强的大小为

$$E = \frac{p}{4\pi\varepsilon_0}\frac{\left(4x^2+y^2\right)^{1/2}}{\left(x^2+y^2\right)^2} \quad (13\text{–}39)$$

13.8.2 电偶极子在外电场中受到的作用

如图 13–39 所示，在均匀电场中放入一电偶极矩为 $\boldsymbol{p} = q\boldsymbol{l}$ 的电偶极子，计算其受到的外电场的作用。

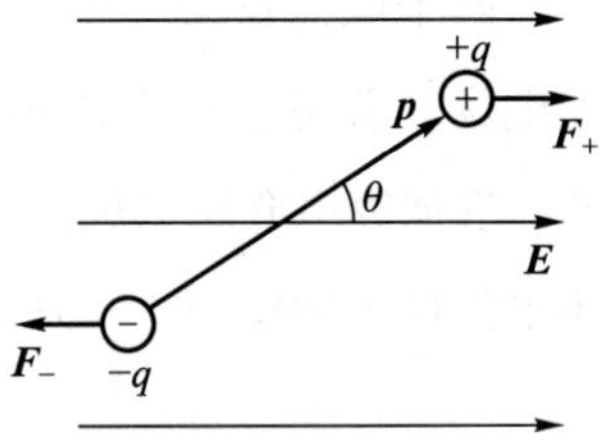

图 13–39 电偶极子在外电场中受到的作用

首先计算电偶极子受到的电场力，电场作用在两个电荷 $+q$、$-q$ 上的力分别是

$$\boldsymbol{F}_+ = q\boldsymbol{E}$$

$$\boldsymbol{F}_- = -q\boldsymbol{E}$$

因此，均匀外电场作用在电偶极子上的合力为

$$\boldsymbol{F} = \boldsymbol{F}_+ + \boldsymbol{F}_- = q\boldsymbol{E} - q\boldsymbol{E} = \boldsymbol{0}$$

虽然说，在均匀电场中，电偶极子受到的电场合力为零，但这并不是说电偶极子不受电场力的作用。从图 13–39 中可以看出，两个电荷所受的电场力不在同一直线上，它们将产生力矩，按照力矩公式：

$$\boldsymbol{M} = \boldsymbol{r} \times \boldsymbol{F}$$

可以求得两个力的合力矩大小为

$$M = qEl\sin\theta \quad (13\text{–}40)$$

使用电偶极矩，可以把上式表示为

$$\boldsymbol{M} = \boldsymbol{p} \times \boldsymbol{E} \quad (13\text{–}41)$$

从图上看，力矩的方向是垂直纸面向里的。这个电偶极子将在力矩作用下作顺时针转动。当 $\theta = \frac{\pi}{2}$ 或 $\frac{3\pi}{2}$ 时，电偶极子所受的力矩最大；当 $\theta = 0$ 或 π 时，电偶极子所受的力矩为零，即在这两个位置上，电偶极子受到的合力和合力矩均为零，电偶极子处于平衡态。但二者还是有区别的，在 $\theta = 0$ 的点，电偶极子处于稳定平衡态，即使位置稍微有所偏离，电偶极子也将在力矩的作用下重新回到平衡位置；而在 $\theta = \pi$ 的点，电偶极子处于非稳定平衡态，一旦位置稍有偏离，电偶极子就将在力矩的作用下开始转动，最终使 $\boldsymbol{p}$ 转到和外电场 $\boldsymbol{E}$ 方向相同的位置。由此，我们可以看出，电偶极子所受的电场作用使得电偶极矩与外电场方向趋于一致。

我们也可以从另外一个角度说明电偶极子的平衡位置，可以先计算出电偶极子在外电场中具有的电势能，根据图 13–39 所示，电偶极子的电势能为

$$W = qV_+ + (-q)V_- = q(V_+ - V_-) = -qEl\cos\theta \tag{13-42}$$

使用电偶极矩，可以把上式表示为

$$W = -\boldsymbol{p}\cdot\boldsymbol{E} \tag{13-43}$$

由此可见，电偶极子在均匀电场中的电势能与电偶极矩和外电场的场强之间的夹角有关。当二者方向相同时，$\theta = 0$，电偶极子具有的电势能最小，为 $W = -pE$；当二者方向垂直时，$\theta = \dfrac{\pi}{2}$ 或 $\dfrac{3\pi}{2}$，电偶极子的电势能为 $W = 0$；当二者方向相反时，$\theta = \pi$，电偶极子具有的电势能为 $W = pE$，即具有最大的电势能。从能量的观点来看，能量越低，系统的状态越稳定。所以，电偶极矩和外电场的场强方向相同时，电偶极子处于稳定平衡状态。由于系统都要趋于稳定，所以电场中的电偶极子在一般情况下总有使自己的电偶极矩方向趋向外电场的场强方向的特性。

例 13–19 设在氢原子中，负电荷均匀分布在半径为 $r_0 = 0.53\times10^{-10}$ m 的球体内，总电荷量为 $-e$。质子位于此电子云的中心。问当外加电场 $E = 3\times10^6$ V/m 时（实验室内很强的电场），负电荷的球心和质子相距多远？（设电子云不因外加电场而变形。）此时氢原子的“感生电偶极矩”有多大？

解 氢原子电荷体密度为

$$\rho = \frac{-e}{\dfrac{4}{3}\pi r_0^3} \approx -2.57\times10^{11}\ \mathrm{C\cdot m^{-3}}$$

质子离负电荷球心距离 r 可以通过质子受电子云和外加电场的力平衡进行计算，即

$$\frac{\rho r}{3\varepsilon_0}e + Ee = 0$$

由此得

$$r = \frac{3\varepsilon_0 E}{-\rho} \approx 3.1\times10^{-16}\ \mathrm{m}$$

此时氢原子的感生电偶极矩大小为

$$p = er \approx 5.0 \times 10^{-35}\ \mathrm{C \cdot m}$$

思 考 题

13–1 什么是电荷的量子性？试举出具有量子性的物理量。

13–2 电场中某点的电场强度定义为 $\boldsymbol{E} = \dfrac{\boldsymbol{F}}{q}$，则 E 与 F 成正比，与 q 成反比，对吗？若该点没有试验电荷，则该点的电场强度又如何？为什么？

13–3 在地球表面上通常有一竖直方向的电场，电子在此电场中受到一个向上的力，问电场强度的方向朝上还是朝下？

13–4 判断下面说法是否正确，并说明理由。（1）闭合曲面上各点电场强度都为零时，曲面内一定没有电荷；（2）闭合曲面上各点电场强度都为零时，曲面内电荷的电荷量的代数和必定为零；（3）闭合曲面的电场强度通量为零时，曲面上各点的电场强度必定为零；（4）闭合曲面的电场强度通量不为零时，曲面上任意一点的电场强度都不可能为零。

13–5 一个点电荷 q 放在球形高斯面的中心处，试问在下列情况下，穿过这高斯面的电场强度通量是否改变？（1）第二个点电荷放在高斯球面外附近；（2）第二个点电荷放在高斯球面内；（3）将原来的点电荷移离高斯球面的球心，但仍在高斯球面内。

13–6 什么样的电场可以用高斯定理求解电场强度？

13–7 利用高斯定理求电场强度，应如何选取高斯面？

13–8 一点电荷 q 处在球形高斯面的中心，当将另一个点电荷置于高斯球面外附近时，为什么说此高斯面上任意点的电场强度会发生变化，但通过此高斯面的电场强度通量不变化？

13–9 什么定理可说明静电场是保守场？

13–10 求均匀带正电的无限大平面的场强时，高斯面为什么取成两底面与带电面平行且对称的柱体的形状？具体地说，（1）为什么柱体的两底面要对于带电面对称？不对称行不行？（2）柱体底面是否需要是圆的？面积取多大合适？（3）为了求距带电平面 x 处的场强，柱面应取多长？

13–11 判断下列说法是否正确，并说明理由。（1）电场强度为零的点，电势也一定为零；（2）电场强度不为零的点，电势也一定不为零；（3）电势为零的点，电场强度也一定为零；(4) 若电势在某一区域内为常量，则电场强度在该区域内必定为零。

13–12　电场中两点电势的高低是否与试探电荷的正负有关？电势差的数值是否与试探电荷的电荷量有关？

13–13　沿着电场线移动负试探电荷时，它的电势能是增加还是减少？

13–14　为什么电场中各处的电势永远逆着电场线方向升高？

13–15　两个不同电势的等势面是否可以相交？同一等势面是否可以与自身相交？

13–16　距点电荷 r 的点的电场强度和电势的表达式分别是什么？

习　　题

13–1　电荷量都是 q 的三个点电荷，分别放在正三角形的三个顶点处。试问：(1) 在这三角形的中心放一个什么样的电荷，就可以使这四个电荷都达到平衡（即每个电荷所受其他三个电荷的库仑力之和都为零）？(2) 这种平衡与三角形的边长有无关系？

13–2　用细的塑料棒弯成半径为 r 的圆环，两端间空隙为 d，电荷量为 q 的正电荷均匀分布在棒上，求圆心处电场强度的大小和方向。

13–3　一长为 l 的直导线 AB 上均匀地分布着电荷线密度为 λ 的正电荷。试求：(1) 在导线的延长线上与导线 B 端相距 a_1 处 P 点的场强；(2) 在导线的垂直平分线上与导线中点相距 d_2 处 Q 点的场强。

13–4　一带电细线弯成半径为 R 的半圆形，电荷线密度为 $\lambda=\lambda_0\sin\varphi$，式中 λ_0 为一常量，φ 为半径 R 与 x 轴所成的夹角，如习题 13–4 图所示。试求环心 O 处的电场强度。

13–5　将一“无限长”带电细线弯成如习题 13–5 图所示形状，设电荷均匀分布，电荷线密度为 λ，四分之一圆弧 AB 的半径为 R，试求圆心 O 点的场强。

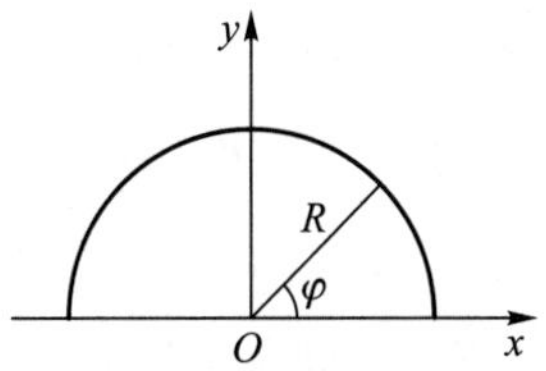

习题 13–4 图

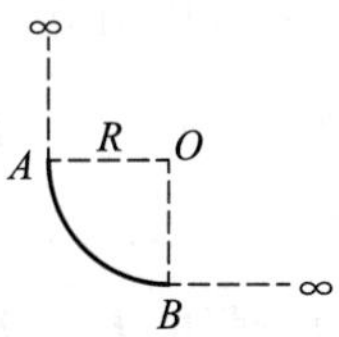

习题 13–5 图

13–6　如习题 13–6 图所示，一厚度为 d 的“无限大”均匀带电平板，电荷体密度为 ρ。求板内外的场强分布，并画出场强随坐标 x 变化的 $E-x$ 图线。（设原点在带电平板的中央平面上，x 轴垂直于平板。）

13–7　如习题 13–7 图所示，一半径为 R 的半球面放在一均匀电场中，设场强方向恰好垂直于半球面的截面，若场强大小为 E，求穿过球面的电场强度通量。

13–8　如习题 13–8 图所示，一内、外半径分别为 R_1、R_2 的均匀带电球壳，其上带有电荷量 Q，若其球心处放一电荷量为 $-q$ 的点电荷，求空间的场强分布。

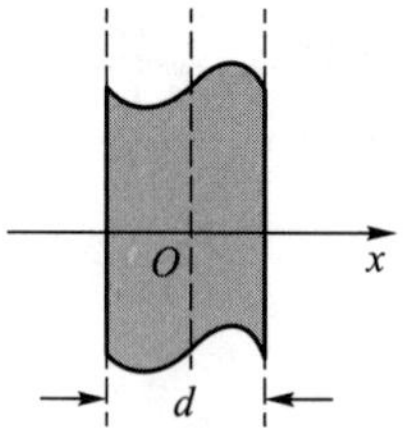

习题 13–6 图

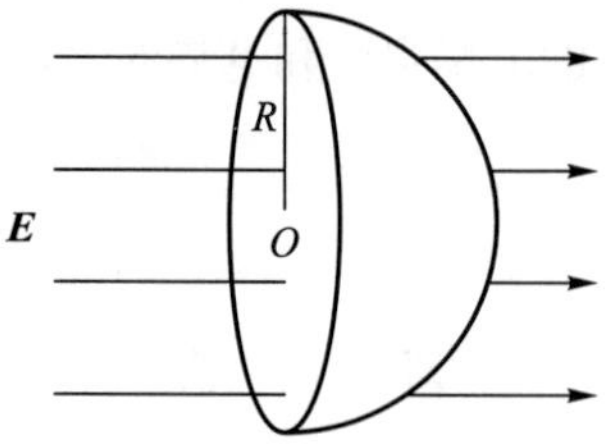

习题 13–7 图

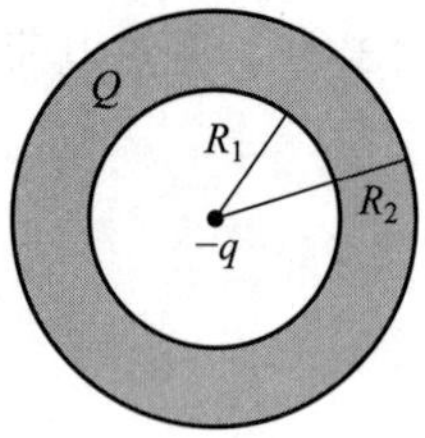

习题 13–8 图

13–9　设在半径为 R 的球内，电荷对称分布，电荷体密度为

$$\begin{cases}\rho = kr & (0 \leqslant r \leqslant R)\\ \rho = 0 & (r > R)\end{cases}$$

k 为一常量。试用高斯定理求电场强度 $\boldsymbol{E}$ 与 r 的关系。

13–10　两个无限大的平行平面都均匀带电，电荷面密度分别为 σ_1 和 σ_2，试求空间各处场强。

13–11　两个带有等量异号电荷的无限长同轴圆柱面，截面半径分别为 R_1 和 R_2（$R_2 > R_1$），电荷线密度为 λ。求满足下列条件的离轴线 r 处的电场强度：（1）$r < R_1$；（2）$R_1 < r < R_2$；（3）$r > R_2$。

13–12　一边长为 a 的立方体如习题 13–12 图所示，其表面分别平行于 xy、yz 和 zx 平面，立方体的一个顶点为坐标原点。现将立方体置于电场强度 $\boldsymbol{E} = bx\boldsymbol{i} + c\boldsymbol{j}$ 的非均匀电场中，求电场对立方体各表面及整个立方体表面的电场强度通量。a、b、c 均为常量。

13–13　一球体内均匀分布着电荷体密度为 ρ 的正电荷，若保持电荷分布不变，在该球体中挖去半径为 r 的一个小球体，球心为 O'，两球心间距离 $OO' = d$，如习题 13–13 图所示。求：（1）在球形空腔内，球心 O' 处的电场强度 $\boldsymbol{E}_0$；（2）在球体内 P 点处的电场强度 $\boldsymbol{E}$。设 O'、O、P 三点在同一直径上，且 $OP = d$。

13–14　实验表明，在靠近地面处有相当强的电场，电场强度 $\boldsymbol{E}$ 垂直于地面向

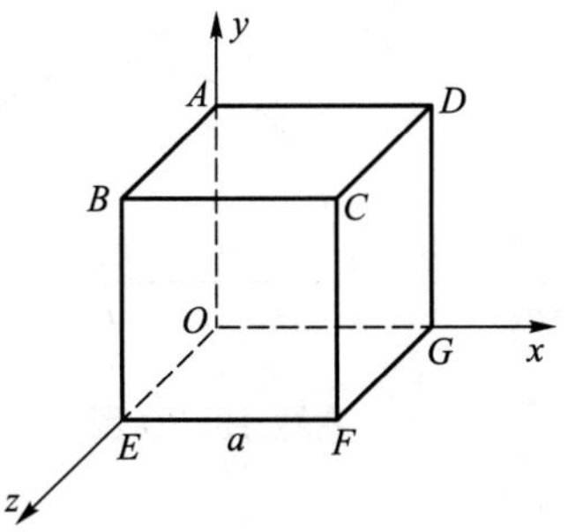

习题 13–12 图

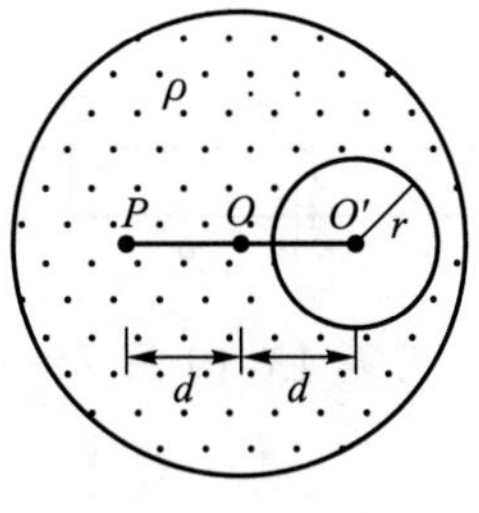

习题 13–13 图

下，其大小约为 100 N/C，在离地面 1.5 km 高的地方，**E** 也是垂直于地面向下的，其大小约为 25 N/C。（1）求从地面到此高度大气中电荷的平均体密度；（2）假设地球表面处的电场强度完全是由均匀分布在地球表面的电荷产生的，求地球表面的电荷面密度。

13–15 一电子绕一带均匀电荷的长直导线以 $2\times10^4\ \mathrm{m\cdot s^{-1}}$ 的匀速率作圆周运动。求此长直导线上的电荷线密度。（电子质量 $m_0 = 9.1\times10^{-31}$ kg，电子电荷量的绝对值 $e = 1.60\times10^{-19}$ C。）

13–16 如习题 13–16 图所示，一半径为 R 的均匀带电球面，带有电荷量 q。沿某一半径方向上有一均匀带电细线，电荷线密度为 λ，长度为 l，细线左端离球心距离为 r_0。设球和线上的电荷分布不受相互作用影响，试求：（1）细线所受球面电荷的电场力；（2）细线在该电场中的电势能（设无穷远处的电势为零）。

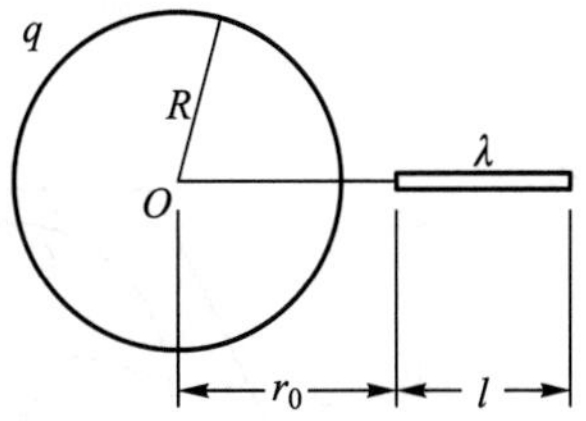

习题 13–16 图

13–17 两个同心球面的半径分别为 R_1 和 R_2，各自带有电荷量 Q_1 和 Q_2。（1）求各区域电势分布，并画出分布曲线；（2）问两球面间的电势差为多少？

13–18 一半径为 R 的无限长带电细棒，其内部的电荷均匀分布，电荷体密度为 ρ。现取棒表面处电势为零，求空间电势分布并画出分布曲线。

13–19 如习题 13–19 图所示，三个点电荷 Q_1、Q_2、Q_3 沿一条直线等间距分布，且 $Q_1 = Q_3 = Q$，已知其中任一点电荷所受合力均为零。求在固定 Q_1、Q_3 的情况下，将 Q_2 从 O 点推到无穷远处的过程中外力所做的功。

13–20 如习题 13–20 图所示，在 A、B 两点处放有电荷量分别为 $+q$、$-q$ 的点电荷，AB 间距离为 $2R$，现将另一正试验点电荷 q_0 从 O 点经过半圆弧移到 C 点，求移动过程中电场力所做的功。

13–21 电荷以相同的电荷面密度分布在半径为 $r_1 = 10$ cm 和 $r_2 = 20$ cm 的两

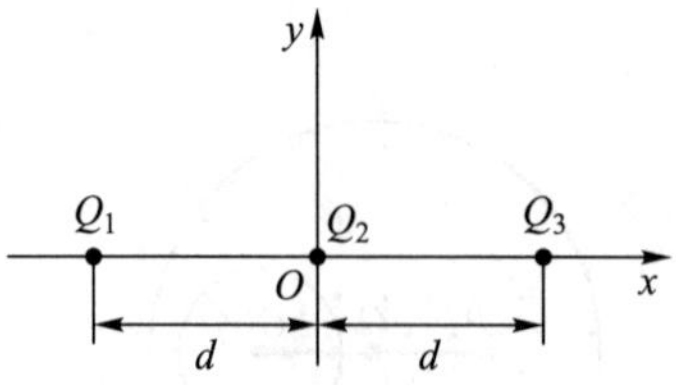

习题 13–19 图

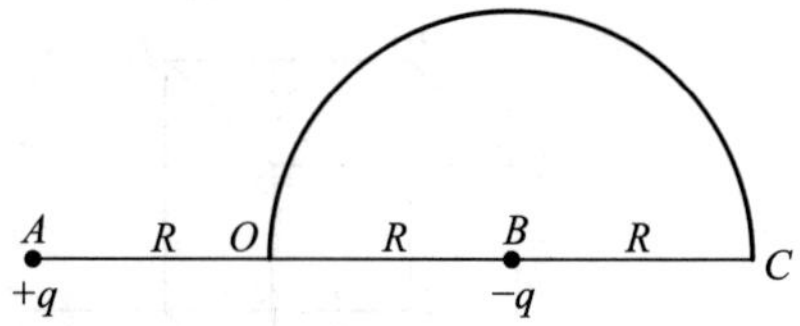

习题 13–20 图

个同心球面上。设无穷远处电势为零，球心处的电势为 $V_0 = 300$ V。（1）求电荷面密度 σ；（2）求两球面间的电场分布；（3）若要使球心处的电势也为零，问外球面上应放掉多少电荷？

13–22 如习题 13–22 图所示，一均匀带电的半球面倒扣在一平面 α 上，球面半径为 R，所带电荷量为 Q，试求：（1）平面 α 上任一点的电势；（2）半球面球心处的电场强度。

13–23 如习题 13–23 图所示，一半径为 R 的均匀带电球面，其电荷量为 Q，球面外距球心距离 L 处有一电荷量为 q 的点电荷。（1）求点电荷的电势能；（2）若把点电荷移动到距球心 $2L$ 处，求电场力对点电荷所做的功。

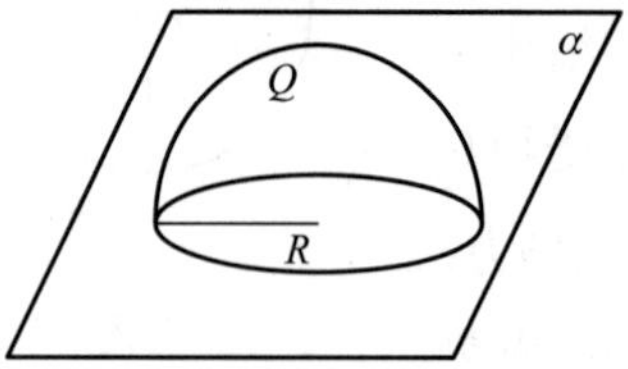

习题 13–22 图

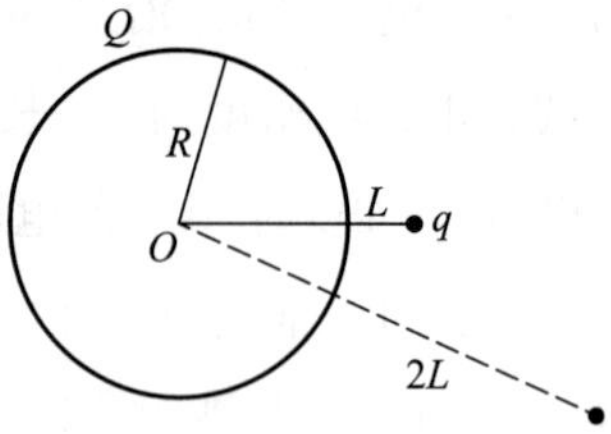

习题 13–23 图

13–24 如习题 13–24 图所示，一个半径为 R 的均匀带电圆板，其电荷面密度为 σ（$\sigma > 0$）。今有一质量为 m，电荷量为 $-q$ 的粒子（$q > 0$）沿圆板轴线（x 轴）方向向圆板运动，已知在距圆心 O（也是 x 轴原点）b 的位置上时，粒子的速度为 $\boldsymbol{v}_0$。

（1）试求此时粒子受到的电场力和粒子在该处所具有的电势能；

（2）若粒子继续沿 x 轴正方向运动，求粒子击中圆板时的速度。（设圆板带电的均匀性始终不变。）

13–25 一电偶极子的电偶极矩为 $\boldsymbol{p}$，放在场强为 $\boldsymbol{E}$ 的均匀电场中，$\boldsymbol{p}$ 与 $\boldsymbol{E}$ 之间的夹角为 θ，如习题 13–25 所示。若将此电偶极子绕通过其中心且垂直于 $\boldsymbol{p}$、$\boldsymbol{E}$ 平面的轴转 180°，则外力需做多少功？

13–26 密立根油滴实验是利用作用在油滴上的电场力和重力平衡而测量电荷

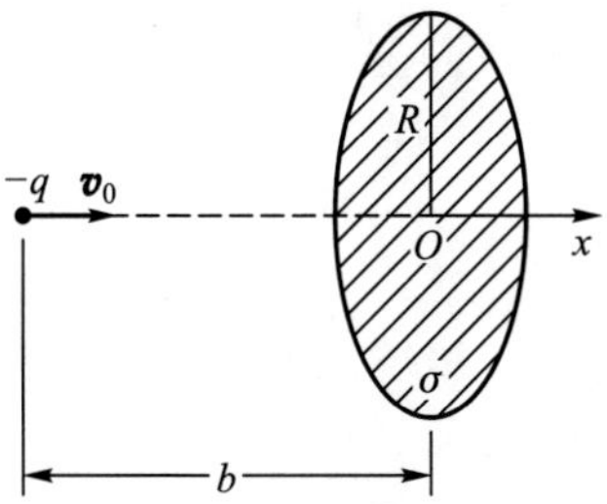

习题 13–24 图

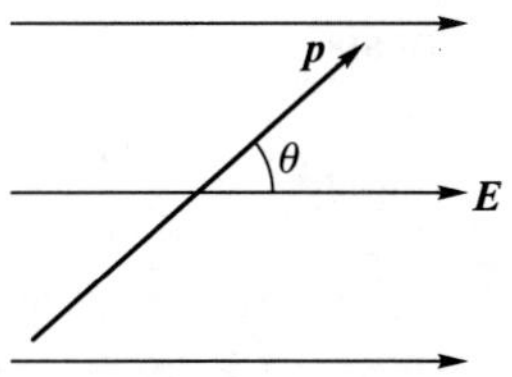

习题 13–25 图

量的，其电场由两块带电平行板产生。实验中，半径为 r、带有两个电子电荷量的油滴保持静止时，其所在电场的两块极板的电势差为 U_{12}。当电势差增加到 $4U_{12}$ 时，半径为 $2r$ 的油滴保持静止，问该油滴所带的电荷量为多少？

Scientist Synopsis

科学家简介

库仑

Charles-Augustin de Coulomb

高斯

Carl Friedrich Gauss

Chapter 14

第 14 章 静电场中的导体和电介质

在第 13 章中，我们讨论了真空中静电场的性质和规律。实际上，在静电场中总是有导体或电介质存在，而且静电场的一些应用都要涉及静电场中导体和电介质的行为，以及它们对静电场的影响。本章进一步讨论静电场中的导体和电介质。物质按导电性能可分为导体、绝缘体（也叫电介质）和半导体三类。导体是导电能力极强的物体，如各种金属、电解质溶液。绝缘体（电介质）是导电能力极微弱或者不能导电的物体，如云母、橡胶等。半导体是导电能力介于导体和绝缘体之间的物体。

本章主要内容有：静电场中导体的电学性质，电介质的极化和相对电容率的物理意义，有电介质时的高斯定理，电容，电场的能量等。

14.1 导体与电介质的介绍

一般宏观物体的原子内部满壳层的电子和原子核合起来称为原子实，视之为正的点电荷。因为电子的质量比核的质量小 3 个数量级，故原子实的质量可视为与原子相等。其余的外层电子在宏观物质中的状态比之在孤立原子中的情况，发生了或多或少的变化，在外加作用下，物体内的电荷可能出现两种不同的运动方式。导致形成电流的运动称为**迁移运动**，导致形成电极化的运动称为**位移运动**。电荷受外加电场作用而引起运动的效应最为显著，但宏观物体所受的外力、加热、光照等外加作用也会引起其中的电荷产生迁移或位移运动。

宏观物体在外电场作用下产生电流的传导效应的大小用电导率来衡量。按照电导率 γ 的大小可将其分类：$\gamma > 10^{8}\ \Omega^{-1}\cdot\mathrm{m}^{-1}$ 者称为导体；$\gamma < 10^{-7}\ \Omega^{-1}\cdot\mathrm{m}^{-1}$ 者称

为绝缘体；而 $10^{-7}\ \Omega^{-1}\cdot m^{-1}\leqslant\gamma\leqslant 10^{8}\ \Omega^{-1}\cdot m^{-1}$ 者则称为半导体。宏观物体在外电场作用下产生的电极化效应的大小可用相对电容率 ε_r 来衡量，在 SI 中，真空的相对电容率 $\varepsilon_r = 1$。而一般情况下所有物质的相对电容率均大于 1，称 $\varepsilon_r \neq 1$ 的物质为**电介质**。绝缘体是理想的电介质，因为在外电场作用下其中的电流传导效应小到可以忽略不计，而只需研究其电极化效应。但是绝缘体和电介质是按照不同标准将物质分类的结果，两个名词并不等价。根据定义，除稀薄的完全电离气体（等离子体）外，自然界中的几乎所有物质都是电介质。金属不是绝缘体而是良导体。但是在 X 射线频率的电场作用下，其中传导电流的电子因惯性而来不及跟随电场作迁移运动，这时的金属就明显地表现出电极化的介电行为，因而也成为电介质。对于较低的频率，金属因其良好的传导性而难以在其中形成电场，所以它的介电性质难以研究，但不能因此认为它没有电极化效应而排除在电介质之外。

自从电流的各种效应被发现之后，由于电介质长期被作为绝缘材料，所以许多人认为电介质就是绝缘体。绝缘性能是电介质的重要性能之一，也是本章的研究重点。但电介质还有很多重要的其他性能，如热释电效应、压电效应、电致伸缩效应等，以上效应使得电介质可以将热信息、力信息、电信息互相转换而成为重要的功能材料。

导体和电介质在导电性能上存在差别是因两者的电结构不同。金属原子中的价电子（最外层电子）受到的原子核的吸引力较小，当大量金属原子组成固态金属时，金属原子的价电子挣脱原子核的束缚，在整个金属内部自由运动。在金属内部自由运动的电子称为**自由电子**，金属原子失去电子后成为正离子。固态金属中的正离子排列成整齐的晶格。金属中的正离子不能作宏观移动，仅能在各自的平衡位置处作微小振动。无外电场时，自由电子在晶格间作无规则热运动，并和晶格发生频繁碰撞，自由电子的这种无规则热运动的平均速度为零，因而不会形成电流。当金属内部有电场时，自由电子除作无规则热运动外，还在电场力作用下作定向漂移运动并形成电流。因此，金属内部存在大量自由电子是金属具有良好导电性的原因。

电解质溶于水后，在溶液中形成许多正、负离子，这些正、负离子可以在溶液中自由移动。当有外加电场时，这些正、负离子在电场力作用下作定向漂移运动形成电流。存在大量可以自由移动的正、负离子是电解质溶液具有良好导电性的原因。金属称为**第一类导体**，电解质溶液称为**第二类导体**。本章仅讨论金属导体。

组成绝缘体的原子中原子核对价电子的吸引力比较大，价电子不容易脱离原子，所以绝缘体中自由电荷极少，绝大多数电荷只能在分子范围内作位移运动。这些不能作宏观运动的电荷称为**束缚电荷**。电介质中自由电荷极少是电介质导电性能极差的原因。为了突出电介质的主要特征，使问题得以简化，我们忽略它的微弱导电性，把电介质看成完全不导电的物质。

14.2 静电场中的导体

14.2.1 静电平衡条件

当导体处于外电场中时，导体中的自由电子将在电场力的作用下作宏观定向运动，引起导体中电荷的重新分布。结果在导体一侧因电子的堆积而出现负电荷，在另一侧因相对缺少负电荷而出现等量正电荷，这种现象叫**静电感应现象**。由此产生的电荷称为**感应电荷**。如图 14–1 所示，在电场强度为 $\boldsymbol{E}_0$ 的均匀电场中放入一金属导体 G，在电场力的作用下，金属导体内部的自由电子将逆着电场的方向运动，使得金属导体的两个侧面出现等量异号的电荷。这些电荷将在金属导体内部建立一个附加电场。该电场与原来的外电场叠加，改变了空间各处的电场分布。空间任意一点的场强可表示为 $\boldsymbol{E}=\boldsymbol{E}_0+\boldsymbol{E}'$，$\boldsymbol{E}'$ 为附加电场场强。在金属导体内部，附加电场 $\boldsymbol{E}'$ 与外电场 $\boldsymbol{E}_0$ 方向相反，因此总场强 $\boldsymbol{E}$ 将减小。但只要 $\boldsymbol{E}_0>\boldsymbol{E}'$，即 $\boldsymbol{E}\neq\boldsymbol{0}$，金属导体内部的自由电子的定向运动就会继续，感应电荷增加，$\boldsymbol{E}'$ 不断增大，直至 $\boldsymbol{E}'$ 与 $\boldsymbol{E}_0$ 完全抵消，金属导体内部的电场为零，自由电子定向移动停止，这种自由电子没有定向运动的状态，称为**静电平衡状态**。导体处于静电平衡状态时，电场的分布不随时间变化。

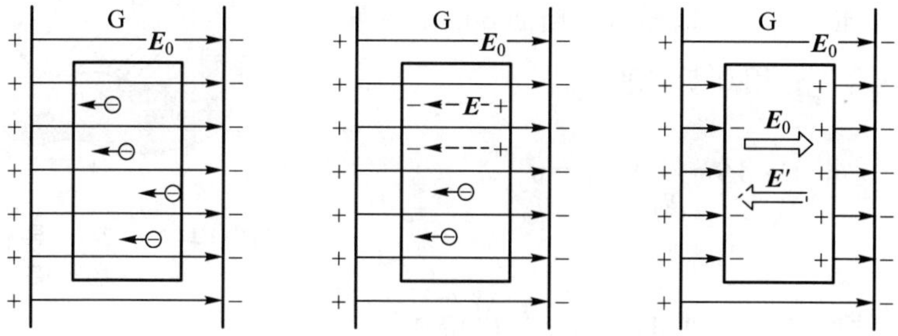

图 14–1　静电平衡时，导体内部场强为零

可见，导体静电平衡条件就是导体内任意一点的场强都为零。因为只要有一点场强不为零，导体内部的自由电子就会产生定向移动，就没有达到静电平衡。

根据静电平衡时导体内部不存在电场，自由电子没有定向运动的特点，处于静电平衡的导体具有如下的性质：

（1）整个导体是等势体，导体表面是等势面。

在导体内部任取两点 P 和 Q，它们之间的电势差 U 可以表示为

$$U=\int_{P}^{Q}\boldsymbol{E}\cdot \mathrm{d}\boldsymbol{l}$$

因为处于静电平衡的导体内部电场强度为零，所以上面的积分为零，即 P 和 Q 两点电势相等。可见导体内部任意两点的电势都相等，整个导体必定是等势体，等势体的表面必定是等势面。

（2）导体表面附近的场强处处与表面垂直。

因为等势面与场强方向互相垂直，所以导体表面附近的电场强度必定与该处的表面垂直。

14.2.2 静电平衡时导体上的电荷分布

导体在达到静电平衡后，其上电荷分布是具有一定规律的。运用高斯定理，我们可以对带电导体静电平衡时电荷的分布进行讨论。

1. 处于静电平衡的导体，其内部不存在净电荷，电荷只能分布在导体的表面上

对这个结论，我们可以分三种情况进行讨论。

（1）实心导体

如图 14–2 所示，有一实心导体，在导体内部任取一小闭合曲面 S 为高斯面，静电平衡时，导体内部的场强为零，所以通过高斯面 S 的电场强度通量必为零，运用高斯定理：

$$\oint_{S}\boldsymbol{E}\cdot \mathrm{d}\boldsymbol{S}=\frac{1}{\varepsilon_0}\sum q_{内}=0$$

所以 $\sum q_{内}=0$。

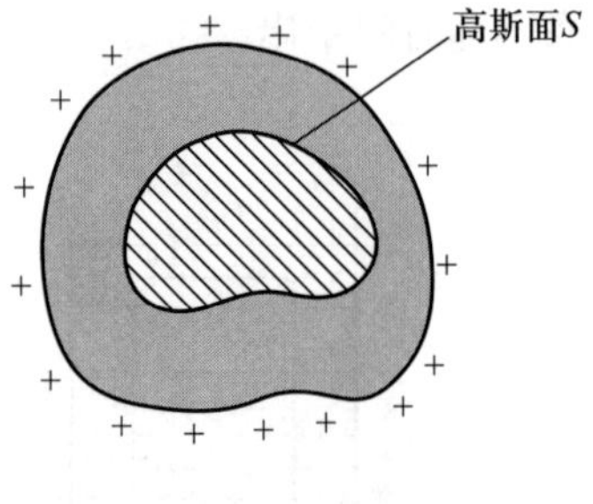

图 14–2　实心导体电荷分布在表面上

因为高斯面是任意取的，所以可以得到如下结论：对于实心导体，其在静电平衡时，所带的电荷只能分布在导体的表面上，内部没有电荷。

（2）空腔导体（空腔内无电荷）

若空腔内没有电荷，则在静电平衡下，无论其自身是否带电，空腔导体具有下列性质：

① 空腔内部及导体内部电场强度处处为零，导体（包括空腔）是等势体；

② 空腔内表面不带任何电荷，所有电荷分布在导体外表面上。

如图 14–3 所示，有一空腔导体，空腔内无电荷。在导体空腔内外表面之间取一高斯面 S'，将导体空腔内表面包围起来，根据高斯定理：

$$\oint_{S'} \boldsymbol{E} \cdot \mathrm{d}\boldsymbol{S}' = \frac{1}{\varepsilon_0} \sum q_{内}$$

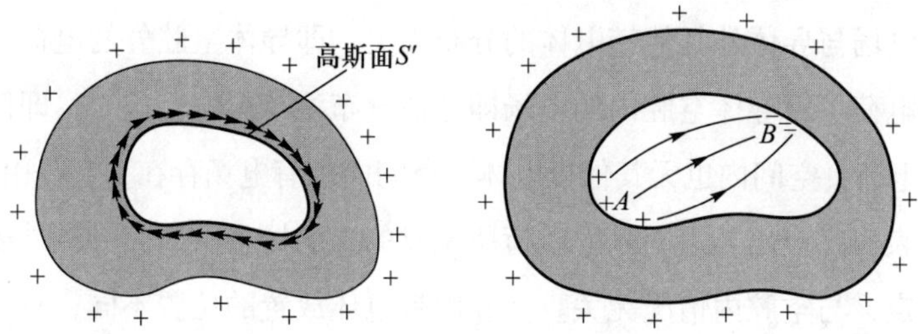

图 14–3　带电的空腔导体电荷只分布在导体的外表面上

因为高斯面完全处于导体内部，静电平衡下导体内部场强处处为零，所以

$$\sum q_{内} = 0$$

且根据实心导体静电平衡下电荷分布的推导过程，我们知道导体内部不能有电荷，电荷只能分布在导体的表面上。所以，高斯面所包围的导体空腔内表面上电荷的电荷量的代数和为零。但是否存在空腔内表面上有些地方有正电荷，而另一些地方有负电荷，正负电荷的电荷量的代数和为零的情况呢？如果空腔内表面某处 $\sigma > 0$，而另一处 $\sigma < 0$，空腔内必定有电场线从 $\sigma > 0$ 处发出，并终止于 $\sigma < 0$ 处。由于空腔内无电荷，所以电场线不会在空腔内终止，而导体内部场强处处为零，电场线也不能穿出导体。因此，由内表面正电荷发出的电场线将只能终止于内表面负电荷，电场沿这条电场线的线积分一定不为零，这条电场线的两端点之间有电势差。但它的两端点在同一导体上，静电平衡要求这两点电势相等。因此上述结论与静电平衡条件相违背，这说明静电平衡时导体空腔内表面上 σ 必须处处为零，空腔内各点的场强等于零，空腔内电势处处相等。

在空腔外面的空间中总有电场存在，其电场分布由空腔外表面上的电荷分布及导体外其他带电体的电荷分布共同决定。

总之，当导体空腔处在外电场中时，空腔导体外的带电体只会影响空腔导体外表面上的电荷分布并改变导体外的电场分布，而且这些电荷的重新分布的结果，最终导致导体内部及空腔内的总场强等于零。

（3）空腔导体（空腔内有电荷）

有一空腔导体，在空腔内部有带电体 $+q$，在导体空腔内外表面之间取一高斯面（与图 14–3 中高斯面的取法类似），则由静电平衡时，导体内部的场强为零，可知通过此高斯面的电场强度通量为零，因而高斯面所包围的电荷的电荷量的代数和为零。故可知空腔的内表面有感生电荷 $-q$，根据电荷守恒定律，空腔的外表面必有感生电荷 $+q$。外表面的电荷（包括导体本身带有的电荷和感生电荷）将会在空腔外部空间产生电场。而空腔内出现由带电体 $+q$ 及空腔内表面上的电荷分布所决定的电场，这个电场与导体外其他带电体的分布无关。即导体空腔外的电荷（包括导体外表面上的电荷）对导体空腔内的电场即电荷分布没有影响。这时，即使空腔导体外本身不带电荷，空间内也无其他带电体，空间内仍有电场存在，它是由带电体 $+q$ 通过空腔外表面感应出等量同号的电荷所激发的，电场全由空腔导体外表面上的电荷分布所决定，与空腔内情况无关。空腔内带电体放置的位置不同，只会改变空腔内表面上电荷的分布，绝对不会改变导体外表面上的电荷分布及空腔外的电场分布（即电荷 $+q$ 及空腔内表面的感应电荷在导体外所激发的合电场恒为零）。若将导体接地，则导体外表面上的电荷因接地而被中和，由外表面电荷产生的电场随之消失。

因此空腔内有带电体时，空腔导体具有下列性质：

① 导体中场强为零，导体是等势体；

② 空腔的内表面所带电荷与空腔内带电体所带电荷等量异号；

③ 空腔内部的电场取决于空腔内带电体所带电荷，空腔外的电场取决于空腔外表面的电荷分布；

④ 若空腔导体接地，则空腔内带电体的电荷变化将不再影响导体外的电场。

2. 处于静电平衡的导体，其表面上各处的电荷面密度与导体外紧靠表面处的电场强度的大小成正比

导体表面是等势面，根据等势面与电场线相互垂直的性质，导体外紧靠表面处的电场方向垂直于导体表面，设导体表面附近的电场强度为 $\boldsymbol{E}$。如图 14–4 所示，在导体表面取一面元 $\mathrm{d}S$，可认为电荷在 $\mathrm{d}S$ 区域内的分布是均匀的，电荷面密度为 σ（$\sigma > 0$）。包围 $\mathrm{d}S$ 作一柱状闭合面，其上下底面均为 $\mathrm{d}S$，且与表面平行，上底面在导体表面外侧，下底面在导体内部。由于柱体侧面与电场强度方向平行，所以电场强度通量为零；导体内部电场强度为零，下底面的电场强度通量也为零。通过整个闭合面的电场强度通量就等于上底面的电场强度通量。根据高斯定理，有

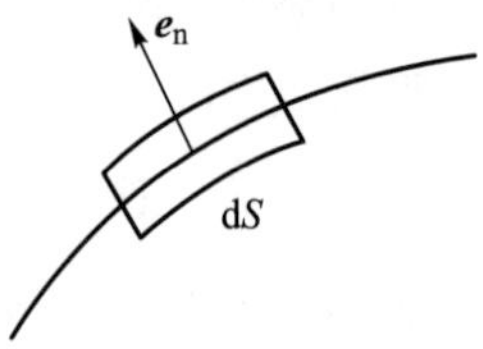

图 14–4　带电导体表面

$$\oint_S \boldsymbol{E} \cdot \mathrm{d}\boldsymbol{S} = \frac{q}{\varepsilon_0}$$

即

$$E\mathrm{d}S = \frac{\sigma \mathrm{d}S}{\varepsilon_0}$$

故

$$E = \frac{\sigma}{\varepsilon_0} \tag{14-1}$$

因为上底面的法线方向与导体表面的外法线方向 $\boldsymbol{e}_{\mathrm{n}}$ 一致，且有 $\sigma > 0$，所以该处的场强方向垂直于导体表面指向导体外部，故表面附近的电场强度可表示为

$$\boldsymbol{E} = \frac{\sigma}{\varepsilon_0}\boldsymbol{e}_{\mathrm{n}}$$

上式表明带电导体表面附近的场强大小与该处电荷面密度成正比，场强方向垂直于表面。这一结论对孤立导体（孤立导体是指远离其他物体的导体，其他物体对其影响可以忽略不计）或处在外电场中的任意导体都适用。

值得注意的是，导体表面附近的场强 $\boldsymbol{E}$ 不只是由该表面处的电荷所激发的，它是导体面上所有电荷以及周围其他带电体上的电荷所激发的合场强，外界的影响已经在 σ 中体现出来。

3. 处于静电平衡的孤立导体，其表面各处的电荷面密度与此处表面的曲率半径有关，曲率半径越大，电荷面密度越小

电荷在导体表面上的分布与导体本身的形状以及附近带电体的状况等多种因素有关，即使对于其附近没有其他导体和带电体，也不受任何外来电场作用的孤立导体来说，电荷在表面上的分布与自身之间也没有简单的函数关系。实验表明，表面凸起尤其是尖端处，电荷面密度较大；表面平坦处，电荷面密度较小；表面凹陷处，电荷面密度很小，甚至为零。

如图 14–5 所示，表面凸起尤其是尖端处，电荷面密度较大，附近的电场强度也较大。对于具有尖端的导体，无疑尖端处的电场特别强，在导体的尖端附近，由于场强很大，当达到一定量值时，空气中原有的残留离子在这个电场的作用下将发

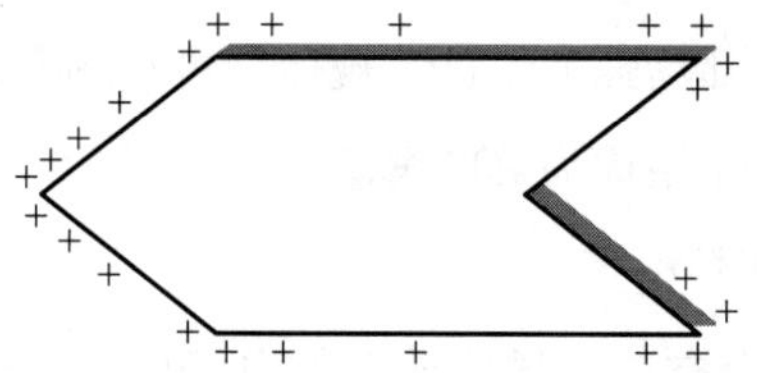

图 14–5　带电导体尖端附近的电场最强

生剧烈运动，获得足够大的动能，并与空气分子碰撞而产生大量的离子。其中与导体上电荷异号的离子被吸引到尖端上，与尖端上的电荷中和；与导体上电荷同号的离子受到排斥而从尖端附近飞开。从外表上看，就好像尖端上的电荷被“喷射”出去放掉一样，所以这种现象称为**尖端放电**。

在高电压设备中，为了防止尖端放电引起危险和漏电造成损失，输电线的表面应是光滑的。具有高电压的零部件的表面也必须作得十分光滑并尽可能作成球面。与此相反，在很多情况下人们还利用了尖端放电。火花放电设备的电极往往作成尖端形状。避雷针也是根据尖端放电原理制造的。当雷电发生时，可利用尖端放电原理，使强大的放电电流从和避雷针连接并良好接地的粗导线中流过，从而避免建筑物遭受雷击的破坏。在离子撞击空气分子时，有时由于能量较小而不足以使分子电离，但会使分子获得一部分能量而处于高能状态。处于高能状态的分子是不稳定的，总要返回低能量的基态。在返回基态的过程中分子要以发射光子的形式将多余的能量释放出去，于是在尖端周围就会出现黯淡的光环，这种现象称为电晕。

我们学习了静电平衡下导体的电荷分布，现在回忆一下上一章中的相关公式。考虑一块无限大金属平板，当它达到静电平衡时，因平板的各处曲率半径相同，故其表面的电荷均匀分布。设金属平板电荷面密度为σ，根据导体表面附近场强和导体电荷面密度之间的关系，似乎导体表面附近的场强大小应为σ/ε_0，而第 13 章又推导过无限大带电平面的场强公式，无限大带电平面的场强大小又应为$\sigma/2\varepsilon_0$，究竟哪个公式正确呢？

其实，因为对于达到静电平衡的导体，电荷只能分布在其表面，一块金属板即使再薄，它仍有两面，所以每面的电荷面密度就变成了$\sigma/2$，因此其附近的场强大小应该是$(\sigma/2)/\varepsilon_0=\sigma/2\varepsilon_0$，这个结论和用无限大均匀带电平面求出的场强大小一致。当使用（14–1）式时，一定要注意：导体表面附近的场强只和它靠近的一个表面的电荷面密度有关，这个场强即整个空间所有电荷在该处激发的合场强。

14.2.3 静电屏蔽

根据静电平衡导体内部场强为零这一规律，可利用空腔导体将空腔内外电场隔离，使之互不影响，这种作用称为**静电屏蔽**。

1. 利用空腔导体屏蔽外电场

如图 14–6 所示，一个空腔的导体放在静电场中，导体内部的场强为零，这样就可以利用空腔导体来屏蔽外电场，使空腔内的物体不受外电场的影响。

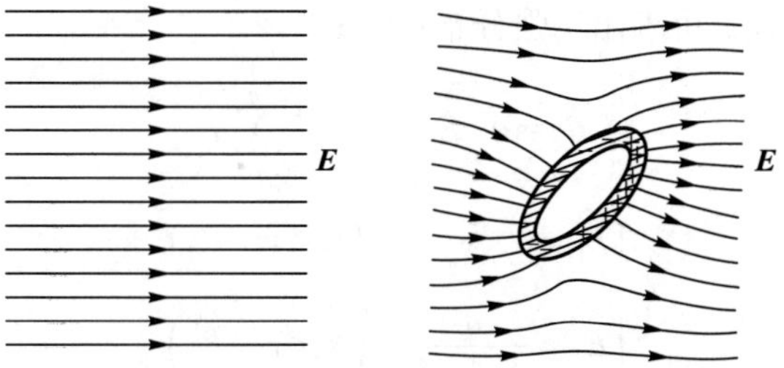

图 14-6 用空腔导体屏蔽外电场

2. 利用空腔导体屏蔽内电场

一个空腔导体内部带有电荷，放在静电场中，导体内部的场强为零，则内表面上将感应异号电荷，外表面上将感应同号电荷。如图 14-7 所示，若把空腔外表面接地，则空腔外表面的电荷将和从地面上来的电荷中和，空腔外面的电场也就消失了。这样空腔内的带电体对空腔外就不会产生任何影响。因此，接地的空腔导体可以隔离内、外电场的影响。

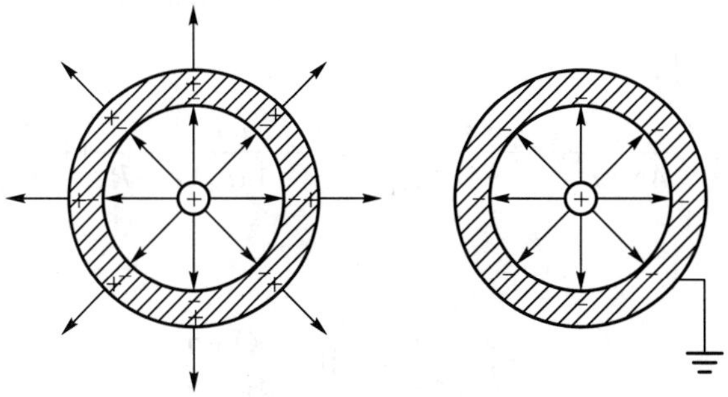

图 14-7 接地空腔导体的屏蔽作用

静电屏蔽在实际生产生活中应用很广，例如，用金属网或金属外壳把精密仪器罩住，就可以避免壳外电荷对仪器的影响，可以使壳外电荷在壳内空间激发的场强为零；传送弱信号的连接导线，为了避免外界的干扰，其外常包一层用金属丝编织的屏蔽线层，称之为屏蔽导线；将弹药库罩以金属网，在高压带电作业时穿上均压服等，都是利用静电屏蔽以消除外电场的作用。为了消除某些高压设备的电场对外界的影响，人们常将测量仪器甚至整个实验室用接地的金属壳或金属网罩起来。

例 14-1 如图 14-8 所示，一半径为 R_1、带电荷量为 q 的金属球，被一同心导体球壳包围，球壳内半径为 R_2、外半径为 R_3、带电荷量为 Q。试求距球心 r 处的场强与电势分布。

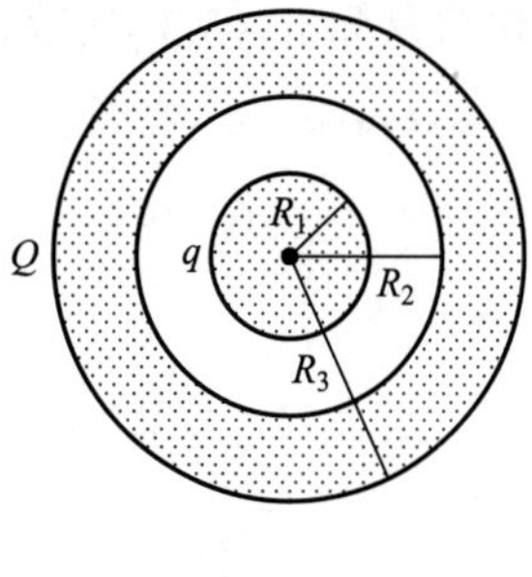

图 14-8

解 由高斯定理，可求出场强分布：

$$\Phi_e = \oint_S \boldsymbol{E} \cdot d\boldsymbol{S} = \frac{1}{\varepsilon_0}\sum_{i=1}^{n} q_i$$

$$\begin{cases} E_1 = 0 & (0 < r < R_1) \\ E_2 = \dfrac{q}{4\pi\varepsilon_0 r^2} & (R_1 < r < R_2) \\ E_3 = 0 & (R_2 < r < R_3) \\ E_4 = \dfrac{Q+q}{4\pi\varepsilon_0 r^2} & (r > R_3) \end{cases}$$

电势的分布：

方法一：

当 $0 < r \leqslant R_1$ 时，

$$V_1 = \int_{R_1}^{R_2} \frac{q}{4\pi\varepsilon_0 r^2} dr + \int_{R_3}^{\infty} \frac{Q+q}{4\pi\varepsilon_0 r^2} dr = \frac{q}{4\pi\varepsilon_0}\left(\frac{1}{R_1} - \frac{1}{R_2}\right) + \frac{Q+q}{4\pi\varepsilon_0 R_3}$$

当 $R_1 < r \leqslant R_2$ 时，

$$V_2 = \int_{r}^{R_2} \frac{q}{4\pi\varepsilon_0 r^2} dr + \int_{R_3}^{\infty} \frac{Q+q}{4\pi\varepsilon_0 r^2} dr = \frac{q}{4\pi\varepsilon_0}\left(\frac{1}{r} - \frac{1}{R_2}\right) + \frac{Q+q}{4\pi\varepsilon_0 R_3}$$

当 $R_2 < r \leqslant R_3$ 时，

$$V_3 = \int_{R_3}^{\infty} \frac{Q+q}{4\pi\varepsilon_0 r^2} dr = \frac{Q+q}{4\pi\varepsilon_0 R_3}$$

当 $r > R_3$ 时，

$$V_4 = \int_{r}^{\infty} \frac{Q+q}{4\pi\varepsilon_0 r^2} dr = \frac{Q+q}{4\pi\varepsilon_0 r}$$

方法二：

利用前边所学的球面内部和外部的电势结论，$V_{内} = \dfrac{Q}{4\pi\varepsilon_0 R}$，$V_{外} = \dfrac{Q}{4\pi\varepsilon_0 r}$，注意电势是标量，应作代数叠加，可将两个场源产生的电势叠加。

当 $0 < r \leqslant R_1$ 时，

$$V_1 = \frac{q}{4\pi\varepsilon_0}\left(\frac{1}{R_1} - \frac{1}{R_2}\right) + \frac{Q+q}{4\pi\varepsilon_0 R_3}$$

当 $R_1 < r \leqslant R_2$ 时，

$$V_2 = \frac{q}{4\pi\varepsilon_0}\left(\frac{1}{r} - \frac{1}{R_2}\right) + \frac{Q+q}{4\pi\varepsilon_0 R_3}$$

当 $R_2 < r \leqslant R_3$ 时，

$$V_3 = \frac{Q+q}{4\pi\varepsilon_0 R_3}$$

当 $r > R_3$ 时，

$$V_4 = \frac{Q+q}{4\pi\varepsilon_0 r}$$

例 14-2 一电荷量为 q 的点电荷位于导体球壳中心，球壳的内外半径分别为 R_1、R_2。求球壳内外和球壳上场强和电势的分布，并画出 $E-r$ 和 $V-r$ 曲线（图 14-9）。

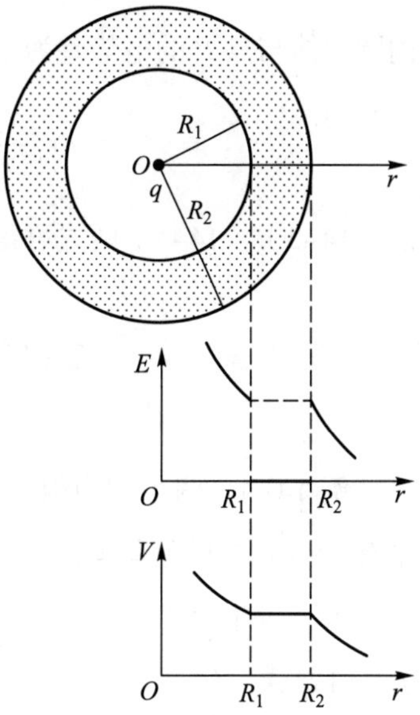

图 14-9

解 由高斯定理，可求出场强分布：

$$\Phi_e = \oint_S \boldsymbol{E} \cdot d\boldsymbol{S} = \frac{1}{\varepsilon_0}\sum_{i=1}^{n} q_i$$

$$\begin{cases} E_1 = \dfrac{q}{4\pi\varepsilon_0 r^2} & (0 < r < R_1) \\ E_2 = 0 & (R_1 < r < R_2) \\ E_3 = \dfrac{q}{4\pi\varepsilon_0 r^2} & (r > R_2) \end{cases}$$

电势的分布：

当 $0 < r \leqslant R_1$ 时，

$$V_1 = \int_r^{R_1} \frac{q}{4\pi\varepsilon_0 r^2} dr + \int_{R_2}^{\infty} \frac{q}{4\pi\varepsilon_0 r^2} dr = \frac{q}{4\pi\varepsilon_0}\left(\frac{1}{r} - \frac{1}{R_1} + \frac{1}{R_2}\right)$$

当 $R_1 < r \leqslant R_2$ 时，

$$V_2 = \int_{R_2}^{\infty} \frac{q}{4\pi\varepsilon_0 r^2} dr = \frac{q}{4\pi\varepsilon_0 R_2}$$

当 $r > R_2$ 时，

$$V_3 = \int_r^{\infty} \frac{q}{4\pi\varepsilon_0 r^2} dr = \frac{q}{4\pi\varepsilon_0 r}$$

例 14-3 一同轴传输线的内导体是半径为 R_1 的金属直圆柱，外导体是内半径为 R_2 的同轴金属圆筒。内外导体的电势分别为 V_1 和 V_2，试求离轴 r（$R_1 < r < R_2$）处的电势。

解 设外导体表面沿轴线单位长度上所带电荷量为 λ，点 P 是两圆柱体间距离轴线 r 处的任意一点，其场强 $E = \dfrac{\lambda}{2\pi\varepsilon_0 r}$，内外导体的电势差为

$$V_1 - V_2 = \int_{R_1}^{R_2} \frac{\lambda}{2\pi\varepsilon_0 r}\mathrm{d}r = \frac{\lambda}{2\pi\varepsilon_0}\ln\frac{R_2}{R_1} \tag{14-2}$$

式中，

$$\lambda = \frac{2\pi\varepsilon_0 (V_1 - V_2)}{\ln\frac{R_2}{R_1}}$$

内圆柱体与点 P 的电势差为

$$V_1 - V_P = \int_{R_1}^{r} \frac{\lambda}{2\pi\varepsilon_0 r}\mathrm{d}r = \frac{\lambda}{2\pi\varepsilon_0}\ln\frac{r}{R_1} \tag{14-3}$$

由（14–2）、（14–3）两式可得

$$V_P = V_1 - \frac{\lambda}{2\pi\varepsilon_0}\ln\frac{r}{R_1} = V_1 - (V_1 - V_2)\frac{\ln\frac{r}{R_1}}{\ln\frac{R_2}{R_1}}$$

例 14–4 两个相距很远的导体球，半径分别为 $r_1 = 6.0\ \text{cm}$，$r_2 = 12.0\ \text{cm}$，都带有 $3\times10^{-8}\ \text{C}$ 的电荷量，如果用一导线将两球连接起来，求每个球上最终的电荷量。

解 设半径为 r_1 的导体球所带电荷量为 q_1，半径为 r_2 的导体球所带电荷量为 q_2，由题意，有

$$\frac{q_1}{4\pi\varepsilon_0 r_1} = \frac{q_2}{4\pi\varepsilon_0 r_2} \tag{14-4}$$

$$q_1 + q_2 = 6\times10^{-8}\ \text{C} \tag{14-5}$$

（14–4）、（14–5）两式联立，有

$$q_1 = 2\times10^{-8}\ \text{C}$$

$$q_2 = 4\times10^{-8}\ \text{C}$$

例 14–5 已知 A、B 是两块相邻的大金属板，且已知如下参量：S、d、q_A、q_B，且 $q_A > q_B$。（1）求 A 板内侧的电荷量；（2）求两板间的电势差；（3）若 B 接地，两板间的电势差又如何？

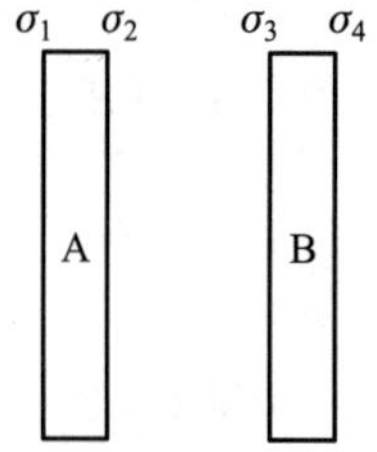

图 14–10

解 如图 14–10 所示，σ_1、σ_2、σ_3、σ_4 为四个面上的电荷面密度。

（1）根据

$$E_A = \frac{\sigma_1}{2\varepsilon_0} - \frac{\sigma_2}{2\varepsilon_0} - \frac{\sigma_3}{2\varepsilon_0} - \frac{\sigma_4}{2\varepsilon_0} = 0$$

$$E_B = \frac{\sigma_1}{2\varepsilon_0} + \frac{\sigma_2}{2\varepsilon_0} + \frac{\sigma_3}{2\varepsilon_0} - \frac{\sigma_4}{2\varepsilon_0} = 0$$

有

$$\sigma_1 - \sigma_2 - \sigma_3 - \sigma_4 = 0$$

$$\sigma_1 + \sigma_2 + \sigma_3 - \sigma_4 = 0$$

所以

$$\sigma_1 = \sigma_4，\ \sigma_2 = -\sigma_3$$

故

$$q_1 = q_4，\ q_2 = -q_3$$

又因为

$$q_1 + q_2 = q_A，\ q_3 + q_4 = q_B$$

从而得

$$q_2 = \frac{q_A - q_B}{2}$$

（2）根据

$$E = \frac{\sigma_2}{\varepsilon_0} = \frac{q_2}{\varepsilon_0 S}$$

所以有

$$U_{AB} = Ed = \frac{q_A - q_B}{2\varepsilon_0 S} d$$

（3）由题意，有

$$q_4 = 0 = q_1，\ q_2 = q_A = -q_3$$

所以

$$U_{AB} = Ed = \frac{q_A}{\varepsilon_0 S} d$$

14.3 电容

导体的电容是反映导体储存电荷（或电能）能力的物理量。电容器是储存电荷和电能的元件，在电工和电气设备中得到了广泛的应用。本节讨论电容、电容器以及电容器的连接。

14.3.1 孤立导体的电容

在真空中，一个孤立导体的电势与其所带的电荷量和形状有关。例如，真空中

的一个半径为 R、带电荷量为 Q 的孤立球形导体，其电势为

$$V=\frac{Q}{4\pi\varepsilon_0 R}$$

从上式可以看出，当电势一定时，球的半径越大，它所带的电荷量就越大，但其电荷量与电势的比值却是一个只与导体的形状和尺寸有关，而与所带电荷量无关的物理量，称为孤立导体的电容，用 C 表示，即

$$C=\frac{Q}{V} \tag{14-6}$$

孤立导体的电容是孤立导体所带的电荷量与其电势的比值。孤立导体的电容只与导体的形状和尺寸有关，而与所带电荷量和电势无关，是表征导体储电能力的物理量。对一定的导体，其电容 C 是一定的，在国际单位制中，电容的单位是法拉（F）。

$$1\,\mathrm{F}=\frac{1\,\mathrm{C}}{1\,\mathrm{V}}$$

在实际应用中，人们常采用微法（μF）和皮法（pF）作为电容的单位：

$$1\ \mu\mathrm{F}=10^{-6}\ \mathrm{F},\ 1\ \mathrm{pF}=10^{-12}\ \mathrm{F}$$

14.3.2 电容器

实际上，孤立导体是不存在的，导体的周围总是存在其他导体，这会改变原来的电场，当然也要影响导体的电容。我们把两个带有等量异号电荷的导体所组成的系统，叫作电容器。组成电容器的两导体称为电容器的极板。电容器可以用来储存电荷和能量。

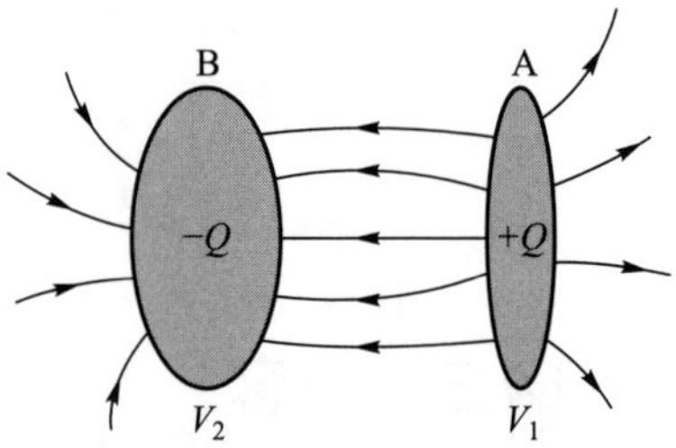

图 14–11 电容器的概念

如图 14–11 所示的两个导体 A、B 放在真空中，它们所带的电荷量为 $+Q$、$-Q$，它们的电势分别为 V_1、V_2，电容器的电容为两导体中任何一个导体所带的电荷量与两导体间的电势差的比值，即

$$C=\frac{Q}{U}=\frac{Q}{V_1-V_2} \tag{14-7}$$

电容器电容的大小取决于极板的形状、大小、相对位置，与电容器是否带电或所带电荷量的多少无关。电容描述电容器的储电能力，即电容器上有单位电压时每个极

板所带的电荷量。实际上，如图 14–11 所示的由两个一般的导体构成的电容器的电容很小，而且容易受到外电场的干扰而影响 Q 和 U 的正比关系。通常使用的电容器是由两个相距很近的导体板构成的（如平行板电容器），或是把电容器的一个极板作成一个导体空腔，另一个极板放在空腔之内形成屏蔽（如圆柱形电容器和球形电容器）。任何导体间都存在电容，例如导线之间存在分布电容。

在生产和科研中使用的电容器种类繁多，外形各不相同，但它们的基本结构是一致的。电容器按性能分类有：固定电容器、可变电容器和半可变电容器；按所夹介质分类有：纸介质电容器、瓷介质电容器、云母电容器、空气电容器、电解电容器等；按形状分类有：平行板电容器、球形电容器、圆柱形电容器等。

14.3.3 几种常见电容器的电容

1. 平行板电容器

最简单的电容器是由两个平行而靠近的金属薄板 A、B 构成的平行板电容器，如图 14–12 所示。设每块极板的面积为 S，两极板内表面间的距离为 d，且极板的线度远大于两极板内表面间距离。电容器充电后，A 板带电荷量 $+Q$，B 板带电荷量 $-Q$，由于板面很大而两极板间的距离很小，所以除了两极板的边缘部分外，电荷均匀分布在两极板的内表面上，其电荷面密度分别为$+\sigma$ 和 $-\sigma$，即 $\sigma=\dfrac{Q}{S}$。

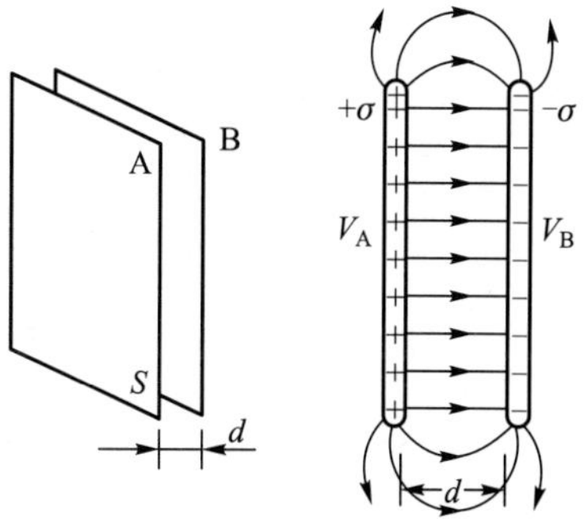

图 14–12　平行板电容器

根据（14–1）式，两极板间的电场强度大小为

$$E=\frac{\sigma}{\varepsilon_0}$$

场强方向由 A 板指向 B 板。

两极板间的电势差为

$$U_{AB}=V_A-V_B=Ed=\frac{\sigma}{\varepsilon_0}d=\frac{qd}{\varepsilon_0 S}$$

故平行板电容器的电容为

$$C=\frac{q}{U_{AB}}=\varepsilon_0\frac{S}{d} \qquad (14\text{–}8)$$

显然，平行板电容器的电容取决于两极板的形状（S）、相对位置（d），而与极

板上所带的电荷量无关。增加平行板电容器极板的面积，减少两极板间的距离，则它的电容就增大。在实际生活中，人们常用改变极板相对面积或改变极板间距离的方法来改变电容器的电容。可在一定范围内改变其电容的电容器叫作可变电容器，其广泛应用于电子设备（收音机的频率调谐电路）中。

2. 圆柱形电容器

圆柱形电容器由两个同轴的金属圆筒 A、B 构成，如图 14–13 所示。设两圆柱面的长度为 l，半径分别为 R_A 和 R_B，当 $l \gg R_B - R_A$ 时，可将两端边缘处电场不均匀的影响忽略。当两圆柱面带电后，电荷将均匀分布在内外两圆柱面上，这时两圆柱面间的电场具有对称性，并且在很大程度上不受外界的影响。设 A 筒带电 $+Q$，B 筒带电 $-Q$。忽略边缘效应，电荷应各自均匀地分布在 A 筒的外表面和 B 筒的内表面上，圆柱面单位长度上的电荷量 $\lambda = \dfrac{Q}{l}$，在内圆柱面内和外圆柱面外的场强均为零。

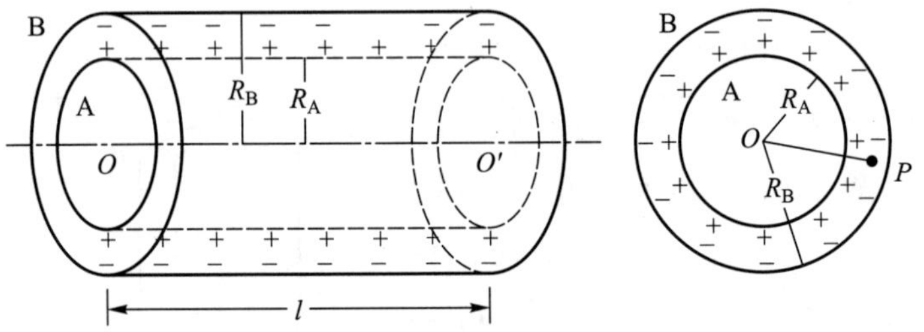

图 14–13　圆柱形电容器

应用高斯定理，可求出在两圆柱面之间距轴线 r（$R_A < r < R_B$）处点 P 的场强为

$$\boldsymbol{E} = \frac{\lambda}{2\pi\varepsilon_0 r}\boldsymbol{e}_r$$

场强方向沿半径方向由 A 筒指向 B 筒。将场强沿径向积分可得到两筒间的电势差为

$$U_{AB} = \int_{R_A}^{R_B} \boldsymbol{E} \cdot \mathrm{d}\boldsymbol{r} = \int_{R_A}^{R_B} E\mathrm{d}r = \int_{R_A}^{R_B} \frac{\lambda}{2\pi\varepsilon_0}\frac{\mathrm{d}r}{r}$$

$$= \frac{\lambda}{2\pi\varepsilon_0}\ln\frac{R_B}{R_A} = \frac{Q}{2\pi\varepsilon_0 l}\ln\frac{R_B}{R_A}$$

由电容的定义，求得圆柱形电容器的电容为

$$C = \frac{Q}{V_A - V_B} = 2\pi\varepsilon_0 \frac{l}{\ln\left(R_B / R_A\right)} \qquad (14\text{–}9)$$

可见，圆柱越长，电容越大；两圆柱之间的间隙越小，电容越大。圆柱形电容器两极板间为真空时，电容只和它的几何结构有关。圆柱形电容器单位长度的电容为

$$C_l = \frac{2\pi\varepsilon_0}{\ln\left(R_B / R_A\right)}$$

3. 球形电容器

球形电容器由半径分别为 R_A 和 R_B 的两个同心金属球壳 A、B 所组成，如图 14–14 所示。若内球壳带电 $+Q$，外球壳带电 $-Q$，则正、负电荷将分别均匀分布在内球壳的外表面和外球壳的内表面上。在两球壳之间有关于球心对称的电场，距球心 r（$R_A < r < R_B$）处点 P 的场强为

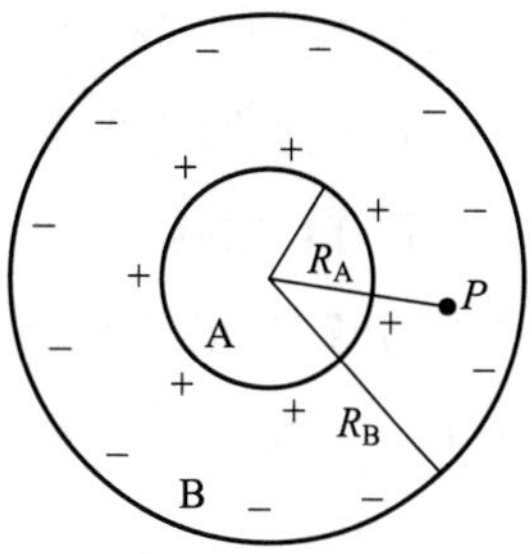

图 14–14　球形电容器

$$\boldsymbol{E} = \frac{Q}{4\pi\varepsilon_0 r^2}\boldsymbol{e}_r$$

两球壳间的电势差为

$$U_{AB} = \int_{R_A}^{R_B} \boldsymbol{E} \cdot \mathrm{d}\boldsymbol{r} = \int_{R_A}^{R_B} E\mathrm{d}r = \int_{R_A}^{R_B} \frac{Q}{4\pi\varepsilon_0}\frac{\mathrm{d}r}{r^2}$$

$$= \frac{Q}{4\pi\varepsilon_0}\left(\frac{1}{R_A} - \frac{1}{R_B}\right)$$

根据电容的定义，球形电容器的电容为

$$C = \frac{Q}{U_{AB}} = 4\pi\varepsilon_0 \frac{R_A R_B}{R_B - R_A} \qquad (14\text{–}10)$$

一个孤立的导体球可当作球形电容器的一种特殊情况，即 $R_B \to \infty$ 的情况。若 $R_B \to \infty$，则此时 B 上的电荷 $-Q$ 将均匀地分布在一个无穷大的球面上，实际上可以认为该电荷分布忽略不计。此时 B 在无穷远处，电势为零，A、B 之间的电势差就是 A 的电势，则 A 的电势为

$$V = \frac{Q}{4\pi\varepsilon_0 R}$$

上式中 R 即 A 的半径。则孤立导体球的电容为

$$C = \frac{Q}{V} = 4\pi\varepsilon_0 R$$

计算任意形状电容器的电容时，我们总是先假定极板带电，并求出两带电极板间的场强，再由场强与电势差的关系求两极板间的电势差，由电容的定义式即可求

出电容。

14.3.4　电容器的连接

在实际应用中，人们常会遇到已有电容器的电容或者耐压值不能满足电路使用的要求的情况，此时可以把若干个电容器适当地连接起来构成一个电容器组。电容器的基本连接方式有并联和串联两种。

1. 电容器的并联

图 14–15 表示 n 个电容器并联。设电容器的电容分别为 C_1、C_2、…、C_n，组合的等效电容为 C。充电以后，每个电容器两极板间的电势差（即电压）相等，设为 U。极板上的电荷量为 q_1、q_2、…、q_n，则

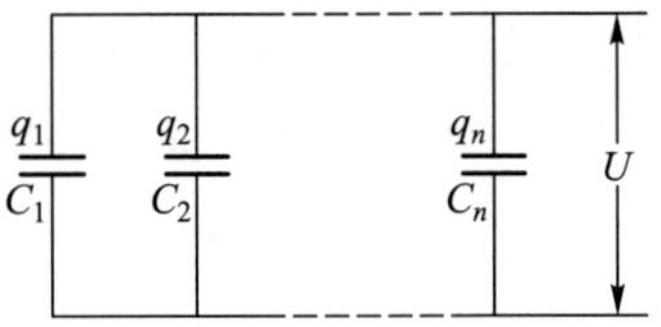

图 14–15　电容器的并联

$$q_1 = C_1U,\ q_2 = C_2U,\ \cdots,\ q_n = C_nU$$

电容器组所带总电荷量为各电容器的电荷量之和，即

$$q = q_1 + q_2 + \cdots + q_n = (C_1 + C_2 + \cdots + C_n)U$$

所以电容器组的等效电容为

$$C = \frac{q}{U} = C_1 + C_2 + \cdots + C_n = \sum_{i=1}^{n} C_i \tag{14–11}$$

即并联电容器的等效电容等于每个电容器的电容之和。

2. 电容器的串联

图 14–16 表示 n 个电容器串联。设电容器的电容分别为 C_1、C_2、…、C_n，组合的等效电容为 C。充电后，由于静电感应，每个电容器的两个极板上都带有等量异号的电荷量 $+q$ 和 $-q$，这也是电容器组所带的电荷量。这时，每个电容器两极板间的电势差 U_1、U_2、…、U_n 分别为

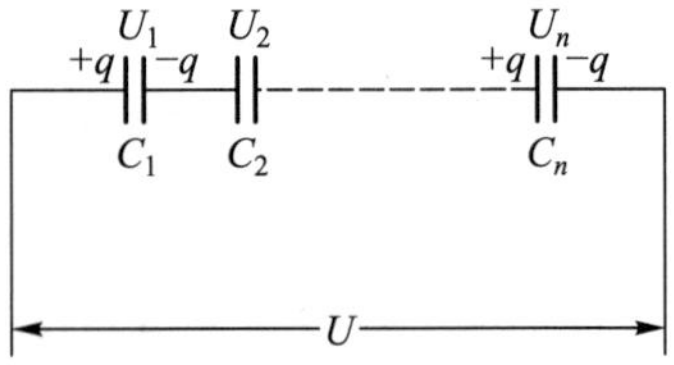

图 14–16　电容器的串联

$$U_1 = \frac{q}{C_1},\ U_2 = \frac{q}{C_2},\ \cdots,\ U_n = \frac{q}{C_n}$$

组合电容器的总电势差为

$$U = U_1 + U_2 + \cdots + U_n = q\left(\frac{1}{C_1} + \frac{1}{C_2} + \cdots + \frac{1}{C_n}\right)$$

由 $U=\dfrac{q}{C}$ 得

$$\frac{1}{C}=\frac{1}{C_1}+\frac{1}{C_2}+\cdots+\frac{1}{C_n}=\sum_{i=1}^{n}\frac{1}{C_i} \tag{14-12}$$

即串联电容器的等效电容的倒数等于每个电容器电容的倒数之和。

可见，几个电容器并联可获得较大的电容，但每个电容器极板间所承受的电势差和单独使用时一样；几个电容器串联时电容减少，但每个电容器极板间所承受的电势差小于总电势差。在实际应用中我们可根据电路的要求采取并联或串联，特殊的电路中还可能有更复杂的连接方法。

例 14–6 人体的某些细胞壁两侧带有等量异号电荷。某细胞壁厚度为 5.2×10^{-9} m，两表面所带电荷面密度为 $\pm0.52\times10^{-3}$ C/m^2，内表面带正电荷。如果细胞壁物质的相对电容率为 6.0，求：（1）细胞壁内的电场强度；（2）细胞壁两表面间的电势差。

解 （1）$E=\dfrac{\sigma}{\varepsilon_0\varepsilon_r}\approx9.8\times10^6\ \mathrm{V/m}$，方向指向细胞外。

（2）$U=Ed\approx51\ \mathrm{mV}$。

例 14–7 用两面夹有铝箔的厚度为 5×10^{-2} mm，相对电容率为 2.3 的聚乙烯膜作一电容器，如果电容为 3.0 μF，则膜的面积有多大？

解

$$S=\frac{Cd}{\varepsilon}\approx7.4\ \mathrm{m}^2$$

例 14–8 C_1 和 C_2 两电容器分别标明“200 pF、500 V”和“300 pF、900 V”，把它们串联起来后等效电容是多少？如果两端加上 1 000 V 的电压，是否会击穿？

解 （1）C_1 与 C_2 串联后电容为

$$C'=\frac{C_1C_2}{C_1+C_2}=\frac{200\times300}{200+300}\ \mathrm{pF}=120\ \mathrm{pF}$$

（2）串联后电压比为

$$\frac{U_1}{U_2}=\frac{C_2}{C_1}=\frac{3}{2}$$

而 $U_1+U_2=1\ 000$ V，得

$$U_1=600\ \mathrm{V},\ U_2=400\ \mathrm{V}$$

即电容器 C_1 上的电压超过耐压值，会击穿，然后电容器 C_2 也会击穿。

14.4 静电场中的电介质

上一节讨论了静电场中的导体对电场的影响，本节我们讨论电介质对静电场的影响。

14.4.1 电介质对电容的影响 相对电容率

所谓电介质，一般是指不导电的物质，即绝缘体，其内部几乎没有可以移动的电荷。常用的电容器多数在两极板间充满某种电介质。

如图 14–17 所示，一个由两个平行放置的金属板构成的平行板电容器，两极板分别带有等量异号电荷 $+Q$ 和 $-Q$，板间为真空。此时测量的两极板间的电压为 U_0，如果保持两极板间距离和极板上电荷不变，而在极板间充满电介质，实验测得两极板间的电压变小了，用 U 表示插入电介质后的两极板间电压，实验表明 U 与 U_0 的关系可以写为

$$U = \frac{U_0}{\varepsilon_r}$$

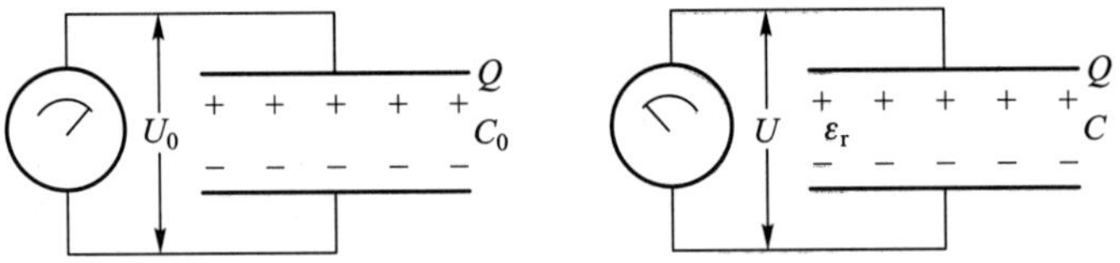

图 14–17 Q 不变，有介质时电容增大

根据电容的定义式 $C = \frac{Q}{U}$ 和上述实验结果，可知当电容器两极板间充满电介质时，其电容增大为真空时的 ε_r 倍，即

$$C = \frac{Q}{U} = \frac{Q}{U_0}\varepsilon_r = \varepsilon_r C_0 \qquad (14\text{–}13)$$

因此实验得出两极板间充满某种均匀电介质时的电容 C 与两极板间为真空时的电容 C_0 的比值为

$$\varepsilon_r = \frac{C}{C_0}$$

ε_r 叫作该介质的相对电容率（或相对介电常量），它是表征电介质本身特性的物理量，在量值上等于电容器两极板间充满电介质时的电容和两极板间为真空时的电容之比。上式指出，当两极板间充满均匀电介质时，电容器的电容要增至 ε_r 倍。例

如平行板电容器两极板间充满相对电容率为 ε_r 的均匀电介质后，其电容为

$$C=\varepsilon_r C_0=\varepsilon_r\frac{\varepsilon_0 S}{d}=\varepsilon\frac{S}{d}$$

式中，

$$\varepsilon=\varepsilon_r\varepsilon_0$$

ε 叫作电介质的电容率。因为 ε_r 为电容之比，是量纲为 1 的量，所以电介质电容率的单位和真空电容率的单位相同。按所充电介质的不同，电容器可分为空气电容器、纸介质电容器、云母电容器、陶瓷电容器、涤纶电容器、钛酸钡电容器和电解电容器等。

在电容器两极板间插入电介质后，两极板间的电压减小，这说明由于电介质的插入使极板间的电场减弱了。由于 $U=Ed$，$U_0=E_0 d$，所以

$$E=\frac{E_0}{\varepsilon_r} \tag{14-14}$$

即电场强度减小到真空时的 $1/\varepsilon_r$。

14.4.2 电介质的极化

电介质是电阻率很大、导电能力很差的物质，电介质的主要特征在于它的原子或分子中的电子和原子核的结合力很强，电子处于束缚状态。在一般条件下，电子不能挣脱原子核的束缚，因而在电介质内部能作宏观运动的电子极少，导电能力也就极弱。为了突出电场与电介质相互影响的主要方面，在静电问题中通常忽略电介质微弱的导电性，而将其看成理想的绝缘体。当电介质处在电场中时，在电介质中，不论是原子中的电子，还是分子中的离子，或是晶体点阵上的带电粒子，在电场的作用下都会在原子大小的范围内移动，当达到静电平衡时，在电介质的表面层或在体内会出现极化电荷。

1. 有极分子和无极分子电介质

原子是由带正电的原子核与分布在核外的电子系组成，核内的正电荷与核外的电子系都在作复杂的运动。但在研究原子的静电特性时，可以设想核内的正电荷与核外的电子系的负电荷在空间有稳定的分布，这些分布在极小范围内（原子的线度是 10^{-10} m）的电荷系在远处所激发的电场，在一级近似下，可以认为是各自等效于集中在某点的一个电荷所激发的电场，这个点叫作该电荷系的“重心”。对于中性分子，由于其正电荷和负电荷的电荷量的绝对值相等，所以一个分子就可以看成一个由正、负点电荷相隔一定距离所组成的电偶极子。在正常情况下，核外负电

荷相对核内正电荷呈球形对称分布，因此所有的原子正、负电荷“重心”重合在一起，每个原子的电偶极矩都等于零。

当原子结合成分子时，原子中最外层的价电子将在各原子间重新分配。一个原子失去电子成为正离子，而另一个原子得到电子成为负离子，然后正、负离子互相吸引而构成分子。因此分子中正电荷与负电荷的“重心”不重合，这一等值异号的点电荷系等效于一个电偶极子，它的电偶极矩的方向由负离子指向正离子。凡属于这种类型的分子具有固有电偶极矩，称为**有极分子**，如氨（NH_3）、水蒸气（H_2O）、一氧化碳（CO）、二氧化硫（SO_2）、硫化氢（H_2S）、甲醇（CH_3OH）等。

设有极分子的正电荷“重心”和负电荷“重心”之间的距离为 r_e，分子中全部正电荷或负电荷的总电荷量的绝对值为 q，则有极分子的等效电偶极矩为 $\boldsymbol{p} = q\boldsymbol{r}_e$。整块电介质可以看成无数的电偶极子的聚集体，虽然每一个分子的等效电偶极矩不为零，但由于分子的无规则热运动，各个分子的电偶极矩的方向是杂乱无章的，所以不论从电介质的整体来看，还是从电介质中的某一个体积（包含大量分子）来看，其中各个分子电偶极矩的矢量和 $\sum \boldsymbol{p}$ 平均来说都等于零，电介质是呈电中性的。

另有一类电介质，其分子各原子核外的价电子为几个原子所共有，即价电子是在几个原子核的联合场中运动的。因此，其正、负电荷的“重心”重合在一起，它的等效电偶极矩等于零，这种类型的分子没有固有电偶极矩，称为**无极分子**，如氦（He）、氮（N_2）、甲烷（CH_4）等，由于每个分子的等效电偶极矩 $\boldsymbol{p} = \boldsymbol{0}$，所以电介质整体也是呈电中性的。

2. 无极分子和有极分子电介质的极化

如图 14–18 所示，当无极分子处在外电场中时，在电场力的作用下分子中的正、负电荷“重心”将发生相对位移，形成一个电偶极子，因而使分子具有了电偶极矩，称之为感生电偶极矩。它们的等效电偶极矩 $\boldsymbol{p}$ 的方向都沿着电场的方向。对于一块电介质的整体来说，电介质中每一个分子都形成了电偶极子，在电介质内部，相邻电偶极子的正、负电荷互相靠近，如果电介质是均匀的，则在它的内部处处仍然保持电中性，但是在电介质的两个和外电场强度 $\boldsymbol{E}_0$ 相垂直的表面层里（厚度为分子等效电偶极矩的轴长 l），将分别出现正电荷和负电荷［图 14–18（e）］。这些电荷不能离开电介质，也不能在电介质中移动，称为极化电荷（或束缚电荷）。

这种在外电场作用下，在电介质中出现极化电荷的现象叫作电介质的极化。显然，外电场越强，每个分子的正、负电荷“重心”之间的相对位移越大，分子的电偶极矩就越大，电介质两表面上出现的极化电荷也越多，被极化的程度越高。当外电场撤去后，正、负电荷的“重心”又重合在一起，电介质表面上的极化电荷也随

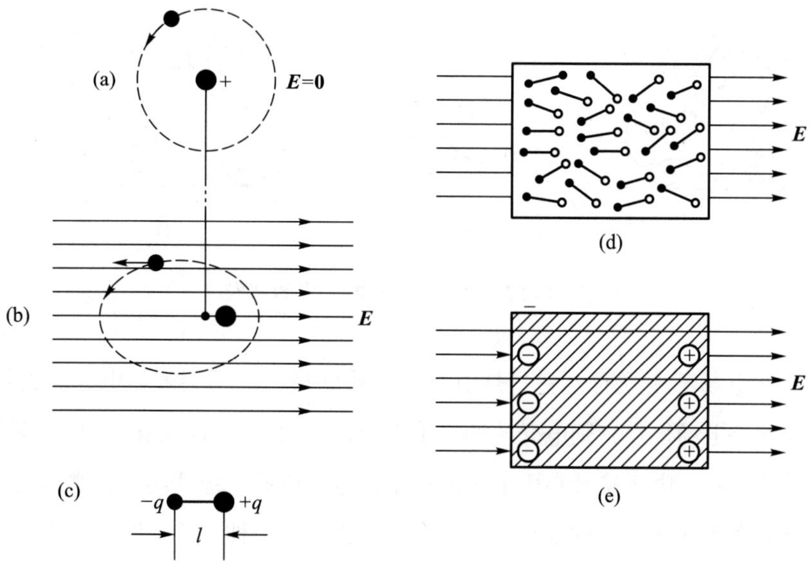

图 14–18　无极分子电介质的极化

之消失。这类分子通常可看作由两个等量异号电荷以弹性力相联系的一个弹性电偶极子，其电偶极矩 $\boldsymbol{p}$ 的大小与场强大小成正比。由于无极分子的极化在于正、负电荷"重心"的相对位移，所以常叫作位移极化。

如图 14–19 所示，对有极分子电介质来说，每个分子本来就等效为一个电偶极子，它在外电场的作用下，将受到力矩的作用，使分子的电偶极矩 $\boldsymbol{p}$ 转向电场的方向，但是，分子无规则运动和分子间的相互碰撞都会破坏分子电偶极矩沿电场方向的取向排列。因此有极分子电介质的极化程度取决于外电场的强弱和电介质的温度，外电场越强且温度越低，分子电偶极矩沿电场取向排列的概率就越大。热平衡时，分子电偶极矩沿电场方向的分布遵守玻耳兹曼分布律。这样，大量分子电偶极矩的统计平均效果便是沿外电场方向出现一附加的电偶极矩。在宏观上，在电介质与外电场垂直的两表面上出现了极化电荷［图 14–19（c）］。当外电场撤去后，由于分子的热运动而使分子的电偶极矩又变成沿各个方向均匀分布，电介质仍呈电中性。有极分子的极化就是等效电偶极子转向外电场的方向，所以叫作取向极化。一般来说，分子在取向极化的同时还会产生位移极化，但是，对有极分子电介质来说，在静电场作用下，取向极化的效应强得多，因而其主要的极化机理是取向极化。

两类电结构不同的电介质的极化过程中的微观过程虽然不同，但宏观的效果却是相同的，都是在电介质的两个相对表面上出现了异号的极化电荷，在电介质内部有沿电场方向的电偶极矩。从宏观上描述电介质的极化现象时，我们并不将它们区分为两类电介质来讨论。

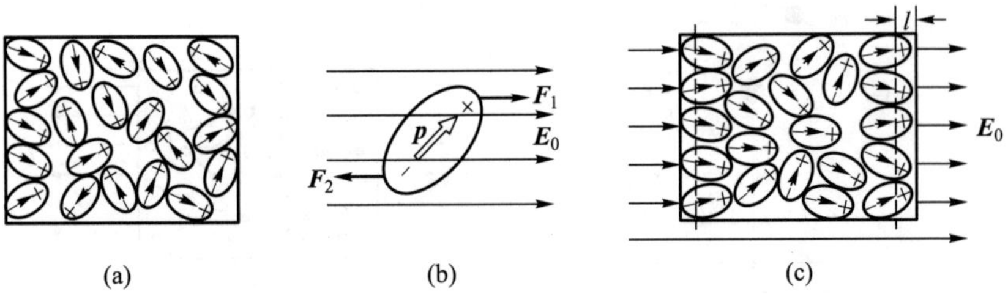

图 14-19　有极分子电介质的极化

当外加电场不太强时，它只是引起电介质的极化，不会破坏电介质的绝缘性能。如果外加电场很强，则电介质的分子中的正、负电荷有可能被拉开而变成可以自由移动的电荷，由于这种自由电荷的产生，电介质的绝缘性能就会遭到明显的破坏而电介质变成导体。这种现象称为电介质的击穿。一种电介质所能承受的不被击穿的最大电场强度叫作这种电介质的介电强度或击穿场强。

14.4.3　电介质中的电场强度　极化电荷和自由电荷的关系

1. 电极化强度

电介质极化的程度与外电场的强弱有关。在电介质内取一宏观小体积元 ΔV，在没有外电场时，电介质未被极化，此小体积元中各分子的电偶极矩的矢量和为零；当有外电场时，电介质被极化，此小体积元中的电偶极矩的矢量和将不为零。外电场越强，分子的电偶极矩的矢量和越大。因而可以用单位体积中分子的电偶极矩的矢量和即电介质的电极化强度来表示电介质的极化程度：

$$\boldsymbol{P}=\frac{\sum \boldsymbol{p}}{\Delta V}$$

电极化强度单位是 $\mathrm{C\cdot m^{-2}}$。若电介质的电极化强度大小和方向相同，则称为**均匀极化**；否则，称为**非均匀极化**。

以平行板电容器为例。如图 14-20 所示，在电介质中取一长为 d、截面积为 ΔS 的柱体，柱体两底面的极化电荷面密度分别为 $-\sigma'$ 和 $+\sigma'$，这样柱体内所有分子的电偶极矩的矢量和的大小为

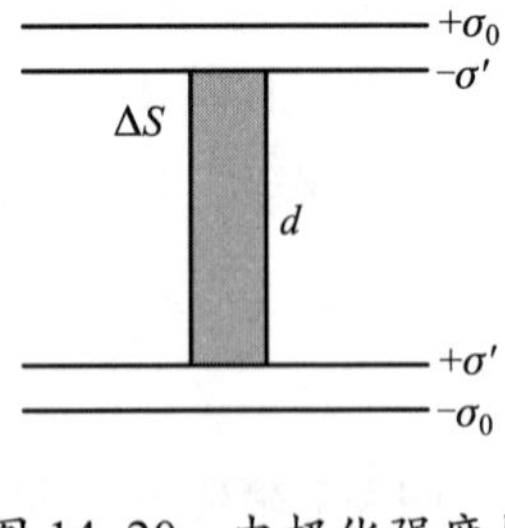

图 14-20　电极化强度与极化电荷面密度的关系

$$\sum p=\sigma'\Delta Sd$$

因而电极化强度的大小为

$$P=\frac{\sum p}{\Delta V}=\frac{\sigma'\Delta Sd}{\Delta Sd}=\sigma' \tag{14-15}$$

即平行板电容器中的均匀电介质，其电极化强度的大小等于极化产生的极化电荷面密度。

2. 电介质中的电场强度

电介质在电场中将产生极化现象，出现极化电荷，这反过来又将影响原来的电场。仍以平行板电容器为例，如图 14–21 所示。

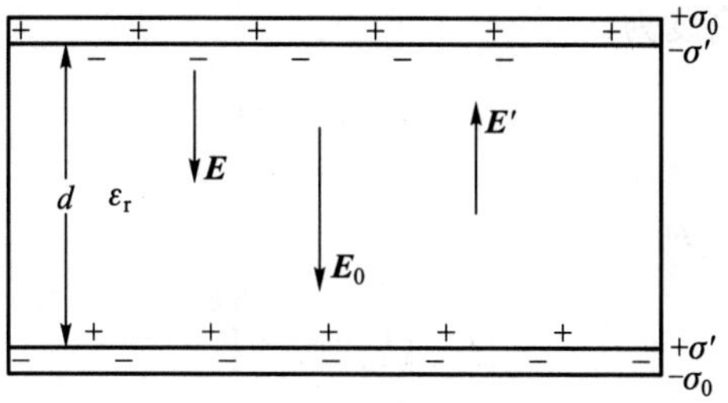

图 14–21 电介质中的场强是自由电荷场强与极化电荷场强的叠加

设平行板电容器的极板面积为 S，极板间距为 d，电荷面密度为 σ_0，放入电介质之前，极板间的电场强度的大小为 σ_0/S。当极板间充满各向同性的电介质时，由于电介质的极化，在它的两个垂直于 $\boldsymbol{E}_0$ 的表面上分别出现正、负极化电荷，其电荷面密度分别为 $\pm\sigma'$。极化电荷产生的场强 $\boldsymbol{E}'$ 的大小为

$$E' = \frac{\sigma'}{\varepsilon_0} = \frac{P}{\varepsilon_0}$$

因而电介质中的场强 $\boldsymbol{E}$ 为自由电荷产生的场强 $\boldsymbol{E}_0$ 和极化电荷产生的场强 $\boldsymbol{E}'$ 的矢量和，即

$$\boldsymbol{E} = \boldsymbol{E}_0 + \boldsymbol{E}'$$

由于 $\boldsymbol{E}_0$ 的方向与 $\boldsymbol{E}'$ 的方向相反，所以 $\boldsymbol{E}$ 的大小为

$$E = E_0 - \frac{P}{\varepsilon_0} = \frac{\sigma_0}{\varepsilon_0} - \frac{\sigma'}{\varepsilon_0} = \frac{1}{\varepsilon_0}(\sigma_0 - \sigma')$$

再由场强与电势差的关系

$$U = Ed$$

和电容的定义

$$U = \frac{Q_0}{C} = \frac{Q_0 d}{\varepsilon_0 \varepsilon_r S} = \frac{\sigma_0 d}{\varepsilon_0 \varepsilon_r} = \frac{E_0}{\varepsilon_r} d$$

两式比较可得

$$E = \frac{E_0}{\varepsilon_r} \tag{14-16}$$

即在充满均匀的各向同性的电介质的平行板电容器中，电介质内任意一点的场强大小为真空中场强大小的 $1/\varepsilon_r$。

3. 极化电荷和自由电荷的关系

根据上面的讨论，可得

$$\frac{\sigma_0}{\varepsilon_r\varepsilon_0}=\frac{\sigma_0-\sigma'}{\varepsilon_0}$$

化简后得极化电荷面密度为

$$\sigma'=\sigma_0\left(1-\frac{1}{\varepsilon_r}\right)$$

极化电荷的电荷量为

$$Q'=Q_0\left(1-\frac{1}{\varepsilon_r}\right) \qquad (14\text{–}17)$$

再由 $\sigma_0=\varepsilon_0E_0$ 和 $E_0=\varepsilon_rE$ 以及 $\sigma'=P$ 得

$$P=\frac{\sigma_0}{\varepsilon_r}(\varepsilon_r-1)=(\varepsilon_r-1)\varepsilon_0E \qquad (14\text{–}18)$$

令 $\chi=\varepsilon_r-1$ 为电介质的电极化率，则

$$P=\chi\varepsilon_0E$$

本节所讨论的情形是静电场中的电介质的极化情况。在交变电场中，电介质的电容率是和外电场的频率有关的，本节的结论并不成立。

14.5 电位移 有电介质时的高斯定理

当静电场中有电介质时，在高斯面内既有自由电荷，又有极化电荷，这时，高斯定理在形式上有何变化?

在研究电介质中的场强问题时，一般只给出自由电荷和电介质的分布情况，极化电荷的分布情况是未知的。由于极化电荷取决于电介质内部的电场强度，而电场强度又是待求的，这就使得问题变得相当复杂。如果引入一个适当的辅助量，就可以避开极化电荷而使计算简化。本节将要讨论的有电介质时的高斯定理就是用来解决此问题的。

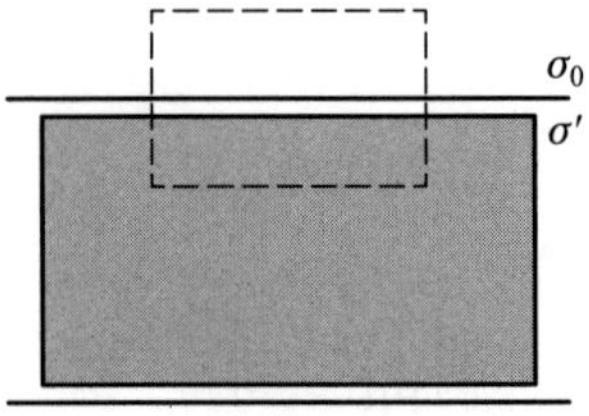

图 14–22 有电介质时的高斯定理

以均匀电场中充满各向同性的均匀电介质为例。如图 14–22 所示，取一闭合的正柱面作为高斯面，高斯面的两底面与极板平行，其中一个底面在电介

质内，底面的面积为 S。设极板上的自由电荷面密度为 σ_0，电介质表面上极化电荷面密度为 σ'，根据高斯定理得

$$\oint_S \boldsymbol{E} \cdot \mathrm{d}\boldsymbol{S} = \frac{1}{\varepsilon_0}(Q_0 - Q') \tag{14-19}$$

式中

$$Q_0 = \sigma_0 S,\ Q' = \sigma' S$$

上式比较复杂。为了消除 Q'，考虑电极化强度对高斯面的积分。由于在电介质底面上电极化强度才与底面垂直，所以有

$$\oint_S \boldsymbol{P} \cdot \mathrm{d}\boldsymbol{S} = \int \boldsymbol{P} \cdot \mathrm{d}\boldsymbol{S} = \int \sigma' \mathrm{d}S = \sigma' S = Q'$$

因而有

$$\oint_S \boldsymbol{E} \cdot \mathrm{d}\boldsymbol{S} = \frac{Q_0}{\varepsilon_0} - \oint_S \frac{1}{\varepsilon_0} \boldsymbol{P} \cdot \mathrm{d}\boldsymbol{S}$$

移项后得

$$\oint_S \left(\boldsymbol{E} + \frac{1}{\varepsilon_0} \boldsymbol{P} \right) \cdot \mathrm{d}\boldsymbol{S} = \frac{Q_0}{\varepsilon_0}$$

即

$$\oint_S (\varepsilon_0 \boldsymbol{E} + \boldsymbol{P}) \cdot \mathrm{d}\boldsymbol{S} = Q_0$$

将式中的 $\varepsilon_0 \boldsymbol{E} + \boldsymbol{P}$ 定义为电位移 $\boldsymbol{D}$，即

$$\boldsymbol{D} = \varepsilon_0 \boldsymbol{E} + \boldsymbol{P} \tag{14-20}$$

则

$$\oint_S \boldsymbol{D} \cdot \mathrm{d}\boldsymbol{S} = Q_0 \tag{14-21}$$

上式就是高斯定理在电介质中的推广，称为有电介质时的高斯定理。它虽是在特殊情况下推出的，但它是普遍适用的，是静电场的基本定理之一。

为了描述电位移 $\boldsymbol{D}$，仿照电场线方法在有电介质的静电场中作电位移线，使线上每一点的切线方向和该点电位移 $\boldsymbol{D}$ 的方向相同，并规定在垂直于电位移线的单位面积上通过的电位移线根数等于该点的电位移 $\boldsymbol{D}$ 的值。于是，高斯定理就表示为：**通过电介质中任一闭合曲面的电位移通量等于该面所包围的自由电荷量的代数和**。可见，电位移通量只与自由电荷有关，而与极化电荷无关。

在国际单位制中，$\boldsymbol{D}$ 的单位是 $\mathrm{C} \cdot \mathrm{m}^{-2}$。

电位移线从正的自由电荷出发，终止于负的自由电荷，这与电场线不一样，电

场线起始于各种正、负电荷，包括自由电荷和极化电荷。

电位移 $\boldsymbol{D}$ 的定义式说明电位移 $\boldsymbol{D}$ 与场强 $\boldsymbol{E}$ 和电极化强度 $\boldsymbol{P}$ 有关，但它和场强 $\boldsymbol{E}$（单位正电荷所受的力）及电极化强度 $\boldsymbol{P}$（单位体积的电偶极矩）又不一样，$\boldsymbol{D}$ 没有明显的物理意义。引进 $\boldsymbol{D}$ 的优点仅在于计算通过任一闭合曲面的电位移通量时，可以不考虑极化电荷的分布，算出 $\boldsymbol{D}$ 后再利用其他关系式，有可能求出电介质中的场强 $\boldsymbol{E}$。必须指出：通过闭合曲面的电位移通量只和曲面内的自由电荷有关，并不是说电位移 $\boldsymbol{D}$ 仅取决于自由电荷的分布，它和极化电荷的分布也是有关的，其定义式 $\boldsymbol{D}=\varepsilon_0\boldsymbol{E}+\boldsymbol{P}$ 就说明了这一点。

例 14–9 一半径为 r_1 的导体球所带电荷量为 $+q$，球外有一层内半径为 r_1、外半径为 r_2 的各向同性均匀电介质，电容率为 ε，如图 14–23 所示。求电介质中和空气中的场强分布和电势分布。

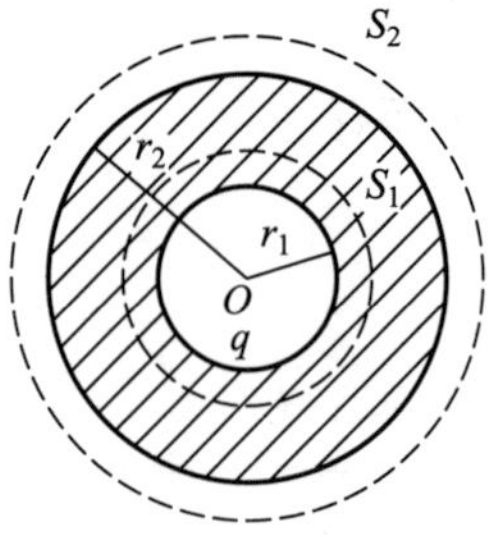

图 14–23

解 由于导体和电介质都满足球对称性，故自由电荷和极化电荷分布也满足球对称性，因而电场的 $\boldsymbol{E}$ 和 $\boldsymbol{D}$ 分布也具有球对称性，即其方向沿径向发散，且在以 O 为中心的同一球面上 $\boldsymbol{D}$、$\boldsymbol{E}$ 的大小相同。如图所示，在介质中作一半径为 r 的球面 S_1，按有电介质时的高斯定理

$$\oint_{S_1}\boldsymbol{D}\cdot \mathrm{d}\boldsymbol{S}=q$$

有

$$D\cdot 4\pi r^2=q$$

故

$$D=\frac{q}{4\pi r^2}$$

所以电介质中的场强大小为

$$E=\frac{D}{\varepsilon}=\frac{q}{4\pi\varepsilon r^2}$$

方向沿径向发散。同理，在电介质外作一球面 S_2，则仍然有

$$D=\frac{q}{4\pi r^2}$$

故电介质外的场强大小为

$$E=\frac{D}{\varepsilon_0}=\frac{q}{4\pi\varepsilon_0 r^2}$$

方向沿径向发散。

电介质中距球心 r 处的一点的电势为

$$\begin{aligned}V&=\int_r^{\infty}\boldsymbol{E}\cdot\mathrm{d}\boldsymbol{r}=\int_r^{\infty}E\mathrm{d}r\\&=\int_r^{r_2}\frac{q}{4\pi\varepsilon r^2}\mathrm{d}r+\int_{r_2}^{\infty}\frac{q}{4\pi\varepsilon_0 r^2}\mathrm{d}r\\&=\frac{q}{4\pi\varepsilon}\left(\frac{1}{r}-\frac{1}{r_2}\right)+\frac{q}{4\pi\varepsilon_0 r_2}\end{aligned}$$

空气中距球心 r 处的一点的电势为

$$V=\int_r^{\infty}\boldsymbol{E}\cdot\mathrm{d}\boldsymbol{r}=\int_r^{\infty}E\mathrm{d}r=\int_r^{\infty}\frac{q}{4\pi\varepsilon_0 r^2}\mathrm{d}r=\frac{q}{4\pi\varepsilon_0 r}$$

电场中有电介质时，一般不宜用叠加原理来求场强 $\boldsymbol{E}$ 和电势 V，否则必须要考虑极化电荷 q' 单独产生的那一部分场强 $\boldsymbol{E}'$ 和电势 V'。在一定的对称条件下，用有电介质时的高斯定理求出 $\boldsymbol{D}$，由 $\boldsymbol{E}=\boldsymbol{D}/\varepsilon$ 得到 $\boldsymbol{E}$，进而用 $V_a=\int_a^{(0)}\boldsymbol{E}\cdot\mathrm{d}\boldsymbol{l}$ 求出 V_a 是常用的方法。

例 14–10 如图 14–24 所示，一平行板电容器的极板面积 $S=200\ \mathrm{cm}^2$，两极板间距 $d=5.0\ \mathrm{mm}$，极板间充以两层均匀电介质。电介质其一厚度 $d_1=2.0\ \mathrm{mm}$，相对电容率 $\varepsilon_{r1}=5.0$；其二厚度 $d_2=3.0\ \mathrm{mm}$，相对电容率 $\varepsilon_{r2}=2.0$。若以 3 800 V 的电势差 V_A-V_B 加在此电容器的两极板上，求：（1）极板上的电荷面密度；（2）电介质内的场强、电位移及电极化强度的大小；（3）电介质表面上的极化电荷面密度。

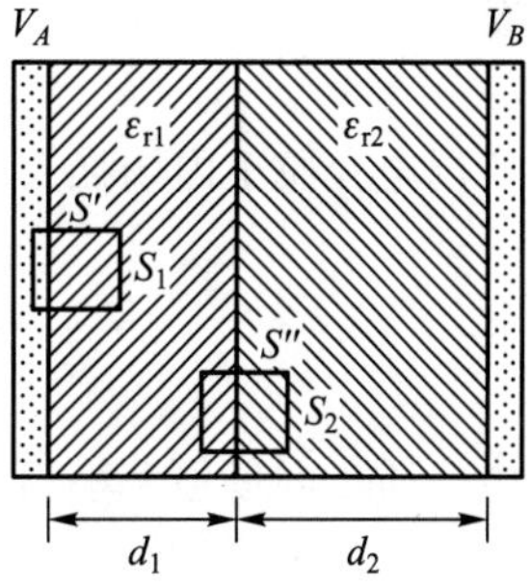

图 14–24

解 （1）因为

$$C=\frac{1}{\dfrac{1}{C_1}+\dfrac{1}{C_2}}=\frac{C_1C_2}{C_1+C_2}=\frac{\dfrac{\varepsilon_{r1}\varepsilon_0 S}{d_1}\dfrac{\varepsilon_{r2}\varepsilon_0 S}{d_2}}{\dfrac{\varepsilon_{r1}\varepsilon_0 S}{d_1}+\dfrac{\varepsilon_{r2}\varepsilon_0 S}{d_2}}$$

$$=\frac{\varepsilon_0 S}{\dfrac{d_1}{\varepsilon_{r1}}+\dfrac{d_2}{\varepsilon_{r2}}}=\frac{8.85\times10^{-12}\times2.0\times10^{-2}}{\dfrac{2.0\times10^{-3}}{5.0}+\dfrac{3.0\times10^{-2}}{2.0}}\ \mathrm{F}\approx1.15\times10^{-11}\ \mathrm{F}$$

所以

$$\begin{aligned}\sigma&=\frac{Q}{S}=\frac{C(V_A-V_B)}{S}\\&=\frac{1.15\times10^{-11}\times3\,800}{2.0\times10^{-2}}\ \mathrm{C\cdot m^{-2}}\approx2.19\times10^{-6}\ \mathrm{C\cdot m^{-2}}\end{aligned}$$

（2）如图所示，作一闭合圆柱形高斯面 S'，根据高斯定理

$$\oint_{S'} \boldsymbol{D}_1 \cdot \mathrm{d}\boldsymbol{S}' = q_0(\text{自由})$$

有

$$D_1 S_1 = \sigma S_1$$

得

$$D_1 = \sigma$$

用同样的方法作高斯面 S''，则

$$\oint_{S''} \boldsymbol{D} \cdot \mathrm{d}\boldsymbol{S}'' = -D_1 S_2 + D_2 S_2 = 0$$

$$D_2 = D_1 = \sigma$$

电介质内电位移大小为

$$D = \sigma = 2.19 \times 10^{-6}\ \mathrm{C \cdot m^{-2}}$$

$$D = \varepsilon_{\mathrm{r}} \varepsilon_0 E$$

所以电介质 1 内场强大小为

$$E_1 = \frac{D}{\varepsilon_{\mathrm{r1}} \varepsilon_0} = \frac{2.19 \times 10^{-6}}{5.0 \times 8.85 \times 10^{-12}}\ \mathrm{V \cdot m^{-1}} \approx 4.9 \times 10^{4}\ \mathrm{V \cdot m^{-1}}$$

电介质 2 内场强大小为

$$E_2 = \frac{D}{\varepsilon_{\mathrm{r2}} \varepsilon_0} = \frac{2.19 \times 10^{-6}}{2.0 \times 8.85 \times 10^{-12}}\ \mathrm{V \cdot m^{-1}} \approx 1.2 \times 10^{5}\ \mathrm{V \cdot m^{-1}}$$

电介质 1 内电极化强度大小为

$$P_1 = \sigma\left(1 - \frac{1}{\varepsilon_{\mathrm{r1}}}\right) = 2.19 \times 10^{-6} \times \left(1 - \frac{1}{5.0}\right)\ \mathrm{C \cdot m^{-2}} \approx 1.75 \times 10^{-6}\ \mathrm{C \cdot m^{-2}}$$

电介质 2 内电极化强度大小为

$$P_2 = \sigma\left(1 - \frac{1}{\varepsilon_{\mathrm{r2}}}\right) = 2.19 \times 10^{-6} \times \left(1 - \frac{1}{2.0}\right)\ \mathrm{C \cdot m^{-2}} \approx 1.10 \times 10^{-6}\ \mathrm{C \cdot m^{-2}}$$

（3）电介质 1 表面上的极化电荷面密度为

$$\sigma_1' = P_1 = 1.75 \times 10^{-6}\ \mathrm{C \cdot m^{-2}}$$

电介质 2 表面上的极化电荷面密度为

$$\sigma_2' = P_2 = 1.10 \times 10^{-6}\ \mathrm{C \cdot m^{-2}}$$

例 14-11 一圆柱形电容器由半径为 R_1 的长直圆柱导体和与它同轴的薄圆筒导体组成，圆筒的半径为 R_2。圆柱与圆筒导体之间充以相对电容率为 ε_r 的电介质（图 14-25）。设圆柱和圆筒导体单位长度上的电荷量分别为 $+\lambda$ 和 $-\lambda$。求：（1）电介质中的场强、电位移和电极化强度的大小；（2）电介质内、外表面的极化电荷面密度；（3）此圆柱形电容器单位长度的电容。

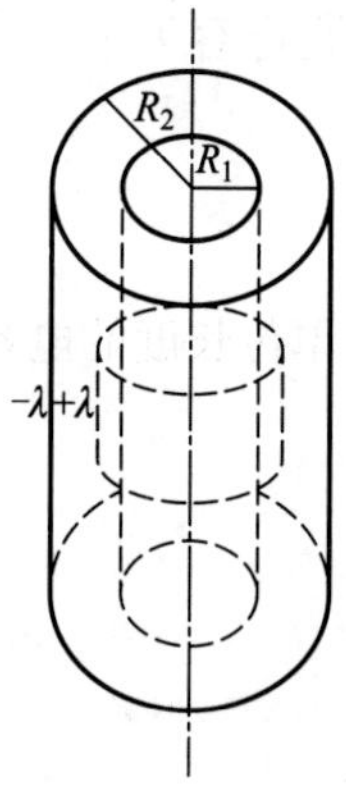

图 14-25

解 （1）由对称性分析，电场为柱对称分布，根据有电介质时的高斯定理，有

$$\oint_S \boldsymbol{D}\cdot \mathrm{d}\boldsymbol{S} = D\cdot 2\pi r l = \lambda l$$

可得

$$D = \frac{\lambda}{2\pi r}$$

由 $\boldsymbol{D} = \varepsilon_0\varepsilon_r \boldsymbol{E} = \varepsilon \boldsymbol{E}$ 得电介质中场强大小为

$$E = \frac{\lambda}{2\pi\varepsilon_0\varepsilon_r r}\left(R_1 \leqslant r \leqslant R_2\right)$$

电介质中电极化强度大小为

$$P = \left(\varepsilon_r - 1\right)\varepsilon_0 E = \frac{\varepsilon_r - 1}{2\pi\varepsilon_r r}\lambda$$

（2）由 $E = \dfrac{\lambda}{2\pi\varepsilon_0\varepsilon_r r}$ $(R_1 \leqslant r \leqslant R_2)$ 得知电介质两表面处的场强分别为

$$E_1 = \frac{\lambda}{2\pi\varepsilon_0\varepsilon_r R_1}\left(r = R_1\right)$$

和

$$E_2 = \frac{\lambda}{2\pi\varepsilon_0\varepsilon_r R_2}\left(r = R_2\right)$$

由 $\boldsymbol{P} = \chi\varepsilon_0 \boldsymbol{E}$ 和 $\sigma' = P$ 得电介质两表面极化电荷面密度分别为

$$\sigma_1' = \left(\varepsilon_r - 1\right)\varepsilon_0 E_1 = \left(\varepsilon_r - 1\right)\frac{\lambda}{2\pi\varepsilon_r R_1}$$

$$\sigma_2' = \left(\varepsilon_r - 1\right)\varepsilon_0 E_2 = \left(\varepsilon_r - 1\right)\frac{\lambda}{2\pi\varepsilon_r R_2}$$

（3）圆柱形电容器两极板间的电势差为

$$U = \int \boldsymbol{E}\cdot \mathrm{d}\boldsymbol{r} = \int_{R_1}^{R_2} \frac{\lambda}{2\pi\varepsilon_0\varepsilon_r}\frac{\mathrm{d}r}{r} = \frac{\lambda}{2\pi\varepsilon_0\varepsilon_r}\ln\frac{R_2}{R_1}$$

得电容为

$$C=\frac{Q}{U}=\frac{\lambda l}{\dfrac{\lambda}{2\pi\varepsilon_0\varepsilon_r}\ln\dfrac{R_2}{R_1}}=\frac{2\pi\varepsilon_0\varepsilon_r l}{\ln\dfrac{R_2}{R_1}}$$

单位长度的电容为

$$C_l=\frac{2\pi\varepsilon_0\varepsilon_r}{\ln\dfrac{R_2}{R_1}}$$

14.6 静电场的能量 能量密度

14.6.1 电容器的能量

一个电容器在没充电的时候是没有储存电能的，当电容器与电源相连时，电容器的两极板会带上电荷，这个过程称为**电容器的充电**；当电容器与电源断开而与另一回路连通时，电容器两极板上的电荷会通过电路中和，这个过程称为**电容器的放电**。如果电路中有用电器，如灯泡，则灯泡会发光，所消耗的能量是电容器释放的，而电容器的能量则是充电时由电源供给的。在充电过程中，外力要克服电荷之间的作用而做功，把其他形式的能量转化为电能。如图 14–26 所示，一电容器正在充电，在充电过程中，无论是用什么装置、什么方法，总是要不断地把电荷从一个极板输运到另一个极板，从而使两个极板带上等量异号的电荷。

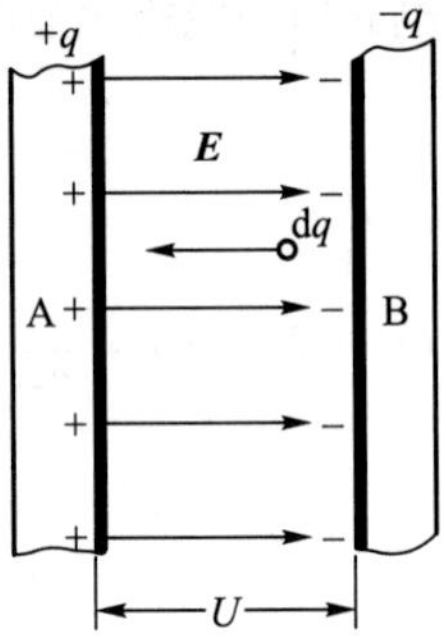

图 14–26 电容器充电

下面我们计算一下电容器在两极板 A 和 B 上分别带有电荷 $\pm Q$，两极板间电势差为 U 时所具有的能量。

设输运的电荷为正电荷，在某一个微元过程中，有电荷量为 $\mathrm{d}q$ 的电荷从负极 B 输运到了正极 A。若此时电容器所带电荷量为 q，两极板间电压为 U，则该微元过程中外力克服电场力所做的功为

$$\mathrm{d}A=U\mathrm{d}q=\frac{1}{C}q\mathrm{d}q$$

在整个充电过程中，电容器上的电荷量由 0 变化到 Q，则外力所做的总功为

$$A=\int_0^Q\mathrm{d}A=\int_0^Q\frac{1}{C}q\mathrm{d}q=\frac{Q^2}{2C} \qquad (14\text{–}22)$$

按能量守恒的思想，一个系统拥有的能量，应等于建立这个系统时所输入的能

量。在电容器充电的过程中，能量是通过做功输入到电容器中的，外力的功表现为能量转化的量度。因此，一个电荷量为 Q、电压为 U 的电容器储存的电能应该为

$$W_e = \frac{Q^2}{2C} = \frac{1}{2}QU = \frac{1}{2}CU^2 \tag{14-23}$$

图 14-26 中形式上是一个平行板电容器，但我们讨论的过程中并没有涉及平行板电容器的特性，可见此公式并非只对平行板电容器适用，而是对任意电容器都适用的，是计算电容器所储能量的普遍公式。

14.6.2 静电场的能量 能量密度

在物体或电容器的带电过程中，外力所做的功等于带电系统能量的增量，而带电系统的形成过程实际上也就是建立电场的过程，这说明带电系统的静电能总是和电场的存在相联系的。能量存在于场之中，即电能就是电场的能量。

仍以平行板电容器为例。设极板的面积为 S，两极板间的距离为 d。当电容器极板上的电荷量为 Q 时，极板间的电势差 $U = Ed$，已知 $C = \varepsilon\frac{S}{d}$，代入（14–23）式，得

$$\begin{aligned} W_e &= \frac{1}{2}CU^2 = \frac{1}{2}\varepsilon\frac{S}{d}(Ed)^2 \\ &= \frac{1}{2}\varepsilon E^2 Sd = \frac{1}{2}\varepsilon E^2 V \end{aligned} \tag{14-24}$$

由于电场存在于两极板之间，所以 Sd 也就是电容器中电场的体积 V。可见，静电能可以用表征电场性质的场强 E 来表示，而且和电场所占的体积 $V = Sd$ 成正比。这表明电能储存在电场中。

平行板电容器中的电场是均匀电场，所储存的静电场能量也应该是均匀分布的，因此电场中单位体积内的电场能量即电场的能量密度为

$$w_e = \frac{W_e}{V} = \frac{1}{2}\varepsilon E^2 = \frac{1}{2}\frac{D^2}{\varepsilon} = \frac{1}{2}DE \tag{14-25}$$

能量密度的单位为 J/m^3。电场的能量密度正比于场强的二次方，场强越大，电场的能量密度就越大。（14–25）式虽是在均匀电场中导出的，但在非均匀电场和变化电场中仍然是正确的，只是此时的能量密度是逐点改变的。对任意的电场，可以通过积分来求出它所储存的总能量。在电场中取体积元 $\mathrm{d}V$，在 $\mathrm{d}V$ 内的电场能量密度可看作是均匀的，于是 $\mathrm{d}V$ 内的电场能量为 $\mathrm{d}W_e = w_e\mathrm{d}V$，在体积 V 中的电场能量为

$$W_e = \int_V \mathrm{d}W_e = \int_V w_e \mathrm{d}V = \int_V \frac{\varepsilon_0\varepsilon_r E^2}{2}\mathrm{d}V = \int_V \frac{1}{2}DE\mathrm{d}V$$

例 14–12 如图 14–27 所示，有一外半径为 R_3、内半径为 R_2 的金属球壳，在壳内有一半径为 R_1 的金属球，球壳和内球所带电荷量均为 Q，求电场能。

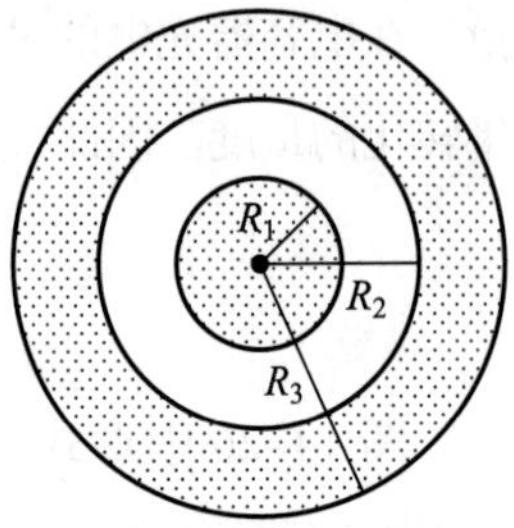

图 14–27

分析 首先要考虑哪部分电场区域存在电场能。（提示：有电场线的地方就存在电场能。）而有电场线的地方共有两个区域：第一个区域是金属球与金属球壳之间的区域，其电场能设为 W_1；第二个区域是金属球壳之外的区域，其电场能设为 W_2。求第一个区域的电场能 W_1 的方法有两种：第一种方法是，把整个系统看作一个球形电容器，然后利用求电容器静电能的公式求出 W_1；第二种方法是，先利用高斯定理求出电场强度的分布，然后再利用求带电体系静电能的公式求出 W_1。第一种方法相对简单，两种方法此例题都讲，以后例题侧重第一种方法。

解

方法一：

由高斯定理，导体与球壳之间的场强大小为

$$E_2 = \frac{Q}{4\pi\varepsilon_0 r^2}(R_1 \leqslant r \leqslant R_2)$$

再根据 $U_{12} = \int_{R_1}^{R_2} \boldsymbol{E}_2 \cdot \mathrm{d}\boldsymbol{r}$，得

$$U_{12} = \frac{Q}{4\pi\varepsilon_0}\left(\frac{1}{R_1} - \frac{1}{R_2}\right)$$

解得

$$W_{e1} = \frac{QU_{12}}{2} = \frac{Q^2}{8\pi\varepsilon_0}\left(\frac{1}{R_1} - \frac{1}{R_2}\right)$$

这里强调一点，能量里含有 Q^2。

球壳外区域场强大小为

$$E = \frac{2Q}{4\pi\varepsilon_0 r^2}(r > R_3)$$

电势为

$$V_2 = \frac{2Q}{4\pi\varepsilon_0 R_3}$$

外电场储存的能量可利用孤立导体球的能量公式计算：

$$W_{e2} = \frac{(2Q)^2}{8\pi\varepsilon_0 R_3}$$

电场总能量为

$$W_e = W_{e1} + W_{e2} = \frac{Q^2}{8\pi\varepsilon_0}\left(\frac{1}{R_1} - \frac{1}{R_2} + \frac{4}{R_3}\right)$$

方法二：

由高斯定理，导体与球壳之间的场强大小为

$$E_2 = \frac{Q}{4\pi\varepsilon_0 r^2}(R_1 \leqslant r \leqslant R_2)$$

电容器区域：

$$w_e = \frac{1}{2}\varepsilon_0 E_2{}^2$$

注意　球体微元为薄球壳，故 $dV=4\pi r^2 dr$，得

$$W_{e1} = \int_V w_e dV = \int_V \frac{1}{2}\varepsilon_0\left(\frac{Q}{4\pi\varepsilon_0 r^2}\right)^2 \cdot 4\pi r^2 dr = \frac{Q^2}{8\pi\varepsilon_0}\left(\frac{1}{R_1} - \frac{1}{R_2}\right) \text{（结果相同）}$$

讨论　若球壳接地，则电场能量如何变化？

若球壳接地则 $U_2 = 0$，外部没有场强亦没有电场能，故

$$W_{e2} = 0,\ W_e = W_{e1}$$

例 14–13　如图 14–28 所示，在圆柱形电容器中，介质是空气，空气的击穿场强为 $E_b = 3\times10^6\ V\cdot m^{-1}$，电容器外半径为 $R_2 = 10^{-2}$ m。在空气不被击穿的情况下，内半径 R_1 取多大可使电容器储存的能量最多？

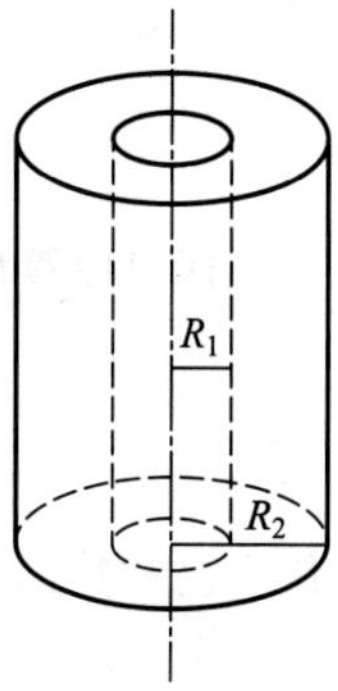

图 14–28

解　由高斯定理知，两柱面间的场强大小为

$$E = \frac{\lambda}{2\pi\varepsilon_0 r} \quad (R_1 \leqslant r \leqslant R_2)$$

R_1 处最容易被击穿，若不被击穿，则单位长度上的电荷量的最大值 λ_{max} 可由下式求出：

$$E_b = \frac{\lambda_{max}}{2\pi\varepsilon_0 R_1}$$

由电容器储能公式

$$W_e = \frac{1}{2}QU$$

可得单位长度储能为

$$W_e = \frac{1}{2}\lambda U$$

$$U=\int_{R_1}^{R_2}\boldsymbol{E}\cdot\mathrm{d}\boldsymbol{r}=\frac{\lambda}{2\pi\varepsilon_0}\int_{R_1}^{R_2}\frac{\mathrm{d}r}{r}=\frac{\lambda}{2\pi\varepsilon_0}\ln\frac{R_2}{R_1}$$

则

$$W_{\mathrm{e}}=\frac{\lambda^2}{4\pi\varepsilon_0}\ln\frac{R_2}{R_1}$$

将 $\lambda_{\max}$ 代入，得电容器不被击穿的储能为

$$W_{\mathrm{e}}=\pi\varepsilon_0E_{\mathrm{b}}^2R_1^2\ln\frac{R_2}{R_1}$$

上式表明，E_{b} 已知时，W_{e} 随 R_1 而变。则储能最多时的 R_1 满足：

$$\frac{\mathrm{d}W_{\mathrm{e}}}{\mathrm{d}R_1}=\pi\varepsilon_0E_{\mathrm{b}}^2R_1\left(2\ln\frac{R_2}{R_1}-1\right)=0$$

有

$$2\ln\frac{R_2}{R_1}-1=0$$

即

$$R_1=\frac{R_2}{\sqrt{\mathrm{e}}}$$

代入已知数据，有

$$R_2=10^{-2}\ \mathrm{m},\ R_1=\frac{R_2}{\sqrt{\mathrm{e}}}\approx 6.07\times10^{-3}\ \mathrm{m}$$

还可以算出空气不被击穿时，两极间的最大电势差：

$$U_{\max}=\frac{\lambda_{\max}}{2\pi\varepsilon_0}\ln\frac{R_2}{R_1}=E_{\mathrm{b}}R_1\ln\frac{R_2}{R_1}=E_{\mathrm{b}}\frac{R_2}{\sqrt{\mathrm{e}}}\ln\frac{R_2}{R_2/\sqrt{\mathrm{e}}}=\frac{E_{\mathrm{b}}R_2}{2\sqrt{\mathrm{e}}}$$

代入已知数据得

$$U_{\max}=\frac{3\times10^6\times10^{-2}}{2\sqrt{\mathrm{e}}}\ \mathrm{V}\approx 9.10\times10^3\ \mathrm{V}$$

例 14–14 有一平行板空气电容器，每块极板的面积均为 S，两极板间距为 d。今有一厚度为 d'（$d'<d$）的铜板平行地插入电容器。（1）求此时电容器的电容，并问铜板离极板的距离对这一结果有无影响？（2）现使电容器充电到两极板的电势差为 U_0 后与电源断开，再把铜板从电容器中抽出，问外力需做多少功？

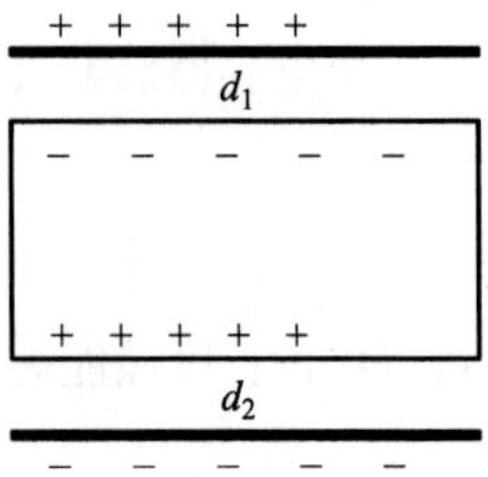

图 14–29

解 （1）设电容器所带电荷量为 q，则电荷分布如图 14–29 所示。设两侧的间隙宽度分别为 d_1 和 d_2，则两极板间的电势差为

$$U=\frac{q}{\varepsilon_0 S}d_1+\frac{q}{\varepsilon_0 S}d_2=\frac{q}{\varepsilon_0 S}(d-d')$$

则电容为

$$C=\frac{\varepsilon_0 S}{d-d'}$$

可见，铜板离极板的距离不会影响电容大小。

（2）充电后，电容器所带电荷量为

$$Q=\frac{\varepsilon_0 S U_0}{d-d'}$$

场强大小为

$$E=\frac{U_0}{d-d'}$$

电场能量为

$$W_e=\frac{1}{2}\varepsilon_0 E^2(d-d')S=\frac{1}{2}\varepsilon_0\left(\frac{U_0}{d-d'}\right)^2(d-d')S=\frac{1}{2}\varepsilon_0\frac{U_0^2 S}{d-d'}$$

铜板抽出后场强大小不变，电场体积增大，电场能量为

$$W_e'=\frac{1}{2}\varepsilon_0 E^2 dS=\frac{1}{2}\varepsilon_0\frac{U_0^2 dS}{(d-d')^2}$$

电场能量增量为

$$\Delta W_e=\frac{1}{2}\varepsilon_0\frac{U_0^2 dS}{(d-d')^2}-\frac{1}{2}\varepsilon_0\frac{U_0^2 S}{d-d'}=\frac{1}{2}\varepsilon_0 U_0^2 S\frac{d'}{(d-d')^2}$$

则外力所做的功为

$$A=\frac{1}{2}\frac{\varepsilon_0 S d' U_0^2}{(d-d')^2}$$

例 14–15 有一半径为 R_1 的导体球，其外套有一同心的导体球壳，球壳的内、外半径分别为 R_2 和 R_3，当内球所带电荷量为 Q 时，（1）求整个电场储存的能量；（2）如果将导体球壳接地，计算储存的能量；（3）如果将导体球壳接地，求此电容器的电容。

解 如图 14–30 所示，内球带电 Q，外球壳内表面带电 $-Q$，外表面带电 Q。

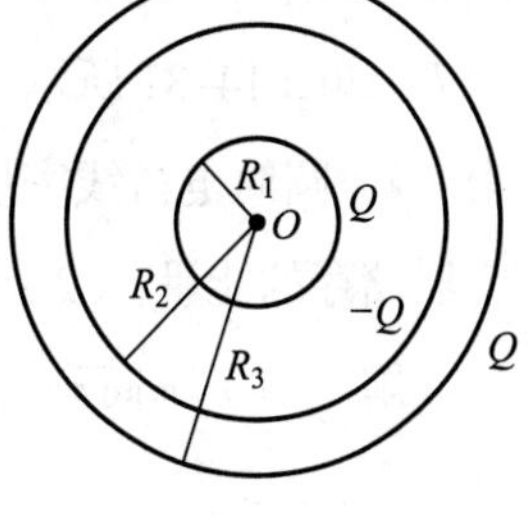

图 14–30

（1）在 $r<R_1$ 和 $R_2<r\leqslant R_3$ 区域，有

$$\boldsymbol{E}=\mathbf{0}$$

当 $R_1 \leqslant r \leqslant R_2$ 时，

$$\boldsymbol{E}_1 = \frac{Q\boldsymbol{e}_r}{4\pi\varepsilon_0 r^2}$$

当 $r > R_3$ 时，

$$\boldsymbol{E}_2 = \frac{Q\boldsymbol{e}_r}{4\pi\varepsilon_0 r^2}$$

则在 $R_1 \leqslant r \leqslant R_2$ 区域，有

$$W_{e1} = \int_{R_1}^{R_2} \frac{1}{2}\varepsilon_0 \left(\frac{Q}{4\pi\varepsilon_0 r^2}\right)^2 4\pi r^2 \mathrm{d}r$$

$$= \int_{R_1}^{R_2} \frac{Q^2 \mathrm{d}r}{8\pi\varepsilon_0 r^2} = \frac{Q^2}{8\pi\varepsilon_0}\left(\frac{1}{R_1} - \frac{1}{R_2}\right)$$

在 $r > R_3$ 区域，有

$$W_{e2} = \int_{R_3}^{\infty} \frac{1}{2}\varepsilon_0 \left(\frac{Q}{4\pi\varepsilon_0 r^2}\right)^2 4\pi r^2 \mathrm{d}r = \frac{Q^2}{8\pi\varepsilon_0}\frac{1}{R_3}$$

得总能量为

$$W_e = W_{e1} + W_{e2} = \frac{Q^2}{8\pi\varepsilon_0}\left(\frac{1}{R_1} - \frac{1}{R_2} + \frac{1}{R_3}\right)$$

（2）导体球壳接地时，只有当 $R_1 \leqslant r \leqslant R_2$ 时，

$$\boldsymbol{E} = \frac{Q\boldsymbol{e}_r}{4\pi\varepsilon_0 r^2},\ W_{e2} = 0$$

得

$$W_e = W_{e1} = \frac{Q^2}{8\pi\varepsilon_0}\left(\frac{1}{R_1} - \frac{1}{R_2}\right)$$

（3）电容器的电容

$$C = \frac{Q^2}{2W_e} = 4\pi\varepsilon_0 \bigg/ \left(\frac{1}{R_1} - \frac{1}{R_2}\right)$$

例 14–16 一圆柱形电容器由半径为 R_1 的导线和与它同轴的导体薄圆筒构成。圆筒内半径为 R_2，其间为真空，长为 l，如图 14–31 所示。设沿轴线单位长度上导线电荷线密度为 $+\lambda$，圆筒电荷线密度为 $-\lambda$，忽略边缘效应，试求：（1）电容器储存的能量；（2）电容器的电容。

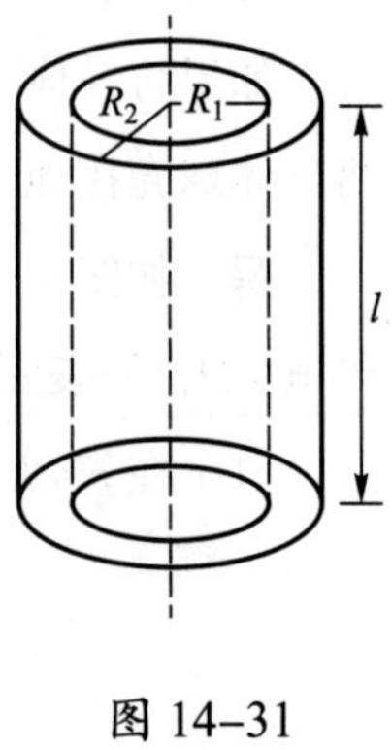

图 14–31

解 （1）圆筒和导线间的场强大小为

$$E = \frac{\lambda}{2\pi\varepsilon_0 r}$$

离轴线 r（$R_1 \leqslant r \leqslant R_2$）处取厚度为 d$r$ 的圆筒形体积元，有

$$dV = l \cdot 2\pi r dr$$

则电容器存储的能量为

$$W_e = \frac{1}{2}\varepsilon_0 \int E^2 dV = \frac{1}{2}\varepsilon_0 \int_{R_1}^{R_2} \left(\frac{\lambda}{2\pi\varepsilon_0 r}\right)^2 l \cdot 2\pi r dr = \frac{\lambda^2 l}{4\pi\varepsilon_0} \ln\frac{R_2}{R_1}$$

（2）用能量法求电容器的电容：

$$C = \frac{q^2}{2W_e} = \frac{\lambda^2 l^2}{2 \cdot \dfrac{\lambda^2 l}{4\pi\varepsilon_0} \ln\dfrac{R_2}{R_1}} = \frac{2\pi\varepsilon_0 l}{\ln\dfrac{R_2}{R_1}}$$

*14.7 大气电学

地球周围的大气是一部大电机，雷暴是大气中电活动最为壮观的显示。即使在晴朗的天气，大气中也到处有电场和电流。雷暴好似一部静电起电机，能产生负电荷并将其送到地面，同时把正电荷送到大气的上层。大气的上层是电离层，它是良导体，流入它的电流很快向四周流动，遍及整个电离层。在晴天区域，这电流逐渐向地面泄漏，这样就形成了一个完整的大气电路。

在任何时刻，地球上大约有 2 000 个雷暴在活动。一次雷暴所产生的电流的时间平均值约为 1 A（当然，瞬时值可以非常大——在一次闪电中可高达 200 000 A）。这样，在大气电路中，所有雷暴产生的总电流大约为 2 000 A。

电离层和地球表面都是良导体，它们是两个等势面，它们之间的电势差平均约为 300 000 V。电离层和地表之间的整个晴天区域的大气电阻大约为 200 Ω。这电阻大部分集中在稠密的大气底层（从地表到几千米的高度）内，相应地，300 000 V 的电势降落大部分也发生在大气底层。平均来讲，由于雷暴活动而在大气电路中释放能量的总功率约为 $2\ 000\ \text{A} \times 300\ 000\ \text{V} = 6 \times 10^8\ \text{W}$。

14.7.1 晴天大气电场

在晴天区域的大气电流是由离子的运动形成的。大气中经常存在带电粒子。引起空气分子电离的主要原因是贯穿整个大气的宇宙射线、高居大气中的太阳紫外辐射以及低层大气中由地壳内的天然放射性物质发出的射线以及人工放射性等。在空气分子由于这些原因不断电离的同时，已生成的正、负离子相遇也会复合成中性分

子。电离作用和复合作用的平衡使大气中总保持有相当数量的带电粒子。正离子向下运动，负离子向上运动，这就构成了晴天区域的大气电流。

正像在导线中形成电流是由于导线中有电场一样，大气电流的形成也是由于大气中存在电场。晴天区域的大气电场都指向下方。在地表附近的平坦地面上，晴天区域的大气电场强度在 100~200 V/m 之间。各地电场强度的实际数值取决于当地的条件，如大气中的灰尘、污染情况、地貌以及季节和时间等，全球平均值约为 130 V/m。

这样，比地面高 2 m 的一点到地面之间的电势差就有几百伏。我们能否利用这一电势差在竖立的导体棒中得到持续电流呢？不能！因为如果你把一根 2 m 长的金属棒立在地上，大气电场只能在其中产生一个非常小的瞬时电流，紧接着金属棒的电势就和地球电势相等而不再产生电流了。其结果只是改变了地表附近电势和电场的分布，而不能有持续电流产生。树木、房屋都是相当好的导体，它们对地球的电场都会产生类似的影响，所以它们本身不会遭受电击。

由于大气电场指向地球表面，所以地球表面必然带有负电荷。若大气电场按 E = 100 V/m 计算，则地球表面单位面积上所带的电荷量应为

$$\sigma = -\varepsilon_0 E = -8.85\times10^{-12}\times100\ \mathrm{C\cdot m^{-2}} \approx -1\times10^{-9}\ \mathrm{C\cdot m^{-2}}$$

由此可推算地球表面带的总电荷量约为 –500 000 C，即

$$Q = 4\pi R_{\mathrm{E}}^2\sigma \approx -4\times3.14\times(6\,400\times10^3)^2\times1\times10^{-9}\ \mathrm{C} \approx -5\times10^5\ \mathrm{C}$$

地表附近的大气电场强度可以用一个电场强度仪测量。一种简单的电场强度仪使用一个平行于地面而垂直于电场的金属板，该金属板通过一个灵敏电流计用导线接地。大气电场的电场线终止于该金属板的上表面，因此，该金属板的上表面必定带有电荷。当将另一块接地的金属板突然移到这块金属板的上方时，电场线就要终止于这第二块金属板，也就是说第二块金属板要屏蔽掉作用于第一块金属板的电场。此时，第一块金属板上的电荷将挣脱电场的吸引而迅速通过导线流入地面，而灵敏电流计也就显示出一瞬时电流。由这一电流可以算出通过的电荷量，从而可以进一步求出电场强度。

大气电场强度随高度的增加而减小，在 10 km 高处的电场强度约为地面处的 3%。大气电场的减弱和大气电阻的减小有关。低空大气电阻比高空的大，因而产生同样的大气电流在低空就需要比高空更强的电场。大气电场的这一变化是由于大气中正电荷的密度分布所致。在低空（几千米高处）有相当多的正电荷分布。大气电场的电场线多由此发出。只有很少一部分电场线是由电离层的正电荷发出的。晴

天大气中的正电荷总量和地面上的负电荷总量相等。大气中的电荷分布使得电场分布具有下述特点：电势随高度的增加而升高，在低层大气中升高得最快，在 20 km 以上的大气中，电势几乎保持不变，平均约为 300 000 V。

晴天区域的大气电场还随时间变化。除了由于空间电荷体密度和空气电导率的局部变化造成的短时不规则脉动以外，晴天区域的电场还有按日按季的周期性变化。按日的周期性变化的幅度可达 20%。除了大气污染对局部的电场有影响以外，经测定，晴天区域的电场的变化与地方时无关，即全球大气电场的变化是同步发生的。一天之内，大气场强在格林尼治时间 18：00 左右出现一极大值，在 4：00 左右出现一极小值。大气电场的这种按日的周期性变化是和大气中的雷暴活动的按日的周期性变化相联系的，因为大气中的电荷分布基本上是雷暴活动产生的。在全世界范围内，雷暴活动在格林尼治时间 14：00 到 20：00 达到高潮。这一高潮主要是由于亚马孙河盆地的中午雷暴集中形成的。于是由它产生的大气电荷就使得在 18：00 左右出现了大气电场强度的极大值。

14.7.2　雷暴的电荷和电场

如上所述，地球表面带有约 -5×10^5 C 的负电荷，而大气中的泄漏电流约为 2 000 A。这样，如果电荷没有补充的话，那么地球表面的负电荷将在几分钟内被中和完，地球表面电荷量明显维持恒定的事实说明大气中存在着一个电荷分布再生的机制。人们普遍认为：大气中的电荷分布是由雷暴产生的。一个雷暴往往包含几个活动中心，每个中心由一片雷雨云构成，称之为**雷暴云泡**。每个云泡都有其完整的生命周期，可分成生长阶段、成熟阶段和消散阶段。一个云泡的总寿命约为 1 h，而在成熟阶段有降水和闪电产生时，其维持时间为 15~20 min。一次巨大持久的雷暴常常是由几个云泡交替出现而形成的。

雷暴的激烈活动所需要的能量都来自潮湿空气中水分的凝结热。例如在 17 ℃、1 atm 下，1 km^3 相对湿度为 100% 的空气中含有 1.6×10^7 kg 的水汽。在 17 ℃ 时水的汽化热为 2.45×10^6 J，所以 1 km^3 空气中的水汽全部凝结成水时，将放出 3.9×10^{13} J 的热量。这相当于 9 200 吨 TNT 炸药爆炸时所释放出的能量。一次典型的雷暴涉及数立方千米的潮湿空气，因此可以释放出非常巨大的能量。

一个雷暴云泡的宽为 1.5~8 km，底部距地面约 1.5 km，顶部可达 7.5 km，高度可发展到 12~18 km。云泡在形成阶段首先是由于一些水汽的凝结放热而使周围空气变暖、变轻而形成上升的气流。这种气流夹杂着水汽，其上升的速率可达 $10\ m\cdot s^{-1}$。在高空中，气流中的水分凝结成水滴，有些水滴进一步凝固成冰屑或雹粒，也形成雪花。雨、雪、冰雹大到不能为上升气流所支持时，就开始下落。它们的下落又携带着周围空气下降，这些下降的混有水滴的湿空气会由于水滴蒸发吸热而变冷、变重并继续下降。这样在云泡中就又形成了下降的气流。强的上升气流和强的下降气流的并存是云泡成熟的标志。这时云泡顶部扩张为砧状，其上部可插入对流层。这一期间，云泡内各处获得了不同的电荷，闪电开始发生。在云泡底部，雨或雹开始下降到地面，同时伴随着大风。此后不久，云泡内上升气流停止，整个云泡内只剩下下降气流。接着雷暴逐渐消散。

成熟阶段的雷暴云泡上部带正电荷，下部带负电荷，在最底部还有一些局部的少量正电荷。这些电荷的载体可能是雨滴、冰晶、雹粒或空气粒子。至于产生这些电荷的原因，至今没有详细准确的理论说明。许多理论推测，这种电荷的产生大概是雨滴、冰晶或雹粒在上升和下降气流中不断受到摩擦、碰撞，或熔解、凝固，或热电作用的结果。至于正、负电荷的分开，多数理论都归因于正、负电荷载体的大小不同。正电荷载体较小、较轻，因而被上升气流带至上部，负电荷载体较大、较重，因而不动或下降到底部。

雷暴云泡中的电荷在大气中产生的电场，可粗略地按下面的模型进行估算。忽略云泡底层的少量正电荷的存在。云泡上部的正电荷可以用一个在 10 km 高度的正点电荷 Q_2 所代替，而云泡下部的负电荷可以用一个在 5 km 高度的负点电荷 Q_1 所代替，它们带的电荷量，假如分别是 +40 C 和 −40 C，则在这些电荷正下方的地面上，由它们所产生的向上的电场强度大小为

$$E=\frac{1}{4\pi\varepsilon_0}\left(\frac{Q_1}{r_1^2}+\frac{Q_2}{r_2^2}\right)\approx 9.0\times10^9\times\left[\frac{40}{\left(5\times10^3\right)^2}-\frac{40}{\left(10\times10^3\right)^2}\right]\text{V}\cdot\text{m}^{-1}\approx 1.1\times10^4\ \text{V}\cdot\text{m}^{-1}$$

但这还不是总电场强度。因为地球是导体，所以云泡内电荷将在地面上产生感应电荷，感应电荷将产生附加的电场。在雷暴云泡的下方，分布在地面上的感应电荷将覆盖大约 100 km^3 的面积，在此面积内电荷面密度将以云泡电荷的正下方为最大。

我们采用下述三个步骤来计算感应电荷的效果：第一，用一薄导体板代替地面，这不会改变地面上空的电场，因为导体板的厚度并不影响其表面上感应电荷的分布。第二，在导体板下方空间放置两个 +40 C 和 −40 C 的电荷 Q_1' 和 Q_2'，它们分别位于导体板下方 5 km 和 10 km 处，它们叫云内原有电荷的镜像电荷。由于导体板的屏蔽隔离作用，镜像电荷的存在不会改变板上方的电场。第三，沿水平方向把导体板移走，这也不会影响导体板上方的电场。因为对电荷来说，中间平面是一个等势面，而与等势面重合地加上或去掉一个金属板是不会影响电场分布的。

经过这三个步骤之后，我们认为云泡内电荷与地面感应电荷的总电场强度正好与云泡内的电荷和它们的镜像电荷的总电场强度（在地面以上部分）相同。这样就可由这四个电荷的电场强度的矢量相加来计算地面上空任何给定点的电场了。对于地面上任何给定的点，镜像电荷与云泡内电荷产生的电场强度是相等的，因此，在云泡中电荷的正下方的地面上，电场强度应该是云泡内电荷所产生的电场强度的两倍。

我们可以用这种方法计算地面与雷暴云底部任何高度处的电势差。设地面电势为零，对应于四个点电荷，雷暴云下方距地面高度 2 km 处的电势为

$$V \approx 9.0\times10^9\times\left(\frac{40}{8\times10^3}-\frac{40}{3\times10^3}+\frac{40}{7\times10^3}-\frac{40}{12\times10^3}\right)\text{V} \approx -5.4\times10^7\ \text{V}$$

由此可见，雷暴产生的电场强度和电势差是相当大的！

在上述计算中，我们已假设了地球表面是完全平坦的。事实上，地表上处处有山峦起伏，在那些隆起地区附近，电场便要增强。遇有尖形物体时，在其尖端附近，电场更是急剧增强。在地面上任何尖形物体附近，当雷暴云到来时，由于强电场的作用，都要出现尖端放电现象。尖端放电电流方向向上。对树木所作的测量表明，雷暴云下方的树将从地面引出约 1 A 的电流通过树顶而流入大气。

除了尖端放电外，地球和雷暴云之间的放电还有电晕放电、火花放电、闪电放电和降水放电等几种形式。虽然闪电看起来最为壮观，但在许多雷暴中，尖端放电起着主要作用。它对大气电路的电流的贡献要比闪电电流大若干倍。这几种放电的总效果与晴天区域大气中由上到下的泄漏电流相平衡。

思 考 题

14-1 在“无限大”均匀带电平面 A 附近放一与它平行，且有一定厚度的“无限大”平面导体板 B，如思考题 14-1 图所示。已知 A 上的电荷面密度为 $+\sigma$，则在导体板 B 的两个表面上的感生电荷面密度为多少？

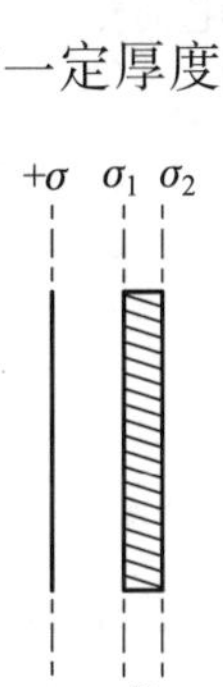

思考题 14-1 图

14-2 一半径为 R 的金属球与地连接，在与球心 O 相距 d=2R 处有一电荷量为 q 的点电荷，如思考题 14-2 图所示。设地的电势为零，则球上的感应电荷量 q' 为__________。

（A）0；　（B）$\frac{q}{2}$；　（C）$-\frac{q}{2}$；　（D）$-q$

14-3　一个未带电的空腔导体球壳，内半径为 R，在腔内离球心的距离为 d 处 ($d<R$)，固定一点电荷 $+q$，如思考题 14-3 图所示，用导线把球壳接地后，再把导线撤去。选无穷远处为电势零点，则球心 O 处的电势为多少？

14-4　在一个原来不带电的外表面为球形的空腔导体 A 内，放一带有电荷量 $+Q$ 的带电导体 B，如思考题 14-4 图所示。比较空腔导体 A 的电势 V_A 和导体 B 的电势 V_B 时，可得出什么结论？

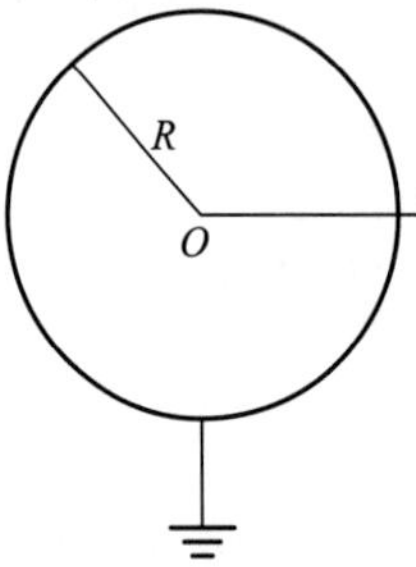

思考题 14-2 图

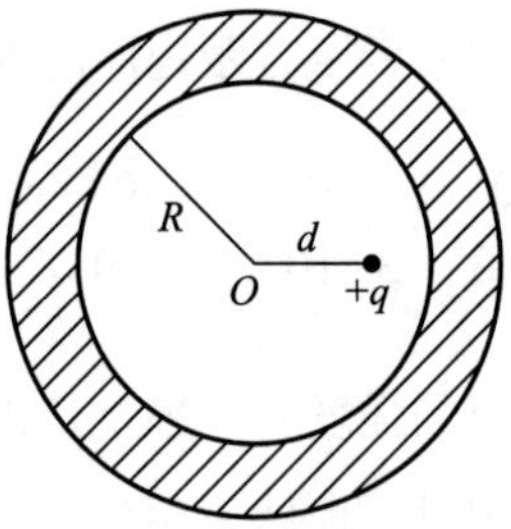

思考题 14-3 图

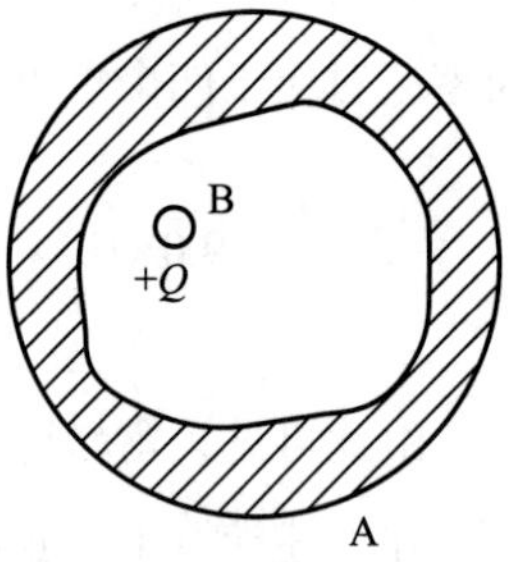

思考题 14-4 图

14-5　两块很大的导体平板平行放置，面积都是 S，有一定厚度，所带电荷量分别为 Q_1 和 Q_2。如不计边缘效应，则四个表面上的电荷面密度分别为 ________、________、________、________。

14-6　一电容为 C 的空气平行板电容器，接上电源充电至端电压为 U 后与电源断开。若把电容器的两个极板的间距增大至原来的 3 倍，则外力所做的功为 ________。

14-7　两个电容器 1 和 2 的电容关系为 $C_1=2C_2$，若将它们串联后接入电路，则电容器 1 储存的电场能量是电容器 2 储能的 ________ 倍；若将它们并联后接入电路，则电容器 1 储存的电场能量是电容器 2 储能的 ________ 倍。

14-8　（1）导体接地，电势一定为零，对吗？（2）导体接地，接地导体所带的电荷量一定为零，对吗？

习　　题

14-1　一点电荷 q 放在导体球壳的中心，如习题 14-1 图所示。球壳的内、外半径分别为 R_1 和 R_2。求空间的场强分布，并画 E-r 曲线。

14-2　有三个大小相同的金属小球，小球 1、2 带有等量同号电荷，相距甚远，其间的库仑力大小为 F_0。（1）用带绝缘柄的不带电小球 3 先后分别接触 1、2 后移去，求小球 1、2 之间的库仑力大小；（2）小球 3 依次交替接触小球 1、2 很多次后移去，求小球 1、2 之间的库仑力大小。

14-3 一厚度为 d 的无限大均匀带电导体板，如习题 14-3 图所示。单位面积上两面所带电荷量之和为 σ，试求离左板面距离为 a 的一点与离右板面距离为 b 的一点之间的电势差。

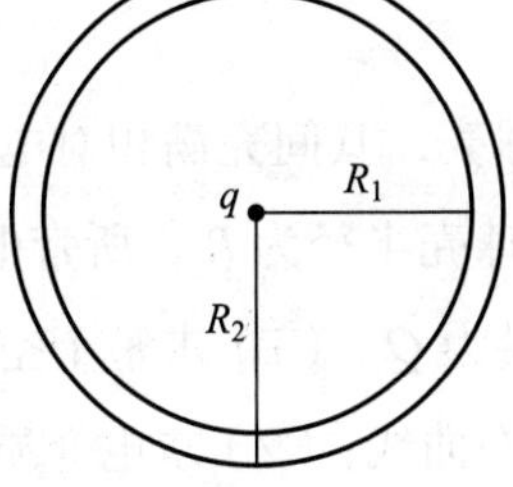

习题 14-1 图

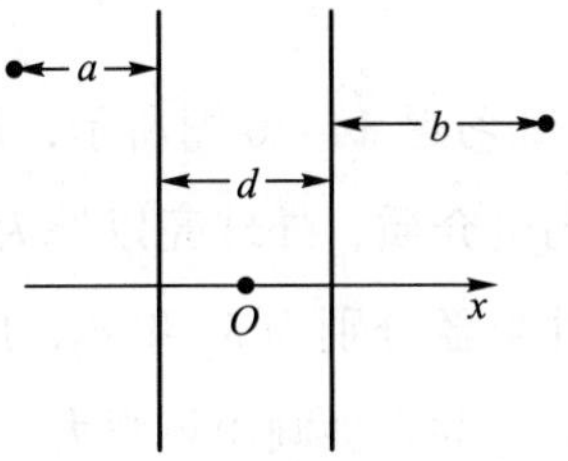

习题 14-3 图

14-4 如习题 14-4 图所示，两根平行无限长均匀带电直导线，相距 d，导线半径都是 R（$R \ll d$）。导线上电荷线密度分别为 $+\lambda$ 和 $-\lambda$，试求该导线组单位长度的电容。

14-5 如习题 14-5 图所示，三个平行导体板 A、B 和 C 的面积均为 S，其中 A 板带电 Q，B、C 板不带电，A、B 间距离为 d_1，A、C 间距离为 d_2。（1）求各导体板上的电荷分布和导体板间的电势差；（2）将 B、C 两导体板分别接地，再求导体板上的电荷分布和导体板间的电势差。

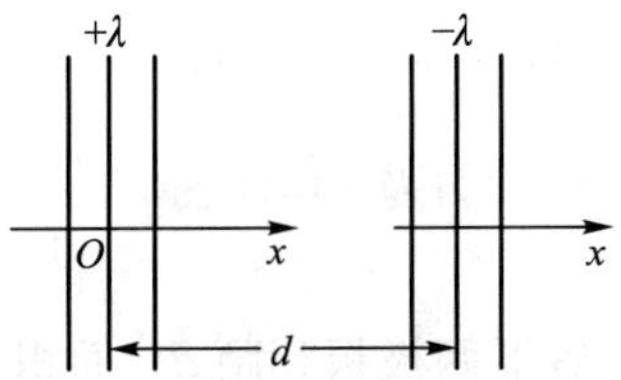

习题 14-4 图

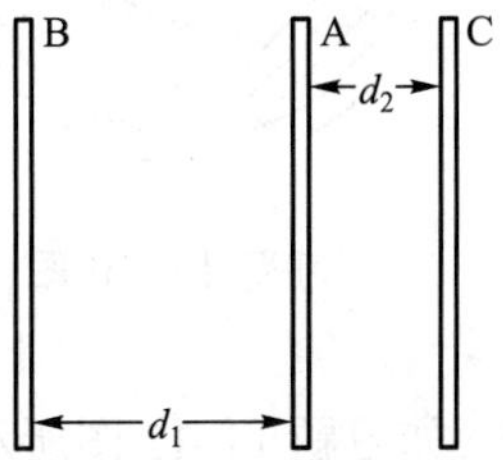

习题 14-5 图

14-6 空气中有一半径为 R 的孤立导体球，令无穷远处电势为零。（1）求该导体的电容；（2）求球上所带电荷量为 Q 时，导体球储存的静电能；（3）若空气的击穿场强大小为 E_b，求导体球上能储存的最大电荷量。

14-7 在电容率为 ε 的无限大各向同性均匀电介质中，有一半径为 R 的孤立导体球，若对它不断充电使其所带电荷量达到 Q，充电过程中外力做功，求证：带电导体球的静电能量为 $W_e = \dfrac{Q^2}{8\pi\varepsilon R}$。

14-8 一内半径为 a、外半径为 b 的金属球壳，带有电荷量 Q，在球壳空腔内距离球心 r 处有一点电荷 q，设无穷远处为电势零点，试求：(1) 球壳内、外表面上的电荷量；(2) 球心 O 点处，由球壳内表面上电荷产生的电势；(3) 球心 O 点处的总电势。

14-9 两金属球的半径之比为 1 : 4，带等量的同号电荷。当两者的距离远大于两球半径时，有一定的电势能。若将两球接触一下再移回原处，则电势能变为原来的多少倍?

14-10 如习题 14-10 图所示，两个同心球壳，其间充满相对电容率为 ε_r 的各向同性均匀电介质，外球壳以外为真空，内球壳半径为 R_1，所带电荷量为 Q_1；外球壳内、外半径分别为 R_2 和 R_3，所带电荷量为 Q_2。(1) 求整个空间的电场强度 $\boldsymbol{E}$ 的表达式，并定性画出场强大小的径向分布曲线；(2) 求电介质中电场能量 W_e 的表达式；(3) 若 $Q_1 = 2\times10^{-9}$ C，$Q_2 = -3Q_1$，$\varepsilon_r = 3$，$R_1 = 3\times10^2$ m，$R_2 = 2R_1$，$R_3 = 3R_1$，计算上一问中的 W_e 的值（已知 $\varepsilon_0 = 8.85\times10^{-12}\ \mathrm{C^2\cdot N^{-1}\cdot m^{-2}}$）。

14-11 如习题 14-11 图所示，沿 x 轴放置的电介质圆柱，底面积为 S，周围是真空，已知电介质内各点电极化强度 $P = kxi$（k 为常量）。求：(1) 圆柱两底面上的极化电荷面密度 σ_a' 和 σ_b'；(2) 圆柱内电荷体密度 ρ'。

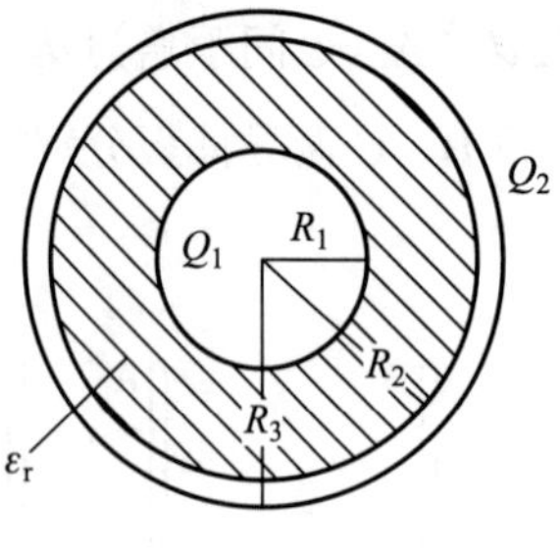

习题 14-10 图

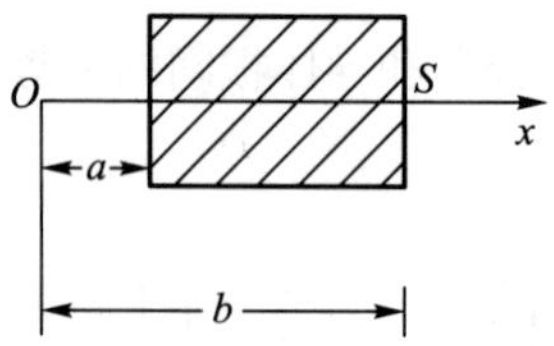

习题 14-11 图

14-12 如习题 14-12 图所示，平行板电容器两极板相距 d，面积为 S，电势差为 U，中间放有一层厚度为 t 的电介质，相对电容率为 ε_r，略去边缘效应。求：(1) 电介质中的 E、D 和 P；(2) 极板上的电荷量；(3) 极板和电介质间隙中的场强；(4) 电容器的电容。

14-13 一半径为 R_1 的导体球，其外套有一同心的导体球壳，壳的内、外半径分别为 R_2 和 R_3。球与壳之间充满各向同性相对电容率为 ε_r 的均匀电介质，壳外是空气。当内球所带电荷量为 q，外球壳不带电时：(1) 求整个电场储存的能量；(2) 如果将导体球壳接地，计算其储存的能量，并由此求其电容。

14-14 一同轴电缆，内、外导体圆筒间用两层电介质隔离，其电容率分别

为 ε_1、ε_2，如习题 14-14 图所示。(1) 若使两层电介质中最大场强相等，其条件如何？(2) 求此种情况下电缆单位长度的电容。

14-15 如习题 14-15 图所示，一面积为 S 的平行板电容器，两极板间距为 d。问：(1) 在两极板间插入厚度为 $d/3$、相对电容率为 ε_r 的电介质板，其电容改变多少？(2) 插入厚度为 $d/3$ 的导体板，电容又改变多少？(3) 上下移动电介质板或导体板，对电容变化有无影响？(4) 将导体板抽出要做多少功？

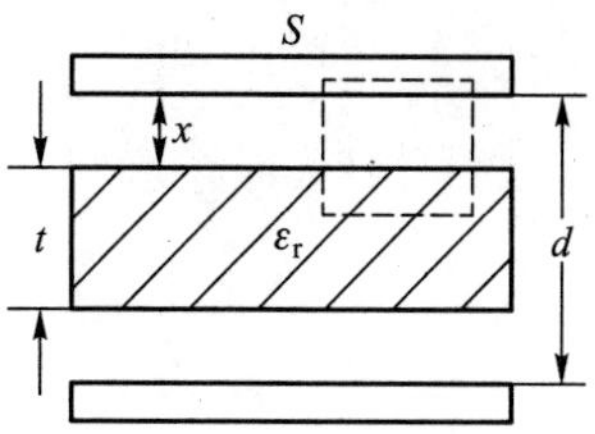

习题 14-12 图

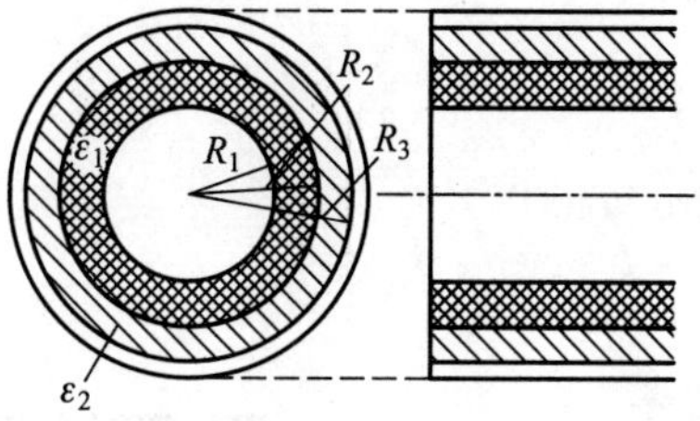

习题 14-14 图

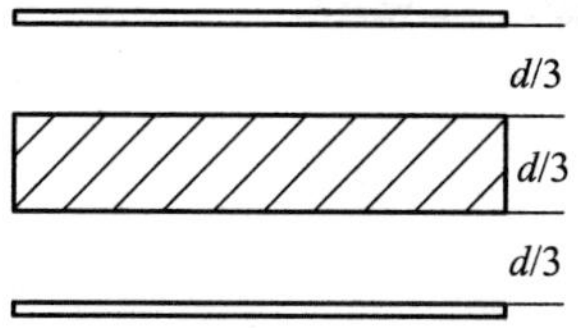

习题 14-15 图

Scientist Synopsis

科学家简介

伏特

Alessandro Volta

Chapter 15

第 15 章 恒定磁场

前面我们研究了相对于观察者静止的电荷所激发的电场的性质与作用规律。从本章起我们将看到，在运动电荷周围，不仅存在着电场而且还存在着磁场。磁场和电场一样，也是物质的一种形态。1820 年，丹麦的奥斯特发现了电流的磁效应，当电流通过导线时，引起了导线近旁的小磁针偏转，这开拓了电磁学研究的新纪元，打开了电应用的新领域；1837 年，惠斯通、莫尔斯发明了电报机；1876 年，美国的贝尔发明了电话；……迄今，无论科学技术、工程应用还是人类生活都与电磁学有着密切关系。电磁学给人们开辟了一条广阔的认识自然、征服自然的道路。本章重点介绍磁感应强度的计算，毕奥 – 萨伐尔定律和磁场的安培环路定理及其应用，并研究磁场对置于其中的载流导线和带电粒子的作用。

15.1 磁场　磁感应强度

磁现象的发现要比电现象早得多。早在春秋战国时期，随着冶铁业的发展和铁器的应用，人们对天然磁石（磁铁矿）已经有了一些认识。古代的一些著作，如《管子・地数篇》《山海经・北山经》（相传是夏禹所作，据考证是战国时期的作品）《鬼谷子》《吕氏春秋・精通》中都有关于磁石的描述和记载。我国古代“磁石”写作“慈石”，意思是“石铁之母也。以有慈石，故能引其子”（东汉高诱的慈石注）。我国河北省的磁县（古时称慈州和磁州），就是因为附近盛产天然磁石而得名。汉朝以后有更多的著作记载磁石吸铁现象。东汉著名的唯物主义思想家王充在《论衡》中所描述的“司南”已被公认为最早的磁性指南器具。指南针是我国古代的伟大发明之一，对世界文明的发展有重大的影响。11 世纪，北宋科学家沈括在《梦溪笔谈》中明确地记载了指南针。沈括还记载了摩擦天然强磁体人工磁化制作指南针的方法。北宋时还有利用地磁场的磁化方法的记载，西方在二百多年后才有类似的记载。沈括还是世界上最早发现地磁偏角的人，这比欧洲的发现早四百年。12 世纪初，我国已有关于指南针用于航海的明确记载。然而，在历史上很长一段时期里，磁学和电学的研究一直彼此孤立地发展着，人们曾认为电与磁是两类截然分开的现象。直到 19 世纪，发现了电流的磁场和磁场对电流的作用以后，人们才逐渐认识到磁现象和电现象的本质以及它们之间的联系，并扩大了磁现象的应用范围。到 20 世纪初，由于科学技术的进步和原子结构理论的建立和发展，人们进一步认识到磁现象起源于运动电荷，磁场也是物质的一种形式，磁力是运动电荷之间除静电力以外的相互作用力。

15.1.1 基本磁现象 磁场

无论是天然磁石还是人工磁铁都有吸引铁、钴、镍等物质的性质，这种性质叫作**磁性**。条形磁铁及其他任何形状的磁铁都有两个磁性最强的区域，称之为**磁极**。将一条形磁铁悬挂起来，其中指北的一极是北极（用 N 表示），指南的一极是南极（用 S 表示）。实验指出，极性相同的磁极相互排斥，极性相反的磁极相互吸引。由此可以推想，地球本身是一个大磁体，它的 N 极位于地理南极附近，S 极位于地理北极附近。这便是指南针（罗盘）的工作原理，我国古代这个重大发明至今在航海、地形测绘等方面都有着广泛的应用。

在相当长的一段时间内，人们一直把磁现象和电现象看成彼此独立的两类现象。直到 1820 年，奥斯特首先发现了电流的磁效应。后来安培发现放在磁铁附近的载流导线或载流线圈，也要受到力的作用而发生运动。进一步的实验还发现，磁铁与磁铁之间、电流与磁铁之间以及电流与电流之间都有磁相互作用。上述实验现象导致了人们对“磁性本源”的研究，这使人们进一步认识到磁现象起源于电荷的运动，磁现象和电现象之间有着密切的联系。这些联系主要表现在：

（1）通过电流的导线（也叫载流导线）附近的磁针，会受到力的作用而偏转。如图 15-1 所示，我们将一根导线沿南北方向放置。下面放一可在水平面内自由转动的磁针。当导线中没有电流通过时，磁针在地球磁场的作用下沿南北取向。但当导线中通过电流时，磁针

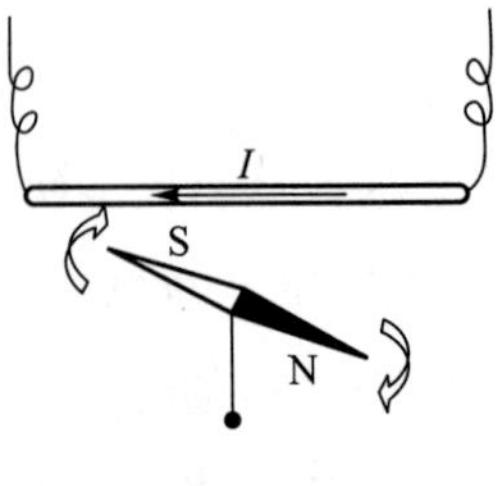

图 15-1 载流导线对磁针的作用

就会发生偏转。当电流的方向是从右到左时，从上向下看去，磁针的偏转是沿顺时针方向的；当电流反向时，磁针的偏转方向也倒转过来。

（2）放在蹄形磁铁两极间的载流导线，也会受力而运动。如图 15-2 所示，把一段水平的直导线悬挂在蹄形磁铁两极间。通电流后，导线就会移动。

（3）载流导线之间也有相互作用。如图 15-3 所示，把两根细直导线平行地悬挂起来，当两平行载流直导线的电流方向相同时，它们相互吸引；电流方向相反时，它们相互排斥。

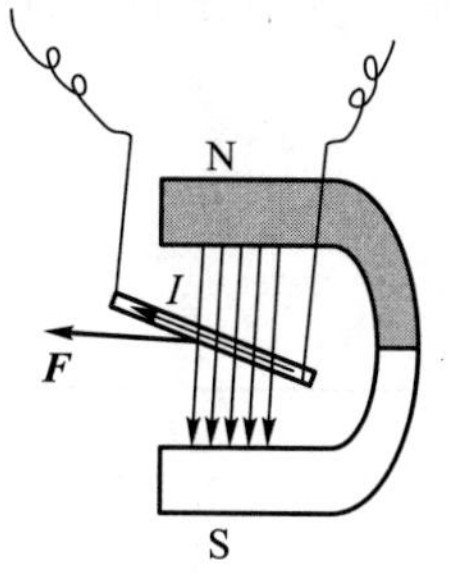

图 15-2　蹄形磁铁两极间的载流导线受力运动

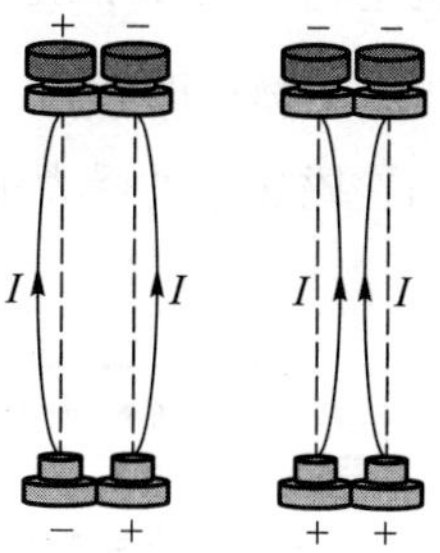

图 15-3　载流导线间的相互作用

（4）通过磁极间的运动电荷也受到力的作用。如电子射线管，当阴极和阳极分别接到高压电源的正极和负极上时，电子流通过狭缝形成一束电子射线。如果我们在电子射线管外面放一块磁铁，则可以看到电子射线的路径发生弯曲。

如静电学中所述，静止电荷之间的相互作用力是通过电场来传递的，即每当电荷出现时，就在其周围的空间里产生一个电场；而电场的基本性质是它对于任何置于其中的其他电荷施加作用力。这就是说，电的作用是“近距”的。磁极或电流之间的相互作用也是这样，不过它通过另外一种场——磁场来传递。磁极或电流在自己周围的空间里产生一个磁场，而磁场的基本性质之一是它对于任何置于其中的其他磁极或电流施加作用力。用磁场的观点，我们就可以把上述关于磁铁和磁铁、磁铁和电流以及电流和电流之间相互作用的各个实验统一起来了，所有这些相互作用都是通过同一种场——磁场来传递的。以上所述可以概括成这样一个图示（图 15-4）。

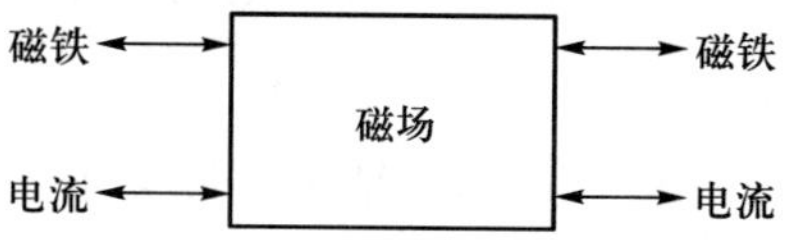

图 15-4

由于电流是大量电荷作定向运动形成的，所以，上述一系列事实说明，在运动电荷周围空间存在着磁场；在磁场中的运动电荷要受到磁场力（简称磁力）的作用。

磁场不仅对运动电荷或载流导线有力的作用，它和电场一样，也具有能量。这正是磁场物质性的表现。

15.1.2 磁感应强度

在静电学中，我们利用电场对静止电荷有电场力作用这一表现，引入电场强度 $\boldsymbol{E}$ 来定量地描述电场的性质。与此类似，我们利用磁场对运动电荷有磁力作用这一表现，引入磁感应强度 $\boldsymbol{B}$ 来定量地描述磁场的性质。其中 $\boldsymbol{B}$ 的方向表示磁场的方向，$\boldsymbol{B}$ 的大小表示磁场的强弱。

运动电荷在磁场中的受力情况如图 15–5 所示。

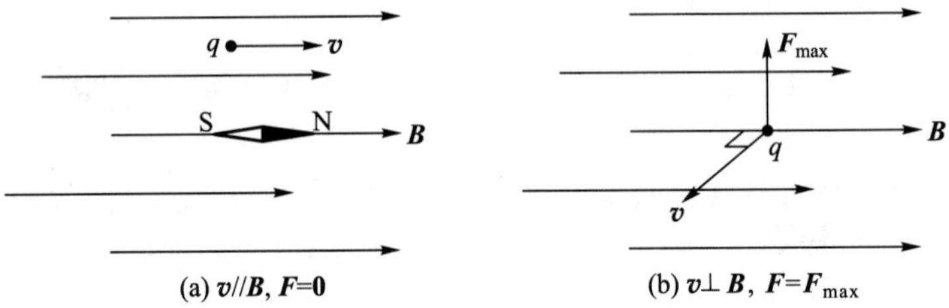

图 15–5 运动电荷在磁场中的受力情况

由大量实验可以得出如下结果：

（1）运动电荷在磁场中所受的磁力随电荷的运动方向与磁场方向之间的夹角的改变而变化。当电荷运动方向与磁场方向平行时，它不受磁力作用［图 15–5（a）］。而当电荷运动方向与磁场方向垂直时，它所受磁力最大，用 $\boldsymbol{F}_{max}$ 表示［图 15–5（b）］。

（2）磁力的大小正比于运动电荷的电荷量，即 $F \propto q$。如果电荷是负的，则它所受磁力的方向与正电荷相反。

（3）磁力的大小正比于运动电荷的速率，即 $F \propto v$。

（4）作用在运动电荷上的磁力 $\boldsymbol{F}$ 的方向总是与电荷的运动方向垂直，即 $\boldsymbol{F} \perp \boldsymbol{v}$。

由上述实验结果可以看出，运动电荷在磁场中受的力有两种特殊情况：当电荷运动方向与磁场方向平行时，$\boldsymbol{F} = \boldsymbol{0}$；当电荷运动方向垂直于磁场方向时，$\boldsymbol{F} = \boldsymbol{F}_{max}$。根据这两种情况，我们可以定义磁感应强度 $\boldsymbol{B}$（简称磁感强度）的方向和大小如下：

在磁场中某点，若正电荷的运动方向与在该点的小磁针 N 极的指向相同或相反时，它所受的磁力为零，则我们把这个小磁针 N 极的指向规定为该点的磁感应强度 $\boldsymbol{B}$ 的方向。

当正电荷的运动方向与磁场方向垂直时，它所受的最大磁力的大小 F_{max} 与电荷的电荷量 q 和速度 $\boldsymbol{v}$ 的大小的乘积成正比，但对磁场中某一定点来说，比值 F_{max}/qv 是一定的。对于磁场中不同位置，这个比值有不同的确定值。我们把这个比值规定为磁场中某点的磁感应强度 $\boldsymbol{B}$ 的大小，即

$$B=\frac{F_{max}}{qv} \tag{15-1}$$

磁感应强度 $\boldsymbol{B}$ 的单位，取决于 F、q 和 v 的单位。在国际单位制中，F 的单位是牛顿（N），q 的单位是库仑（C），v 的单位是米每秒（$m\cdot s^{-1}$），则 $\boldsymbol{B}$ 的单位是特斯拉，简称为特，符号为 T。所以有

$$1\ T=1\ N\cdot C^{-1}\cdot m^{-1}\cdot s=1\ N\cdot A^{-1}\cdot m^{-1}$$

应当指出，如果磁场中某一区域内各点 $\boldsymbol{B}$ 的方向一致、大小相等，那么，该区域内的磁场就叫**均匀磁场**。不符合上述情况的磁场就是非均匀磁场。长直螺线管内中部的磁场是常见的均匀磁场。判断磁感应强度方向的右手螺旋定则如图 15-6 所示。表 15-1 列出了一些物质或装置的磁感应强度的大小。

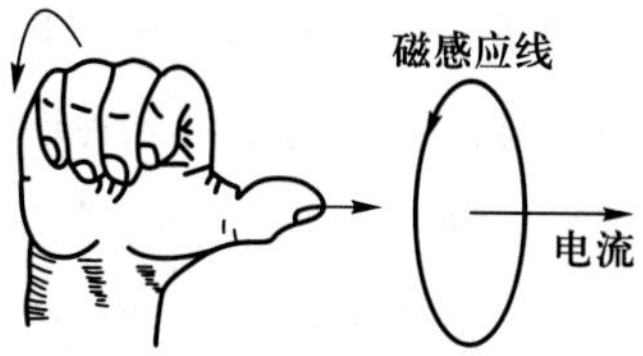

图 15-6　判断磁感应强度方向的右手螺旋定则（关于磁感应线的概念详见 15.3 节）

表 15-1　一些物质或装置的磁感应强度的大小　（单位：T）

原子核表面	约 10^{12}
中子星表面	约 10^{8}
大型气泡室内	约 2
太阳黑子中	约 0.3
电视机内偏转磁场	约 0.1
太阳表面	约 10^{-2}
小型条形磁铁近旁	约 10^{-2}
木星表面	约 10^{-3}
地球表面	约 5×10^{-5}
太阳光内（地面上，方均根值）	约 3×10^{-6}
蟹状星云内	约 10^{-8}

续表

星际空间	约 10^{-10}
人体表面（例如头部）	约 3×10^{-10}
磁屏蔽室内	约 3×10^{-14}

15.2 毕奥 – 萨伐尔定律

在静电场中，计算带电体在某点产生的电场强度 $\boldsymbol{E}$ 时，我们先把带电体分割成许多电荷元 $\mathrm{d}q$，求出每个电荷元在该点产生的电场强度 $\mathrm{d}\boldsymbol{E}$，然后根据场强叠加原理把带电体上所有电荷元在同一点产生的 $\mathrm{d}\boldsymbol{E}$ 叠加（即求定积分），从而得到带电体在该点产生的电场强度 $\boldsymbol{E}$。与此类似，磁场也满足叠加原理，要计算任意载流导线在某点产生的磁感应强度 $\boldsymbol{B}$，可先把载流导线分割成许多电流元 $I\mathrm{d}\boldsymbol{l}$（电流元是矢量，它的方向是该电流元的电流方向），求出每个电流元在该点产生的磁感应强度 $\mathrm{d}\boldsymbol{B}$，然后把该载流导线的所有电流元在同一点产生的 $\mathrm{d}\boldsymbol{B}$ 叠加，从而得到载流导线在该点产生的磁感应强度 $\boldsymbol{B}$。因为不存在孤立的电流元，所以电流元的磁感应强度公式不可能直接从实验得到。历史上，毕奥和萨伐尔两人首先用实验方法得到关于载有恒定电流的长直导线的磁感应强度经验公式 $\left(B\propto\dfrac{I}{r}\right)$ 等，再由拉普拉斯通过分析经验公式而得到毕奥 – 萨伐尔定律。

15.2.1 毕奥 – 萨伐尔定律

恒定电流的电流元 $I\mathrm{d}\boldsymbol{l}$ 在真空中某点 P 所产生的磁感应强度 $\mathrm{d}\boldsymbol{B}$ 的大小，与电流元的大小 $I\mathrm{d}l$ 成正比，与电流元 $I\mathrm{d}\boldsymbol{l}$ 和由电流元到点 P 的径矢 $\boldsymbol{r}$ 间的夹角 θ 的正弦成正比［也用（$I\mathrm{d}\boldsymbol{l}\times\boldsymbol{e}_r$）表示］，而与电流元到点 P 的距离 r 的二次方成反比（图 15–7），即

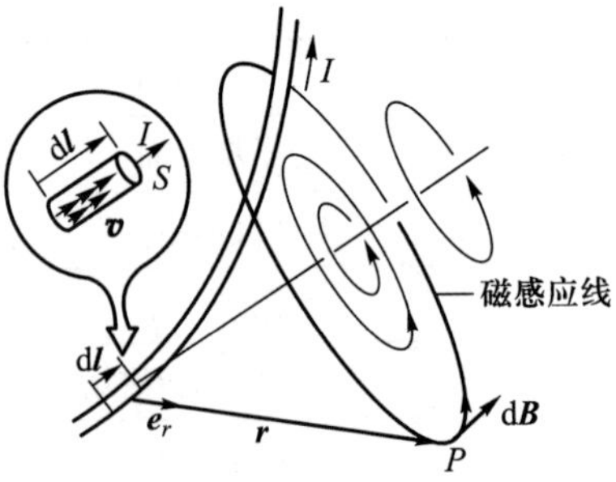

图 15–7　电流元的磁感应强度

$$\mathrm{d}B=k\frac{I\mathrm{d}l\sin\theta}{r^2}$$

式中比例系数 k 取决于单位制的选择，在国际单位制中，k 等于 $10^{-7}\ \mathrm{T\cdot m\cdot A^{-1}}$。为了使从毕奥 – 萨伐尔定律导出的一些重要公式中不出现 4π 因子而令

$$k = \frac{\mu_0}{4\pi}$$

式中 $\mu_0 = 4\pi k = 4\pi \times 10^{-7}\ \mathrm{T \cdot m \cdot A^{-1}}$，叫作**真空磁导率**。于是 $\mathrm{d}B$ 可写成

$$\mathrm{d}B = \frac{\mu_0}{4\pi}\frac{I\mathrm{d}l\sin\theta}{r^2} \tag{15-2}$$

$\mathrm{d}\boldsymbol{B}$ 的方向垂直于 $I\mathrm{d}\boldsymbol{l}$ 和 $\boldsymbol{r}$ 所组成的平面，并沿矢积 $I\mathrm{d}\boldsymbol{l}\times\boldsymbol{r}$ 的指向，即由 $I\mathrm{d}\boldsymbol{l}$ 经小于 180° 角转向 $\boldsymbol{r}$ 的右手螺旋方向。若用矢量式表示，则毕奥 – 萨伐尔定律可写成

$$\mathrm{d}\boldsymbol{B} = \frac{\mu_0}{4\pi}\frac{I\mathrm{d}\boldsymbol{l}\times\boldsymbol{e}_r}{r^2} \tag{15-3}$$

式中 $\boldsymbol{e}_r$ 为 $\boldsymbol{r}$ 方向的单位矢量。毕奥 – 萨伐尔定律虽然不能由实验直接验证，但由这一定律出发而得出的一些结果都很好地和实验符合。

15.2.2 毕奥 – 萨伐尔定律的应用

要确定任意载有恒定电流的导线在某点的磁感应强度，根据磁场满足叠加原理，由（15–3）式对整个载流导线积分，即得

$$\boldsymbol{B} = \int_L \mathrm{d}\boldsymbol{B} = \int_L \frac{\mu_0}{4\pi}\frac{I\mathrm{d}\boldsymbol{l}\times\boldsymbol{e}_r}{r^2} \tag{15-4}$$

值得注意的是，上式中每一电流元在给定点产生的 $\mathrm{d}\boldsymbol{B}$ 方向一般不相同，所以上式是矢量积分式。由于一般定积分的含义是代数和，所以求（15–4）式的积分时，应先分析各电流元在给定点所产生的 $\mathrm{d}\boldsymbol{B}$ 的方向是否沿同一直线。如果是沿同一直线，则（15–4）式的矢量积分可转化为一般积分，即

$$B = \int_L \mathrm{d}B = \int_L \frac{\mu_0}{4\pi}\frac{I\mathrm{d}l\sin\theta}{r^2} \tag{15-5}$$

如果各个 $\mathrm{d}\boldsymbol{B}$ 方向不是沿同一直线的，则应先求 $\mathrm{d}\boldsymbol{B}$ 在各坐标轴上的分量式（如 $\mathrm{d}B_x$、$\mathrm{d}B_y$、$\mathrm{d}B_z$），对它们积分后，即得 $\boldsymbol{B}$ 的各分量（如 $B_x = \int_L \mathrm{d}B_x$，$B_y = \int_L \mathrm{d}B_y$，$B_z = \int_L \mathrm{d}B_z$），最后再求出 $\boldsymbol{B}$ 矢量（$\boldsymbol{B} = B_x\boldsymbol{i} + B_y\boldsymbol{j} + B_z\boldsymbol{k}$）。

下面应用这种方法讨论几种典型载流导线所产生的磁场。

1. 载流直导线的磁场

设有一长为 L 的载流直导线，放在真空中，导线中电流为 I，现计算邻近该载流直导线的一点 P 处的磁感应强度 $\boldsymbol{B}$。

如图 15–8 所示，在直导线上任取一电流元 $I\mathrm{d}\boldsymbol{l}$，根据毕奥 – 萨伐尔定律，电流元在给定点 P 所产生的磁感应强度大小为

$$\mathrm{d}B = \frac{\mu_0}{4\pi}\frac{I\mathrm{d}l\sin\alpha}{r^2}$$

d**B** 的方向垂直于电流元 $I\mathrm{d}\boldsymbol{l}$ 与径矢 $\boldsymbol{r}$ 所决定的平面，指向如图 15–8 所示（垂直于 xy 平面，沿 z 轴负方向）。由于导线上各个电流元在点 P 所产生的 d**B** 方向相同，所以点 P 的总磁感应强度大小等于各电流元所产生 $\mathrm{d}B$ 的代数和，用积分表示，有

$$B = \int_L \mathrm{d}B = \int_L \frac{\mu_0}{4\pi}\frac{I\mathrm{d}l\sin\alpha}{r^2} \qquad (15\text{–}6)$$

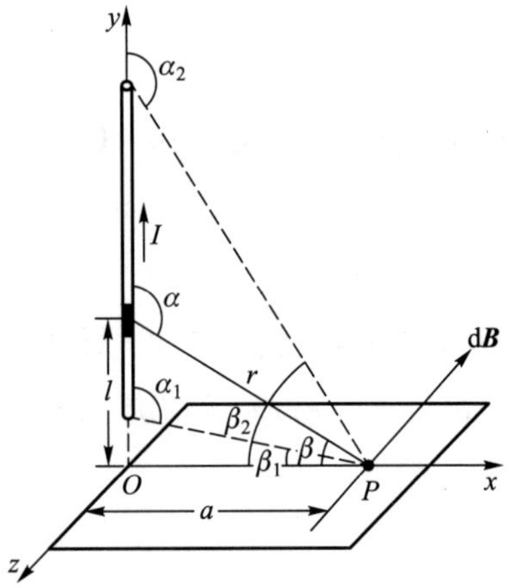

图 15–8　计算载流直导线的 **B**

进行积分运算时，应首先把 $\mathrm{d}l$、r、α 等变量，用同一参变量表示。现在取径矢 $\boldsymbol{r}$ 与点 P 到载流直导线的垂线 PO 之间的夹角 β 为参变量。取点 O 为原点，从 O 到 $I\mathrm{d}\boldsymbol{l}$ 处的距离为 l 并以 a 表示 PO 的长度。从图中可以看出，

$$\sin\alpha = \cos\beta,\ r = a\sec\beta,\ l = a\tan\beta$$

从而有

$$\mathrm{d}l = a\sec^2\beta\mathrm{d}\beta$$

把以上各关系式代入（15–6）式中，并按图 15–8 中所示，取积分下限为 β_1，上限为 β_2，得

$$B = \frac{\mu_0 I}{4\pi a}\int_{\beta_1}^{\beta_2}\cos\beta\mathrm{d}\beta = \frac{\mu_0 I}{4\pi a}(\sin\beta_2 - \sin\beta_1) \qquad (15\text{–}7)$$

式中 β_1 是从 PO 转到电流起点与点 P 连线的夹角；β_2 是从 PO 转到电流终点与点 P 连线的夹角。当 β 角的旋转方向与电流方向相同时，β 取正值；当 β 角的旋转方向与电流方向相反时，β 取负值。图 15–8 中的 β_1 和 β_2 均为正值。

如果载流导线是半无限长直导线，则可认为 $\beta_1 = 0$，$\beta_2 = \frac{\pi}{2}$，所以

$$B = \frac{\mu_0 I}{4\pi a}$$

如果载流导线是一无限长直导线，那么可认为 $\beta_1 = -\frac{\pi}{2}$，$\beta_2 = \frac{\pi}{2}$，所以

$$B = \frac{\mu_0 I}{2\pi a}$$

上式是无限长载流直导线的磁感应强度大小，它与毕奥和萨伐尔的早期实验结果是一致的。

2. 载流圆弧在圆心处的磁场

如图 15–9 所示，一半径为 R、张角为 θ 的圆弧形载流导线通有电流 I。计算圆心 O 处的磁感应强度。

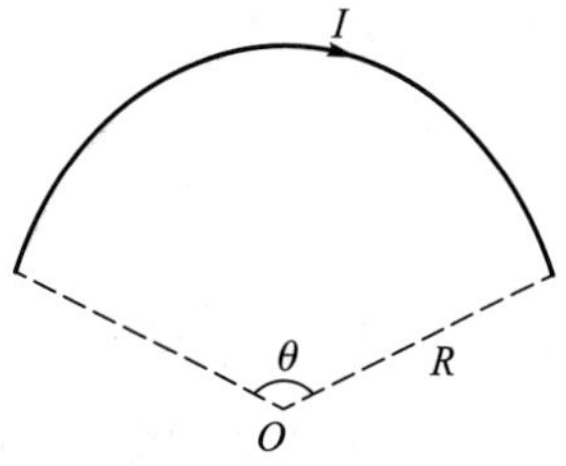

图 15–9

在载流圆弧上取电流元 $I\mathrm{d}\boldsymbol{l}$，其在 O 点产生的磁感应强度大小为

$$\mathrm{d}B=\frac{\mu_0 I\mathrm{d}l\sin\theta}{4\pi R^2}=\frac{\mu_0 I\mathrm{d}l}{4\pi R^2}$$

$\mathrm{d}\boldsymbol{B}$ 方向垂直于纸面向里。

圆弧上各电流元在 O 点产生的 $\mathrm{d}\boldsymbol{B}$ 的方向都相同，则载流圆弧在圆心处的磁感应强度大小为

$$B=\int\mathrm{d}B=\int_0^{R\theta}\frac{\mu_0 I\mathrm{d}l}{4\pi R^2}=\frac{\mu_0 I}{4\pi R}\theta$$

$\boldsymbol{B}$ 的方向垂直于纸面向里。

3. 圆形电流的磁场

设在真空中，有一半径为 R 的圆形载流导线，通过的电流为 I，计算通过圆心并垂直于圆形导线所在平面的轴线上任意点 P 的磁感应强度 $\boldsymbol{B}$，如图 15–10 所示。

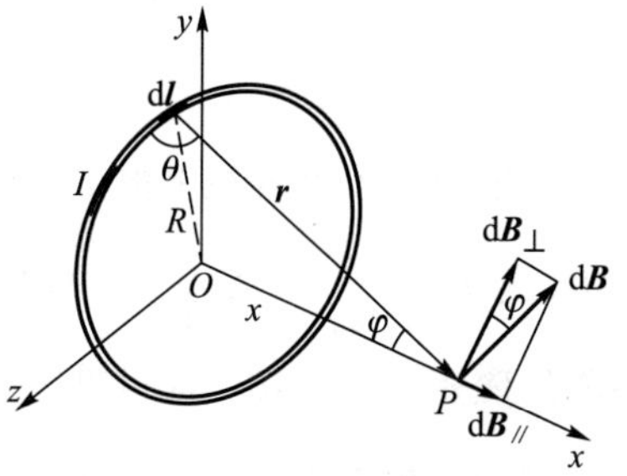

图 15–10　计算圆形电流轴线上的 $\boldsymbol{B}$

在圆上任取一电流元 $I\mathrm{d}\boldsymbol{l}$，它在点 P 产生的磁感应强度的大小为 $\mathrm{d}B$，由毕奥 – 萨伐尔定律得

$$\mathrm{d}B=\frac{\mu_0}{4\pi}\frac{I\mathrm{d}l\sin\theta}{r^2}$$

由于 $I\mathrm{d}\boldsymbol{l}$ 与 $\boldsymbol{r}$ 垂直，所以 $\theta=\frac{\pi}{2}$，上式可写成

$$\mathrm{d}B=\frac{\mu_0}{4\pi}\frac{I\mathrm{d}l}{r^2}$$

$\mathrm{d}\boldsymbol{B}$ 的方向垂直于电流元 $I\mathrm{d}\boldsymbol{l}$ 和径矢 $\boldsymbol{r}$ 所组成的平面，由于圆形导线上各电流元在点 P 所产生的磁感应强度的方向不同，所以把 $\mathrm{d}\boldsymbol{B}$ 分解成两个分量：平行于 x 轴的分量 $\mathrm{d}\boldsymbol{B}_{/\!/}$ 和垂直于 x 轴的分量 $\mathrm{d}\boldsymbol{B}_{\perp}$。在圆形导线上，由于同一直径两端的两电流元在点 P 产生的磁感应强度对 x 轴是对称的，所以它们的垂直分量 $\mathrm{d}\boldsymbol{B}_{\perp}$ 互相抵消，于是整个圆形电流的所有电流元在点 P 产生的磁感应强度的垂直分量 $\mathrm{d}\boldsymbol{B}_{\perp}$ 两两相消，因此叠加的结果只有平行于 x 轴的分量 $\mathrm{d}\boldsymbol{B}_{/\!/}$，即

$$B=B_{/\!/}=\int_L\mathrm{d}B\sin\varphi=\int_L\frac{\mu_0}{4\pi}\frac{I\mathrm{d}l}{r^2}\sin\varphi$$

式中 $\sin\varphi=\dfrac{R}{r}$。对于给定点 P，r、I 和 R 都是常量，所以

$$B=\frac{\mu_0}{4\pi}\frac{IR}{r^3}\int_0^{2\pi R}\mathrm{d}l=\frac{\mu_0 I}{2}\frac{R^2}{\left(R^2+x^2\right)^{3/2}} \tag{15-8}$$

$\boldsymbol{B}$ 的方向垂直于圆形导线所在平面，并与圆形电流呈右手螺旋关系。

（15–8）式中令 $x=0$，可得到圆心处的磁感应强度大小为

$$B=\frac{\mu_0 I}{2R} \tag{15-9}$$

在轴线上，远离圆心（$x\gg R$）处的磁感应强度大小为

$$B=\frac{\mu_0 IR^2}{2x^3}=\frac{\mu_0 IS}{2\pi x^3}$$

式中 $S=\pi R^2$ 为圆形导线所包围的面积，取 $\boldsymbol{m}=IS\boldsymbol{e}_\mathrm{n}$，$\boldsymbol{e}_\mathrm{n}$ 为圆面法线方向的单位矢量，它的方向和圆形电流垂直轴线上的磁感应强度的方向一样，与圆形电流呈右手螺旋关系，则上式可改写成矢量式：

$$\boldsymbol{B}=\frac{\mu_0\boldsymbol{m}}{2\pi x^3} \tag{15-10}$$

上式与电偶极子沿轴线上的电场强度公式相似，只是把电场强度 $\boldsymbol{E}$ 换成磁感应强度 $\boldsymbol{B}$，系数 $\dfrac{1}{2\pi\varepsilon_0}$ 换成 $\dfrac{\mu_0}{2\pi}$，而电偶极矩 $\boldsymbol{p}$ 换成 $\boldsymbol{m}$。由此可见，$\boldsymbol{m}$ 应叫作载流圆形线圈的**磁矩**。（15–10）式可推广到一般平面载流线圈。若平面线圈共有 N 匝，每匝包围的面积为 S，通有电流 I，线圈平面的法向单位矢量方向与线圈中的电流方向呈右手螺旋关系，则该线圈的磁矩为

$$\boldsymbol{m}=NIS\boldsymbol{e}_\mathrm{n} \tag{15-11}$$

例 15–1 真空中有一无限长载流导线，AB、DE 部分平直，中间弯曲部分为半径为 R 的半圆环，各部分均在同一平面内，如图 15–11 所示。若导线中通以电流 I，求半圆环的圆心 O 处的磁感应强度。

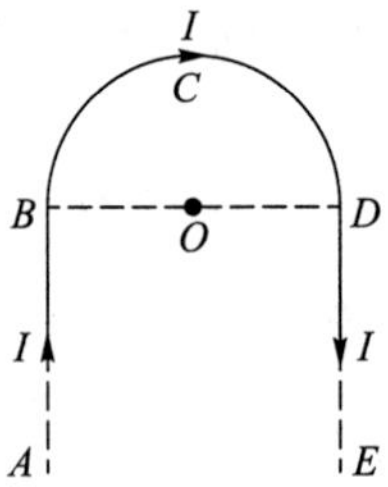

图 15–11

解 由磁场叠加原理，点 O 处的磁感应强度 $\boldsymbol{B}$ 是由 AB、BCD 和 DE 三部分电流产生的磁感应强度的叠加。

AB 部分为“半无限长”直线电流，在点 O 产生的 $\boldsymbol{B}_1$ 大小为

$$B_1=\frac{\mu_0 I}{4\pi R}\left(\sin\beta_2-\sin\beta_1\right)$$

因

$$\beta_1 = -\frac{\pi}{2},\quad \beta_2 = 0$$

故

$$B_1 = \frac{\mu_0 I}{4\pi R}$$

$\boldsymbol{B}_1$ 的方向垂直纸面向里。同理，DE 部分在点 O 产生的 $\boldsymbol{B}_2$ 的大小与方向均与 $\boldsymbol{B}_1$ 相同，即

$$B_2 = \frac{\mu_0 I}{4\pi R}$$

BCD 部分在点 O 产生的磁感应强度大小为

$$B_3 = \frac{\mu_0 I}{4\pi R}\theta = \frac{\mu_0 I}{4\pi R}\pi = \frac{\mu_0 I}{4R}$$

$\boldsymbol{B}_3$ 的方向垂直纸面向里。

因 $\boldsymbol{B}_1$、$\boldsymbol{B}_2$、$\boldsymbol{B}_3$ 的方向都相同，所以点 O 处总的磁感应强度 $\boldsymbol{B}$ 的大小为

$$B = B_1 + B_2 + B_3 = \frac{\mu_0 I}{4\pi R}\times 2 + \frac{\mu_0 I}{4R} = \frac{\mu_0 I}{2\pi R} + \frac{\mu_0 I}{4R}$$

$\boldsymbol{B}$ 的方向垂直纸面向里。

例 15-2 如图 15-12 所示，有一个半径为 R 的无限长半圆柱面导体，沿长度方向的电流 I 在柱面上均匀分布。求半圆柱面轴线 OO' 上任一点 P 的磁感应强度。

解 因为半圆柱面无限长，所以圆柱轴线上任一点 P 的磁感应强度方向都在圆柱截面上，取坐标系如图 15-13 所示，取宽为 $\mathrm{d}l$ 的一无限长直电流 $\mathrm{d}I = \frac{I}{\pi R}\mathrm{d}l$，在轴上点 P 处产生的 $\mathrm{d}\boldsymbol{B}$ 与 R 垂直，其大小为

$$\mathrm{d}B = \frac{\mu_0 \mathrm{d}I}{2\pi R} = \frac{\mu_0 \dfrac{I}{\pi R} R\mathrm{d}\theta}{2\pi R} = \frac{\mu_0 I \mathrm{d}\theta}{2\pi^2 R}$$

$$\mathrm{d}B_x = \mathrm{d}B\cos\theta = \frac{\mu_0 I\cos\theta \mathrm{d}\theta}{2\pi^2 R}$$

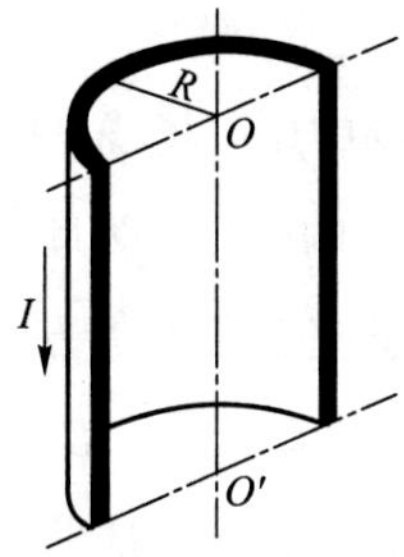

图 15-12

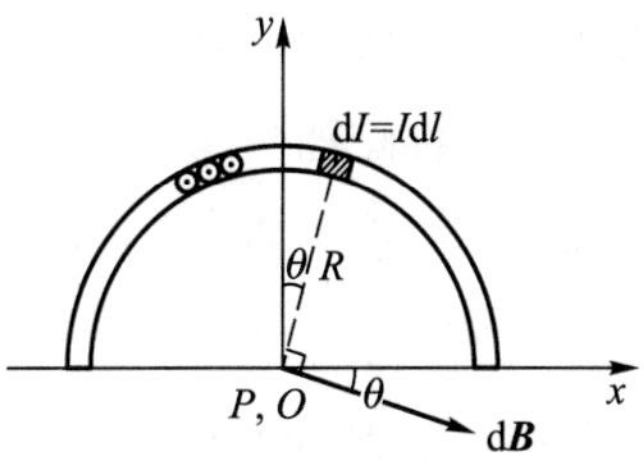

图 15-13

$$\mathrm{d}B_y=\mathrm{d}B\cos\left(\frac{\pi}{2}+\theta\right)=-\frac{\mu_0 I\sin\theta\mathrm{d}\theta}{2\pi^2 R}$$

半圆柱面上各 dI 在 O 点产生的磁感应强度 d$\boldsymbol{B}$ 可分解成两个分量 d$\boldsymbol{B}_x$ 和 d$\boldsymbol{B}_y$。由于 y 轴两侧对称的 dI 在 P 点产生的磁感应强度对 y 轴对称，所以它们的 y 轴分量互相抵消，因此叠加的结果是载流导体在 P 点的磁感应强度方向为 x 轴方向。故

$$B=B_x=\int_{-\frac{\pi}{2}}^{\frac{\pi}{2}}\frac{\mu I\cos\theta\mathrm{d}\theta}{2\pi^2 R}=\frac{\mu_0 I}{2\pi^2 R}\left[\sin\frac{\pi}{2}-\sin\left(-\frac{\pi}{2}\right)\right]=\frac{\mu_0 I}{\pi^2 R}$$

$\boldsymbol{B}$ 的方向为 x 轴正方向。

例 15–3 如图 15–14 所示，一半径为 R 的圆片均匀带电，电荷面密度为 σ，令该圆片以角速度 ω 绕通过其中心且垂直于圆平面的轴转动。求轴线上在圆片中心处的磁感应强度大小和旋转圆片的磁矩大小。

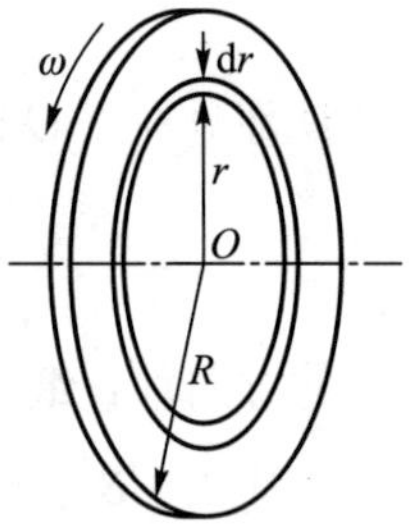

图 15–14

解 旋转带电圆盘等价于一组同心电流，在盘上取一微分圆环，有

$$\mathrm{d}I=\sigma\cdot 2\pi r\mathrm{d}r/T$$

$$\mathrm{d}B=\frac{\mu_0}{2}\frac{\mathrm{d}I}{r}$$

$$B=\int_0^R\frac{\mu_0}{2}\sigma\omega\mathrm{d}r$$

$$=\frac{\mu_0\sigma\omega R}{2}$$

$$m=\int_0^R\pi r^3\sigma\omega\mathrm{d}r=\frac{1}{4}\sigma\omega\pi R^4$$

15.3 磁场的高斯定理

15.3.1 磁感应线

为了形象化地描述磁场分布情况，我们像在电场中用电场线来描述电场的分布那样，用磁感应线（简称磁感线或 $\boldsymbol{B}$ 线）来表示磁场的分布。为此，我们规定：

（1）磁感应线上任一点的切线方向与该点的磁感应强度 $\boldsymbol{B}$ 的方向一致。

（2）磁感应线的密度表示 $\boldsymbol{B}$ 的大小。即通过某点处垂直于 $\boldsymbol{B}$ 的单位面积上的磁感应线条数等于该点处 $\boldsymbol{B}$ 的大小。因此，B 大的地方，磁感应线就密集；B 小的地方，磁感应线就稀疏。

实验上可以利用细铁粉在磁场中的取向来显示磁感应线的分布。图 15–15 给出了几种不同形状的电流所产生的磁场的磁感应线示意图。

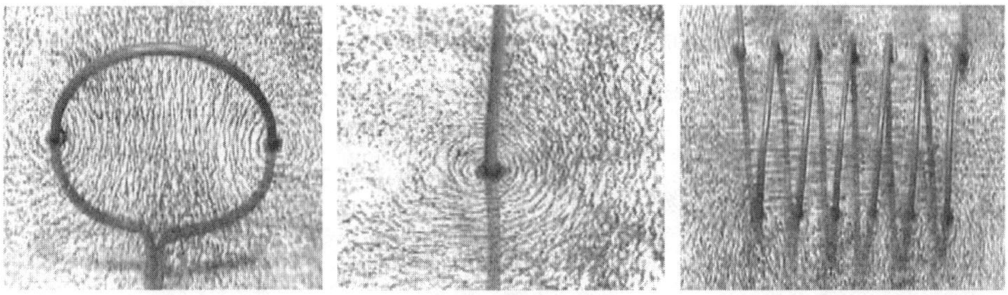

(a) 圆电流的磁感应线　(b) 直电流的磁感应线　(c) 螺线管电流的磁感应线

图 15–15　几种不同形状的电流所产生的磁场的磁感应线

从磁感应线的图示，可得到磁感应线的重要性质：

（1）任何磁场的磁感应线都是环绕电流的无头无尾的闭合线。这是磁感应线与电场线的根本不同点。静电场的电场线总是起始于正电荷，终止于负电荷，它们永远不会形成闭合曲线。比较磁感应线和电场线的这一根本不同点，我们得出这样一个结论，即静电场是无旋场，而磁场是涡旋场。

（2）每条磁感应线都与形成磁场的电流回路互相套合着。磁感应线的回转方向与电流的方向之间遵从右手螺旋定则。这是我们判断电流所产生的磁场方向的重要方法。

（3）磁场中每一点都只有一个磁场方向，因此任何两条磁感应线都不会相交。磁感应线的这一特性和电场线是一样的。

15.3.2　磁通量　磁场的高斯定理

通过前面的学习，我们知道任何磁场的磁感应线都是环绕电流的无头无尾的闭合线。而静电场的电场线总是起始于正电荷，终止于负电荷，它们永远不会形成闭合曲线。通过对静电场部分知识的学习，我们知道，电场线的这一特点反映在两个基本的定理中，一个是高斯定理，它是讨论任意闭合面上电场强度通量与其中电荷的关系的；另一个是静电场力做功与路径无关，它又可表述为静电场沿任意闭合曲线的线积分等于 0（环路定理）。在前面我们已看到，把上述电场线的特点进一步精确地表述成两条定理，对于我们研究电场的分布是很有帮助的。高斯定理可以帮助我们很方便地求出某些具有一定对称性的带电体的电场分布；关于静电场力做功与路径无关的定理使我们有可能引进电势的概念，它对于解决很多实际问题具有重要的意义。那么，磁感应线的特点是否也可以精确地用数学公式表述出来呢？下面我们就来解决这个问题。

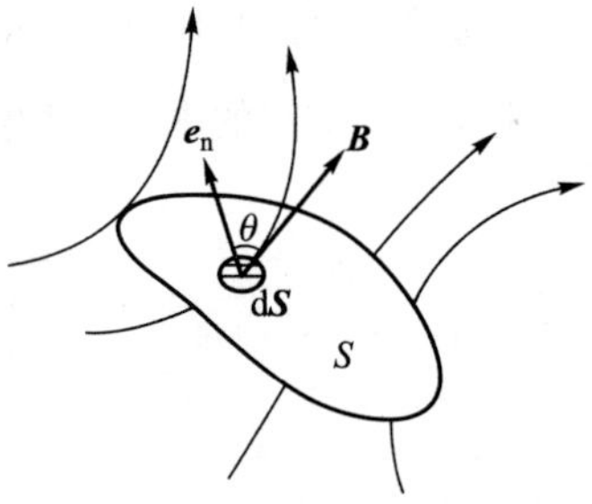

图 15-16

通过磁场中任一曲面的磁感应线（$\boldsymbol{B}$ 线）的总条数，称为通过该曲面的**磁通量**，简称 $\boldsymbol{B}$ 通量，用 Φ 表示。磁通量是标量，但它有正、负之分。磁通量 Φ 的计算方法与电场强度通量 Φ_e 的计算方法类似。如图 15-16 所示，在磁场中任一给定曲面 S 上取面积元 d$\boldsymbol{S}$，若 d$\boldsymbol{S}$ 的法线 $\boldsymbol{e}_n$ 的方向与该处磁感应强度 $\boldsymbol{B}$ 的夹角为 θ，则通过面积元 d$\boldsymbol{S}$ 的磁通量为

$$\mathrm{d}\Phi = \boldsymbol{B} \cdot \mathrm{d}\boldsymbol{S} = B\mathrm{d}S\cos\theta \qquad (15\text{–}12)$$

式中 d$\boldsymbol{S}$ 是面积元矢量，其大小等于 dS，其方向沿法线 $\boldsymbol{e}_n$ 的方向。

通过整个曲面 S 的磁通量等于通过此面积上所有面积元磁通量的代数和，即

$$\Phi = \int_S \mathrm{d}\Phi = \int_S \boldsymbol{B} \cdot \mathrm{d}\boldsymbol{S} = \int_S B(\cos\theta)\mathrm{d}S \qquad (15\text{–}13)$$

在国际单位制中，磁通量的单位是韦伯，符号为 Wb，有

$$1\ \mathrm{Wb} = 1\ \mathrm{T} \cdot \mathrm{m}^2$$

对闭合曲面来说，规定垂直于曲面向外的方向为法线 $\boldsymbol{e}_n$ 的正方向。于是磁感应线从闭合曲面穿出时的磁通量为正值 $\left(\theta < \dfrac{\pi}{2}\right)$，磁感应线穿入闭合曲面时的磁通量为负值 $\left(\theta > \dfrac{\pi}{2}\right)$。由于磁感应线是无头无尾的闭合线，所以穿入闭合曲面的磁感应线条数必然等于穿出闭合曲面的磁感应线条数。因此，通过磁场中任一闭合曲面的总磁通量恒等于零。这一结论称为**磁场中的高斯定理**，即

$$\oint_S \boldsymbol{B} \cdot \mathrm{d}\boldsymbol{S} = 0 \qquad (15\text{–}14)$$

上式与静电场中的高斯定理相对应，但两者有本质上的区别。在静电场中，由于自然界有独立存在的自由电荷，所以通过某一闭合曲面的电位移通量可以不为零，即有 $\oint_S \boldsymbol{D} \cdot \mathrm{d}\boldsymbol{S} = \sum q_i$，这说明静电场是有源场。在磁场中，因自然界没有单独存在的磁极，所以通过任一闭合面的磁通量必恒等于零，即 $\oint_S \boldsymbol{B} \cdot \mathrm{d}\boldsymbol{S} = 0$，这说明磁场是无源场，或者说是涡旋场。

例 15-4　如图 15-17 所示，磁感应强度为 $B = 2$ T 的均匀磁场，方向沿 x 轴

正方向。闭合面是一底面为直角三角形的三棱柱面。规定封闭曲面各处的法线方向垂直曲面向外。求通过：（1）*befc* 面的磁通量；（2）*aefd* 面的磁通量；（3）整个闭合面的磁通量。

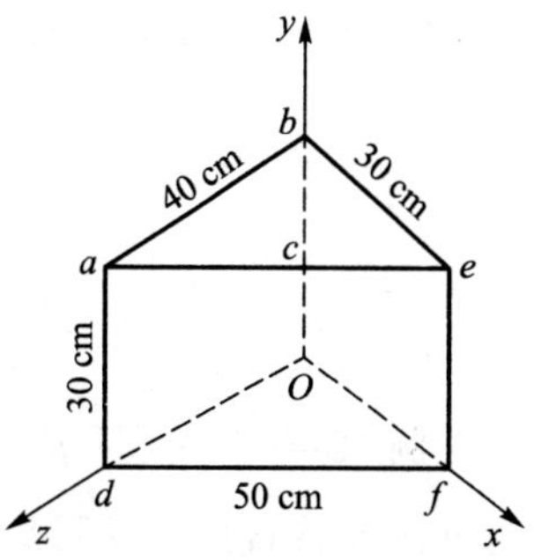

图 15–17

解　（1）通过 *befc* 面的磁通量为

$$\Phi=\int_S \boldsymbol{B}\cdot d\boldsymbol{S}=\int B dS\cos 90^\circ=0$$

（2）通过 *aefd* 面的磁通量为

$$\begin{aligned}\Phi&=\int_S \boldsymbol{B}\cdot d\boldsymbol{S}=\int B dS\cos\alpha=BS_{abcd}\\&=2\ \text{T}\times 0.4\ \text{m}\times 0.3\ \text{m}\\&=0.24\ \text{Wb}\end{aligned}$$

（3）对整个闭合面而言，面上各点的正法线方向规定向外为正，磁感应线从 *abcd* 面穿入，则通过 *abcd* 面的磁通量为负，有

$$\begin{aligned}\Phi_1&=\int_S \boldsymbol{B}\cdot d\boldsymbol{S}=\int B dS\cos\pi=-BS_{abcd}\\&=-2\ \text{T}\times 0.4\ \text{m}\times 0.3\ \text{m}\\&=-0.24\ \text{Wb}\end{aligned}$$

而通过 *aefd* 面的磁通量是穿出的，磁通量为正，由（2）得

$$\Phi_2=0.24\ \text{Wb}$$

通过其他三个面的磁通量均为零。所以通过整个闭合面的磁通量为

$$\Phi=\int_S \boldsymbol{B}\cdot d\boldsymbol{S}=-0.24\ \text{Wb}+0.24\ \text{Wb}=0$$

例 15–5　真空中一无限长直导线 *CD*，通以电流 *I*，若一矩形 *EFGH* 与 *CD* 共面，如图 15–18 所示。求通过矩形 *EFGH* 的磁通量。

解　由于无限长直线电流在面积 *S* 上各点所产生的磁感应强度 $\boldsymbol{B}$ 的大小随 *r* 不同而不同，所以计算通过 *S* 面的磁通量 Φ 时要用积分。为了便于运算，可将矩形面积 *S* 划分成无限多与直导线 *CD* 平行的细长条面积元 $dS=b dr$，设其中某一面积元 d*S* 与 *CD* 相距 *r*，d*S* 上各点 $\boldsymbol{B}$ 的大小视为相等，$\boldsymbol{B}$ 的方向垂直纸面向里。取 d$\boldsymbol{S}$ 的方向（也就是矩形面积元的法线方向）也垂直纸面向里，则

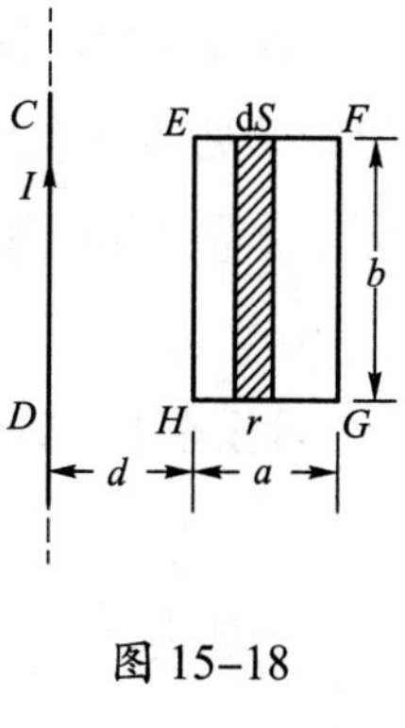

图 15–18

$$\Phi = \int_S \boldsymbol{B} \cdot \mathrm{d}\boldsymbol{S} = \int_S B\mathrm{d}S\cos 0^\circ = \int_S B\mathrm{d}S$$
$$= \int_d^{a+d} \frac{\mu_0 I}{2\pi r} b\mathrm{d}r$$
$$= \frac{\mu_0 I b}{2\pi} \ln \frac{a+d}{d}$$

例 15-6 一无限长直导线通有电流 I，有一直角边长为 b 的等腰直角三角形线圈与载流导线共面，如图 15-19 所示。求通过线圈的磁通量。

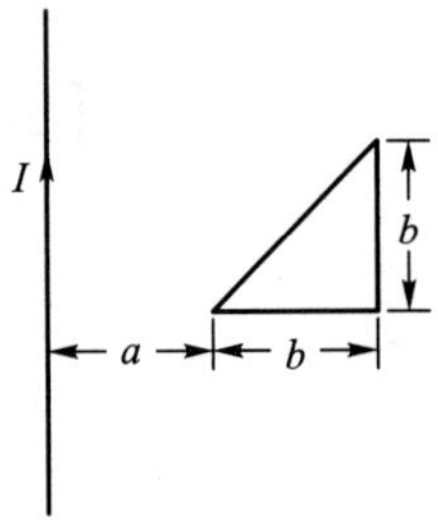

图 15-19

解 取面元 d$\boldsymbol{S}$，

$$\mathrm{d}S = (x-a)\,\mathrm{d}x$$

通过面元 d$\boldsymbol{S}$ 的磁通量为

$$\mathrm{d}\Phi = \boldsymbol{B} \cdot \mathrm{d}\boldsymbol{S} = B\mathrm{d}S\cos 0^\circ = B\mathrm{d}S = \frac{\mu_0 I}{2\pi x}(x-a)\,\mathrm{d}x$$

通过线圈的磁通量为

$$\Phi = \int_a^{a+b} \mathrm{d}\Phi = \int_a^{a+b} \frac{\mu_0 I}{2\pi x}(x-a)\mathrm{d}x = \frac{\mu_0 I b}{2\pi} - \frac{\mu_0 I a}{2\pi} \ln \frac{a+b}{a}$$

15.4 安培环路定理

静电场中的电场线不是闭合曲线，电场强度沿任意闭合路径的环流恒等于零，即 $\oint_L \boldsymbol{E} \cdot \mathrm{d}\boldsymbol{l} = 0$。这是静电场的一个重要特征。但是在磁场中，磁感应线都是环绕电流的闭合曲线，因而可预见磁感应强度的环流 $\oint_L \boldsymbol{B} \cdot \mathrm{d}\boldsymbol{l}$ 不一定为零；如果积分路径是沿某一条磁感应线的，则在每一线段元上的 $\boldsymbol{B} \cdot \mathrm{d}\boldsymbol{l}$ 都大于零，所以 $\oint_L \boldsymbol{B} \cdot \mathrm{d}\boldsymbol{l} > 0$。这种环流可以不等于零的场叫作**涡旋场**。磁场是一种涡旋场，这一性质决定了在磁场中不能引入类似电势的概念。

在真空中，各点磁感应强度 $\boldsymbol{B}$ 的大小和方向与产生该磁场的电流分布有关。可以预见环流 $\oint_L \boldsymbol{B} \cdot \mathrm{d}\boldsymbol{l}$ 的值也与场源电流的分布有关。下面的定理将给出它们之间十分简单的定量关系。

15.4.1 安培环路定理

为简单起见，下面从特例计算环流 $\oint_L \boldsymbol{B} \cdot \mathrm{d}\boldsymbol{l}$ 的值，然后引入定理。

设真空中有一长直载流导线，它所形成的磁场的磁感应线是一组以导线为轴线的同轴圆，如图 15–20 所示，即圆心在导线上，圆所在的平面与导线垂直。在垂直于长直载流导线的平面内，任取一条以载流导线为圆心、半径为 r 的圆形环路 L 作为积分的闭合路径。则在这圆周路径上的磁感应强度的大小为 $B=\dfrac{\mu_0 I}{2\pi r}$，其方向与圆周相切。如果积分路径的绕行方向与该条磁感应线方向相同，也就是积分路径的绕行方向与包围的电流呈右手螺旋关系，则 $\boldsymbol{B}$ 与 $\mathrm{d}\boldsymbol{l}$ 间的夹角处处为零，于是

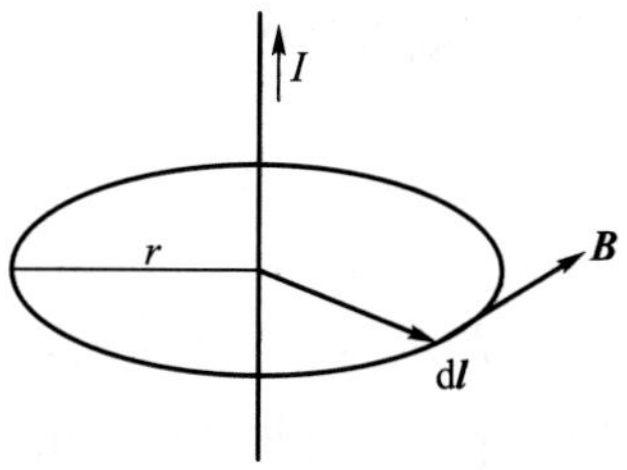

图 15–20

$$\oint_L \boldsymbol{B}\cdot \mathrm{d}\boldsymbol{l}=\oint_L \frac{\mu_0 I}{2\pi r}\cos 0^\circ \mathrm{d}l=\oint_L \frac{\mu_0 I}{2\pi r}\,\mathrm{d}l=\frac{\mu_0 I}{2\pi r}2\pi r$$

所以

$$\oint_L \boldsymbol{B}\cdot \mathrm{d}\boldsymbol{l}=\mu_0 I \tag{15–15a}$$

上式说明磁感应强度 $\boldsymbol{B}$ 的环流等于闭合路径所包围的电流与真空磁导率的乘积，而与积分路径的圆半径 r 无关。

如果保持积分路径的绕行方向不变，而改变上述电流的方向，由于每个线元 $\mathrm{d}\boldsymbol{l}$ 与 $\boldsymbol{B}$ 的夹角 $\theta=\pi$，则

$$\boldsymbol{B}\cdot \mathrm{d}\boldsymbol{l}=B\cos\theta \mathrm{d}l=-B\mathrm{d}l<0$$

所以

$$\oint_L \boldsymbol{B}\cdot \mathrm{d}\boldsymbol{l}=-\mu_0 I=\mu_0(-I) \tag{15–15b}$$

上式说明若积分路径的绕行方向与所包围的电流方向呈左手螺旋关系，则可认为对路径而言，该电流是负值。

（15–15a）式、（15–15b）式虽是从特例得出的，但可证明（从略）：对于任意形状的载流导线以及任意形状的闭合路径，该两式仍成立。应该指出的是，当电流未穿过以闭合路径为周界的任意曲面时，路径上各点的磁感应强度虽不为零，但磁感应强度沿该闭合路径的环流为零，即

$$\oint_L \boldsymbol{B}\cdot \mathrm{d}\boldsymbol{l}=0 \tag{15–15c}$$

在一般情况下，设有 n 根电流为 I_i（$i=1$，2，…，n）的载流导线穿过以闭合路径 L 为周界的任意曲面，m 根电流为 I_j（$j=1$，2，…，m）的载流导线未穿过该曲面，利用（15–15a）、（15–15b）、（15–15c）三式并根据磁场的叠加原理，

可得到该闭合路径的环流为

$$\oint_L \boldsymbol{B} \cdot \mathrm{d}\boldsymbol{l} = \mu_0 \sum_{i=1}^{n} I_i$$

式中 $\boldsymbol{B}$ 是由 I_i（$i=1$，2，…，n）、I_j（$j=1$，2，…，m）共（$n+m$）个电流共同产生的。由此可总结出**真空中的安培环路定理**如下：

在恒定磁场中，磁感应强度 $\boldsymbol{B}$ 沿任何闭合路径的线积分，等于这闭合路径所包围的各个电流之代数和的 μ_0 倍。其数学表达式为

$$\oint_L \boldsymbol{B} \cdot \mathrm{d}\boldsymbol{l} = \mu_0 \sum_{i=1} I_i \qquad (15\text{–}16)$$

上式表明：在真空中磁感应强度沿任意闭合路径的环流等于穿过以该闭合路径为周界的任意曲面的各电流的代数和与真空磁导率 μ_0 的乘积，而与未穿过该曲面的电流无关。应当指出：未穿过以闭合路径为周界的任意曲面的电流虽对磁感应强度沿该闭合路径的环流无贡献，但这些电流对路径上各点磁感应强度的贡献是不容忽视的。

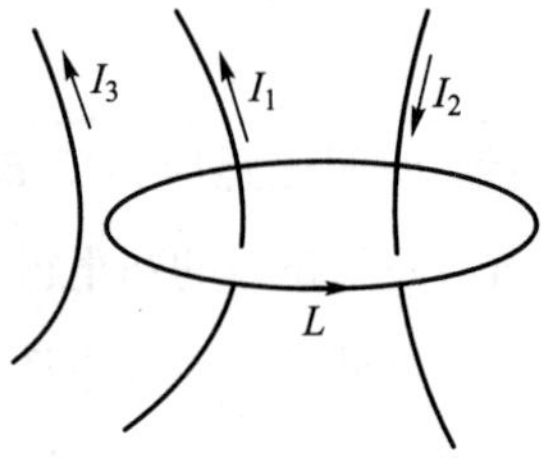

图 15–21

在图 15–21 中，电流 I_1、I_2 穿过闭合路径 L 所包围的曲面，I_1 与 L 呈右手螺旋关系，I_1 取正值；I_2 与 L 呈左手螺旋关系，I_2 取负值。I_3 未穿过闭合路径 L 所包围的曲面，所以对 $\boldsymbol{B}$ 的环流无贡献。于是磁感应强度 $\boldsymbol{B}$ 沿该闭合路径的环流为

$$\oint_L \boldsymbol{B} \cdot \mathrm{d}\boldsymbol{l} = \mu_0 (I_1 - I_2)$$

安培环路定理反映了磁场的基本规律。和静电场的环路定理 $\oint_L \boldsymbol{E} \cdot \mathrm{d}\boldsymbol{l} = 0$ 相比较，恒定磁场中 $\boldsymbol{B}$ 的环流 $\oint_L \boldsymbol{B} \cdot \mathrm{d}\boldsymbol{l} \neq 0$，这说明恒定磁场的性质和静电场不同，静电场是保守场，恒定磁场是非保守场。

安培环路定理对于研究恒定磁场有重要意义。下面只应用安培环路定理计算几种特殊分布的恒定电流所产生的磁场的磁感应强度。

15.4.2 安培环路定理的应用

安培环路定理是一个普遍定理，但要用它直接计算磁感应强度，只限于电流分布具有某种对称性，即利用安培环路定理求磁感应强度的前提条件是：如果在某个载流导体的恒定磁场中，可以找到一条闭合环路 L，该环路上的磁感应强度 $\boldsymbol{B}$ 大小处处相等，$\boldsymbol{B}$ 的方向和环路的绕行方向也处处同向，那么这样利用安培环路定理求

磁感应强度 $\boldsymbol{B}$ 的问题，就转化为求环路长度以及求环路所包围的电流代数和的问题，即

$$\oint_L \boldsymbol{B} \cdot \mathrm{d}\boldsymbol{l} = B\oint_L \mathrm{d}l = \mu_0 \sum_{i=1} I_i$$

$$B = \frac{\mu_0 \sum\limits_{i=1} I_i}{\oint_L \mathrm{d}l}$$

所以，利用安培环路定理求磁感应强度的适用条件是，在磁场中可以找到上述的环路。这取决于该磁场分布的对称性，而磁场分布的对称性又来源于电流分布的对称性。应用安培环路定理对于计算一些具有一定对称性的电流分布的磁场的磁感应强度十分方便。计算时，首先用磁场叠加原理对载流体的磁场作对称性分析；然后根据磁场的对称性和特征，设法找到满足上述条件的积分路径（这样 B 可提到积分号外）；最后利用定理公式求磁感应强度。举例说明如下：

1. 长直载流螺线管内的磁场

设螺线管长为 l，直径为 D，且 $l \gg D$；导线均匀密绕在管的圆柱面上，单位长度上的匝数为 n；导线中的电流为 I。

用磁场叠加原理作对称性分析：可将长直密绕载流螺线管看作由无穷多个共轴的载流圆环构成，其周围磁场是各匝圆电流所激发磁场的叠加。在长直载流螺线管的中部任选一点 P，在点 P 两侧对称性地选择两匝圆电流，由圆电流的磁场分布可知，二者磁场叠加的结果是，磁感应强度 $\boldsymbol{B}$ 的方向与螺线管的轴线方向平行。如图 15-22（a）所示。

由于 $l \gg D$，长直螺线管可以看成无限长，所以在点 P 两侧可以找到无穷多匝对称的圆电流，它们在点 P 的磁场叠加结果与图 15-22（a）相似。由于点 P 是任选的，所以可以推知长直载流螺线管内各点磁场的方向均沿轴线方向。磁场分布如图 15-22（b）所示。

从图 15-22 可以看出，在管内的中央部分，磁场是均匀的，其方向与轴线平行，并可按右手螺旋定则判定其指向；而在管的中央部分外侧，磁场很微弱，可忽

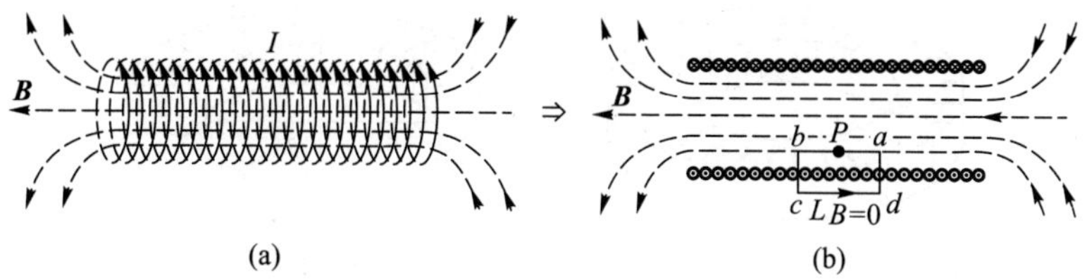

图 15-22

略不计，即 $B=0$。据此，选择如图 15–22（b）所示的过管内任意场点 P 的一矩形闭合曲线 $abcda$ 为积分路径 L，则环路 ab 段的 $\mathrm{d}\boldsymbol{l}$ 方向与磁场 $\boldsymbol{B}$ 的方向一致，故在 ab 段上，$\boldsymbol{B}\cdot\mathrm{d}\boldsymbol{l}=B\mathrm{d}l$；在环路 cd 段上，$B=0$，则 $\boldsymbol{B}\cdot\mathrm{d}\boldsymbol{l}=0$；在环路 bc 段和 da 段上，管内部分 $\boldsymbol{B}$ 与 $\mathrm{d}\boldsymbol{l}$ 垂直，管外部分 $B=0$，都有 $\boldsymbol{B}\cdot\mathrm{d}\boldsymbol{l}=0$。因此，沿此闭合路径 L，磁感应强度 $\boldsymbol{B}$ 的环流为

$$\oint_L \boldsymbol{B}\cdot\mathrm{d}\boldsymbol{l}=\int_{ab}\boldsymbol{B}\cdot\mathrm{d}\boldsymbol{l}+\int_{bc}\boldsymbol{B}\cdot\mathrm{d}\boldsymbol{l}+\int_{cd}\boldsymbol{B}\cdot\mathrm{d}\boldsymbol{l}+\int_{da}\boldsymbol{B}\cdot\mathrm{d}\boldsymbol{l}=\int_{ab}\boldsymbol{B}\cdot\mathrm{d}\boldsymbol{l}=B|ab|$$

螺线管单位长度上有 n 匝线圈，通过每匝线圈的电流是 I，则闭合路径所包围的总电流为 $n|ab|I$，根据右手螺旋定则，其方向是正的。由安培环路定理 $B|ab|=\mu_0 n|ab|I$ 得

$$B=\mu_0 nI$$

螺线管为在实验上建立一已知的均匀磁场提供了一种方法，正如平行板电容器提供了建立均匀电场的方法一样。

2. 环形载流螺线管（常称螺绕环）内外的磁场

均匀密绕在环形管上的圆形线圈叫作环形螺线管，设总匝数为 N[图 15–23（a）、（b）]。通有电流 I 时，由于线圈绕得很密，所以每一匝线圈相当于一个圆形电流。

下面根据对称性，分析环形螺线管的磁场分布。对于如图 15–23（a）所示的均匀密绕螺绕环，由于整个电流的分布具有中心轴对称性，因而磁场的分布也应具有轴对称性，且不论在螺线管内还是螺线管外，磁场的分布都是轴对称的。由于磁感应线总是闭合曲线，所以所有磁感应线只能是圆心在轴线上，并与环面平行的同轴圆。

将通有电流 I 的矩形螺绕环沿直径切开，其剖面图如图 15–23（b）所示，在环内作一个半径为 r 的环路 L，绕行方向如图 15–23（b）所示。环路上各点的磁感应强度大小相等，方向由右手螺旋定则可知，与环路绕行方向一致。磁感应强度 $\boldsymbol{B}$ 沿此环路的环流为

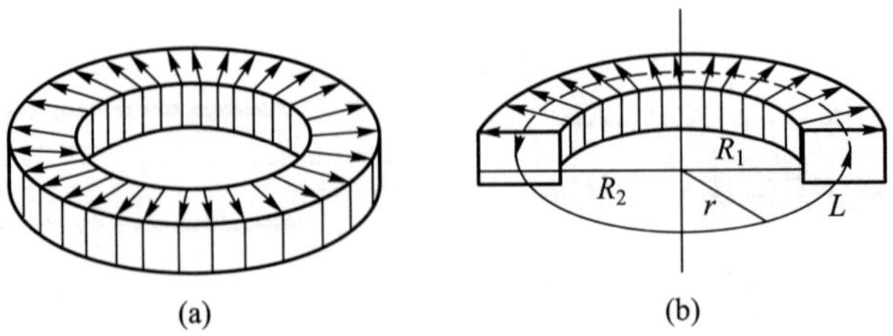

图 15–23

$$\oint_L \boldsymbol{B}\cdot \mathrm{d}\boldsymbol{l}=\oint_L B\cos 0^\circ \mathrm{d}l=B\oint_L \mathrm{d}l=B\cdot 2\pi r$$

环路内包围电流的代数和为 NI。根据安培环路定理，有

$$B\cdot 2\pi r=\mu_0 NI$$

得

$$B=\frac{\mu_0 NI}{2\pi r}\quad (R_1<r<R_2)$$

可见，螺绕环内任意点处的磁感应强度随到环心的距离而变，即螺绕环内的磁场是不均匀的。

用 R 表示螺绕环的平均半径，当 $R\gg R_2-R_1$ 时，可近似认为环内任一与环共轴的同心圆的半径 $r\approx R$，则上式可变换为

$$B=\mu_0\frac{N}{2\pi R}I=\mu_0 nI\quad (R_1<r<R_2)$$

式中 $n=N/(2\pi R)$ 为环上单位长度所绕的匝数。因此，当螺绕环的平均半径比环的内、外半径之差大得多时，管内的磁场可视为均匀的，计算公式与长螺线管相同。

根据同样的分析，在管的外部，也选取与环共轴的圆 L（半径为 r'）作积分路径，则 $\oint_L \boldsymbol{B}\cdot \mathrm{d}\boldsymbol{l}=B\cdot 2\pi r'$。因为 L 所围的电流的代数和为零，由安培环路定理，有 $B\cdot 2\pi r'=0$，所以 $B=0$。即对均匀密绕螺绕环，由于环上的线圈绕得很密，所以磁场几乎全部集中于管内，在环的外部空间中，磁感应强度处处为零。

3. 长直载流圆柱体的磁场

在利用毕奥－萨伐尔定律计算无限长载流直导线的磁感应强度，得出（15–7）式时，我们认为载流导线很细，但是当 $a\to 0$ 时，该式失效。实际上，导线都有一定的半径，尤其在考察导线内的磁场分布时，就不得不把导线看成圆柱体了。对于恒定电流，在导线的横截面上，电流 I 是均匀分布的。

长直圆柱体中的电流分布对称于圆柱体的轴线，所以圆柱体内、外的磁感应强度也应关于轴线对称。又因磁感应线总是闭合曲线，故长直载流圆柱体内、外的磁感应线只能是圆心在轴线上，并与轴线垂直的同轴圆。也就是说：磁场中各点的磁感应强度方向与通过该点的同轴圆相切。由于同一磁感应线上各点到轴线的距离相等，所以根据轴对称，同一磁感应线上各点磁感应强度的大小相等。

现在我们来计算半径为 R 的长直载流圆柱体内、外距轴线 r 的点 P 的磁感应强度。

将长直载流圆柱体分割成许多截面积为 dS 的无限长直线电流，每一直线电流

的磁感应强度都分布在垂直于导体的平面内。如图 15–24 所示，过场点 P 取垂直于导体的平面，点 O 是导体轴线与此平面的交点。在此平面内的导体截面上取关于 OP 对称分布的一对面元 $\mathrm{d}S$ 和 $\mathrm{d}S'$，设 $\mathrm{d}\boldsymbol{B}$ 和 $\mathrm{d}\boldsymbol{B}'$ 分别是以 $\mathrm{d}S$ 和 $\mathrm{d}S'$ 为截面的无限长电流 $\mathrm{d}I$ 和 $\mathrm{d}I'$ 在点 P 产生的磁感应强度。不难看出，它们的合矢量 $\mathrm{d}\boldsymbol{B}+\mathrm{d}\boldsymbol{B}'$ 应沿以 O 为圆心、以 $OP=r$ 为半径、位于和导体垂直的平面内的圆 L 的切线，其方向与电流方向呈右手螺旋关系。选择通过点 P 的同轴圆 L 作为积分的闭合路径，则

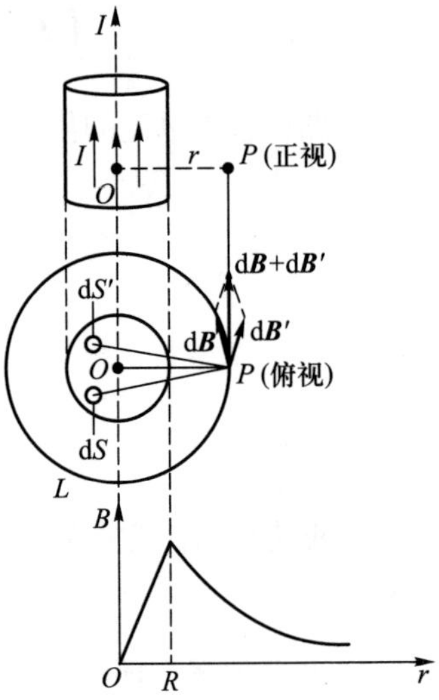

图 15–24

$$\oint_L \boldsymbol{B}\cdot \mathrm{d}\boldsymbol{l}=\oint_L B\mathrm{d}l=B\oint_L \mathrm{d}l=2\pi rB$$

对导体内部的点，$r<R$，L 所围的电流 $I'=\dfrac{I}{\pi R^2}\pi r^2=\dfrac{r^2}{R^2}I$，由安培环路定理，有

$$2\pi rB=\mu_0\frac{r^2}{R^2}I$$

得

$$B=\frac{\mu_0 rI}{2\pi R^2}\ (r<R)$$

上式表明，在导体内部，B 与 r 成正比。

对导体外部的点，$r>R$，L 所围的电流即圆柱体上的总电流 I，由安培环路定理有

$$2\pi rB=\mu_0 I$$

得

$$B=\frac{\mu_0 I}{2\pi r}\ (r>R)$$

该式表明，在导体外部，B 与 r 成反比。即长直载流圆柱体外部磁场的 $\boldsymbol{B}$ 分布与一无限长载流直导线的磁场的 $\boldsymbol{B}$ 分布相同。

对圆柱体表面上的点，$r=R$，从以上两式都能得到

$$B=\frac{\mu_0 I}{2\pi R}$$

图 15–24 给出了长直载流圆柱体的磁场的 B 随 r 变化的曲线。

例 15–7 如图 15–25 所示，一根很长的同轴电缆，由一导体圆柱（半径为 a）和一同轴的导体圆管（内、外半径分别为 b、c）构成。使用时，电流 I 从一导体流

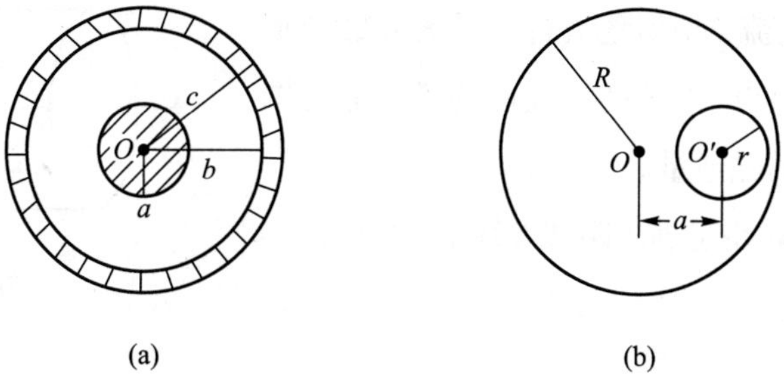

图 15-25

入，从另一导体流回。设电流均匀分布在导体的横截面上，求以下各点磁感应强度的大小：（1）导体圆柱内（$r<a$）；（2）两导体之间（$a<r<b$）；（3）导体圆管内（$b<r<c$）；（4）电缆外（$r>c$）。

解 根据 $\oint_L \boldsymbol{B}\cdot \mathrm{d}\boldsymbol{l}=\mu_0\sum_{i=1}^{n}I_i$，有如下结论：

（1）当 $r<a$ 时，

$$B\cdot 2\pi r=\mu_0\frac{Ir^2}{a^2}$$

故

$$B=\frac{\mu_0 Ir}{2\pi a^2}$$

（2）当 $a<r<b$ 时，

$$B\cdot 2\pi r=\mu_0 I$$

故

$$B=\frac{\mu_0 I}{2\pi r}$$

（3）当 $b<r<c$ 时，

$$B\cdot 2\pi r=-\mu_0 I\frac{r^2-b^2}{c^2-b^2}+\mu_0 I$$

故

$$B=\frac{\mu_0 I\left(c^2-r^2\right)}{2\pi r\left(c^2-b^2\right)}$$

（4）当 $r>c$ 时，

$$B\cdot 2\pi r=0$$

故

$$B=0$$

例 15-8 电流 I 均匀地流过半径为 R 的圆形长直导线，试计算单位长度导线内的磁场通过图 15-26 所示剖面的磁通量。

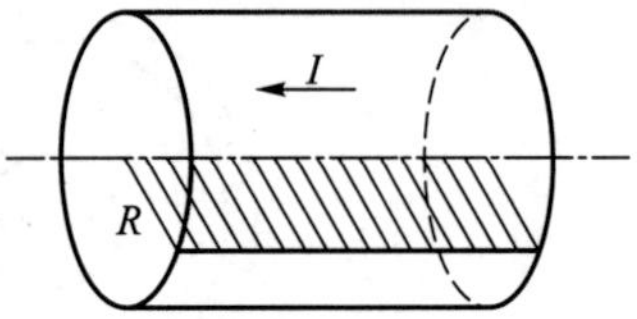

图 15-26

解 由安培环路定理求距圆导线轴 r 处的磁感应强度：

$$\oint_L \boldsymbol{B} \cdot \mathrm{d}\boldsymbol{l} = \mu_0 \sum_{i=1}^{n} I_i$$

$$B \cdot 2\pi r = \mu_0 \frac{Ir^2}{a^2}$$

得

$$B = \frac{\mu_0 Ir}{2\pi a^2}$$

磁通量为

$$\Phi = \int_S \boldsymbol{B} \cdot \mathrm{d}\boldsymbol{S} = \int_0^R \frac{\mu_0 Ir}{2\pi R^2} \mathrm{d}r = \frac{\mu_0 I}{4\pi}$$

*15.5 磁矢势与 A–B 效应

15.5.1 磁矢势

在矢量分析中有一个重要结论：一个矢量函数的旋度的散度恒等于零，即对于任意矢量场 $\boldsymbol{F}$ 有

$$\nabla \cdot (\nabla \times \boldsymbol{F}) = 0$$

由此可以推论，如果一个矢量函数的散度等于零，那么它一定是另一个矢量场的旋度。磁场的高斯定理的微分形式表明，磁感应强度 $\boldsymbol{B}$ 的散度处处为零，所以，$\boldsymbol{B}$ 必定是另一个矢量场 $\boldsymbol{A}$ 的旋度，即

$$\boldsymbol{B} = \nabla \times \boldsymbol{A}$$

矢量 $\boldsymbol{A}$ 称为磁矢势，简称矢势。由上式可知，如果已知矢势 $\boldsymbol{A}$，那么通过求微分的方法可以求得磁感应强度 $\boldsymbol{B}$。一般来说，这要比根据毕奥 – 萨伐尔定律积分求磁感应强度简单得多。

在矢量分析中还有一个结论，任何标量场的梯度的旋度等于零。即对任意标量

函数 φ，有

$$\nabla \times \nabla\varphi = \mathbf{0}$$

这说明，如果 $\boldsymbol{B} = \nabla \times \boldsymbol{A}$，则必有

$$\nabla \times (\boldsymbol{A} + \nabla\varphi) = \nabla \times \boldsymbol{A} = \boldsymbol{B}$$

这和把一个常量加在静电势上，电场仍然不变相类似。这说明，确定的磁场 $\boldsymbol{B}$ 不对应确定的矢势 $\boldsymbol{A}$，为使确定的磁场 $\boldsymbol{B}$ 对应确定的矢势 $\boldsymbol{A}$，还必须给矢势 $\boldsymbol{A}$ 增加一个附加条件。这类似于对于静电势，人们通常要选择一定的电势零点作为静电势函数的附加条件。对于矢势 $\boldsymbol{A}$，在恒定磁场等情况下，通常选择

$$\nabla \cdot \boldsymbol{A} = 0$$

作为附加条件，这称为库仑规范。应用库仑规范时，矢势 $\boldsymbol{A}$ 满足

$$\nabla \times \boldsymbol{A} = \boldsymbol{B} \text{ 和 } \nabla \cdot \boldsymbol{A} = 0$$

前者是为通过矢势 $\boldsymbol{A}$ 求磁场 $\boldsymbol{B}$ 所必需的，后者是为确定 $\boldsymbol{A}$ 而附加的条件。

在矢量分析中，根据旋度的旋度恒等式，有

$$\nabla \times \boldsymbol{B} = \nabla \times (\nabla \times \boldsymbol{A}) = \nabla(\nabla \cdot \boldsymbol{A}) - \nabla^2\boldsymbol{A}$$

应用库仑规范 $\nabla \cdot \boldsymbol{A} = 0$，则

$$\nabla \times \boldsymbol{B} = \nabla \times (\nabla \times \boldsymbol{A}) = -\nabla^2\boldsymbol{A}$$

把上式代入安培环路定理的微分形式 $\nabla \times \boldsymbol{B} = \mu_0\boldsymbol{j}$，则安培环路定理的微分形式可以写成

$$\nabla^2\boldsymbol{A} = -\mu_0\boldsymbol{j}$$

上式的通解是

$$\boldsymbol{A}(\boldsymbol{r}) = \frac{\mu_0}{4\pi}\int_V \frac{\boldsymbol{j}(\boldsymbol{r}')\mathrm{d}V'}{|\boldsymbol{r} - \boldsymbol{r}'|}$$

对于载流细导线，有

$$A(r) = \frac{\mu_0 I}{4\pi}\oint_L \frac{\mathrm{d}\boldsymbol{l}'}{|\boldsymbol{r} - \boldsymbol{r}'|}$$

由此可得毕奥－萨伐尔定律：

$$\boldsymbol{B}(\boldsymbol{r}) = \nabla \times \boldsymbol{A} = \frac{\mu_0}{4\pi}\oint_L \frac{I\mathrm{d}\boldsymbol{l}' \times (\boldsymbol{r} - \boldsymbol{r}')}{|\boldsymbol{r} - \boldsymbol{r}'|^3}$$

由上面各式可见，在 $\boldsymbol{B}$ 的积分式中含有矢量的叉积，在 $\boldsymbol{A}$ 的积分式中不含矢量的叉积，它只是单纯的矢量积分，可分解成三个分量积分。因此，先根据电流分布求出矢势 $\boldsymbol{A}$，再利用 $\boldsymbol{B} = \nabla \times \boldsymbol{A}$ 求出 $\boldsymbol{B}$ 往往比较方便，这正是引入矢势 $\boldsymbol{A}$ 的原因。

15.5.2 A－B 效应

A－B 效应要说明的问题是：$\boldsymbol{E}$ 和 $\boldsymbol{B}$ 是不是描述电磁场的基本物理量？它们是否具有真正的物理实在性？在经典电磁理论中，这是无可怀疑的。因为知道了 $\boldsymbol{E}$ 和 $\boldsymbol{B}$，就可以用洛伦兹力公式求出带电粒子受的力，也就可以确定它们的运动，而且电磁能量也可以用 $\boldsymbol{E}$ 和 $\boldsymbol{B}$ 表示出来。但是这种认识在量子力学出现后受到了巨大的冲击。

原来，在经典电磁理论中，电磁场也可以用另一组量来描述，由它们决定 $\boldsymbol{E}$ 和 $\boldsymbol{B}$。这一组物理量就是标势 φ 和矢势 $\boldsymbol{A}$，而 $\boldsymbol{E}$ 和 $\boldsymbol{B}$ 可以由它们求得：

$$\boldsymbol{E}=-\nabla\varphi-\frac{\partial \boldsymbol{A}}{\partial t} \qquad (15\text{–}17)$$

$$\boldsymbol{B}=\nabla\times\boldsymbol{A}$$

不过在经典电磁学中，φ 和 $\boldsymbol{A}$ 都被认为是用来求 $\boldsymbol{E}$ 和 $\boldsymbol{B}$ 的辅助量，并不具有真实的物理含义。在量子力学中，这个情况发生了变化。1959 年英国布里斯托尔大学的物理学家阿哈罗诺夫和玻姆提出了 φ 和 $\boldsymbol{A}$ 有直接的物理效应，这种效应现在就叫 A－B 效应。他们还设想了一些可能验证他们的观点的实验，此后，就有人作了实验，下面介绍关于磁场 $\boldsymbol{B}$ 和矢势 $\boldsymbol{A}$ 的实验。

图 15–27 所示为一套电子双缝干涉实验装置。S_0 为电子源，F 为一带正电的金属丝（横截面），E 为两个接地的金属板，它们和中间的金属细丝之间就形成了电子可以通过的“双缝”。由 S_0 发出的电子经过此双缝后会重叠而发生干涉，在照相底板 P 上形成干涉条纹。（量子力学认为电子具有波动性。）先记录下电子形成的干涉条纹，然后在金属丝后面平行地放一只细长螺线管（后来又改用了磁化的铁晶须）W，当在螺线管中通以电流后可发现在底板上形成的干涉条纹的位置平移了，这当然是电子受到作用的结果。电子在路途中受到了什么作用呢？

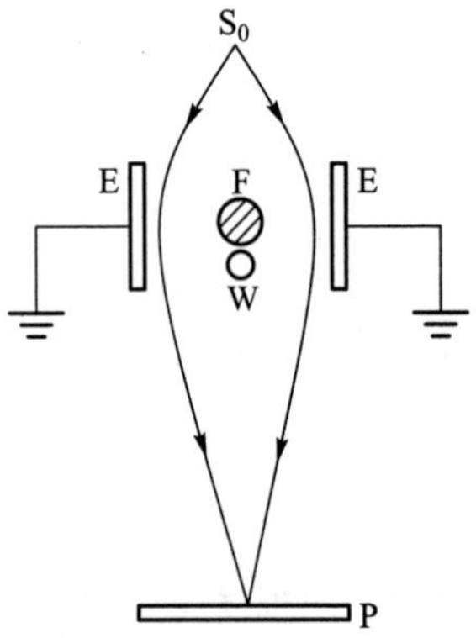

图 15–27 矢势 $\boldsymbol{A}$ 的 A－B 效应实验

按经典电磁理论，电子应该受到了磁场 $\boldsymbol{B}$ 的磁力的作用。但是，大家知道，在通电的长直螺线管外部，$\boldsymbol{B}=\boldsymbol{0}$，因此不可能有洛伦兹力作用于电子。理论上给出，在螺线管外部 $\boldsymbol{A}\neq\boldsymbol{0}$［注意，这时根据（15–17）式，仍可得出管外 $\boldsymbol{B}=\boldsymbol{0}$］。对这一现象，似乎可以用超距作用解释，那就是电流或铁晶须直接对电子发生了作用。但这对于习惯于用场的观点来理解相互作用的物理学家来说是不可思议的。对他们来说，只能是 $\boldsymbol{A}$ 的场对电子发生了作用。就这样，矢势 $\boldsymbol{A}$ 具有了真实的物理意义，它应该是产生电磁相互作用的物理实在。

有学者曾对上述实验提出过异议，认为电子干涉条纹的移动是电子在运动过程中受到了通电螺线管外漏磁场的作用或是有电子贯穿了螺线管的结果。1985 年日本人殿村和他的日立公司的同事利用环形磁体作实验并利用低温超导实验中出现的磁通量子化现象，把可能存在的漏磁场和电子贯穿磁体的影响消除到可以忽略的程度，使电子分别通过环内外进行干涉，确定地发现了干涉条纹的移动。这就使人们公认了 A – B 效应的存在。

阿哈罗诺夫、玻姆二人设想的关于标势 φ 的作用的实验如图 15–28 所示。电子经过双缝后分别进入两个金属长筒，出来后叠加进行干涉，在屏上可形成干涉条纹。他们预言当改变两筒间的电势差时，也将有条纹的移动。注意，在筒内，$\boldsymbol{E}=\mathbf{0}$，而两筒间可以有确定的电势差。目前还没有关于这种实验的报道。

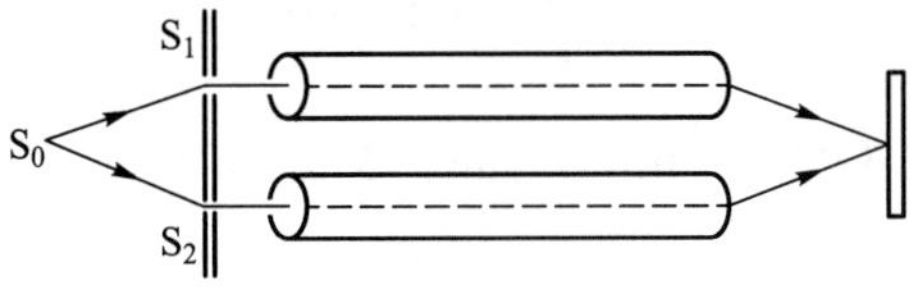

图 15–28　标势 φ 的 A – B 效应实验设计

A – B 效应的实验证实具有非常重大的意义，它使量子理论经受住了重大的考验。它说明尽管在宏观领域，电磁场可以用 $\boldsymbol{E}$ 和 $\boldsymbol{B}$ 加以描述，它们能给出作用于带电粒子的力，从而决定其运动，而 φ 和 $\boldsymbol{A}$ 是为了描写场 $\boldsymbol{E}$ 和 $\boldsymbol{B}$ 而引入的，φ 和 $\boldsymbol{A}$ 具有一定的任意性，但在量子理论起作用的微观领域，力的概念不再适用。无场有势的区域能引起粒子波函数的相位调整，从而产生附加的干涉效应。因此，势有独立的物理意义，费曼在他的《费曼物理学讲义》（1981 年版）中曾这样写道：“矢势 $\boldsymbol{A}$（以及标势 φ）好像给出了直接的物理描述。当我们越是深入到量子理论时，这一点就变得越明显。在量子电动力学的普遍理论中，代替麦克斯韦方程组的是由 $\boldsymbol{A}$ 和 φ 作为基本量的另一组方程式；$\boldsymbol{E}$ 和 $\boldsymbol{B}$ 从物理定律的近代表述中慢慢地隐退了，它们正由 $\boldsymbol{A}$ 和 φ 取而代之。”

15.6　磁场对电流的作用

前面我们讨论了恒定电流所产生的磁场，这只是电流和磁场之间相互关系中的一个侧面。本节我们简单讨论一下问题的另一个侧面，即磁场对电流的作用，主要内容有：磁场对载流导线作用力的基本规律——安培定律；磁场对载流线圈作用的磁力矩；磁场对运动电荷的作用力——洛伦兹力。

15.6.1 磁场对载流导线的作用力

载流导线放在磁场中时，将受到磁力的作用。安培最早用实验方法研究了电流和电流之间的磁力，从而总结出载流导线上一小段电流元所受磁力的基本规律，称之为**安培定律**。其内容如下：

放在磁场中某点处的电流元 $I\mathrm{d}\boldsymbol{l}$ 所受到的磁场作用力 $\mathrm{d}\boldsymbol{F}$ 的大小和该点处磁感应强度 $\boldsymbol{B}$ 的大小、电流元的大小以及电流元 $I\mathrm{d}\boldsymbol{l}$ 和磁感应强度 $\boldsymbol{B}$ 所成的角 θ 的正弦成正比，即

$$\mathrm{d}F = kBI\mathrm{d}l\sin\theta$$

$\mathrm{d}\boldsymbol{F}$ 的方向与矢积 $I\mathrm{d}\boldsymbol{l}\times\boldsymbol{B}$ 的方向相同，如图 15–29 所示。

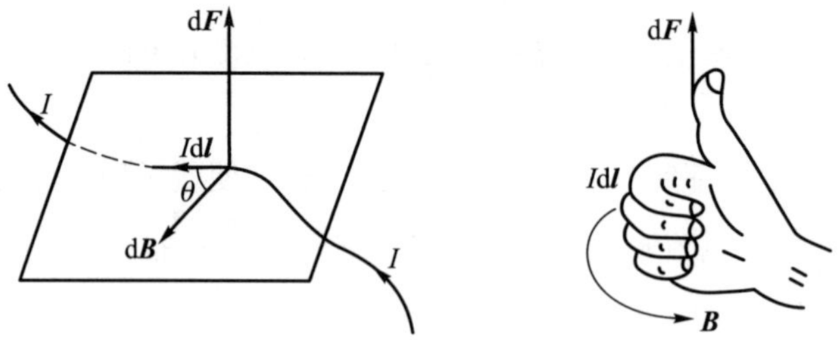

图 15–29

式中的比例系数 k 的量值取决于式中各量的单位。在国际单位制中，$\boldsymbol{B}$ 的单位用特斯拉（T），I 的单位用安培（A），$\mathrm{d}l$ 的单位用米（m），$\mathrm{d}F$ 的单位用牛顿（N），则 $k=1$，安培定律的表达式可简化为 $\mathrm{d}F = BI\mathrm{d}l\sin\theta$，写成矢量表达式，即

$$\mathrm{d}\boldsymbol{F} = I\mathrm{d}\boldsymbol{l}\times\boldsymbol{B} \tag{15-18}$$

载流导线在磁场中所受的磁力，通常也叫安培力。（15–18）式表达的规律叫作**安培定律**。

因为安培定律给出的是载流导线上一个电流元所受的磁力，所以它不能直接用实验进行验证。但是，任何有限长的载流导线 L 在磁场中所受的磁力 $\boldsymbol{F}$，应等于导线 L 上各个电流元所受磁力 $\mathrm{d}\boldsymbol{F}$ 的矢量和，即

$$F = \int \mathrm{d}\boldsymbol{F} = \int_L I\mathrm{d}\boldsymbol{l} \times \boldsymbol{B} \tag{15-19}$$

对于一些具体的载流导线，理论计算的结果和实验测量的结果是相符的。这就间接证明了安培定律的正确性。

（15–19）式是一个矢量积分。如果导线上各个电流元所受的磁力 d$\boldsymbol{F}$ 的方向都相同，那么矢量积分可直接化为标量积分。例如，长为 L 的一段载流直导线，放在均匀磁场 $\boldsymbol{B}$ 中，如图 15–30 所示。根据矢积的右手螺旋定则，可以判断导线上各个电流元所受磁力 d$\boldsymbol{F}$ 的方向都是垂直纸面向外的，所以整个载流直导线所受的磁力 $\boldsymbol{F}$ 的大小为

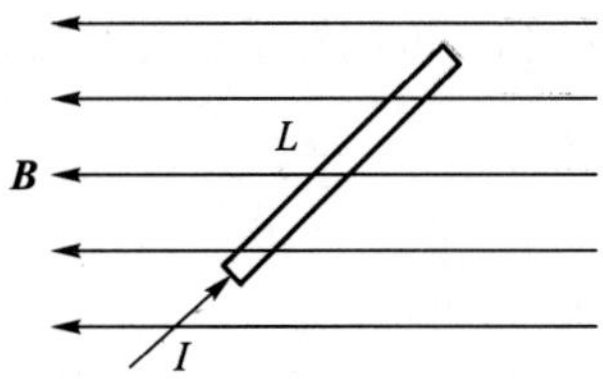

图 15–30

$$F = \int \mathrm{d}F = \int_L IB\sin\theta \mathrm{d}l$$

式中 θ 为电流 I 的方向与磁场 $\boldsymbol{B}$ 的方向之间的夹角。$\boldsymbol{F}$ 的方向与 d$\boldsymbol{F}$ 的方向相同，即垂直于纸面向外。

由（15–19）式可以看出，当直导线与磁场平行（即 $\theta = 0$ 或 π）时，$\boldsymbol{F} = \boldsymbol{0}$，即载流导线不受磁力作用；当直导线与磁场垂直 $\left(\theta = \dfrac{\pi}{2}\right)$ 时，载流导线所受磁力最大，其值为 $F = BIL$。如果载流导线上各个电流元所受磁力 d$\boldsymbol{F}$ 的方向各不相同，那么（15–19）式的矢量积分就不能直接计算。这时应选取适当的坐标系，先将 d$\boldsymbol{F}$ 沿各坐标轴分解成分量，然后对各个分量进行标量积分：$F_x = \int_L \mathrm{d}F_x$，$F_y = \int_L \mathrm{d}F_y$，$F_z = \int_L \mathrm{d}F_z$，最后再求出合力。

例 15–9 如图 15–31 所示，一载流长直导线 L_1 通有电流 I_1，另一载流直导线 L_2 与 L_1 共面且正交，长为 L_2，通有电流 I_2。L_2 的左端与 L_1 相距 d，求导线 L_2 所受的磁场力。

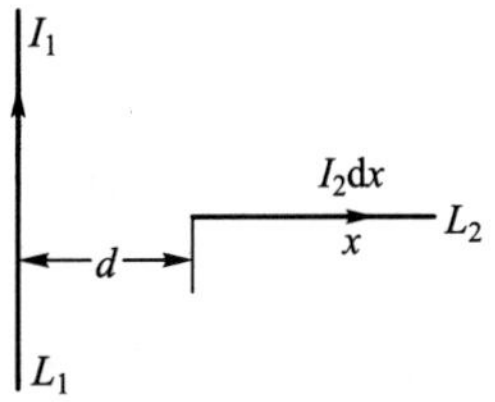

图 15–31

解 长直载流导线 L_1 所产生的磁感应强度 $\boldsymbol{B}$ 在 L_2 处的方向虽都是垂直纸面向内的，但它的大小沿 L_2 逐点不同。要计算 L_2 所受的力，先要在 L_2 上距 L_1 为 x 处任意取一线段元 dx，在电流元 I_2dx 的微小范围内，$\boldsymbol{B}$ 可看作常量，它的大小为

$$B = \frac{\mu_0 I_1}{2\pi x}$$

显然任一电流元 I_2dx 都与磁感应强度 $\boldsymbol{B}$ 垂直，即 $\theta = \dfrac{\pi}{2}$，所以电流元受力的大小

$$dF = I_2 B dx \sin\frac{\pi}{2} = \frac{\mu_0 I_1}{2\pi x} I_2 dx$$

根据矢积 $I d\boldsymbol{l} \times \boldsymbol{B}$ 的方向可知，电流元受力的方向垂直于 L_2 沿图面向上。由于所有电流元受力方向都相同，所以导线 L_2 所受的力的大小是各电流元所受的力的大小的和，可用标量积分直接计算：

$$\begin{aligned} dF &= \int_L dF \\ &= \int_d^{d+L_2} \frac{\mu_0 I_1}{2\pi x} I_2 \, dx \\ &= \frac{\mu_0 I_1 I_2}{2\pi} \int_d^{d+L_2} \frac{dx}{x} \\ &= \frac{\mu_0 I_1 I_2}{2\pi} \ln\frac{d+L_2}{d} \end{aligned}$$

导体 L_2 所受的力的方向和电流元所受的力的方向一样，也是垂直于 L_2 沿图面向上。

例 15-10 一无限长载流直导线旁共面放置一载流矩形线框，直导线中电流为 I_0，线框中电流为 I，线框尺寸与位置如图 15-32 所示，其 ab 边与直导线平行。试求线框各边受到的直导线的磁场的作用力。

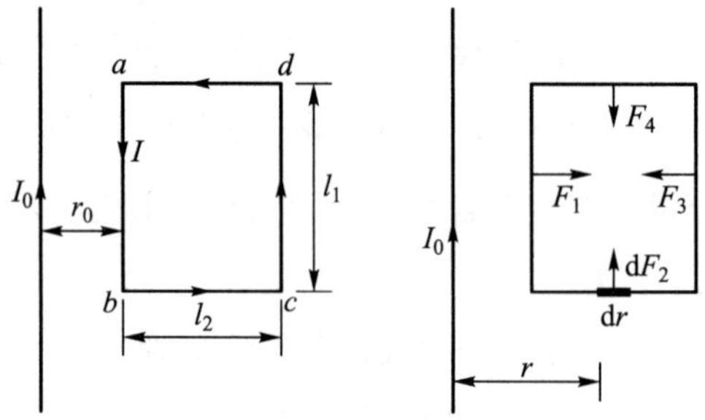

图 15-32

解 无限长载流直导线在距轴线 r 处的磁感应强度为

$$B = \frac{\mu_0 I_0}{2\pi r}$$

对 ab 段，因其上各电流元与直导线距离相同，所在处 $\boldsymbol{B}$ 的大小、方向均相同，且与 ab 垂直，故磁场力大小为

$$F_1 = I l_1 \frac{\mu_0 I_0}{2\pi r_0}$$

磁场力方向与 ab 垂直，指向右。同理可求出 cd 段所受磁场力大小为

$$F_3 = Il_1 \frac{\mu_0 I_0}{2\pi(r_0 + l_2)}$$

其方向与 $\boldsymbol{F}_1$ 相反。

bc 段上各电流元处的 $\boldsymbol{B}$ 值不同，其上任一与直导线距离为 r，长为 $\mathrm{d}r$ 的电流元所受的力的大小为

$$\mathrm{d}F_2 = I\mathrm{d}r \frac{\mu_0 I_0}{2\pi r}$$

各电流元所受的力的方向相同，因此 bc 段所受的磁场力的大小为

$$F_2 = \int \mathrm{d}F_2 = \frac{\mu_0 I I_0}{2\pi}\int_{r_0}^{r_0+l_2} \frac{\mathrm{d}r}{r} = \frac{\mu_0 I I_0}{2\pi}\ln\frac{r_0 + l_2}{r_0}$$

$\boldsymbol{F}_2$ 的方向垂直于 bc 向上。

同理可求出 da 段所受的磁场力的大小为

$$F_4 = \frac{\mu_0 I I_0}{2\pi}\ln\frac{r_0 + l_2}{r_0}$$

其方向与 $\boldsymbol{F}_2$ 相反。

整个矩形线圈所受的磁场力的合力的大小为

$$F = F_1 - F_3 = \frac{\mu_0 I I_0}{2\pi} l_1\left(\frac{1}{r_0} - \frac{1}{r_0 + l_2}\right)$$

其方向垂直于直导线向右。

例 15-11　如图 15-33 所示，一通有电流 I 的弓形闭合刚性线圈，置于均匀磁场 $\boldsymbol{B}$ 中，线圈平面与 $\boldsymbol{B}$ 垂直。求整个回路所受的磁场力。

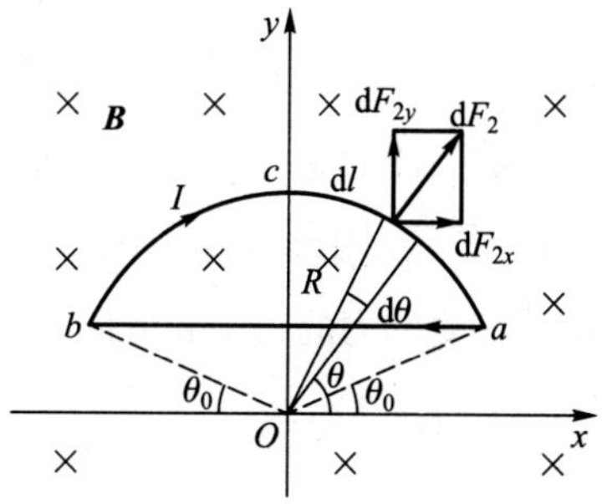

图 15-33

解　线圈可看成由直导线 ab 和圆弧形导线 $\widehat{bca}$ 组成。载流直导线 ab 受到的磁场力的大小为

$$F_1 = IB|ab|$$

其方向沿 y 轴负方向。在导线 $\widehat{bca}$ 上任取一电流元 $I\mathrm{d}l$，其所受的磁场力的大小为

$$\mathrm{d}F_2 = IB\mathrm{d}l$$

其方向沿径向，如图 15-33 所示。由于对称性，$\widehat{bca}$ 所受的磁场力在 x 方向的分量为零，即

$$F_{2x} = \int \mathrm{d}F_{2x} = 0$$

于是 $\widehat{bca}$ 所受的磁场力的大小为

$$F_2 = \int \mathrm{d}F_{2y} = \int \mathrm{d}F_2 \sin\theta = \int I\mathrm{d}lB\sin\theta$$

由图 15–33 可知，$\mathrm{d}l = R\mathrm{d}\theta$，故有

$$F = IBR\int_{\theta_0}^{\pi-\theta_0} \sin\theta\mathrm{d}\theta = IBR(2\cos\theta_0)$$

由于 $2R\cos\theta_0 = |ab|$，所以

$$F_2 = IB|ab|$$

其方向沿 y 轴正方向，显然，$\boldsymbol{F}_1$ 和 $\boldsymbol{F}_2$ 大小相等、方向相反。因此，该闭合载流线圈在均匀磁场中所受的磁场力的合力为零。

如果 $\widehat{bca}$ 为半圆弧，则 $\theta_0 = 0$，半圆弧载流导线所受的磁场力的大小为 $2IBR$。

闭合载流线圈在均匀磁场中所受的磁场力的合力为零这一结论，不仅对图 15–33 所示的闭合载流线圈是正确的，而且对其他任意形状的闭合载流线圈也是正确的。请读者证明这个结论。

例 15–12 通有电流 $I_1 = 50$ A 的无限长直导线，放在如图 15–34 所示的弧形线圈的轴线上，线圈中的电流 $I_2 = 20$ A，线圈高 $h = 7R/3$。求作用在线圈上的力。

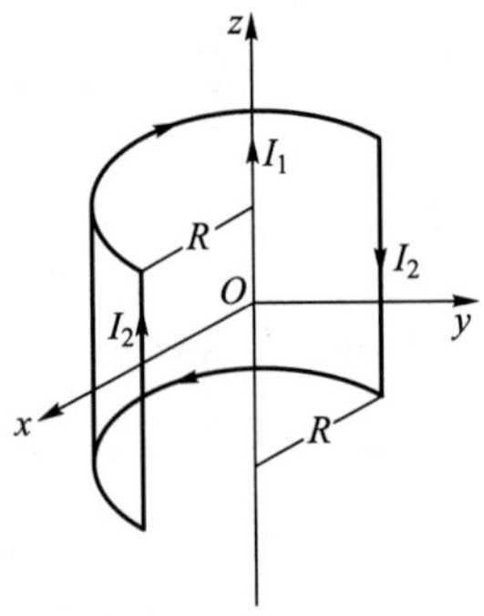

图 15–34

解 注意到电流 I_1 激发的磁场方向与两圆弧电流方向平行，因此这两段圆弧电流不受力，而两段直线电流所受的力的大小和方向均相同，有

$$F = -2I_2h\frac{\mu_0 I_1}{2\pi R} \approx -9.33\times10^{-4}\ \mathrm{N}$$

力的方向沿 x 轴负方向。

15.6.2 磁场对载流线圈的作用力矩

一个刚性载流线圈放在磁场中往往要受力矩的作用而发生转动，这种情况在电磁仪表和电动机中经常遇到。下面我们利用安培定律讨论均匀磁场对平面载流线圈作用的磁力矩。

如图 15–35 所示，在磁感应强度为 $\boldsymbol{B}$ 的均匀磁场中，有一刚性的载流线圈 $abcd$，边长分别为 L_1 和 L_2，通有电流 I。设线圈平面的法线 $\boldsymbol{e}_n$ 的方向（由电流 I 的方向，按右手螺旋定则定出）与磁感应强度 $\boldsymbol{B}$ 的方向所成的夹角为 φ。ab 和 cd 两边与 $\boldsymbol{B}$ 垂直。由图可见，线圈平面与 $\boldsymbol{B}$ 的夹角 $\theta=\dfrac{\pi}{2}-\varphi$。

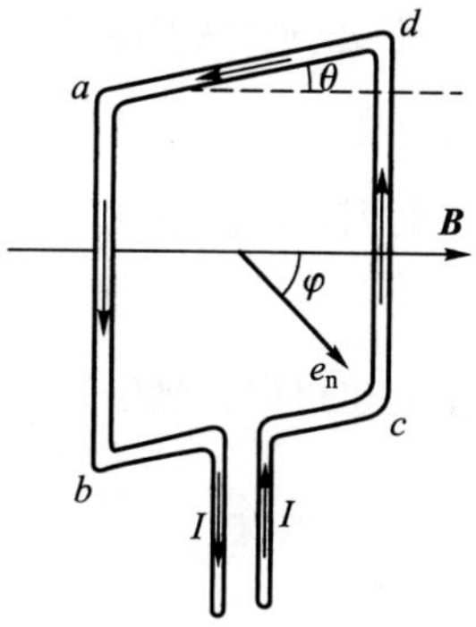

图 15–35

根据安培定律，导线 bc 和 da 所受磁场的作用力分别为 $\boldsymbol{F}_1$ 和 $\boldsymbol{F}_2$，其大小为 $F_1=IBL_1\sin\theta$，$F_2=IBL_1\sin(\pi-\theta)=IBL_1\sin\theta$。

$\boldsymbol{F}_1$ 和 $\boldsymbol{F}_2$ 大小相等、方向相反，又都在过 bc 和 da 中点的同一直线上，因此它们的合力为零，对线圈不产生力矩。导线 ab 和 cd 所受磁场的作用力分别为 $\boldsymbol{F}_3$ 和 $\boldsymbol{F}_4$，根据安培定律，它们的大小为

$$F_3=F_4=IBL_2$$

$\boldsymbol{F}_3$ 和 $\boldsymbol{F}_4$ 大小相等、方向相反，虽然合力为零，但因它们不在同一直线上，故形成一力偶，其力臂为

$$L_1\cos\theta=L_1\cos\left(\frac{\pi}{2}-\varphi\right)=L_1\sin\varphi$$

因此，均匀磁场作用在矩形线圈上的力矩 $\boldsymbol{M}$ 的大小为

$$M=F_3L_1\sin\varphi=IBL_1L_2\sin\varphi=IBS\sin\varphi \qquad (15\text{–}20)$$

式中 $S=L_1L_2$ 为矩形线圈的面积。$\boldsymbol{M}$ 的方向沿 ad 中点和 bc 中点的连线向上。

如果线圈有 N 匝，则线圈所受力矩大小为单匝的 N 倍，即

$$M=NIBS\sin\varphi=mB\sin\varphi$$

式中 $m=NIS$ 为载流线圈磁矩的大小，$\boldsymbol{m}$ 的方向就是载流线圈平面的法线 $\boldsymbol{e}_n$ 的方向。所以上式可以写成矢量形式，即

$$\boldsymbol{M}=\boldsymbol{m}\times\boldsymbol{B} \qquad (15\text{–}21)$$

（15–20）式和（15–21）式虽然是由矩形载流线圈推导出来的，但可以证明，在均匀磁场中对于任意形状的载流平面线圈所受的磁力矩，上述二式都是适用的。

总之，任何一个载流平面线圈在均匀磁场中，虽然所受磁场力的合力为零，但

它还受一个磁力矩的作用。这个磁力矩 $\boldsymbol{M}$ 总是力图使线圈的磁矩 $\boldsymbol{m}$ 转到磁场 $\boldsymbol{B}$ 的方向上来。当 $\varphi=\frac{\pi}{2}$，即线圈磁矩 $\boldsymbol{m}$ 与磁场方向垂直，或者说线圈平面与磁场方向平行时，线圈所受的磁力矩最大，即

$$M_{\max}=mB$$

由此也可以得到磁感应强度 $\boldsymbol{B}$ 的大小的又一个定义式，即

$$B=\frac{M_{\max}}{m}$$

当 $\varphi=0$ 即线圈磁矩 $\boldsymbol{m}$ 与磁场方向一致时，磁力矩 $M=0$，线圈处于稳定平衡状态；当 $\varphi=\pi$ 时，线圈所受的磁力矩为零，但线圈处于非稳定平衡状态。

15.6.3 磁场对运动电荷的作用力

带电粒子在磁场中运动时，会受到磁场的作用力，这种磁场对运动电荷的作用力叫作**洛伦兹力**。

实验发现，运动的带电粒子在磁场中某点所受到的洛伦兹力 $\boldsymbol{F}$ 的大小，与粒子所带的电荷量 q 的量值、粒子运动速度 $\boldsymbol{v}$ 的大小、该点处磁感应强度 $\boldsymbol{B}$ 的大小以及 $\boldsymbol{B}$ 与 $\boldsymbol{v}$ 之间夹角 θ 的正弦成正比。在国际单位制中，洛伦兹力 $\boldsymbol{F}$ 的大小为

$$F=qvB\sin\theta$$

洛伦兹力 $\boldsymbol{F}$ 的方向垂直于 $\boldsymbol{v}$ 和 $\boldsymbol{B}$ 构成的平面，其指向按右手螺旋定则由矢积 $\boldsymbol{v}\times\boldsymbol{B}$ 的方向以及 q 的正负来确定：对于正电荷（$q>0$），$\boldsymbol{F}$ 的方向与矢积 $\boldsymbol{v}\times\boldsymbol{B}$ 的方向相同；对于负电荷（$q<0$），$\boldsymbol{F}$ 的方向与矢积 $\boldsymbol{v}\times\boldsymbol{B}$ 的方向相反，如图 15-36 所示。洛伦兹力 $\boldsymbol{F}$ 的矢量式为

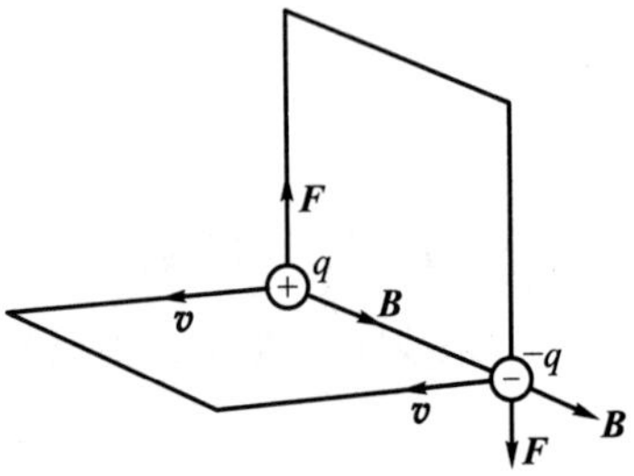

图 15-36

$$\boldsymbol{F}=q\boldsymbol{v}\times\boldsymbol{B}$$

注意，式中的 q 本身有正负之别，这由运动粒子所带电荷的电性决定。

当电荷运动方向平行于磁场时，$\boldsymbol{v}$ 与 $\boldsymbol{B}$ 之间的夹角 $\theta=0$ 或 π，则洛伦兹力 $\boldsymbol{F}=\boldsymbol{0}$。

当电荷运动方向垂直于磁场时，$\boldsymbol{v}$ 与 $\boldsymbol{B}$ 之间的夹角 $\theta=\frac{\pi}{2}$，则运动电荷所受的洛伦兹力最大，有

$$F = F_{max} = qvB$$

这正是 15.1.2 中定义磁感应强度 $\boldsymbol{B}$ 的大小时引用过的情况。

由于运动电荷在磁场中所受的洛伦兹力的方向始终与运动电荷的速度方向垂直，所以洛伦兹力只能改变运动电荷速度的方向，不能改变运动电荷速度的大小。也就是说，**洛伦兹力只能使运动电荷的运动路径发生弯曲，但对运动电荷不做功**。

下面我们来看一下，初始状态不同的带电粒子在不同磁场中的运动情况。

1. 带电粒子在均匀磁场中的运动

我们首先考虑带电粒子以速度 $\boldsymbol{v}$ 垂直地进入均匀磁场 $\boldsymbol{B}$ 的情形。

如图 15–37 所示，此情形下粒子受到的磁场力为 $F = qvB$，其中 q 是粒子的电荷量。由于磁场力 $\boldsymbol{F}$ 永远在垂直于磁感应强度 $\boldsymbol{B}$ 的平面内，而粒子的初速度 $\boldsymbol{v}$ 也在这平面内，所以它的运动轨迹不会越出这个平面，而且由于磁场力永远垂直于粒子的速度，所以它不对带电粒子做功，带电粒子保持速率不变但运动方向则不断改变，这意味着洛伦兹力是一个使粒子保持圆周运动的向心力。

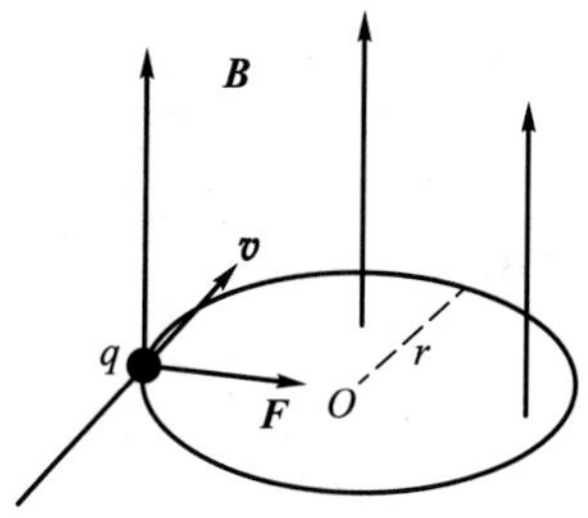

图 15–37　带电粒子垂直进入磁场

设粒子的质量为 m，圆周半径为 r，则向心加速度为 $a = \dfrac{v^2}{r}$，于是根据牛顿第二定律 $F = ma$，有

$$qvB = \frac{mv^2}{r}$$

即粒子的轨道半径为

$$r = \frac{mv}{qB}$$

我们看到，对于给定的电荷 q，粒子的轨道半径正比于它的动量大小 mv，而反比于磁感应强度大小 B。这意味着，对于磁场力而言，动量越大的粒子，要使它偏离原来的直线运动状态发生偏转就越困难；从另一个角度来看，如果磁感应强度越大，磁场力也就越大，粒子的圆周轨道就越小。

粒子回旋一周的时间，即周期为

$$T = \frac{2\pi r}{v} = \frac{2\pi m}{qB}$$

周期的倒数

$$\nu = \frac{1}{T} = \frac{qB}{2\pi m} \qquad (15\text{–}22)$$

表示粒子在单位时间内的**回旋次数**，也称为粒子在磁场中的**回旋频率**。

（15–22）式表明，粒子的回旋频率与它的速度和轨道半径无关，而仅取决于它的荷质比 q/m 以及磁感应强度大小 B。这是一个非常重要的结论，磁聚焦与回旋加速器均以这个结论为根据。

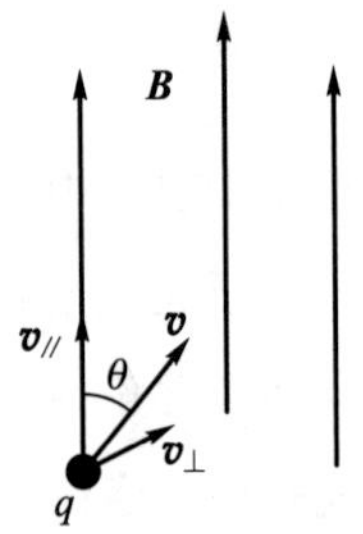

图 15–38　带电粒子非垂直射入磁场

现在，我们进一步考虑粒子进入磁场时，其初速度 v 与磁场 $\boldsymbol{B}$ 有任意夹角 θ 的情形，如图 15–38 所示。

我们可以将速度 v 分解为与 $\boldsymbol{B}$ 平行及垂直的两个分量：

$$\boldsymbol{v}=\boldsymbol{v}_{/\!/}+\boldsymbol{v}_{\perp}$$

其中

$$v_{/\!/}=|\boldsymbol{v}_{/\!/}|=v\cos\theta$$

$$v_{\perp}=|\boldsymbol{v}_{\perp}|=v\sin\theta$$

由于在与磁场平行的方向上，粒子没有受到作用力，所以粒子在磁场力

$$F=qv_{\perp}B=qvB\sin\theta$$

作用下横向回旋的同时，也在平行方向上以速度 $v_{/\!/}$ 作直线运动，因而它的运动轨迹是一条螺旋线，如图 15–39 所示，其中**回旋半径** R 和**螺距** h 分别为

$$R=\frac{mv_{\perp}}{qB}$$

$$h=v_{/\!/}T=\frac{2\pi mv_{/\!/}}{qB}$$

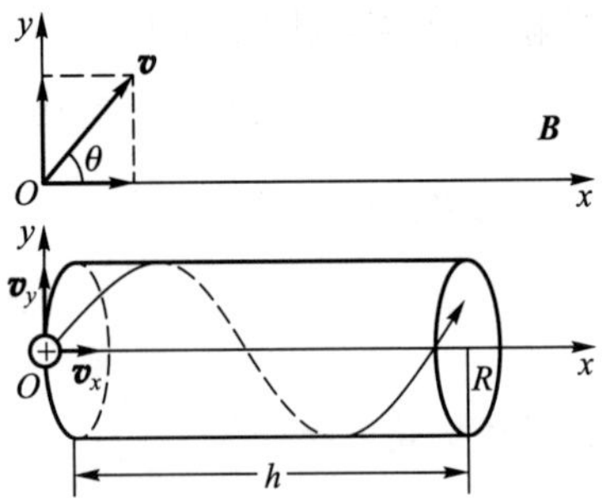

图 15–39　带电粒子在磁场中作螺旋线运动

大家看到，R 和 h 都是与磁感应强度大小 B 成反比的。因此，如果带电粒子进入均匀磁场，则它的回旋半径 R 和螺距 h 都是常量。而当带电粒子从 B 小处进入非均匀磁场时，随着 B 的增大，粒子的回旋半径 R 和螺距 h 都会变得越来越小，这就是**磁聚焦原理**。如图 15–40 所示为带电粒子在均匀磁场中的运动；如图 15–41 所示为带电粒子在非均匀磁场中的运动。

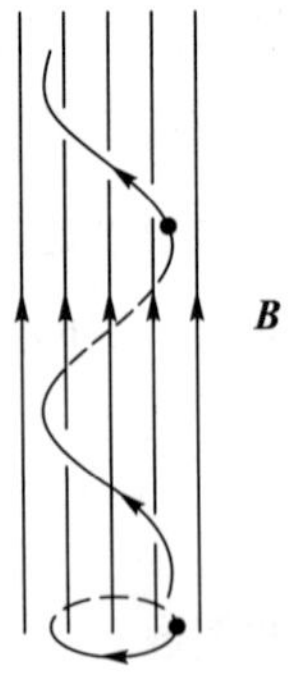

图 15–40　带电粒子在均匀磁场中的运动

在许多电真空器件中，如在电子显微镜、电视显像管和计算机的显示器中，从阴极发出的电子束，就是利用非均匀磁场作成的“磁透镜”来实现聚焦的，如图 15–42 所示。非均匀磁场可以用短线圈或磁性环产生。

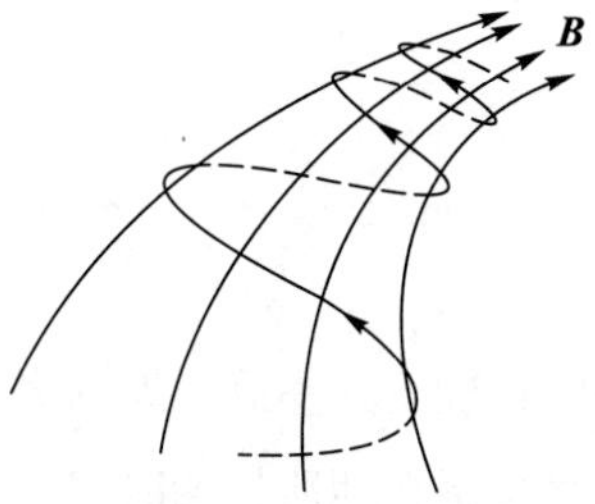

图 15–41　带电粒子在非均匀磁场中的运动

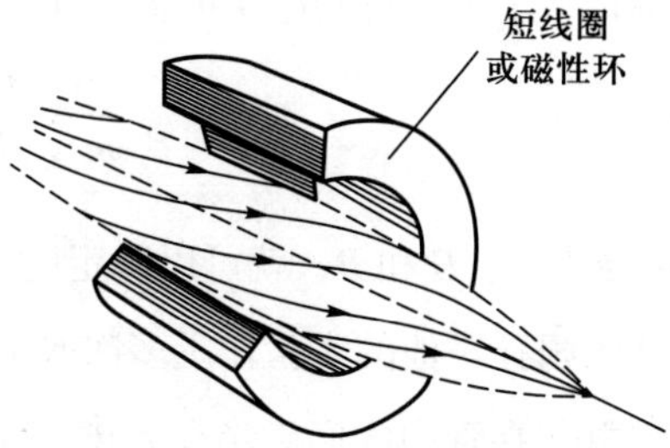

图 15–42　磁透镜

2. 荷质比的测定

利用电子（或其他带电粒子）在磁场中偏转的特性，可以测出它们的电荷量与质量之比，即所谓**荷质比**。荷质比是带电微观粒子的基本参量之一。测定荷质比的方法很多，这里只介绍最典型的两种。

（1）汤姆孙测电子荷质比的方法。

如图 15–43 所示，为汤姆孙测量电子荷质比的仪器，玻璃管内抽成接近真空，在阴极 K 和电极 A 之间纵向加一加速电场（电压为几 kV），管内残存气体被这强电场电离，正离子高速撞击阴极产生大量二次电子，这些电子受纵向电场加速，只有很窄的电子束可以通过电极 A 和另一圆筒 A′中间的小孔，进入与电子运动方向正交的电场 $\boldsymbol{E}$ 和磁场 $\boldsymbol{B}$。只要适当调整横向电场 $\boldsymbol{E}$ 和磁场 $\boldsymbol{B}$，使电子所受到的合力为零：

$$eE - evB = 0$$

电子就将以速率

$$v = \frac{E}{B}$$

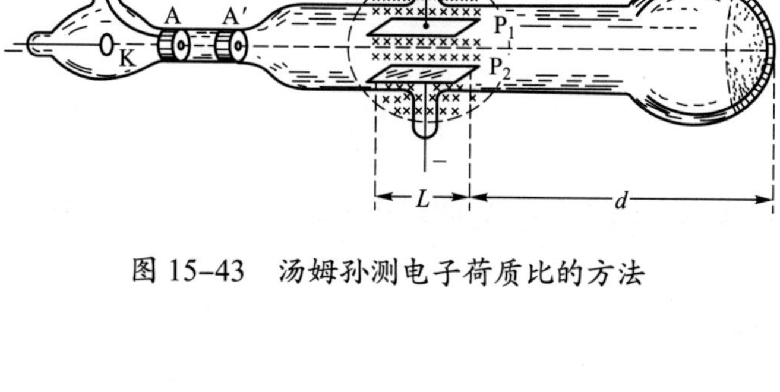

图 15–43　汤姆孙测电子荷质比的方法

沿着轴线进入这区域。如果此时切断电场，那么电子在磁场作用下，将沿一半径为

$$r=\frac{mv}{eB}$$

的圆弧偏转。于是可得到电子的荷质比的绝对值：

$$\frac{e}{m}=\frac{v}{rB}=\frac{E}{rB^2}$$

通过测量参量 r、E 和 B，就可以确定电子的荷质比。

虽然汤姆孙对他的实验作了多次改进，但实验的精确度并不高。原因之一是要准确测定电子在管内的回旋半径 r 并不容易，原因之二是在他所处的时代，人们还不知道相对论效应带来的误差。事实上，按照相对论，粒子的运动质量 m 与静止质量 m_0 的关系是

$$m=\frac{m_0}{\sqrt{1-\frac{v^2}{c^2}}}$$

c 为光速，随着粒子速度 v 不同，粒子的质量 m 也不同，因此比值 $\frac{e}{m}$ 也不同。故真正的常量荷质比是 $\frac{e}{m_0}$，而不是 $\frac{e}{m}$。

单独测出电子荷质比的任务是在汤姆孙之后，美国物理学家密立根以“油滴”实验完成的。

（2）近代利用质谱仪测定电子荷质比的方法。

质谱仪在现代科学技术中有着广泛的应用，可以用来测量、鉴定带电粒子或同位素的质量或荷质比。经过速度选择器后，某一速率为 v 的粒子被选出并进入横向均匀磁场 $\boldsymbol{B}$，如图 15-44 所示。由粒子的回旋半径

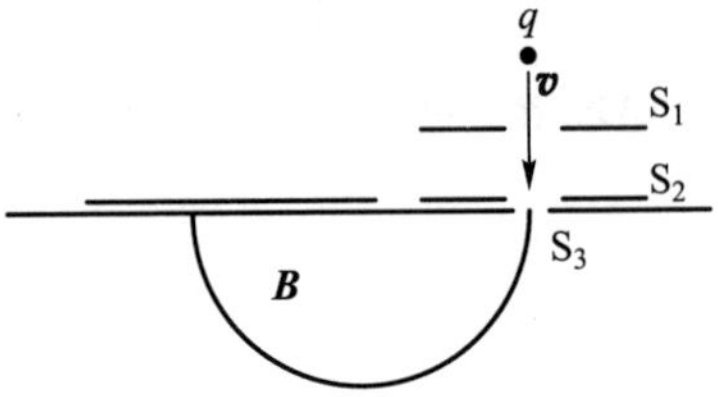

图 15-44　质谱仪

$$r=\frac{mv}{qB}$$

有

$$\frac{q}{m}=\frac{v}{rB}$$

或

$$m=\frac{qrB}{v}$$

横向磁场的磁感应强度 $\boldsymbol{B}$ 是已知的，根据速度选择器中的电压 U，可以求出粒子的速率：

$$v=\frac{U}{Bd}$$

再根据粒子落在感光板上的成像位置确定 r，即可测定 $\frac{q}{m}$；如果已知粒子的电荷量 q，便能确定它的运动质量 m。再由

$$m=\frac{m_0}{\sqrt{1-\frac{v^2}{c^2}}}$$

可计算出它的静止质量 m_0。

此外，还可以根据落在感光板不同位置上的粒子产生的感光程度，推出不同种类同位素粒子的含量，根据含量分析，用比较法估算出样品的年龄。

3. 回旋加速器的基本原理

回旋加速器是原子核物理学中获得高速粒子的一种装置。这种装置的结构虽然很复杂，但其基本原理就是利用了我们在本节中所学到的知识。

第一台回旋加速器由美国物理学家劳伦斯设计，并于 1932 年开始使用。它由装在真空容器内的两个 D 形盒组成，用于加速粒子的交变电场限制在窄缝处，磁场 $\boldsymbol{B}$ 与 D 形盒垂直。粒子源 S 在窄缝中部。如图 15–45 所示，从粒子源 S 出来的粒子立刻被电场加速至 $\boldsymbol{v}_1$ 进入 D_1 区回旋半圈，重返窄缝，再被反向电场加速至 $\boldsymbol{v}_2$，进入 D_2 区回旋。由于粒子速度不断增大，故回旋半径

$$r=\frac{mv}{qB}$$

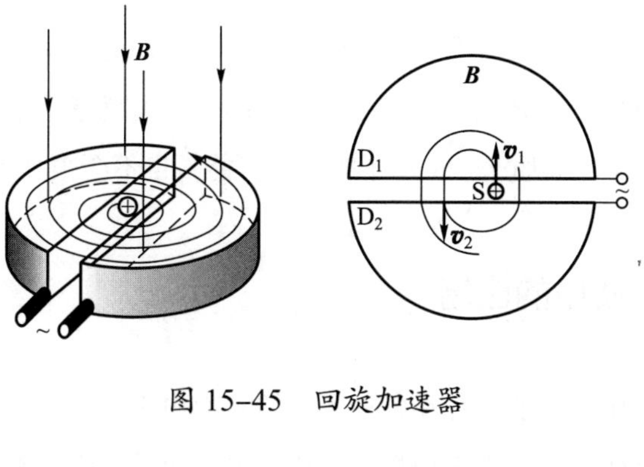

图 15–45　回旋加速器

也不断变大。只要交变电源的频率满足

$$\nu=\frac{1}{T}=\frac{qB}{2\pi m}$$

粒子每次进入窄缝就都会加速，最后到达 D 形盒边沿处输出时，其速度就达到最大值：

$$v_{\max}=\frac{qRB}{m}$$

式中 R 为 D 形盒的半径。在 $v_{\max}\ll c$ 的条件下（即非相对论情形），输出粒子的动能为

$$E_{\mathrm{k}}=\frac{1}{2}mv_{\max}^{2}=\frac{1}{2}\frac{q^{2}}{m}B^{2}R^{2}$$

可见，要使粒子获得更大的输出能量，就要加大磁场 $\boldsymbol{B}$ 和 D 形盒的尺寸 R。（一般，只能作到 $\boldsymbol{B}$ 值为 10^4 Gs 数量级，D 形盒半径 R 在 1 m 左右。）

但是，问题又在于，由于相对论效应，粒子质量

$$m=\frac{m_0}{\sqrt{1-\frac{v^2}{c^2}}}$$

随速度增大而增大，于是回旋周期

$$T=\frac{2\pi m}{qB}$$

也不断增大，以至于回旋频率与电源频率越来越不同步，而无法保证同步加速。改进办法是使电源的周期得到自动调整，使之与粒子的回旋周期同步，这就是后来的“同步回旋加速器”。

由于

$$E_{\mathrm{k}}=\frac{1}{2}mv_{\max}^{2}=\frac{1}{2}\frac{q^{2}}{m}B^{2}R^{2}$$

要获得同样的输出动能，静止质量为 m_0 的粒子若要求最后输出的速度越大，则相对论效应也就越明显，对 $\boldsymbol{B}$ 值及“同步加速”的要求也就越高，故这种加速器仅适合于加速较重的粒子，如质子、α 粒子等，而且能量也不会很高（100 MeV 以内）。

15.6.4 介质中的磁场

在实际的磁场中，一般都存在各种不同的实物物质，放在磁场中的任何物质都要和磁场发生相互作用，所以人们把放在磁场中的物质统称为磁介质。

1. 磁介质

放在静电场中的电介质要被电场极化，极化了的电介质会产生附加电场，从而对原电场产生影响。与此类似，放在磁场中的磁介质要被磁场磁化，磁化了的磁介质也会产生附加磁场，从而对原磁场产生影响。

实验表明，不同的磁介质对磁场的影响不同。如果在真空中某点磁感应强度为 $\boldsymbol{B}_0$，放入磁介质后，因磁介质被磁化而在该点产生的附加磁感应强度为 $\boldsymbol{B}'$，那么该点的磁感应强度 $\boldsymbol{B}$ 应是这两个磁感应强度的矢量和，即

$$\boldsymbol{B} = \boldsymbol{B}_0 + \boldsymbol{B}'$$

在磁介质内任一点，附加磁感应强度 $\boldsymbol{B}'$ 的方向随磁介质而异，如果 $\boldsymbol{B}'$ 的方向与 $\boldsymbol{B}_0$ 的方向相同，使得 $\boldsymbol{B} > \boldsymbol{B}_0$，则这种磁介质叫作顺磁质，如铝、氧、锰等。还有一些磁介质，在磁介质内部任一点，$\boldsymbol{B}'$ 的方向都与 $\boldsymbol{B}_0$ 的方向相反，使得 $\boldsymbol{B} < \boldsymbol{B}_0$，这种磁介质叫作抗磁质，如铜、铋、氢等。无论是顺磁质还是抗磁质，附加的磁感应强度 $\boldsymbol{B}'$ 与 $\boldsymbol{B}_0$ 相比都小得多（不大于十万分之几），它们对原来的磁场的影响都比较弱。所以，顺磁质和抗磁质统称为弱磁质。另有一类磁介质，在其内部任一点的附加磁感应强度 $\boldsymbol{B}'$ 的方向都与顺磁质一样，也和 $\boldsymbol{B}_0$ 的方向相同，但 $\boldsymbol{B}'$ 的值却比 $\boldsymbol{B}_0$ 的值大得多，即 $B' \gg B_0$，从而使磁场显著增强，如铁、钴、镍等，人们把这类磁介质叫作铁磁质或强磁质。

人们常用磁介质的磁导率来描述各种磁介质对外磁场影响的程度。

2. 相对磁导率和磁导率

以载流长直螺线管为例来讨论磁介质对外磁场的影响。设螺线管中的电流为 I，单位长度的匝数为 n，则电流在螺线管内产生的磁感应强度 $\boldsymbol{B}_0$ 的大小为

$$B_0 = \mu_0 nI$$

如果在长直螺线管内充满某种均匀的各向同性磁介质，则由于磁介质的磁化而产生的附加磁感应强度 $\boldsymbol{B}'$，使螺线管内的磁介质中的磁感应强度变为 $\boldsymbol{B}$，$\boldsymbol{B}$ 和 $\boldsymbol{B}_0$ 大小的比为

$$\frac{B}{B_0} = \mu_{\mathrm{r}}$$

μ_{r} 是磁介质导磁性的量度，叫作磁介质的**相对磁导率**，它的大小表征了磁介质对外磁场影响的程度。比较以上两式得

$$B = \mu_0 \mu_{\mathrm{r}} nI \quad 或 \quad B = \mu nI$$

式中 $\mu = \mu_0 \mu_{\mathrm{r}}$，叫作**磁介质的磁导率**。在国际单位制中，磁介质的磁导率 μ 的单位和真空磁导率的单位相同，即 $\mathrm{T \cdot m \cdot A^{-1}}$（特斯拉米每安培）。

对于顺磁质，$\mu_{\mathrm{r}} > 1$；对于抗磁质，$\mu_{\mathrm{r}} < 1$。事实上，大多数顺磁质和一切抗磁质的相对磁导率 μ_{r} 都是与 1 相差极小的常数，这说明这些物质对外磁场影响甚微，

因而有时可忽略它们的影响。至于铁磁质，它们的相对磁导率 μ_r 远大于 1，并且随着外磁场的强弱而变化。表 15–2 列出了几种磁介质的相对磁导率。

表 15–2　几种磁介质的相对磁导率

磁介质种类		相对磁导率
抗磁质 $\mu_r < 1$	铋（293 K） 汞（293 K） 铜（293 K） 氢（气体）	$1 - 16.6 \times 10^{-5}$ $1 - 2.9 \times 10^{-5}$ $1 - 1.0 \times 10^{-5}$ $1 - 3.98 \times 10^{-5}$
顺磁质 $\mu_r > 1$	氧（液体，90 K） 氧（气体，293 K） 铝（293 K） 铂（293 K）	$1 + 769.9 \times 10^{-5}$ $1 + 344.9 \times 10^{-5}$ $1 + 1.65 \times 10^{-5}$ $1 + 26 \times 10^{-5}$
铁磁质 $\mu_r \gg 1$	纯铁 硅钢 坡莫合金	5×10^3（最大值） 7×10^2（最大值） 1×10^5（最大值）

磁介质的磁化是物质的一个重要属性。它与物质的微观结构分不开，下面介绍弱磁质磁化的微观机理。

3. 顺磁质与抗磁质的磁化机理

从物质结构看，物质分子中的每个电子，除绕原子核作轨道运动外，还有自旋运动，这些运动都要产生磁场。如果把分子当作一个整体，那么每一个分子中各个运动电子所产生的磁场的总和，相当于一个等效圆形电流所产生的磁场。这一等效圆形电流叫作分子电流。每种分子的分子电流的磁矩 $\boldsymbol{m}$ 具有确定的量值，叫作**分子磁矩**。

在顺磁质中，每个分子的分子磁矩 $\boldsymbol{m}$ 不为零，当没有外磁场时，由于分子的热运动，每个分子磁矩的取向是无序的。因此在一个宏观的体积元中，所有分子磁矩的矢量和 $\sum \boldsymbol{m}$ 为零。也就是说，当无外磁场时，磁介质不呈现磁性。当有外磁场时，各分子磁矩都要受到磁力矩的作用。在磁力矩作用下，所有分子磁矩 $\boldsymbol{m}$ 将力图转到外磁场方向，但由于分子热运动的影响，分子磁矩沿外磁场方向的排列只是略占优势。因此在宏观的体积元中，各分子磁矩的矢量和 $\sum \boldsymbol{m}$ 不为零，即合成一个沿外磁场方向的合磁矩。这样，在磁介质内，分子电流产生了一个沿外磁场方向的附加磁感应强度 $\boldsymbol{B}'$，于是，顺磁质内的磁感应强度 $\boldsymbol{B}$ 的大小增强为 $B = B_0 + B'$，这就是顺磁质的磁化效应。

在抗磁质中，虽然组成分子的每个电子的磁矩不为零，但每个分子的所有分子磁矩正好相互抵消。也就是说，抗磁质的分子磁矩为零，即 $\boldsymbol{m}=\boldsymbol{0}$。所以当无外磁场时，磁介质不呈现磁性。当抗磁质放入外磁场中时，由于外磁场穿过每个抗磁质分子的磁通量增加，所以无论分子中各电子原来的磁矩方向怎样，根据中学里已学过的电磁感应知识，分子中每个运动着的电子都将感应出一个与外磁场方向相反的附加磁场，来反抗穿过该分子的磁通量的增加。这一附加磁场可看作是由分子的附加等效圆形电流所产生的，其磁矩为 $\Delta\boldsymbol{m}$，叫作分子的**附加磁矩**。由于原子、分子中电子运动的特点——电子不易与外界交换能量，磁场稳定后，已产生的附加等效圆形电流将继续下去，因而在外磁场中的抗磁质内，由所有分子的附加磁矩产生了一个与外磁场方向相反的附加磁感应强度 $\boldsymbol{B}'$。于是抗磁质内的磁感应强度的大小减为 $B=B_0-B'$，这就是抗磁质的磁化效应。

实际上，在外磁场中顺磁质分子也要产生一个与外磁场方向相反的附加磁矩，但在一个宏观的体积元中，顺磁质分子由于转向磁化而产生的与外磁场方向相同的磁矩远大于分子附加磁矩的总和，因此顺磁质中的分子附加磁矩被分子转向磁化而产生的磁矩所掩盖。

4. 有磁介质时的安培环路定理

在不考虑磁介质时，磁场的安培环路定理可写为

$$\oint_L \boldsymbol{B}\cdot \mathrm{d}\boldsymbol{l}=\mu_0\sum_i I_i$$

在有磁介质的情况下，介质中各点的磁感应强度 $\boldsymbol{B}$ 等于传导电流 I_c 和磁化电流 I_s 分别在该点激发的磁感应强度 $\boldsymbol{B}_0$ 和 $\boldsymbol{B}'$ 之矢量和，即

$$\boldsymbol{B}=\boldsymbol{B}_0+\boldsymbol{B}'$$

因此，磁场的安培环路定理中，还须计入被闭合路径 L 所围绕的磁化电流 I_s，即

$$\oint_L \boldsymbol{B}\cdot \mathrm{d}\boldsymbol{l}=\mu_0\left(I_c+I_s\right)$$

但是，由于磁化电流 I_s 的分布难于测定，这就给应用安培环路定理来研究磁介质中的磁场造成了困难，为此，我们在磁场中引入一个辅助量——**磁场强度**，简称 $\boldsymbol{H}$ 矢量，定义为

$$\boldsymbol{H}=\frac{\boldsymbol{B}}{\mu}$$

其单位是安培每米（$\mathrm{A}\cdot\mathrm{m}^{-1}$）。

于是，可以得到有磁介质时的安培环路定理为

$$\oint_L \boldsymbol{H} \cdot \mathrm{d}\boldsymbol{l} = I_c$$

上式表明，在任何磁场中，$\boldsymbol{H}$ 矢量沿任何闭合路径 L 的线积分（即 $\oint_L \boldsymbol{H} \cdot \mathrm{d}\boldsymbol{l}$），等于此闭合路径 L 所围绕的传导电流 I_c 的代数和。

5. 铁磁质的特性

顺磁质和抗磁质的 μ_r 都接近 1，因此对磁场影响不大。而铁磁质的 μ_r 很大，因而其磁导率是真空中的几百倍至几万倍。此外铁磁质还有如下一些特性：

（1）铁磁质的磁感应强度 $\boldsymbol{B}$（$=\mu\boldsymbol{H}$）并不随着磁场强度 $\boldsymbol{H}$ 按比例地变化，即铁磁质的磁导率不是常量。如图 15–46 所示，当 H 从零逐渐增大（H 的值不是很大）时，B 也逐渐地增加；之后，H 再增加时，B 就急剧地增加；当 H 增大到一定程度以后再增加时，B 就增加得很慢了，并且当 $H = H_s$ 时，B 不再增大，这时对应的 B 值叫作饱和磁感应强度 B_{max}，这种现象叫作**磁饱和现象**。

（2）铁磁质的磁化过程并不是可逆的。如图 15–46 所示，当 H 增大时，B 按磁化曲线 ONS 增长，当铁磁质磁化到一定程度后，再逐渐使 H 减弱而使铁磁质退磁时，B 虽相应地减小，但却按照磁化曲线 SRC 下降，而该曲线的位置比上一曲线高，这种 B 的变化落后于 H 的变化的现象，叫作磁滞现象，简称**磁滞**。当 H 减小到零时，B 并不等于零，而仍有一定数值 B_r，B_r 叫作剩余磁感应强度，简称**剩磁**。这是铁磁质所特有的现象。如果一铁磁质有剩磁存在，就表明它已被磁化过。为了消除剩磁，必须加一反向磁场。

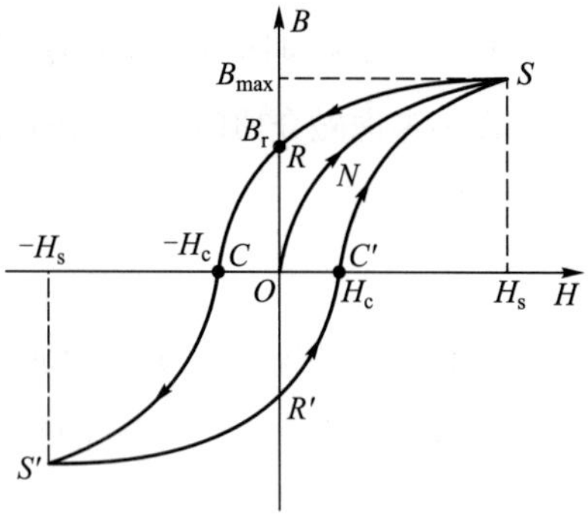

图 15–46　磁滞回线

由图 15–46 可以看出，随着反向磁场的增加，B 逐渐减小，当达到 $H = -H_c$ 时，B 等于零。

通常把 H_c 叫作**矫顽力**，它表示铁磁质去磁的能力。当反向磁场继续不断增强到 $-H_s$ 时，材料的反向磁化也达到了饱和。此后，若使反向磁场减小到零，然后又沿正方向增加，材料的磁化状态将沿磁化曲线 $S'R'C'S$ 回到正向饱和磁化状态，从而形成一个闭合曲线，称之为**磁滞回线**，如图 15–46 所示。

（3）实验还发现，铁磁质的磁化能力和温度有关。随着温度的升高，它的磁化能力逐渐减小，当温度升高到某一数值时，铁磁性就会完全消失。这个温度叫作居里温度或居里点。从实验可知道，铁的居里温度约为 770 ℃。

*15.7 生物磁学

生物磁学是一门生物学与磁学相互渗透的交叉学科，它研究生物的磁性、生物磁现象和生命活动过程中结构功能的关系，以及外界的磁环境对生物体的影响。

人们很早就开始了对生物磁效应的观察和应用，在2000多年前的战国时期，名医扁鹊就曾利用磁石来给人治病。明代著名医药学家李时珍在他所著的《本草纲目》中列举了用磁石治肾虚、耳聋、眼花、内障、小儿惊痫、大肠脱肛等疾病。古希腊人和阿拉伯人也有利用磁石治疗腹泻、脾脏、肝病等的记载。近年来，在生物磁学的研究中，由于应用了现代科学知识和先进的技术，人们实现了对人体和生物体的极微弱的磁场的测量，发展了人体和生物体的核磁共振成像诊断技术，发现了生物体内的微量的强磁性物质，开展了生物磁性与生物结构和功能关系的研究，这大大地丰富了现代生物磁学的内容和应用。

1. 生物磁现象

按来源区分，生物磁有两种：一种是由生物电流引起的电致内源生物磁；另一种是由于生物体内微量的强磁性物质（如Fe_3O_4）磁化后产生的磁致内源或从体外进入的外源生物磁。人体内有各种生物电流通过，这是人们早已熟知的事。例如医生用来诊断病情的心电图、肌电图和脑电图就是人的心脏、肌肉和脑活动所产生的电流的记录。根据电流的磁效应，人和生物体内流动的电流会产生相应的生物磁场。生物磁场很微弱，例如人体心脏在收缩和舒张时所产生的生物电流导致的心磁场的磁感应强度为10^{-11}~10^{-10} T，人体脑神经活动产生的脑（神经）磁场的磁感应强度为10^{-13}~10^{-12} T，人的肌肉收缩或松弛时所产生的肌肉磁场比心磁场弱些，但比人脑产生的磁场要强，人体肺部吸入强磁性微粒可产生10^{-9}~10^{-8} T的肺磁场。人体各部分产生的磁场是十分微弱的，显然，一定要采用极灵敏的测量仪器和精密的测量方法，特别是需要排除地磁场或各种人为磁场的干扰，才有可能对人体产生的微弱磁场进行精密而准确的测量。国外有学者借助超导量子干涉仪，测出了人体心脏肌肉产生的磁场，并且他们发现，心脏磁场的产生和人的心理状态——喜、怒、哀、乐等有密切关系。生物磁主要是由生物体内大分子活动期间的生物电流引起的，因此这些磁场能真实反映大分子结构和功能的变化，检测这种磁场随时间变化的规律，无疑能为医生提供关于生物体内生理和病理状态的重要信息。生物磁随时间的变化称为生物磁图，如心磁图、脑磁图等，它已在基础研究和临床诊断上得到应用，因而开创了磁在探病、治病方面实际应用的新历史，过去许多难以捉摸的人体生理秘密有可能随着生物磁学的发展而逐步解开。

2. 磁生物效应

人类应用指南针进行定向已有千余年的历史，但是许多动物利用自身的某种机制来识别地磁场从而确定方向之谜，直到近几年才被揭示。

鸽子飞行千里，仍能回归老巢，它是靠什么来定向的呢？近几年来，人们仔细地解剖和检验其体内的各部分器官和组织，终于发现在鸽子的头颅里存在磁性细粒（磁性细胞），正是这些磁性细粒起到了罗盘磁针的定向作用。同样，对季节性长途往返迁徙而又从不迷途的候鸟——如北极的燕鸥——进行解剖后，人们发现候鸟这类能作远途迁徙的鸟的大脑组织中含有比鸽子更丰富的磁性成分。海豚具有导航定向的本领，科学家已在海豚体内找到微小的磁性物质。另外大马哈鱼、灰鲸、鲑鱼等都有极强的长途环游本领，虽然在它们的体内尚未找到磁性微粒，但这些生物是具有磁感的。除鸟类和鱼类外，蜜蜂、苍蝇、白蚁等昆虫及蚯蚓等软体动物也都有靠磁场识途或辨向的本领。

分子生物学的研究表明，生物体中大多数分子和原子是具有磁性的，因此外磁场必然会对生物起作用或产生影响。显然，不同类型、不同强度分布的外磁场对不同生物的影响程度是不同的。例如，已完全习惯和适应在地磁环境下生活的老鼠，如果将它们置于磁屏蔽的环境中，那么它们的寿命会大为缩短；若将它们置于人造的强磁场中，它们就会立刻死亡。又如，把果蝇饲养在 0.01~0.15 T 的恒定磁场中时，果蝇的形态并无明显的变化，但当把磁场增强到 0.3~0.4 T 时，其形态畸变就显著增大。科学家通过实验发现，在强磁场中，细菌的繁殖将受到抑制，蝌蚪的寿命会延长 6 天。研究人员指出，磁场会影响植物的生长，并影响原生质在细胞中的运动，通过对磁场强弱程度的调节，可以促进植物的生长，也可以抑制其发育。如强磁场会抑制植物根部的发育，而弱磁场则能刺激其根部的生长。

磁场对人体的作用和影响也是不能忽视的。磁场对人的健康以至于生命究竟是利还是弊呢？这主要取决于磁场的频率和强弱，特别是取决于磁场作用于人体的哪个部位和作用时间的长短。比如长期在高压输电线附近区域工作或居住的人，由于受输电线发出的低频电磁场的影响，会出现情绪易于激动和容易疲劳、大脑工作效率降低等症状。在超高频电磁场——如微波辐射场中，外加微波场会使人体中的一些极性分子作剧烈的振荡而使组织发高热，这样会使人的体温失控而引发心血管反应、抽搐、呼吸障碍等一系列高温生理反应，严重威胁着人的生命安全。微波辐射除对生物体产生上述的热效应外，也可产生非热效应，即生理效应，热效应的存在与危害已有许多论证，但对于非热效应的存在目前国际上尚有分歧。总之，磁能治病，也能致病，这就需要人类运用自己的智慧对磁能作到“去弊取利”，以达到保护生活在各式电磁场的“汪洋大海”中的人们的生命安全的目的。

3. 生物磁学的应用

生物磁学已在农业、畜牧业、医药、环境保护和生物工程等方面得到了较广泛的应用。在农业、畜牧业上，人们利用磁场处理一些作物的种子和幼苗，施加少量的磁性肥料，或者利用经磁处理的水（用 10^{-2}~10^{-1} T 的磁场将水磁化——简称磁化水）浸种、育苗或浇灌，可以提高种子发芽率，使根系发达，促进作物生长，达到增产的效果。另外，磁化水在提高农产品质量方面所显示的成绩同样是诱人的，比如利用磁化水浸种后收获的大米，所含的粗蛋白和赖氨酸成分都有增高，应用磁化水浇灌的蔬菜品味甚佳，黄瓜香脆多水，西红柿甜嫩可口，青椒肉厚籽少。在畜牧业上，应用磁化水发酵饲料供牲畜食用和以磁化水作为饮用水，猪、牛、羊等家畜少病、生长快，而且毛质提高。在医药上，磁石（Fe_3O_4）迄今仍是中医处方中的一味药；磁疗对于急性扭伤、肩周炎、腰肌劳损、神经性头痛等疾病的疗效是很显著的；用磁场镇痛——简称磁麻来替代药物麻醉已开始在拔牙、切除阑尾以及结扎输卵管等手术中试验或应用；利用磁场作用原理人们已研制出血流计、磁药针、血球分离器等；磁水在治疗结石病上也有较好的疗效。在环保领域中，利用高梯磁分离和加磁性种子的磁分离法可以将煤中所含的硫除去，也能将城市的污水和各种工业废水中的油污、金属和非金属杂质等除净。

生物磁现象和磁生物效应的作用机理迄今仍是一个没有很好解决的问题，尽管人们已较广泛地采用磁疗来治疗病痛，但是对磁疗的机理几乎一无所知。这个问题既包括物理学的内容，又涉及生命物质的结构和功能，尚有大量问题等待国内外科研人员去解决。

思 考 题

15-1 取一闭合积分回路 L，使三根载流导线穿过它所围成的面。现改变三根导线之间的相互间隔，但不越出积分回路，则__________。

（A）回路 L 内的 $\sum I$ 不变，L 上各点的 $\boldsymbol{B}$ 不变

（B）回路 L 内的 $\sum I$ 不变，L 上各点的 $\boldsymbol{B}$ 改变

（C）回路 L 内的 $\sum I$ 改变，L 上各点的 $\boldsymbol{B}$ 不变

（D）回路 L 内的 $\sum I$ 改变，L 上各点的 $\boldsymbol{B}$ 改变

15-2 如思考题 15-2（a）和（b）图所示，各有一半径相同的圆形回路 L_1、L_2，圆周内有电流 I_1、I_2，其分布相同，且均在真空中，但在（b）图中 L_2 回路外有电流 I_3，P_1、P_2 为两圆形回路上的对应点，则__________。

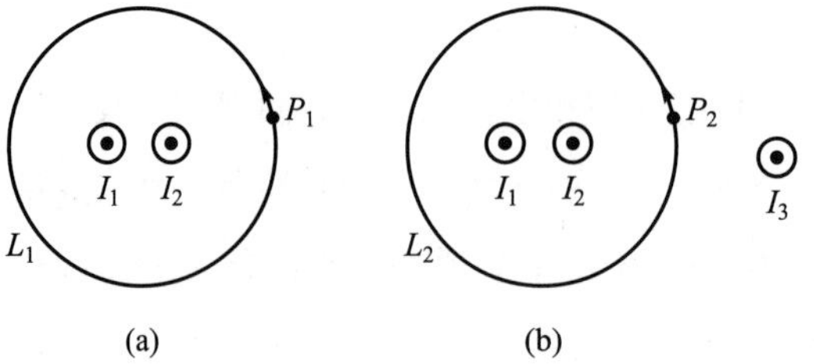

(A) $\oint_{L_1} \boldsymbol{B}\cdot d\boldsymbol{l}=\oint_{L_2} \boldsymbol{B}\cdot d\boldsymbol{l},\ \boldsymbol{B}_{P_1}=\boldsymbol{B}_{P_2}$

(B) $\oint_{L_1} \boldsymbol{B}\cdot d\boldsymbol{l}\neq\oint_{L_2} \boldsymbol{B}\cdot d\boldsymbol{l},\ \boldsymbol{B}_{P_1}=\boldsymbol{B}_{P_2}$

(C) $\oint_{L_1} \boldsymbol{B}\cdot d\boldsymbol{l}=\oint_{L_2} \boldsymbol{B}\cdot d\boldsymbol{l},\ \boldsymbol{B}_{P_1}\neq\boldsymbol{B}_{P_2}$

(D) $\oint_{L_1} \boldsymbol{B}\cdot d\boldsymbol{l}\neq\oint_{L_2} \boldsymbol{B}\cdot d\boldsymbol{l},\ \boldsymbol{B}_{P_1}\neq\boldsymbol{B}_{P_2}$

思考题 15-2 图

15-3　均匀磁场的磁感应强度 $\boldsymbol{B}$ 垂直于半径为 r 的圆面。以该圆周为边线，作一半球面 S，则通过 S 面的磁通量为多少？

15-4　一均匀磁场，其磁感应强度方向垂直于纸面，两带电粒子在磁场中的运动轨迹如思考题 15-4 图所示，则__________。

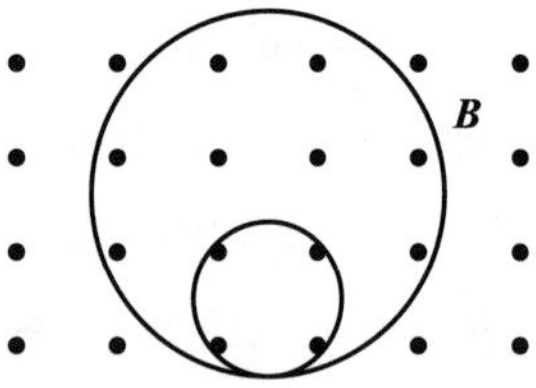

思考题 15-4 图

（A）两粒子的电荷必然同号　　（B）粒子的电荷可以同号也可以异号

（C）两粒子的动量大小必然不同　　（D）两粒子的运动周期必然不同

15-5　一电子以速度 $\boldsymbol{v}$ 射入磁感应强度为 $\boldsymbol{B}$ 的均匀磁场中。电子沿什么方向射入受到的磁场力最大？沿什么方向射入不受磁场力作用？

15-6　在下面三种情况下，能否用安培环路定理来求磁感应强度？为什么？（1）有限长载流直导线产生的磁场；（2）圆电流产生的磁场；（3）两无限长同轴载流圆柱面之间的磁场。

15-7　如思考题 15-7 图所示，在一个圆形电流的平面内取一个同心的圆形闭合回路，并使这两个圆同轴，且互相平行。由于此闭合回路内不包含电流，所以把安培环路定理用于上述闭合回路，可得

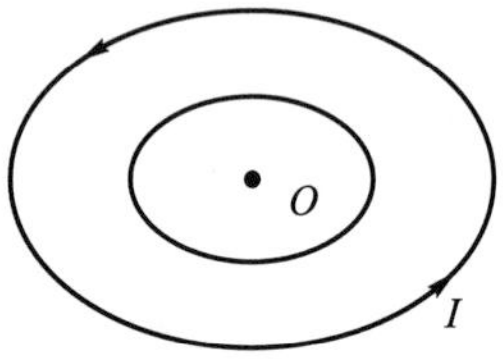

思考题 15-7 图

$$\oint_L \boldsymbol{B}\cdot d\boldsymbol{l}=0$$

由此结果能否说在闭合回路上各点的磁感应强度为零？

15-8　在均匀磁场中有一电子枪，它可发射出速率分别为 v 和 $2v$ 的两个电子。这两个电子的速度方向相同，且均与 $\boldsymbol{B}$ 垂直。试问这两个电子各绕行一周所需的时间是否有差别？

15-9　在磁场中，若穿过某一闭合曲面的磁通量为零，那么，穿过另一非闭合曲面的磁通量是否也为零呢？

15-10　安培定律 $d\boldsymbol{F}=Id\boldsymbol{l}\times\boldsymbol{B}$ 中的三个矢量，哪两个矢量始终是正交的？哪

两个矢量之间可以有任意角度？

习　题

15–1　一橡皮传输带以速度 $\boldsymbol{v}$ 匀速向右运动，如习题 15–1 图所示，橡皮带上均匀带有电荷，电荷面密度为 σ。求橡皮带中部上方靠近表面一点处的磁感应强度 $\boldsymbol{B}$ 的大小。

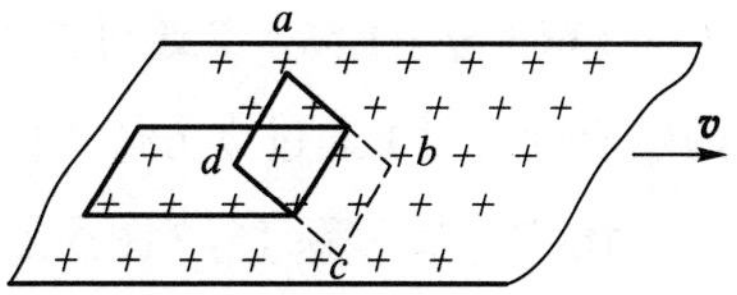

习题 15–1 图

15–2　一根无限长载流直导线在一处弯折成半径为 R 的圆弧，如习题 15–2 图所示。试利用毕奥 – 萨伐尔定律求：（1）当圆弧为半圆周时，圆心 O 处的磁感应强度；（2）当圆弧为 $\dfrac{1}{4}$ 圆周时，圆心 O 处的磁感应强度。

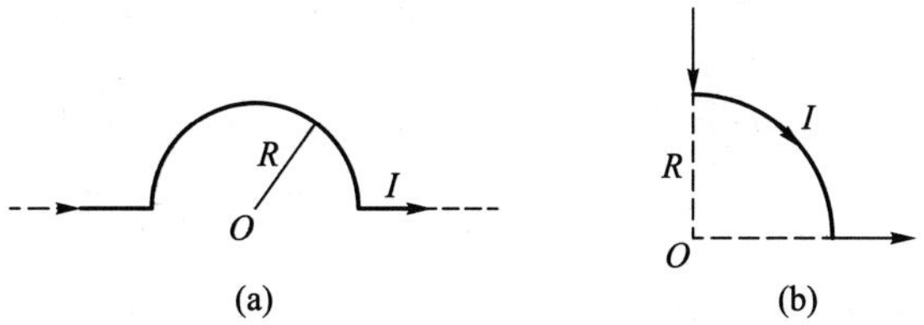

习题 15–2 图

15–3　两根导线沿半径方向引到铁环上的 A、B 两点，并在很远处与电源相连，如习题 15–3 图所示，求环中心的磁感应强度。

15–4　真空中有一无限长载流直导线 LL' 在 A 点处折成直角，如习题 15–4 图所示。在 LAL' 平面内，求 P、R、S、T 四点处磁感应强度的大小。图中，$d = 4.00$ cm，电流 $I = 20.0$ A。

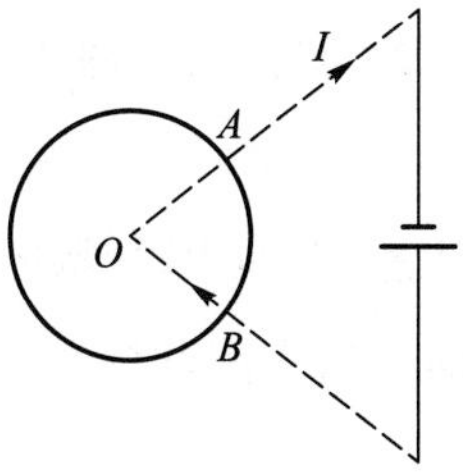

习题 15–3 图

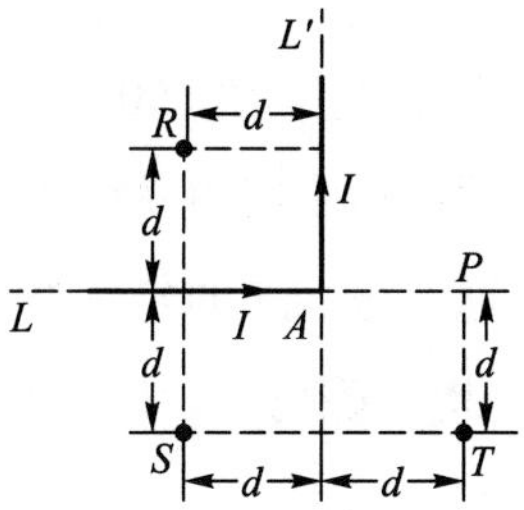

习题 15–4 图

15-5 设电视显像管射出的电子束沿水平方向由南向北运动，电子能量为 12 000 eV，地球磁场的垂直分量向下，大小为 $B = 5.5\times10^{-5}$ T，问：(1) 电子束将偏向什么方向？(2) 电子的加速度是多少？(3) 电子束在显像管内在南北方向上通过 20 cm 时将偏转多远？

15-6 一边长为 $a = 0.15$ m 的立方体如习题 15-6 图所示放置。有一均匀磁场 $\boldsymbol{B} = (6\boldsymbol{i} + 3\boldsymbol{j} + 1.5\boldsymbol{k})$ T 通过立方体所在区域，计算：(1) 通过立方体上阴影面积的磁通量；(2) 通过立方体六面的总磁通量。

15-7 如习题 15-7 图所示，两长直导线中电流 $I_1 = I_2 = 10$ A，且方向相反。对图中三个闭合回路 a、b、c 分别写出安培环路定理等式右边电流的代数和，并讨论：(1) 在每一闭合回路上各点 B 是否相同？(2) 能否由安培环路定理直接计算闭合回路上各点 B 的值？(3) 在闭合回路 b 上各点的 B 是否为零？为什么？

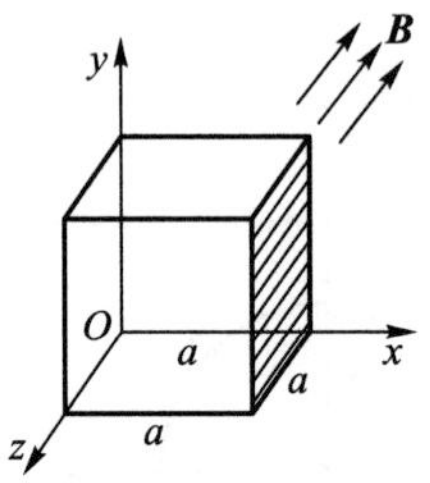

习题 15-6 图

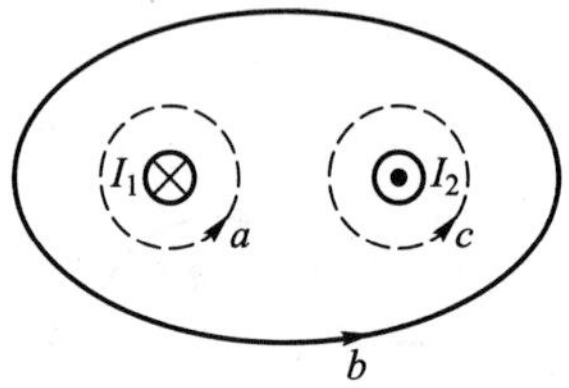

习题 15-7 图

15-8 在磁感应强度为 $\boldsymbol{B}$ 的水平方向均匀磁场中，有一段长为 l 的载流直导线沿竖直方向从静止自由下落，其所载电流为 I，下落中导线与磁场始终正交，且保持水平。求导线下落的速度（摩擦及空气阻力不计）。

15-9 两平行长直导线相距 $d = 40$ cm，每根导线载有电流 $I_1 = I_2 = 20$ A，电流流向如习题 15-9 图所示。求：(1) 两导线所在平面内与该两导线等距的一点 A 处的磁感应强度；(2) 通过图中阴影所示面积的磁通量（$r_1 = r_3 = 10$ cm，$L = 25$ cm）。

15-10 一螺线管长为 0.50 m，总匝数 $N = 2\ 000$，问当通以 1 A 的电流时，管内中央部分的磁感应强度 $\boldsymbol{B}$ 为多大？

15-11 一通有电流 I 的长导线，弯成如习题 15-11 图所示的形状，放在磁感应强度为 $\boldsymbol{B}$ 的均匀磁场中，$\boldsymbol{B}$ 的方向垂直纸面向里。问此导线受到的安培力为多大？

15-12 有一半径为 R 的无限长半圆柱面导体，其上均匀分布恒定电流 I_2，轴线上的长直导线的电流为 I_1。试求半圆柱面导体所受轴线上长直导线的磁场力。

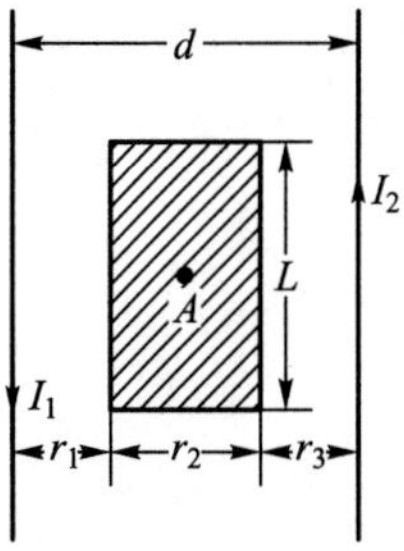

习题 15-9 图

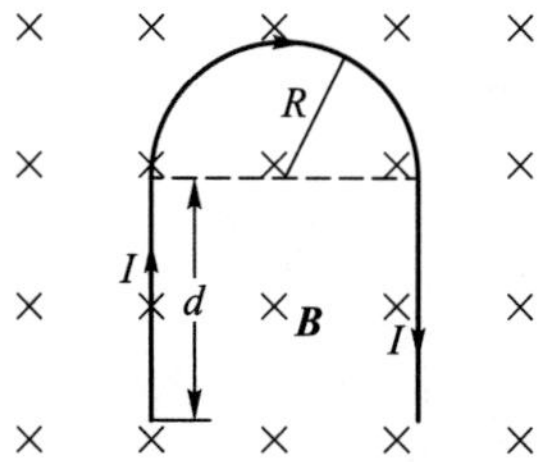

习题 15-11 图

15-13 一载有电流 $I = 7.0$ A 的硬导线，转折处为半径 $r = 0.10$ m 的四分之一圆弧 ab。均匀外磁场的大小为 $B = 1.0$ T，其方向垂直于导线所在的平面，如习题 15-13 图所示，求圆弧 ab 所受的力。

15-14 一直径为 $d = 0.02$ m 的圆形线圈共 10 匝，通以 0.1 A 的电流，问：（1）它的磁矩是多少？（2）若将该线圈置于 1.5 T 的磁场中，它受到的最大磁力矩是多少？

15-15 任意形状的一段导线 ab，其中通有电流 I，放在和均匀磁场 $\boldsymbol{B}$ 垂直的平面内，试证明导线 ab 所受的力等于 a 到 b 间载有同样电流的直导线所受的力。

15-16 一半圆形闭合线圈，半径为 $R = 0.1$ m，通有电流 $I = 10$ A，放在均匀磁场中，磁场方向与线圈平面平行，大小为 0.5 T，如习题 15-16 图所示。求线圈所受磁力矩的大小。

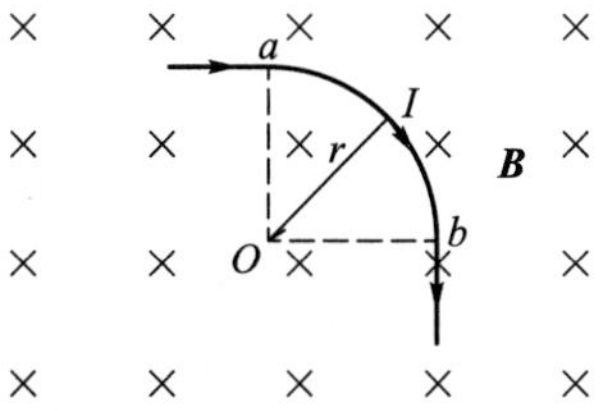

习题 15-13 图

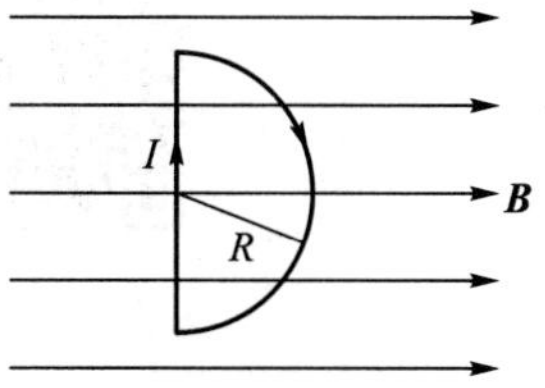

习题 15-16 图

Scientist Synopsis

科学家简介

毕奥

Jean-Baptiste Biot

萨伐尔

Félix Savart

安培

André-Marie Ampère

Chapter 16

第 16 章 电磁感应

电磁感应现象的发现是电磁学发展史上的又一个重要成就，它进一步揭示了自然界电现象和磁现象之间的联系。1820 年，奥斯特的发现第一次解释了电流能够产生磁场，从而开辟了全新的研究领域。当时不少物理学家想到：既然电能够产生磁，磁是否也能产生电？然而他们或者是因为固守着恒定的磁能够产生电的成见，或者是因为工作不够细致，实验都失败了。法拉第开始也是这样，实验没有成功，但他笃信自然力的统一，坚信磁能够产生电，并以他精湛的实验技巧和敏锐的捕捉现象的能力，经过十年不懈的努力，终于在 1831 年 8 月 29 日第一次观察到电流变化时产生的电磁感应现象。紧接着，他作了一系列实验，用来判明产生感应电流的条件和决定感应电流的因素，揭示了电磁感应现象的奥秘。后来诺埃曼给出了电磁感应定律的数学表达式。电磁感应现象的发现促进了电磁理论的发展，为麦克斯韦电磁场理论的建立奠定了坚实的基础。电磁感应现象的发现还标志着新的技术革命和工业革命即将到来，使现代电力工业、电工和电子技术得以建立和发展。

前面几章讨论了静电场和恒定磁场的基本规律。如果电场和磁场随时间变化，那么将会产生什么规律和结果呢？我们将在本章中讨论此问题。

本章主要讨论电磁感应现象及其基本规律，在这个基础上，讨论自感、互感和磁场的能量等问题，最后给出积分形式的麦克斯韦方程组，并建立起统一的电磁场理论。

16.1 电磁感应定律

16.1.1 电源 电动势

为了研究电磁感应所产生的感应电动势的规律，我们首先介绍电动势的概念。

要在导体中维持恒定电流，必须在其两端维持恒定不变的电势差。这一条件是怎样满足的呢？下面以电容器放电时产生的电流为例来讨论。

如图 16–1 所示，当用导线把充电的电容器两极板 A、B 连接起来时，就有电流从 A 极板通过导线流向 B 极板，但这电流不是稳定的，由于两个极板上的正负电荷逐渐中和而减少，极板间的电势差也逐渐减少而直至为零，电流也就停止了。因此，单纯依靠静电力的作用，在导体两端不可能维持恒定的电势差，也就不可能获得恒定电流。

为了获得恒定电流，必须有一种本质上完全不同于静电力的力把图 16–1 中由极板 A 经导线流向极板 B 的正电荷再送回到极板 A，从而使两极板间保持恒定的电势差来维持由 A 到 B 的恒定电流，如图 16–2 所示。能把正电荷从电势较低的点（如电源负极板）送到电势较高的点（如电源正极板）的作用力称为**非静电力**，记作 $\boldsymbol{F}_{\mathrm{k}}$。提供非静电力的装置叫作**电源**。

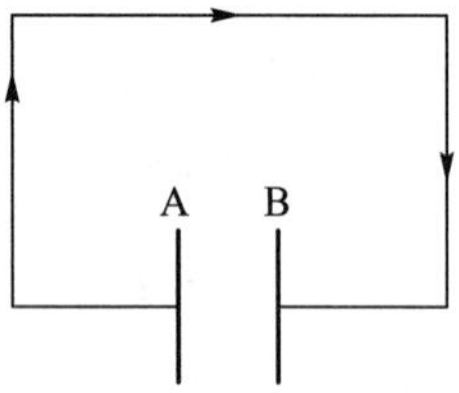

图 16–1

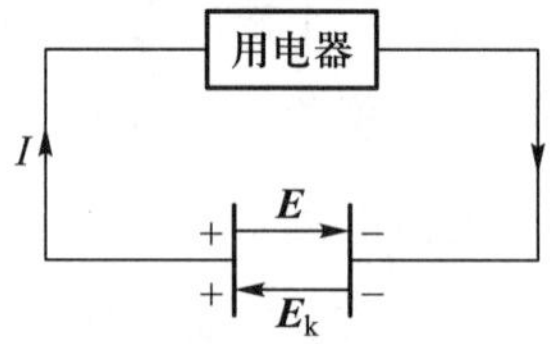

图 16–2 电源

作用在单位正电荷上的非静电力称为**非静电场强**，记作 $\boldsymbol{E}_{\mathrm{k}}$，有

$$\boldsymbol{E}_{\mathrm{k}}=\frac{\boldsymbol{F}_{\mathrm{k}}}{q} \tag{16–1}$$

一个电源的电动势 $\mathscr{E}$ 定义为把单位正电荷从负极通过电源内部移到正极时，电源中的非静电力所做的功，即

$$\mathscr{E}=\int_{-}^{+}\boldsymbol{E}_{\mathrm{k}}\cdot\mathrm{d}\boldsymbol{l} \tag{16–2}$$

电动势与电势一样，也是标量。规定自负极经电源内部到正极的方向为电动势的正方向。

由于电源外部 $\boldsymbol{E}_{\mathrm{k}}$ 为零，所以电源电动势又可以定义为单位正电荷绕闭合回路一周时，电源中非静电力所做的功，即

$$\mathscr{E}=\oint_L \boldsymbol{E}_{\mathrm{k}} \cdot \mathrm{d}\boldsymbol{l} \qquad (16\text{-}3)$$

此定义对非静电力作用在整个回路上的情况（如电磁感应）也适用。这时电动势 $\mathscr{E}$ 的方向与回路中电流的方向一致。

16.1.2 常用电源

工业上最重要的电源是发电机，它利用电磁感应现象把机械能转化成电能。

电池容易制造、便于携带和安装，因而是一种用途广泛的电源，如蓄电池、干电池（包括纽扣电池）、燃料电池、太阳能电池等。下面简述它们的构造和原理。

蓄电池是一种化学电源。各种化学电源的基本组成部分都是电解质溶液和插入其中的正、负电极。正、负电极由不同的金属（或碳棒）作成。在负极进行氧化反应，释放出的电子经过外电路流入正极。正极接收电子后进行还原反应。这氧化还原反应所释放的化学能就转化成了电路中消耗的电能。各种化学电源的不同就在于正、负极的材料和电解质不同。化学电源的组成通常用下列图式表达：

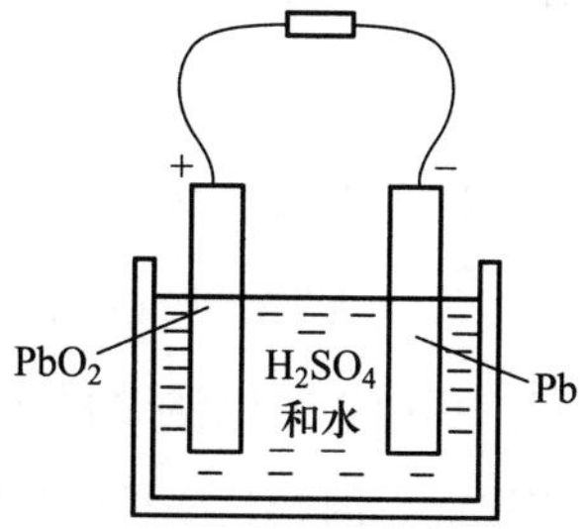

图 16-3　蓄电池示意图

负极 | 电解质 | 正极

常用的蓄电池是铅蓄电池。它的负极是铅板，正极是涂了一层过氧化铅（PbO_2）的铅板（图 16-3）。二者都浸到硫酸溶液中，因此，铅蓄电池的化学组成式是

$$Pb \mid H_2SO_4 \mid PbO_2$$

当外电路接通后，两极进行的化学反应如下：

在负极：$Pb+SO_4^{2-} \rightarrow PbSO_4+2e^-$

在正极：$PbO_2+SO_4^{2-}+4H^++2e^- \rightarrow PbSO_4+2H_2O$

这种蓄电池的电动势为 2 V。

1. 蓄电池

在使用蓄电池时，蓄电池放电。随着放电的继续，电解质内硫酸的质量浓度不断减小。当质量浓度小于一定值时，电动势将明显低于 2 V。这时不能再继续使用蓄电池。要想继续使用蓄电池，必须对蓄电池进行充电。充电时用另外的电源使电

流沿相反的方向通过蓄电池。这时在正、负极会进行上述化学反应的逆反应，从而使两极板以及溶液中硫酸的质量浓度都恢复到原来的情况，此后蓄电池就能作为电源继续使用了。既能放电，又能充电，也就是说能够进行可逆的反应，这是蓄电池的特点和优点。注意，此处说的放电和充电并不是增加或减小了电池内的正的或负的电荷，而是增加或减小了蓄电池所储存的化学能。

除实验室外，使用蓄电池最多的地方是汽车。汽车上的蓄电池 6 个装在一起，可以产生 12 V 的电动势。这一个蓄电池组储存的能量约为 1.8×10^{6} J（0.5 kW·h）。作为潜水艇动力用的蓄电池组重达几百吨，储存的能量可达 1.8×10^{10} J（0.5×10^{4} kW·h）。

2. 干电池和纽扣电池

干电池也是一种化学电源。常用的干电池的中心是一根碳棒，为正极，其周围包以黑色的 MnO_2 粉。它的外面是用 NH_4Cl 溶液和的糨糊，最外面用锌皮裹住作为负极，然后用火漆封口［图 16–4（a）］。因此这种电池的化学组成式为

$$Zn \mid NH_4Cl \mid MnO_2$$

这种电池的电动势为 1.5 V。化学电池的电动势只取决于其所用的材料，与电池的尺寸无关，所以大、小号电池的电动势是一样的，但大号的储存能量要多一些。普通 1 号电池储存的能量约为 7.2×10^{3} J（2×10^{-3} kW · h）。干电池不能进行逆反应，因而是一种消耗物资。

在电子手表、小型计算器、心脏起搏器乃至导弹和人造地球卫星中常用的纽扣电池（或微型电池）也是一种“干”电池。有一种氧化汞电池，其化学组成式为

$$Zn\left|\begin{matrix}KOH\\ K_2Zn(OH)_4\end{matrix}\right|HgO(C)$$

电池的正、负极与钢制的外壳相接。正极由红色的氧化汞和少量的石墨组成。负极是含有 10% 汞的汞齐化锌粉。这些物质都可以压制成块状放入半个电池壳内或直接压入半个电池壳。在两个电极之间充有吸水性物质，称之为隔膜，它们浸透了电解质溶液。在有的电池中，人们也使用糨糊状的电解质，它是在电解质溶液中加入少许甲基纤维素而制成的。图 16–4（b）为一种纽扣电池结构示意图，这种电池的电动势为 1.35 V。

3. 燃料电池

燃料电池也是一种化学电源，它用天然燃料（如气态和液态的碳氢化合物）或容易从天然燃料得到的氢、一氧化碳、水煤气等作为负极，而用氧气作为正极。只

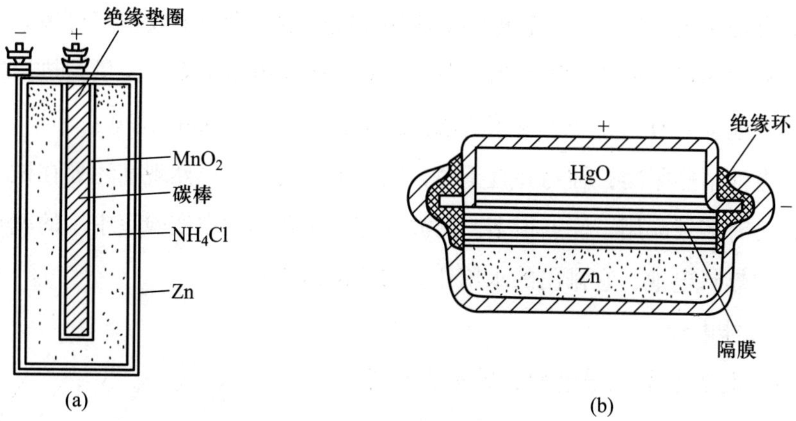

图 16-4　干电池与纽扣电池

要连续地供给这些化学原料（这些原料都储存于电池外部），它就能发生化学反应而将化学能转化为电能。

燃料电池是一个进行受控燃烧反应的特殊燃料室。与一般的燃烧不同，在燃料电池内，燃料的氧化和氧气的还原是在不同的电极上进行的，因而能使反应的能量直接转化成电能。

图 16-5 是一种以氢－氧作为燃料的燃料电池示意图。它的电极是多孔碳作成的中空圆柱体，氧输入到正电极（氧电极），氢输入到负电极（氢电极），这两个电极都浸在氢氧化钾水溶液中。这种燃料电池的化学组成式为

$$H_2 \mid KOH \mid O_2$$

在氢电极和氧电极处分别进行下列反应：

$$2H_2 + 4OH^- \rightarrow 4H_2O + 4e^-$$

$$O_2 + 2H_2O + 4e^- \rightarrow 4OH^-$$

这种化学反应使电子积聚在负电极上，而正电极上却缺少电子。接通外电路后，电子就通过外电路从负电极移向正电极而形成电流。反应的最终结果是氢和氧化合成水，生成的水以水蒸气的形式从电池中排出。

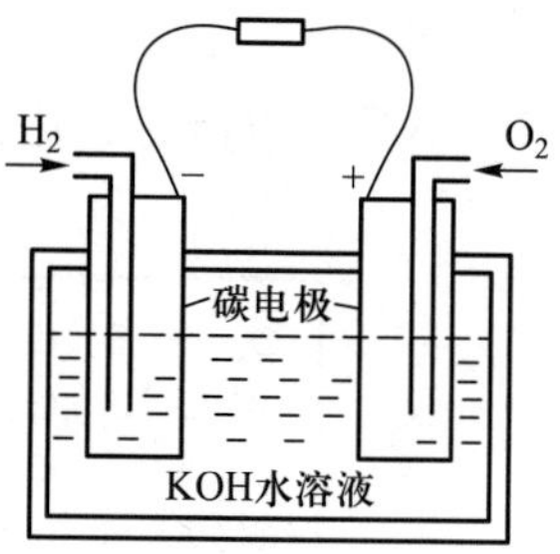

图 16-5　氢－氧燃料电池示意图

这种氢－氧燃料电池的电动势为 1.23 V。只要不断供给燃料，它就可以不断地输出电能。

实验证明，燃料（特别是化学结构简单的物质）在燃料电池中进行“燃烧”而获得电能的效率，要比

由一般的燃烧先产生热能，然后再将生成的热能转化为电能的效率高得多。这就是人们对燃料电池感兴趣的主要原因。尽管如此，燃料电池仍有一定量的热损耗，最好的燃料电池也只有大约 45% 的化学能转化成电能，其余都损耗掉了。

燃料电池结构紧凑，轻巧并且干净，制造也不复杂，虽然现在还处在试验完善阶段，但已有多处应用，优点很多。阿波罗宇宙飞船和太空实验室中用的就是改进了的氢－氧燃料电池，它排出的水用作饮料或淋浴用水。

4. 太阳能电池

太阳能电池不是化学电源，它是直接把光能转化成电能的一种装置。它是由两种不同导电类型即电子型（N 型）和空穴型（P 型）硅的半导体构成的。图 16-6 所示是太阳能电池的结构示意图。在 N 型硅芯周围是一层 P 型硅，这层 P 型硅非常薄，其厚度约为 10^{-4} cm。当太阳光穿过 P 型硅薄层并照射到 N 型与 P 型硅的交界区（叫 PN 结）上时，它使电子从 P 型硅向 N 型硅运动。

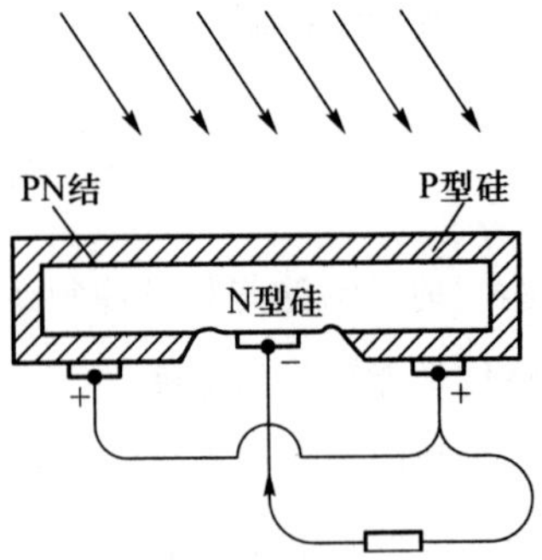

图 16-6　太阳能电池结构示意图

为了解释为什么太阳光能使电子通过 PN 结流动，必须先描述一下电子和空穴的行为。在 N 型硅中，载流子是电子，而在 P 型硅中，载流子是**空穴**（正电荷）。图 16-7（a）、（b）分别表示了 N 型硅与 P 型硅中的电荷情况。当这两种类型的硅片接触并接结在一起时，一些电子将穿过界面扩散到 P 型材料中，而一些空穴将扩散到 N 型材料中，形成 PN 结。PN 结是一个很薄的空间电荷区，靠 P 区的一边带负电，靠 N 区的一边带正电，从而产生了一个空间电场，这个电场的方向是由 N 区指向 P 区的，如图 16-8 所示。电场的存在就成为扩散运动的一个阻力，它阻止 P 区的空穴继续向 N 区扩散，也阻止 N 区的电子继续向 P 区扩散，最后达到一种平衡。

太阳能电池的电流是由太阳光对 PN 结的电场区内原子的作用产生的。

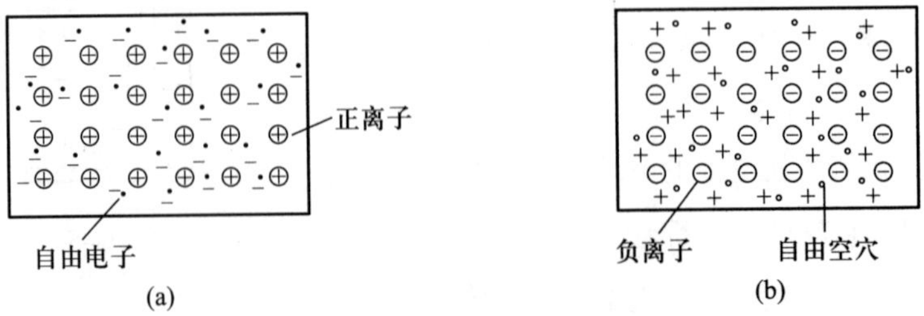

图 16-7　半导体

当太阳光照到这些原子中的某一个原子上时，会使它电离，即从原子中拉出一个电子，这样就产生了一个自由电子和一个自由空穴。在PN结电场的作用下，电子加速到结的N区一边，空穴加速到结的P区一边，这样就形成了正电荷从N区流向P区的电流。在外电路中，电流将从P端流回N端，也就是P端作为太阳能电池的正极，N端作为太阳能电池的负极。

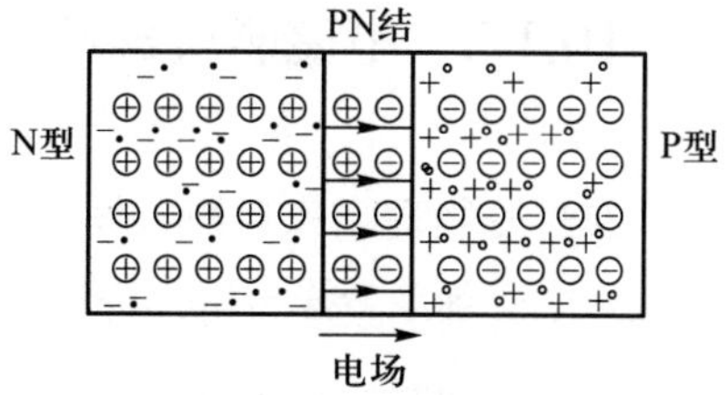

图 16–8　PN 结

硅太阳能电池的电动势约为 0.6 V，它所能取得的电流是比较小的。即使强太阳光照射到面积为 5 cm^2 的单个太阳能电池上，也只能获得 0.1 A 的电流。太阳能电池效率较低，只有大约 11% 的光能转化成电能。为了产生可用的电力，人们常常将大量太阳能电池组合起来形成太阳能电池板。

如果在太阳能电池表面涂上一层放射性物质，那么它放射出的射线可以引起太阳光的作用而引起电流，这样就作成了原子能电池。

最后，还需要提一下热电偶，这也是一种产生电动势的装置。它把热能直接转化为电能，而不需要先把热能转化成气体的动能再来推动发电机。热电偶的结构（图 16–9）很简单，它就是利用两种不同的导体或半导体材料构成的一个回路（所以叫热电偶）。在这一回路中，两种材料有两个接点，当两个接点处于不同的温度时，在回路中就有电动势产生。这种电动势叫热电动势，热电动势一般比较小。若温度差在几百摄氏度的范围内，则两种金属作成的热电偶的热电动势常只以毫伏计。因此这种电动势不能作为功率源使用，但由于它和温度有关，所以可以用来测量温度。测量温度时，我们总是将回路的一个接点保持恒温，例如泡在冰水中，另一个接点放到待测温度处（图 16–10），然后测量回路中的电动势，再根据校准曲线即可求出待测温度。这种测温方法的优点是，可以逐点测量，反应快，精确度高。

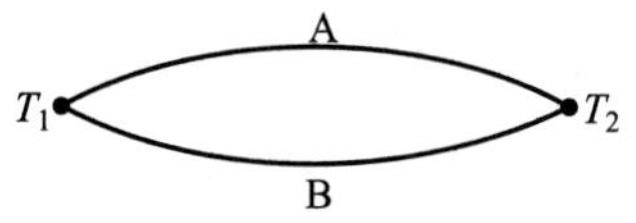

图 16–9　热电偶示意图

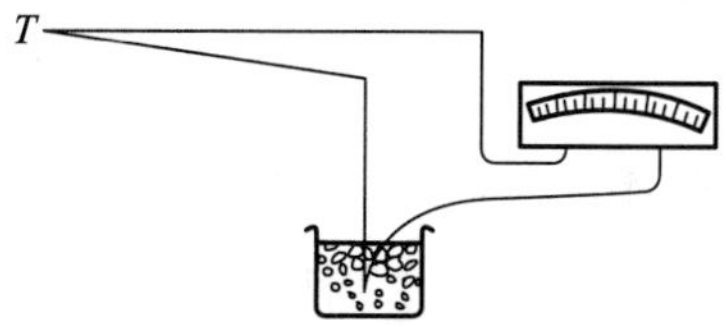

图 16–10　利用热电偶测量温度示意图

16.1.3 电磁感应现象

在丹麦物理学家奥斯特发现电流的磁效应后，人们就提出磁能否产生电的问题。英国物理学家法拉第经过多年反复实验和研究发现：不论用什么方法，只要穿过闭合导体回路的磁通量发生变化，此回路中就会有电流产生，这一现象称为**电磁感应现象**。回路中产生的电流称为**感应电流**，而驱动感应电流的电动势则称为**感应电动势**。

基本的电磁感应现象可以归纳如下：

（1）当磁棒移近并插入线圈时，与线圈串联的电流计上有电流通过；当磁棒拔出时，电流计上的电流流向相反；磁棒相对线圈的速度越快，线圈中产生的电流就越大，如图 16–11 所示。

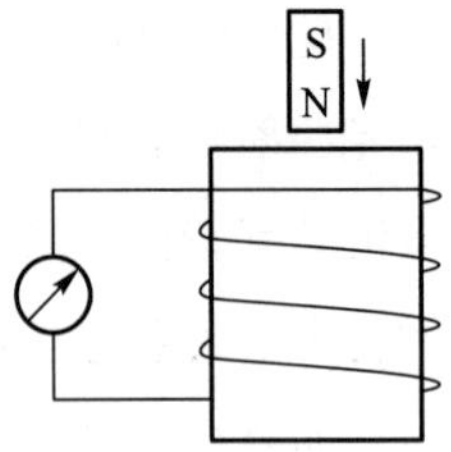

图 16–11

（2）用一通有电流的线圈代替上述磁棒时，结果相同。

（3）如果两个靠近的线圈的相互位置固定，那么当与电源相连的原线圈中的电流发生变化时（接通或断开开关，改变电阻大小），也会在另一线圈（叫副线圈）内引起电流。若线圈中有铁磁性介质棒，则效果更明显。

（4）若把接有电流计、一边可滑动的导线框放在均匀的恒定磁场中，则当可滑动的一边运动时线框中有电流通过。

16.1.4 法拉第电磁感应定律

以上事实的共同特点是：当穿过闭合回路的磁通量 Φ 发生变化时，回路中将产生感应电动势。法拉第提出的电磁感应定律为：不论任何原因使通过回路面积的磁通量发生变化时，回路中产生的感应电动势与磁通量对时间的变化率成正比，即

$$\mathscr{E}=-k\frac{\mathrm{d}\Phi}{\mathrm{d}t} \tag{16–4}$$

式中 k 为比例系数，其值取决于式中各量所采用的单位。在 SI 中，$\mathscr{E}$ 以伏特计，Φ 以韦伯计，则 $k=1$，所以

$$\mathscr{E}=-\frac{\mathrm{d}\Phi}{\mathrm{d}t} \tag{16–5}$$

若线圈密绕 N 匝，则

$$\mathscr{E} = -N\frac{\mathrm{d}\Phi}{\mathrm{d}t} = -\frac{\mathrm{d}\Psi}{\mathrm{d}t}$$

式中 $\Psi = N\Phi$ 叫**磁通链**。

（16–5）式中的负号反映了感应电动势的方向。在使用该式时，先在闭合回路上任意规定一个正绕向，并用右手螺旋定则确定回路所包围的面积的正法线 $\boldsymbol{e}_n$ 的方向，于是磁通量 Φ、磁通量的变化率 $\frac{\mathrm{d}\Phi}{\mathrm{d}t}$ 和感应电动势 $\mathscr{E}$ 的正负均可确定。例如，磁场方向与 $\boldsymbol{e}_n$ 方向相同即磁通量为正值，此时若磁通量增加，则 $\frac{\mathrm{d}\Phi}{\mathrm{d}t} > 0$，$\mathscr{E} < 0$，这表示感应电动势 $\mathscr{E}$ 的方向与规定的正绕向相反；若此时磁通量减少，则 $\frac{\mathrm{d}\Phi}{\mathrm{d}t} < 0$，$\mathscr{E} > 0$，这表示感应电动势 $\mathscr{E}$ 的方向与规定的正绕向相同。磁通量的其他变化情况可类似分析。

对于只有电阻 R 的回路，感应电流

$$I = \frac{\mathscr{E}}{R} = -\frac{1}{R}\frac{\mathrm{d}\Phi}{\mathrm{d}t}$$

在 t_1 到 t_2 的一段时间内通过回路导线中任一截面的感应电荷量为

$$q = \int_{t_1}^{t_2} I\mathrm{d}t = -\frac{1}{R}\int_{\Phi_1}^{\Phi_2}\mathrm{d}\Phi = \frac{1}{R}(\Phi_1 - \Phi_2) \qquad (16\text{–}6)$$

式中 Φ_1 和 Φ_2 分别是 t_1 和 t_2 时刻通过回路的磁通量。上式表明，在一段时间内通过导线任一截面的电荷量与这段时间内导线所包围面积的磁通量的变化量成正比，而与磁通量变化的快慢无关。常用的测量磁感应强度的磁通计（又称高斯计）就是根据这个原理制成的。

16.1.5 楞次定律

楞次定律可以表述为：闭合回路中感应电流的方向，总是使它所激发的磁场来阻止引起感应电流的磁通量的变化。楞次定律也可以表述为：感应电流的效果，总是反抗引起感应电流的原因，如图 16–12 所示。

楞次定律是能量守恒定律在电磁感应现象上的具体体现。在把磁棒 N 极插入线圈时，因线圈中有感应电流流过，故它也相当于一根磁棒。由楞次定律可知，线圈的 N 极应出现在右端，与磁棒的 N 极相对。这样，插入磁棒时外力必须克服两个 N 极的斥力做机械功。正是这个机械功转化为感应电流的焦耳热。

在不要求具体确定感应电流方向、只要判断感应电流引起的机械效果时，采用楞次定律的后一种表述分析问题更为方便。

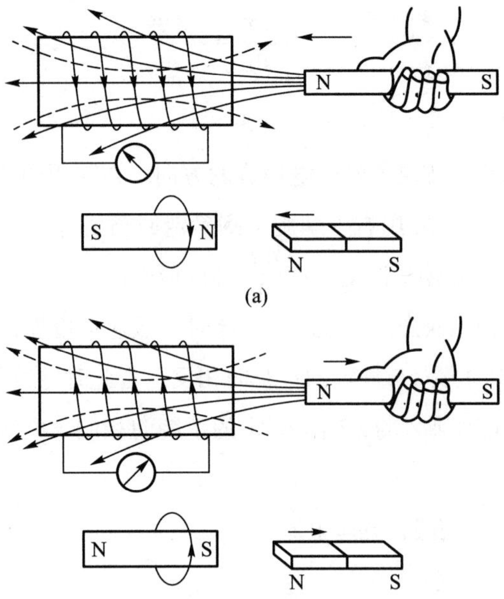

图 16–12　楞次定律的图示

例 16–1　设有一矩形回路放在均匀磁场中，如图 16–13 所示，AB 边可以左右滑动，设它以匀速度向右运动，求回路中的感应电动势。

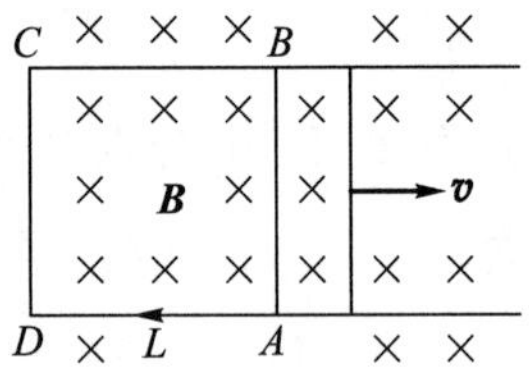

图 16–13

解　取回路 L 顺时针绕行，$AB = l$，$AD = x$，则通过线圈的磁通量为

$$\Phi = \boldsymbol{B} \cdot \boldsymbol{S} = BS\cos 0° = BS = Blx$$

由法拉第电磁感应定律有

$$\begin{aligned}\mathscr{E} &= -\frac{\mathrm{d}\Phi}{\mathrm{d}t} \\ &= -Bl\frac{\mathrm{d}x}{\mathrm{d}t} \\ &= -Blv\left(v = \frac{\mathrm{d}x}{\mathrm{d}t} > 0\right)\end{aligned}$$

“–”说明：$\mathscr{E}$ 与 L 绕行方向相反，即沿逆时针方向。由楞次定律也能得知，$\mathscr{E}$ 沿逆时针方向。

例 16–2　一长直导线中通有交变电流 $I = I_0\sin \omega t$，式中 I 表示瞬时电流，I_0 为电流振幅，ω 为角频率，I_0 和 ω 是常量。在长直导线旁平行放置一矩形线圈，线圈平面与直导线在同一平面内，如图 16–14 所示。已知线圈长为 l、宽为 b，线圈近长直导线的一边离直导线距离为 a。求任一瞬时线圈中的感应电动势。

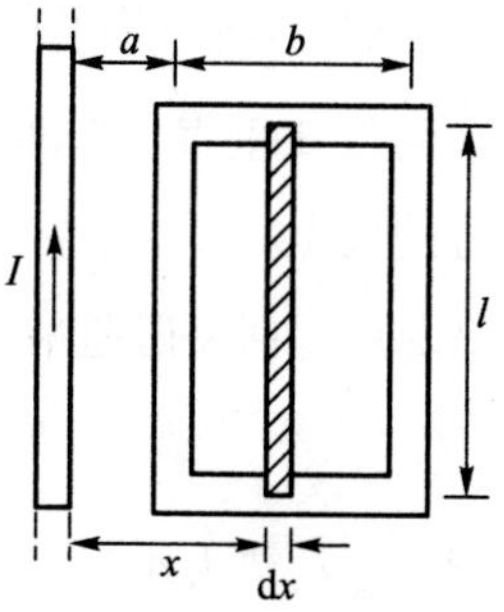

图 16–14

解 在某一瞬时，距离直导线 x 处的磁感应强度大小为

$$B=\frac{\mu_0 I}{2\pi x}$$

选顺时针方向为矩形线圈的绕行正方向，则通过图中阴影部分的磁通量为

$$\mathrm{d}\Phi = B\mathrm{d}S\cos 0^\circ=\frac{\mu_0 I}{2\pi x}l\mathrm{d}x$$

在该瞬时 t，通过整个线圈的磁通量为

$$\Phi=\int \mathrm{d}\Phi=\int_a^{a+b}\frac{\mu_0 I}{2\pi x}l\mathrm{d}x=\frac{\mu_0 l I_0\sin\omega t}{2\pi}\ln\left(\frac{a+b}{a}\right)$$

由于电流随时间变化，通过线圈的磁通量也随时间变化，故线圈内的感应电动势为

$$\begin{aligned}\mathscr{E}&=-\frac{\mathrm{d}\Phi}{\mathrm{d}t}=-\frac{\mu_0 l I_0}{2\pi}\ln\left(\frac{a+b}{a}\right)\frac{\mathrm{d}}{\mathrm{d}t}(\sin\omega t)\\&=-\frac{\mu_0 l I_0\omega}{2\pi}\ln\left(\frac{a+b}{a}\right)\cos\omega t\end{aligned}$$

感应电动势随时间按余弦规律变化，其方向也随余弦值的正、负作顺、逆时针转向的变化。

例 16–3 有两个同心圆环，已知 $r_1 \ll r_2$，大圆环中通有电流 I，当小圆环绕直径以 ω 转动时，如图 16–15 所示，求小圆环中的感应电动势。

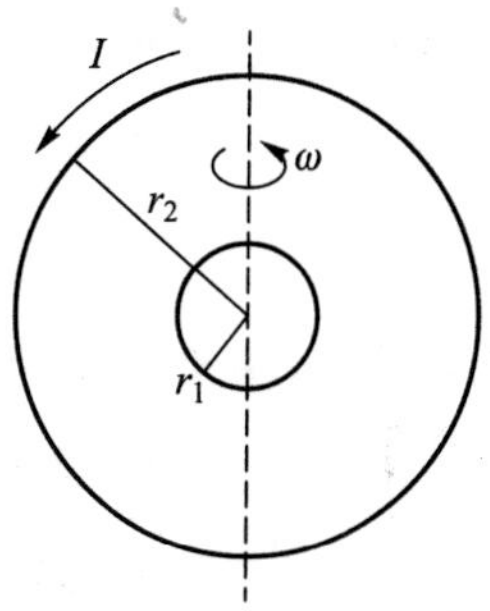

图 16–15

解 任一瞬时 t 大圆环在圆心处产生的磁感应强度大小为

$$B=\frac{\mu_0 I}{2r_2}$$

通过小圆环的磁通量为

$$\Phi=\boldsymbol{B}\cdot\boldsymbol{S}=\frac{\mu_0 I}{2r_2}\pi r_1^2\cos\theta=\frac{\mu_0 I}{2r_2}\pi r_1^2\cos\omega t$$

感应电动势为

$$\mathscr{E}=-\frac{\mathrm{d}\Phi}{\mathrm{d}t}=\frac{\mu_0 I\pi r_1^2\omega}{2r_2}\sin\omega t$$

例 16–4 一半径为 $r = 10$ cm 的圆形回路放在 $B = 0.8$ T 的均匀磁场中，回路平面与 $\boldsymbol{B}$ 垂直，当回路半径以恒定速率 $\frac{\mathrm{d}r}{\mathrm{d}t} = 80\ \mathrm{cm \cdot s^{-1}}$ 收缩时，求回路中感应电动势的大小。

解 回路磁通量为

$$\Phi = BS = B\pi r^2$$

感应电动势大小为

$$\frac{\mathrm{d}\Phi}{\mathrm{d}t} = \frac{\mathrm{d}}{\mathrm{d}t}(B\pi r^2) = B \cdot 2\pi r \frac{\mathrm{d}r}{\mathrm{d}t} \approx 0.40\ \mathrm{V}$$

例 16–5 一对互相垂直的相同的半圆形导线构成回路，半径为 $R = 5$ cm，如图 16–16 所示。均匀磁场 $B = 80 \times 10^{-3}$ T，$\boldsymbol{B}$ 的方向与两半圆的公共直径（在 z 轴上）垂直，且与两个半圆构成相等的角 α，当磁场在 5 ms 内均匀降为零时，求回路中的感应电动势的大小及方向。

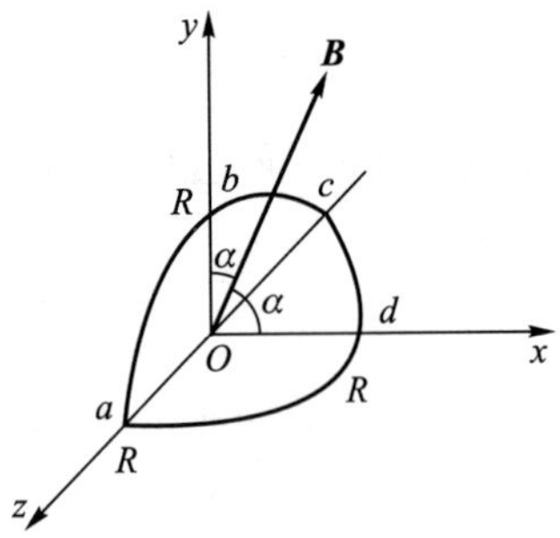

图 16–16

解 取半圆形 cba 法向单位矢量为 $\boldsymbol{i}$，则

$$\Phi_1 = \frac{\pi R^2}{2} B\cos\alpha$$

同理，半圆形 adc 法向单位矢量为 $\boldsymbol{j}$，则

$$\Phi_2 = \frac{\pi R^2}{2} B\cos\alpha$$

又 $\boldsymbol{B}$ 与 $\boldsymbol{i}$ 夹角和 $\boldsymbol{B}$ 与 $\boldsymbol{j}$ 夹角相等，故

$$\alpha = 45^\circ$$

则

$$\Phi = B\pi R^2 \cos\alpha$$

又

$$\frac{\mathrm{d}B}{\mathrm{d}t} < 0$$

则

$$\mathscr{E} = -\frac{\mathrm{d}\Phi}{\mathrm{d}t} = -\pi R^2 \cos\alpha \frac{\mathrm{d}B}{\mathrm{d}t} \approx 8.89 \times 10^{-2}\ \mathrm{V}$$

方向与 $cbadc$ 相同，即沿逆时针方向。

16.2 动生电动势和感生电动势

法拉第电磁感应定律说明，只要穿过回路面积的磁通量发生变化，回路中就有感应电动势产生。而磁通量的变化不外乎两种情况：一种是回路或其一部分在磁场中有相对磁场的运动，这样产生的感应电动势称为动生电动势；另一种是回路不动，因磁场的变化而产生感应电动势，称之为感生电动势。应该指出的是，感应电动势分为动生和感生两类，一般来说只具有相对意义。下面主要讨论两类感应电动势产生的机制，并由电磁感应定律导出相应电动势的表达式。

16.2.1 动生电动势

动生电动势产生的原因可以用洛伦兹力来解释，如图 16–17 所示，一长为 l 的导体棒与导轨所构成的矩形回路 $abcd$ 平放在纸面内，均匀磁场 $\boldsymbol{B}$ 垂直纸面向里。当导体 ab 以速度 $\boldsymbol{v}$ 沿导轨向右滑动时，导体棒内的自由电子也以速度 $\boldsymbol{v}$ 随之向右运动。电子受到的洛伦兹力为

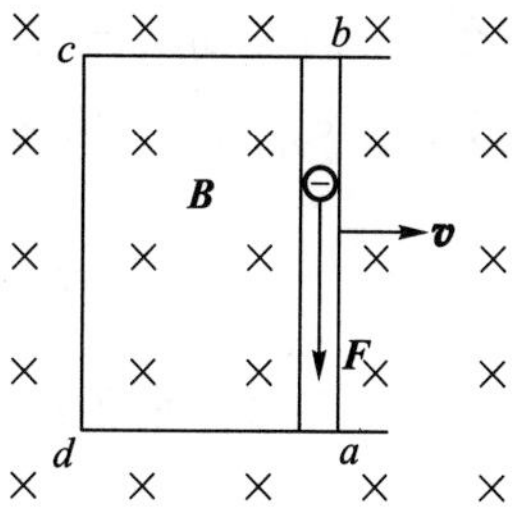

图 16–17 动生电动势

$$\boldsymbol{F} = (-e)\,\boldsymbol{v} \times \boldsymbol{B}$$

$\boldsymbol{F}$ 的方向从 b 到 a。在洛伦兹力作用下，自由电子作向下的定向漂移运动。如果导轨是导体，那么在回路中将产生沿 $abcd$ 方向的电流；如果导轨是绝缘体，那么洛伦兹力将使电子在 a 端积累，使 a 端带负电而 b 端带正电，在 ab 棒上产生自上而下的静电场。静电场对电子的作用力从 a 指向 b，与电子所受洛伦兹力方向相反。当静电力与洛伦兹力达到平衡时，ab 间的电势差达到稳定值，b 端电势比 a 端电势高。由此可见，这段运动导体棒相当于一个电源，它的非静电力就是洛伦兹力。

我们已经知道，电动势定义为把单位正电荷从负极通过电源内部移到正极的过程中，非静电力所做的功。在动生电动势的情形中，作用在单位正电荷上的非静电力 $\boldsymbol{F}_{\mathrm{k}}$ 是洛伦兹力，有

$$\boldsymbol{E}_{\mathrm{k}} = \frac{\boldsymbol{F}}{-e} = \boldsymbol{v} \times \boldsymbol{B}$$

所以，动生电动势

$$\mathscr{E}_{ab} = \int_{-}^{+} \boldsymbol{E}_{\mathrm{k}} \cdot \mathrm{d}\boldsymbol{l} = \int_{a}^{b} (\boldsymbol{v} \times \boldsymbol{B}) \cdot \mathrm{d}\boldsymbol{l}$$

一般来说，在任意的恒定磁场中，一个任意形状的导线 L（闭合的或不闭合的）

在运动或发生形变时，各个线元 $\mathrm{d}\boldsymbol{l}$ 的速度 $\boldsymbol{v}$ 的大小和方向都可能不同。这时，在整个线圈 L 中所产生的动生电动势为

$$\mathscr{E}=\int_L(\boldsymbol{v}\times\boldsymbol{B})\cdot\mathrm{d}\boldsymbol{l} \tag{16-7}$$

它提供了计算动生电动势的方法。

我们知道，洛伦兹力总是垂直于电荷的运动速度，即 $\boldsymbol{F}\perp\boldsymbol{v}$，因此洛伦兹力对电荷不做功。然而，当导体棒与导轨构成的回路中有感应电流时，感应电动势是要做功的。那么做功的能量从何而来呢？为了说明这个问题，我们必须考虑到，在运动导体中自由电子不但具有导体本身的运动速度 $\boldsymbol{v}$，而且还有相对于导体的定向运动速度 $\boldsymbol{u}$，如图 16–18 所示。于是，自由电子所受的洛伦兹力为

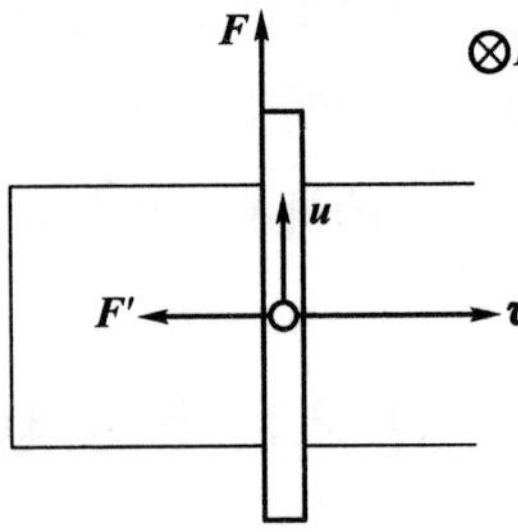

图 16–18

$$\boldsymbol{F}=-e(\boldsymbol{u}+\boldsymbol{v})\times\boldsymbol{B}=-e\boldsymbol{u}\times\boldsymbol{B}-e\boldsymbol{v}\times\boldsymbol{B}=\boldsymbol{F}'+\boldsymbol{F}$$

这个力 $\boldsymbol{F}$ 与合速度 $\boldsymbol{v}_{合}=\boldsymbol{u}+\boldsymbol{v}$ 的点乘为功率，即

$$P=\boldsymbol{F}\cdot\boldsymbol{v}_{合}=(\boldsymbol{F}'+\boldsymbol{F})\cdot(\boldsymbol{u}+\boldsymbol{v})=\boldsymbol{F}\cdot\boldsymbol{u}+\boldsymbol{F}'\cdot\boldsymbol{v}=evBu-euBv=0$$

所以，实际上 $\boldsymbol{F}\perp\boldsymbol{v}_{合}$，即总洛伦兹力对电子不做功。然而，为使导体棒保持速度为 $\boldsymbol{v}$ 的匀速运动，必须施加外力 $\boldsymbol{F}_0$ 以克服洛伦兹力的一个分力 $\boldsymbol{F}'=-e\boldsymbol{u}\times\boldsymbol{B}$。利用上式 $-\boldsymbol{F}'\cdot\boldsymbol{v}=\boldsymbol{F}\cdot\boldsymbol{u}$ 的结果可以看到，外力克服 $\boldsymbol{F}'$ 做功的功率为 $\boldsymbol{F}_0\cdot\boldsymbol{v}=-\boldsymbol{F}'\cdot\boldsymbol{v}=\boldsymbol{F}\cdot\boldsymbol{u}$。这就是说，外力克服洛伦兹力的一个分量 $\boldsymbol{F}'$ 所做的功的功率 $\boldsymbol{F}_0\cdot\boldsymbol{v}$ 等于通过洛伦兹力的另一个分量 $\boldsymbol{F}$ 对电子的定向运动做正功的功率 $\boldsymbol{F}\cdot\boldsymbol{u}$，从而外力做的功全部转化为感应电流的能量。洛伦兹力起到了能量转化的传递作用，但前提是运动导体中必须有能自由移动的电荷。

例 16–6 如图 16–19 所示，一无限长载流直导线 AB，其中电流为 I，导体细棒 CD 与 AB 共面，并互相垂直，CD 长为 l，C 距 AB 为 a，CD 以匀速度 $\boldsymbol{v}$ 沿 $A\rightarrow B$ 方向运动，求 CD 中的感应电动势。

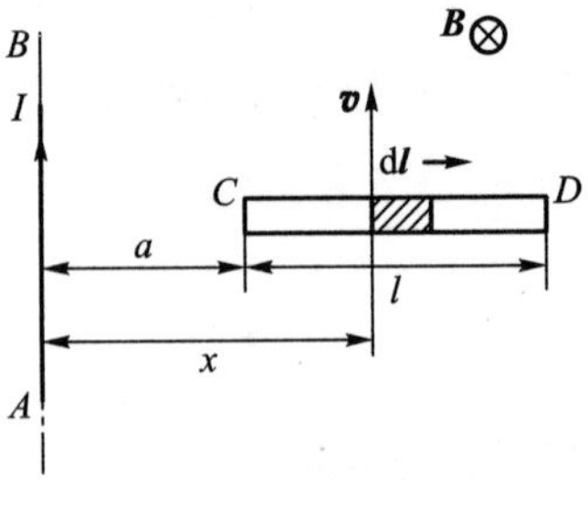

图 16–19

解 在 CD 上取 $\mathrm{d}\boldsymbol{l}$，方向由 C 指向 D，大小为 $\mathrm{d}x$。$\mathrm{d}\boldsymbol{l}$ 段产生的动生电动势为

$$\mathrm{d}\mathscr{E}=(\boldsymbol{v}\times\boldsymbol{B})\cdot\mathrm{d}\boldsymbol{l}$$

因为 $\boldsymbol{B}$ 垂直纸面向内，所以 $\boldsymbol{v}\times\boldsymbol{B}$ 指向 $D\rightarrow C$ 方向，即与 $\mathrm{d}\boldsymbol{l}$ 反向；$\boldsymbol{v}\times\boldsymbol{B}$ 的大

小为 vB。所以

$$\begin{aligned}\mathrm{d}\mathscr{E} &= (\boldsymbol{v}\times\boldsymbol{B})\cdot\mathrm{d}\boldsymbol{l}\\ &= vB\mathrm{d}x\cos\pi\\ &= -vB\mathrm{d}x\\ &= -v\frac{\mu_0 I}{2\pi x}\mathrm{d}x\end{aligned}$$

CD 产生的感应电动势为

$$\begin{aligned}\mathscr{E} &= \int\mathrm{d}\mathscr{E}\\ &= -\int_a^{a+l} v\frac{\mu_0 I}{2\pi x}\mathrm{d}x\\ &= -\frac{\mu_0 I v}{2\pi}\ln\frac{a+l}{a}\end{aligned}$$

因为 $\mathscr{E}<0$，所以 $\mathscr{E}$ 沿 $D\to C$ 方向，即 C 点比 D 点电势高（$\mathscr{E}$ 沿 $\boldsymbol{v}\times\boldsymbol{B}$ 在 x 轴上投影分量方向）。

例 16-7 如图 16-20 所示，一长为 l 的细导体棒在均匀磁场中，绕过 A 并垂直于纸面的轴以角速度 ω 匀速转动。求 AB 上的感应电动势。

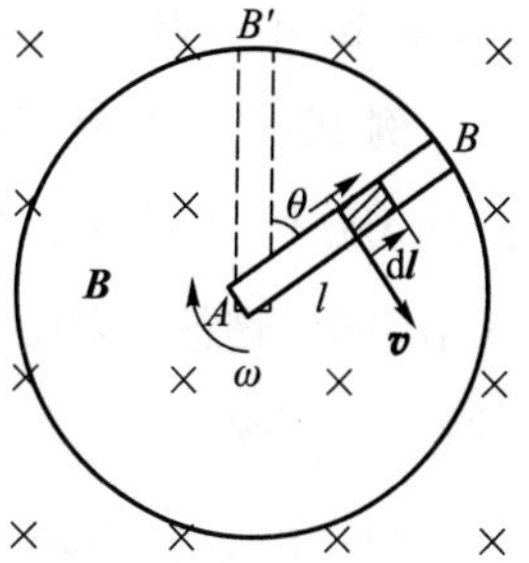

图 16-20

解 方法一：

用 $\mathscr{E}=\int_A^B(\boldsymbol{v}\times\boldsymbol{B})\cdot\mathrm{d}\boldsymbol{l}$ 解。

$\mathrm{d}\boldsymbol{l}$ 沿 A 到 B 方向段产生的动生电动势为

$$\mathrm{d}\mathscr{E} = (\boldsymbol{v}\times\boldsymbol{B})\cdot\mathrm{d}\boldsymbol{l}$$

已知 $\boldsymbol{v}\times\boldsymbol{B}$ 与 $\mathrm{d}\boldsymbol{l}$ 同向，有

$$\mathrm{d}\mathscr{E} = vB\mathrm{d}l = \omega Bl\mathrm{d}l$$

AB 棒产生的感应电动势为

$$\begin{aligned}\mathscr{E} &= \int\mathrm{d}\mathscr{E}\\ &= \int_A^B(\boldsymbol{v}\times\boldsymbol{B})\cdot\mathrm{d}\boldsymbol{l}\\ &= \int_0^l \omega Bl\mathrm{d}l\\ &= \frac{1}{2}\omega Bl^2\end{aligned}$$

因为 $\mathscr{E}>0$，所以 $\mathscr{E}$ 沿 $A\to B$ 方向，即 B 点比 A 点电势高（$\mathscr{E}$ 的方向为 $\boldsymbol{v}\times\boldsymbol{B}$ 在 $\mathrm{d}\boldsymbol{l}$ 上的分量方向）。

方法二：

用 $\mathscr{E}=-\frac{\mathrm{d}\Phi}{\mathrm{d}t}$ 解。

设 $t=0$ 时，AB 位于 AB' 位置，t 时刻转到实线位置，取 $AB'BA$ 为绕行方向（$AB'BA$ 视为回路），则通过此回路所围面积的磁通量为

$$\Phi=\boldsymbol{B}\cdot\boldsymbol{S}=BS\cos 0^\circ=B\frac{1}{2}\omega t l^2$$

有

$$\mathscr{E}=-\frac{\mathrm{d}\Phi}{\mathrm{d}t}=-\frac{1}{2}\omega B l^2$$

因为 $\mathscr{E}<0$，故 $\mathscr{E}$ 沿 $A\rightarrow B'\rightarrow B\rightarrow A$ 方向。

又因为回路中只有 AB 产生感应电动势，所以 AB 段感应电动势为

$$\mathscr{E}=B\frac{1}{2}\omega l^2$$

$\mathscr{E}$ 沿 $A\rightarrow B$ 方向。

例 16–8 如图 16–21 所示，一长为 L 的导体棒 OP，处于均匀磁场中，并绕 OO' 轴以角速度 ω 旋转，棒与转轴间夹角恒为 θ，磁感应强度 $\boldsymbol{B}$ 与转轴平行。求 OP 棒在图示位置处的感应电动势。

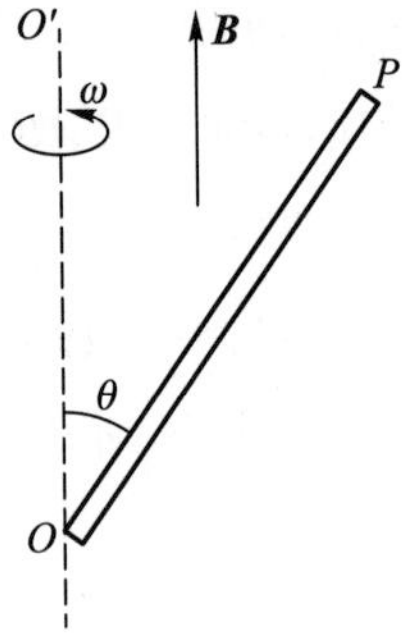

图 16–21

解 由 $\mathscr{E}=\int_A^B(\boldsymbol{v}\times\boldsymbol{B})\cdot\mathrm{d}\boldsymbol{l}$ 得

$$\mathscr{E}=\int_O^P(\boldsymbol{v}\times\boldsymbol{B})\cdot\mathrm{d}\boldsymbol{l}=\int_0^L\omega r(\sin\theta)B\sin 90^\circ\mathrm{d}r\cos(\pi-\theta)$$

$$=\frac{1}{2}\omega B(L\sin\theta)^2$$

方向为 P 高 O 低。

16.2.2 交流发电机的基本原理

设线圈 $abcd$ 的形状不变，面积为 S，共有 N 匝。这个线圈在均匀磁场 $\boldsymbol{B}$ 中绕固定轴 OO' 转动，OO' 轴和磁感应强度 $\boldsymbol{B}$ 的方向垂直（图 16–22）。在某一瞬间，设线圈平面的法线 $\boldsymbol{e}_n$ 和磁感应强度 $\boldsymbol{B}$ 之间的夹角为 θ，则此时穿过线圈平面的磁通量为

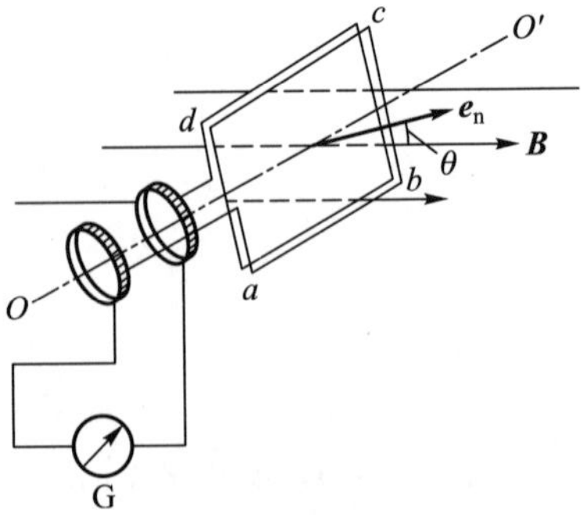

图 16–22 在磁场中转动的线圈

$$\Phi = BS\cos\theta$$

磁通链为

$$\Psi = N\Phi = NBS\cos\theta \tag{16–8}$$

当外加的机械力矩克服摩擦等阻尼力矩后，线圈便绕 OO' 轴转动，这时，上式的 N、B、S 各量都是常量，只有夹角 θ 随时间改变，因此磁通量 Φ 亦随时间改变，从而在线圈中产生感应电动势。显然，这是由于 θ 角变化而引起的动生电动势，故可用（16–7）式求解。我们将根据法拉第电磁感应定律进行推算，由（16–8）式，线圈中的感应电动势为

$$\mathscr{E} = -N\frac{\mathrm{d}\Phi}{\mathrm{d}t} = NBS\sin\theta\frac{\mathrm{d}\theta}{\mathrm{d}t} \tag{16–9}$$

式中 $\mathrm{d}\theta/\mathrm{d}t$ 是线圈转动的角速度 ω；如果 ω 是常量（即匀角速转动），而且使 $t = 0$，$\theta = 0°$，则 $\theta = \omega t$，代入（16–9）式，得

$$\mathscr{E} = NBS\omega\sin vt$$

令 $NBS\omega = \mathscr{E}_0$，它是线圈平面平行于磁场方向（$\theta = 90°$）时的感应电动势，也就是线圈中的最大感应电动势，则上式成为

$$\mathscr{E} = \mathscr{E}_0\sin\omega t$$

上式表明，在均匀磁场内转动的线圈所具有的感应电动势是随时间作周期性变化的，周期为 $2\pi/\omega$ 或频率为 $\nu = \omega/2\pi$。在相邻的每半个周期中，电动势的指向相反（图 16–23），这种电动势叫作交变电动势。在任一瞬间的电动势 $\mathscr{E}_0$ 称为电动势的振幅。

如果线圈与外电路接通而构成回路，其总电阻是 R，则其电流为

$$i = \frac{\mathscr{E}_0}{R}\sin\omega t = I_0\sin\omega t = I_0\sin 2\pi\nu t$$

即 i 也是交变的（图 16–23），叫作交变电流，$I_0 = \mathscr{E}_0/R$ 是最大的电流，称为电流振幅。

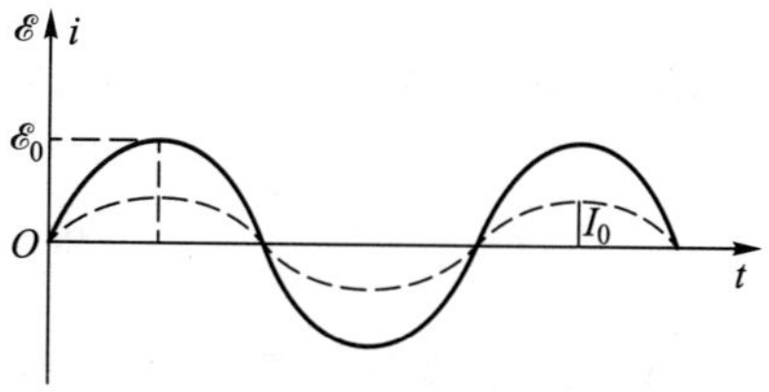

图 16–23　交变电动势和交变电流

从功能观点来看，当线圈转动而出现感应电流时，这线圈在磁场中同时要受到安培力的力矩作用，这力矩的方向与线圈的转动方向相反，形成反向的制动力矩（楞次定律）。因此，要维持线圈在磁场中不停地转动，必须通过外加的机械力矩做功，即要消耗机械能；另一方面，在线圈转动过程中，感应电流的出现，意味着拥有了电能。这电能必然是由机械能转化过来的。因此，线圈和磁场作相对运动而形成的电磁感应的作用是把机械能转化为电能。这就是发电机的基本原理。图 16–22 就是一台简单的交流发电机的示意图。

16.2.3 感生电动势

导体在磁场中运动时，其内的自由电子也随之运动，因此受到磁场力的作用，我们已经知道，洛伦兹力是动生电动势产生的根源，即产生动生电动势的非静电力。对于磁场随时间变化而线圈不动的情况，导体中电子不受洛伦兹力作用，但感生电流和感生电动势的出现都是事实。那么感生电动势对应的非静电力是什么呢？麦克斯韦分析了这种情况并提出了以下假说：

变化的磁场在它周围空间产生电场，这种电场与导体无关，即使无导体存在，只要磁场变化，就有这种场存在。该场称为**感生电场**或**涡旋电场**，用 $\boldsymbol{E}_{\mathrm{i}}$ 表示。涡旋电场对电荷的作用力是产生感生电动势的非静电力。（涡旋电场已被许多事实所证实，如电子感应加速器等。）

涡旋电场与静电场的共同之处在于，它们都是一种客观存在的物质，它们对电荷都有作用力。不同之处在于，涡旋电场不是由自由电荷激发的，而是由变化的磁场激发的。它的电场线是闭合的，即 $\oint_L \boldsymbol{E}_{\mathrm{i}} \cdot \mathrm{d}\boldsymbol{l} \neq 0$。涡旋电场不是保守场，而在回路中产生感生电动势的非静电力正是这一涡旋电场力，即

$$\mathscr{E} = \oint_L \boldsymbol{E}_{\mathrm{i}} \cdot \mathrm{d}\boldsymbol{l} = -\frac{\mathrm{d}\Phi}{\mathrm{d}t}$$

因为 L 围成的面积为 S，磁通量为

$$\Phi = \int_S \boldsymbol{B} \cdot \mathrm{d}\boldsymbol{S}$$

所以感生电动势可表示为

$$\mathscr{E} = \oint_L \boldsymbol{E}_{\mathrm{i}} \cdot \mathrm{d}\boldsymbol{l} = -\frac{\mathrm{d}}{\mathrm{d}t}\int_S \boldsymbol{B} \cdot \mathrm{d}\boldsymbol{S}$$

当闭合回路 L 不动时，可以把对时间的微商和对曲面 S 的积分两个运算的顺序交换，得

$$\oint_L \boldsymbol{E}_{\mathrm{i}} \cdot \mathrm{d}\boldsymbol{l} = -\int_S \frac{\partial \boldsymbol{B}}{\partial t} \cdot \mathrm{d}\boldsymbol{S} \qquad (16\text{–}10)$$

上式说明，在变化的磁场中，涡旋电场强度对任意闭合路径 L 的线积分等于这一闭合路径所包围面积上磁通量的变化率。

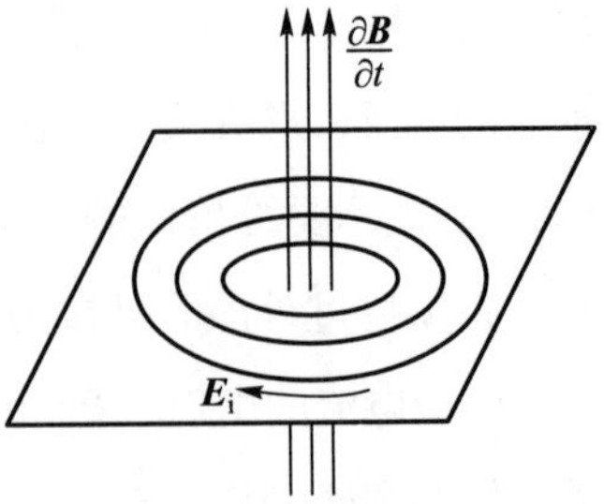

图 16–24

闭合路径 L 的积分绕行正方向与其所包围面积的法线正方向满足右手螺旋定则，由（16–10）式可知，$\boldsymbol{E}_{\mathrm{i}}$ 的方向与 $\partial \boldsymbol{B}/\partial t$ 的方向满足左手螺旋定则，图 16–24 可以说明这个关系。假设图中 $\boldsymbol{B}$

在增大，则 $\partial \boldsymbol{B}/\partial t$ 的方向与 $\boldsymbol{B}$ 相同。若取逆时针方向为闭合回路 L 的积分绕行正方向，则 $\partial \boldsymbol{B}/\partial t$ 的方向与闭合路径包围的面积的法线正方向一致。由（16–10）式得到 $\oint_L \boldsymbol{E}_i \cdot d\boldsymbol{l} < 0$，这表明 $\boldsymbol{E}_i$ 的方向与积分绕行正方向相反，为顺时针方向。由此可见，$\boldsymbol{E}_i$ 与 $\partial \boldsymbol{B}/\partial t$ 两者的方向满足左手螺旋定则。

例 16–9 如图 16–25 所示，均匀磁场 $\boldsymbol{B}$ 被局限在一半径为 R 的圆筒内，$\boldsymbol{B}$ 与筒轴平行，垂直于纸面向内，$\dfrac{dB}{dt} > 0$，求筒内外的感应电场强度。

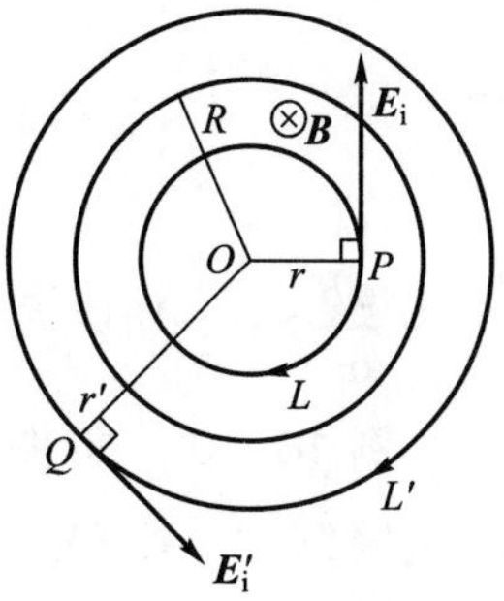

图 16–25

解 根据磁场分布的对称性可知，变化磁场产生涡旋电场，其闭合的电场线是一系列同心圆周，圆心在圆筒的轴线处。

（1）筒内点 P 的感应电场 $\boldsymbol{E}_i$。

取过点 P 的电场线为闭合回路 L，绕行方向取为顺时针方向，可知

$$\oint_L \boldsymbol{E}_i \cdot d\boldsymbol{l} = -\frac{d\Phi}{dt} = \oint_L E_i dl = E_i \oint_L dl = E_i \cdot 2\pi r$$

$$\frac{d\Phi}{dt} = \frac{d}{dt}(\boldsymbol{B} \cdot \boldsymbol{S}) = \frac{d}{dt}\left(BS\cos 0^\circ\right) = \pi r^2 \frac{dB}{dt}$$

有

$$E_i \cdot 2\pi r = -\pi r^2 \frac{dB}{dt}$$

即

$$E_i = -\frac{1}{2} r \frac{dB}{dt}$$

因为

$$\frac{dB}{dt} > 0$$

所以

$$E_i < 0$$

$\boldsymbol{E}_i$ 方向如图 16–25 所示，即其电场线与 L 绕向相反（实际上，用楞次定律可方便地直接判断出电场线的绕行方向）。

（2）筒外点 Q 的感应电场 $\boldsymbol{E}'_i$。

取过点 Q 的电场线为闭合回路 L'，绕行方向取为顺时针方向，可知

$$\oint_{L'} \boldsymbol{E}'_i \cdot d\boldsymbol{l}' = \oint_{L'} E'_i dl' = E'_i \oint_{L'} dl' = E'_i \cdot 2\pi r'$$

及

$$\frac{\mathrm{d}\Phi}{\mathrm{d}t}=\frac{\mathrm{d}}{\mathrm{d}t}(\boldsymbol{B}\cdot\boldsymbol{S})=\frac{\mathrm{d}}{\mathrm{d}t}\left(BS\cos 0^\circ\right)=\pi R^2\frac{\mathrm{d}B}{\mathrm{d}t}$$

有

$$E_\mathrm{i}'\cdot 2\pi r'=-\pi R^2\frac{\mathrm{d}B}{\mathrm{d}t}$$

即

$$E_\mathrm{i}'=-\frac{R^2}{2r'}\frac{\mathrm{d}B}{\mathrm{d}t}$$

因为 $\frac{\mathrm{d}B}{\mathrm{d}t}>0$，所以 $E_\mathrm{i}'<0$。$\boldsymbol{E}_\mathrm{i}'$ 方向如图 16–25 所示。

例 16–10 如图 16–26 所示，均匀磁场 $\boldsymbol{B}$ 被限制在一半径为 R 的圆筒内，$\boldsymbol{B}$ 与筒轴平行，$\frac{\mathrm{d}B}{\mathrm{d}t}>0$。回路 $abcda$ 中 ad、bc 均在半径方向上，ab、dc 均为圆弧，半径分别为 r、r'，θ 已知。求该回路感生电动势。

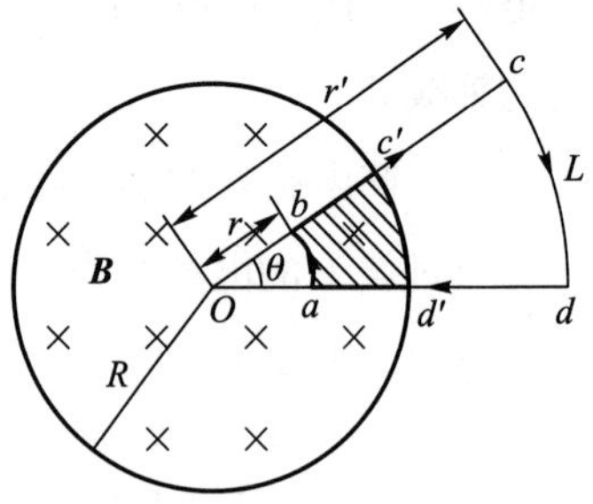

图 16–26

解 根据磁场分布的对称性可知，变化磁场产生的涡旋电场的电场线是一系列同心圆，圆心为 O。

方法一：

用 $\mathscr{E}=\oint_L\boldsymbol{E}_\mathrm{i}\cdot\mathrm{d}\boldsymbol{l}$ 解。

取 $abcda$ 为绕行方向，有

$$\begin{aligned}\mathscr{E}&=\oint_L\boldsymbol{E}_\mathrm{i}\cdot\mathrm{d}\boldsymbol{l}\\&=\int_{ab}\boldsymbol{E}_\mathrm{i}\cdot\mathrm{d}\boldsymbol{l}+\int_{bc}\boldsymbol{E}_\mathrm{i}\cdot\mathrm{d}\boldsymbol{l}+\int_{cd}\boldsymbol{E}_\mathrm{i}\cdot\mathrm{d}\boldsymbol{l}+\int_{da}\boldsymbol{E}_\mathrm{i}\cdot\mathrm{d}\boldsymbol{l}\end{aligned}$$

因为在 bc、da 上，$\mathrm{d}\boldsymbol{l}$ 垂直于 $\boldsymbol{E}_\mathrm{i}$，所以

$$\boldsymbol{E}_\mathrm{i}\cdot\mathrm{d}\boldsymbol{l}=0$$

$$\begin{aligned}\mathscr{E}&=\int_{ab}\boldsymbol{E}_\mathrm{i}\cdot\mathrm{d}\boldsymbol{l}+\int_{cd}\boldsymbol{E}_\mathrm{i}\cdot\mathrm{d}\boldsymbol{l}\\&=\int_{ab}E_\mathrm{i}\mathrm{d}l\cos 0+\int_{cd}E_\mathrm{i}\mathrm{d}l\cos\pi\\&=\int_0^r\frac{1}{2}r\frac{\mathrm{d}B}{\mathrm{d}t}\mathrm{d}l-\int_0^R\frac{R^2}{2r'}\frac{\mathrm{d}B}{\mathrm{d}t}\mathrm{d}l\\&=\frac{1}{2}r\frac{\mathrm{d}B}{\mathrm{d}t}\int_0^r\mathrm{d}l-\frac{R^2}{2r'}\frac{\mathrm{d}B}{\mathrm{d}t}\int_0^{r'}\mathrm{d}l\\&=\frac{1}{2}r\frac{\mathrm{d}B}{\mathrm{d}t}\theta r-\frac{R^2}{2r'}\frac{\mathrm{d}B}{\mathrm{d}t}\theta r'\\&=\frac{1}{2}\theta\left(r^2-R^2\right)\frac{\mathrm{d}B}{\mathrm{d}t}\end{aligned}$$

因为 $\mathscr{E}<0$，所以 $\mathscr{E}$ 为逆时针方向。

方法二：

用 $\mathscr{E}=-\dfrac{\mathrm{d}\Phi}{\mathrm{d}t}$ 解。

通过回路 L 的磁通量等于通过阴影面积的磁通量，即

$$\begin{aligned}\Phi&=\boldsymbol{B}\cdot\boldsymbol{S}\\&=BS\\&=B\left(\frac{1}{2}\theta R^2-\frac{1}{2}\theta r^2\right)\end{aligned}$$

$$\mathscr{E}=-\frac{\mathrm{d}\Phi}{\mathrm{d}t}=\frac{1}{2}\theta\left(r^2-R^2\right)\frac{\mathrm{d}B}{\mathrm{d}t}$$

因为 $\mathscr{E}<0$，所以 $\mathscr{E}$ 为逆时针方向。

建立感生电场需由变化的磁场提供能量，而感生电场又为电能的利用开辟了新的途径。作为感生电场的一个实用例子，我们来较详细地分析一下电子感应加速器的工作原理。

电子感应加速器，简称感应加速器，是回旋加速器的一种，它是由美国物理学家克斯特在 1940 年研制成功的，它是利用变化磁场激发的感生电场来加速电子的。

图 16–27 是电子感应加速器基本结构的原理图，在电磁铁的两磁极间放一个环形真空室。电磁铁是由频率为几十赫兹的交变电流来激磁的，且磁极间的磁场呈对称分布。当两磁极间的磁场发生变化时，两极间任意闭合回路的磁通量亦将随时间发生变化，从而在回路上激起感生电场。此时若用电子枪将电子沿回路的切线方向射入环形真空室，电子就将在感生电场作用下被加速。与此同时电子还要受到磁场对它的洛伦兹力作用，从而将沿着环形室内的圆形轨道运动。

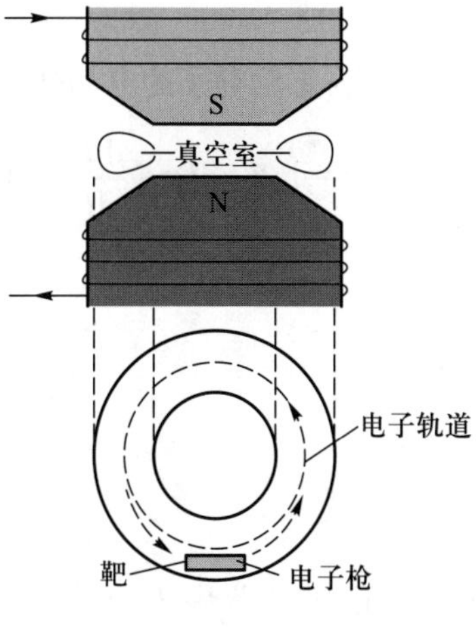

图 16–27

为使电子在感应加速器中不断地被加速，这里必须考虑两个问题。第一个问题是：如何使电子的运动稳定在某个圆形轨道上？第二个问题是：如何使电子在圆形轨道上只被加速，而不被减速？现在我们先来讨论第一个问题。

设电子以速率 v 在半径为 R 的圆形轨道上运动，圆形轨道所在处的磁感应强

度大小为 B_R。由洛伦兹力公式和牛顿第二定律，有

$$evB_R = m\frac{v^2}{R}$$

得

$$R = \frac{mv}{eB_R}$$

从上式可以看出，要使电子沿给定半径 R 作圆周运动，必须使磁感应强度 B_R 随电子的动量（mv）成比例地增加才行。怎样才能作到这一点呢？如果用 p 表示电子的动量，则

$$p = ReB_R$$

把此式两边对时间 t 求导数，由于 R 和 e 为常量，可得

$$\frac{\mathrm{d}p}{\mathrm{d}t} = Re\frac{\mathrm{d}B_R}{\mathrm{d}t}$$

根据牛顿第二定律，电子的 $\mathrm{d}p/\mathrm{d}t$ 只能来自感生电场对它的作用力，即如果只考虑数值上的关系，有

$$\frac{\mathrm{d}p}{\mathrm{d}t} = F = eE_{\mathrm{i}}$$

式中 E_{i} 为感生电场的电场强度的大小，$\boldsymbol{E}_{\mathrm{i}}$ 的方向与圆形轨道处处相切。根据感生电动势 $\mathscr{E} = \oint_L \boldsymbol{E}_{\mathrm{i}} \cdot \mathrm{d}\boldsymbol{l} = -\frac{\mathrm{d}\Phi}{\mathrm{d}t}$，如果只考虑数值关系，有

$$2\pi RE_{\mathrm{i}} = \frac{\mathrm{d}\Phi}{\mathrm{d}t}$$

得

$$E_{\mathrm{i}} = \frac{1}{2\pi R}\frac{\mathrm{d}\Phi}{\mathrm{d}t}$$

式中 $\frac{\mathrm{d}\Phi}{\mathrm{d}t}$ 为穿过电子圆形轨道所包围面积的磁通量随时间的变化率。设此面积内磁感应强度大小的平均值为 $\overline{B}$，则

$$\Phi = \pi R^2\overline{B}$$

把它代入上式，得

$$E_{\mathrm{i}} = \frac{\pi R^2}{2\pi R}\frac{\mathrm{d}\overline{B}}{\mathrm{d}t} = \frac{R}{2}\frac{\mathrm{d}\overline{B}}{\mathrm{d}t}$$

于是

$$\frac{\mathrm{d}p}{\mathrm{d}t}=eE_{\mathrm{i}}=\frac{eR}{2}\frac{\mathrm{d}\overline{B}}{\mathrm{d}t}$$

进而有

$$\frac{\mathrm{d}B_R}{\mathrm{d}t}=\frac{1}{2}\frac{\mathrm{d}\overline{B}}{\mathrm{d}t}$$

上式表明，要使电子能在稳定的轨道上被加速，真空环形室内电子轨道所在处的磁感应强度随时间的增长率应该是电子轨道所包围的面积内磁场的平均磁感应强度随时间增长率的一半。克斯特正是解决了这个“2”比“1”的问题，使电子能在稳定轨道上加速，才研制出了这种加速器。

下面我们讨论第二个问题。由于电磁铁的激磁电流是随时间作正弦变化的，所以磁感应强度亦是时间的作正弦函数，如图 16–28 所示。仔细分析在一个周期内磁感应强度的变化，可以看出，若在第一个 1/4 周期中感生电场对电子作顺时针方向的加速，那么从第二个 1/4 周期开始，感生电场将对电子作逆时针方向的加速，直至第二个 1/4 周期结束。所以，较妥当的选择是在第一个 1/4 周期内完成对电子的加速过程。这也就是说，为使电子加速获得最好的效果，应在 $t = 0$ 时将电子注入，在 $t = T/4$ 前，将被加速的电子引出轨道并射在靶子上。

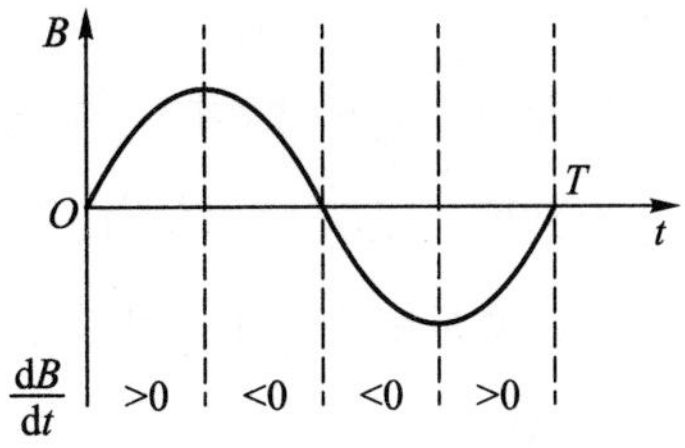

图 16–28

这里可能产生这样一个问题：交变电流的频率只有几十赫兹，1/4 周期约为 10^{-3} s，在这样短的时间里，能使电子加速到很大的速率吗？表面上看来，1/4 周期的时间是很短暂的，但是可设法使电子注入时已有一定的速率，使得在 1/4 周期内，电子在圆形轨道上可转过上百万圈。而每转一圈电子被感生电场加速一次，因此电子在 1/4 周期里可以获得很高的速率和能量。

最后应当指出的是，用电子感应加速器来加速电子，要受到电子因加速运动而辐射能量的限制。因此，用电子感应加速器还不能把电子加速到极高的能量。一般小型电子感应加速器可以将电子加速到几十万电子伏，大型的可以达数千万电子伏。现在利用电子感应加速器已可使电子的速度达到 0.999 987 c。利用高能电子束打击靶子，便可得到能量较高的 X 射线，这种 X 射线可用于研究某些核反应和制备一些放射性同位素，小型电子感应加速器所产生的 X 射线可用于工业探伤和治疗癌症等。

16.2.4 涡电流

在一些电器设备中，常常有大块的金属导体在磁场中运动或者处在变化的磁场中。此时，金属内部也会有感生电流。这种在金属导体内部自成闭合回路的电流称为**涡电流**。由于在大块金属中电流流经的横截面积很大，电阻很小，所以涡电流可能达到很大的数值。

利用涡电流的热效应可以使金属导体加热。如高频感应冶金炉就是把难熔或贵重的金属放在陶瓷坩埚里，坩埚外面套上线圈，线圈中通以高频电流，利用高频电流激发的交变磁场在金属中产生的涡电流的热效应把金属熔化。在真空技术方面，人们也广泛利用涡电流给待抽真空仪器内的金属部分加热，以清除附在其表面的气体。

大块金属导体在磁场中运动时，导体上产生涡电流。反过来，有涡电流的导体又受到磁场的安培力的作用。根据楞次定律，安培力阻碍金属导体在磁场中的运动，这就是电磁阻尼原理。在一般的电磁测量仪器中，都设计有电磁阻尼装置。

涡电流的产生，当然要消耗能量，最后变为焦耳热。在发电机和变压器的铁芯中就有这种能量损失，称之为涡流损耗。为了减少这种损失，我们可以把铁芯作成层状，层与层之间用绝缘材料隔开，以减少涡电流。一般变压器铁芯均作成叠片式就是这个道理。另外，为减小涡电流，应增大铁芯电阻，所以可用电阻率较大的硅钢作铁芯材料。

一段柱状的均匀导体通以直流电流时，电流在导体的横截面上是均匀分布的。然而交流电流通过柱状导体时，交变电流激发的交变磁场会在导体中产生涡电流，涡电流使得交变电流在导体的横截面上的分布不再均匀，而是越靠近导体表面处电流密度越大。这种交变电流集中于导体表面的效应叫趋肤效应。要严格地解释趋肤效应必须求解电磁场方程组。趋肤效应使得我们在高频电路中可以用空心导线代替实心导线。在工业应用方面，利用趋肤效应可以对金属进行表面淬火。

16.2.5 磁流体发电

磁流体发电是 20 世纪 50 年代末开始进行实验研究的一项技术。磁流体发电机的电动势是等离子体通过磁场时，其中正、负带电粒子在磁场作用下相互分离而产生的。在普通发电机中，电动势是由线圈在磁场中转动产生的，为此必须先把初级能源（化学燃料或核燃料）燃烧放出的热能经过锅炉、热机等转化为机械能，然后再转化为电能。磁流体发电机利用热能加热等离子体，然后使等离子体通过磁场产生电动势而直接得到电能，不经过热能到机械能的转化，从而可以提高热能利用的效率。这是磁流体发电机的特点，也是人们对它感兴趣的主要原因。

磁流体发电机的主要结构如图 16–29 所示。磁流体发电机在燃烧室中利用燃料燃烧的热能加热气体使之成为等离子体（为了加速等离子体的形成，往往在气体中加一定量的容易电离的碱金属，如钾作“种子”），温度约为 3 000 K；然后使等离子体进入发电通道，发电通道的两侧有磁极以产生磁场，其上、下两面安装有电极。等离子体通过通道时，两电极间就有电动势产生。离开通道的气体成为废气，它的温度仍然很高，可达 2 300 K。这废气可以导入普通发电厂的锅炉，以便进一步加以利用。废气不回收的磁流体发电机称为开环系统。在利用核能的磁流体发电机内，气体 – 等离子体是在闭合管道中循环流动反复使用的，这样的发电机称为闭环系统。

磁流体发电机产生电动势、输出电功率的原理如下。如图 16–30 所示，设磁场沿 y 轴负方向，而等离子体以速率 v 沿 x 轴负方向流动。带电粒子在运动中要受到洛伦兹力作用而上、下分离，此力的大小为

$$F = qvB$$

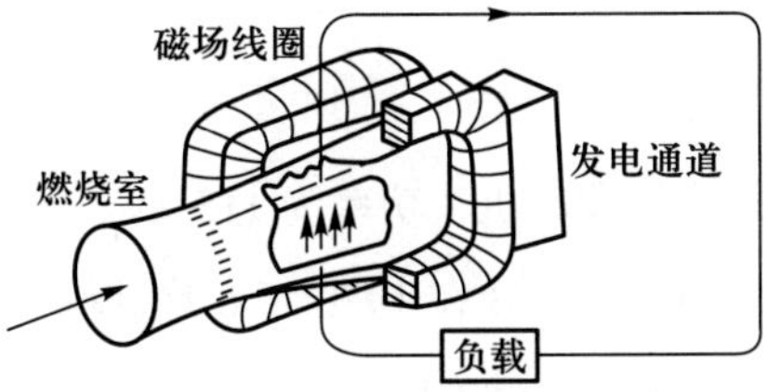

图 16–29　磁流体发电机结构示意图

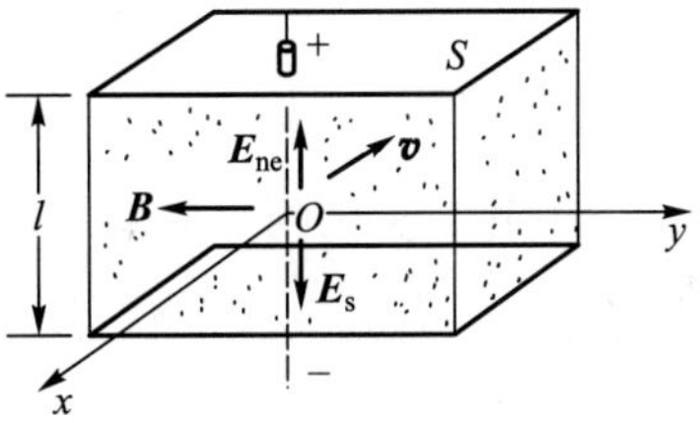

图 16–30　磁流体发电机原理示意图

这是一种非静电力，相当于一个非静电场 $\boldsymbol{E}_{ne}$ 的作用，而

$$E_{ne} = \frac{F}{q} = vB$$

以 l 表示两电极之间的距离，则可得此发电机的电动势为

$$\mathscr{E} = E_{ne} l = vBl$$

由于洛伦兹力的作用，正、负电荷将在上、下两电极积累，因而在等离子体内又形成一静电场 $\boldsymbol{E}_s$。在两电极间的总场强大小为

$$E = E_{ne} - E_s$$

以 σ 表示等离子体的电导率，则通过等离子体的电流密度（从负极向正极）大小为

$$j = \sigma (E_{ne} - E_s)$$

以 S 表示电极的面积，则总电流为

$$I = \sigma S (E_{ne} - E_s)$$

发电机输出的总功率为

$$\begin{aligned} P &= IE_s l = \sigma (E_{ne} - E_s) E_s Sl \\ &= \sigma (vB - E_s) E_s V \end{aligned}$$

式中 $E_s l$ 为发电机两电极的端电压，$V = Sl$ 为两电极间总体积。

令 $k = \frac{E_s}{vB}$，则上式可写成

$$P = \sigma v^2 B^2 (1-k) kV$$

上式当 $k = 1/2$ 时有最大值。因此，磁流体发电机的输出功率的最大值由下式决定：

$$P_{max} = \frac{1}{4} \sigma v^2 B^2 V$$

1959 年，美国阿夫柯公司建造了第一台磁流体发电机，功率为 115 kW。此后各国均有研究制造，美苏联合研制的磁流体发电机 U–25B 在 1978 年 8 月进行了第四次试验，气体 – 等离子体流量为 2~4 kg/s，温度为 2 950 K，磁场为 5 T，输出功率为 1 300 kW，共运行了 50 h。目前许多国家正在研制百万千瓦级的利用超导磁体的磁流体发电机。

现在磁流体发电机制造中的主要问题是发电通道效率低，只有 10%。通道和电极的材料都要求耐高温、耐碱腐蚀、耐化学烧蚀等，目前所用材料的寿命都比较短，因而磁流体发电机不能长时间运行。

16.3 自感和互感

本节将对线圈中的感应现象作进一步的讨论。

16.3.1 自感电动势　自感

如图 16–31 所示，一导线回路或 N 匝线圈中通有电流 I。如果回路中电流发生变化、回路大小发生变化或回路周围磁介质的情况发生变化，则由回路电流产生的、通过回路自身的磁通量或磁通链将发生变化。根据法拉第电磁感应定律，通过回路的磁通量发生变化时，回路中就会形成感应电动势。在这种情况下，感应电动势的形成与回路自身的电流相关，这种电动势称为自感电动势，这种现象称为自感现象。

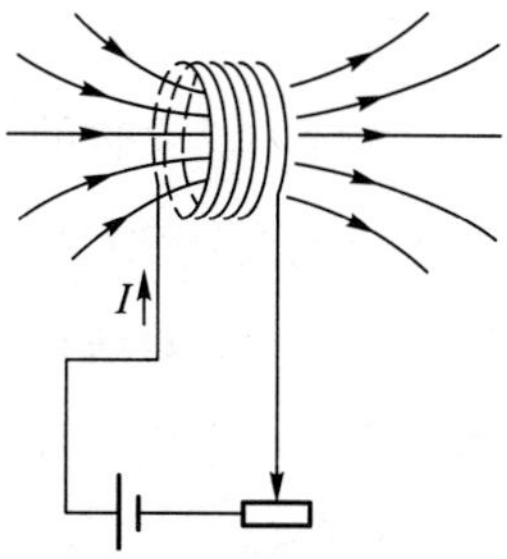

图 16–31　自感现象

对于一个导线回路或 N 匝线圈，回路中通有电流 I，根据毕奥 – 萨伐尔定律，由回路自身电流产生的通过回路的磁通链应该与电流 I 成正比，即

$$\Psi = LI$$

式中 L 称为回路的自感系数，简称自感，它的大小取决于回路的大小、形状以及周围磁介质的分布情况。

根据法拉第电磁感应定律，回路中的自感电动势为

$$\mathscr{E}_L = -\frac{\mathrm{d}\Psi}{\mathrm{d}t} = -L\frac{\mathrm{d}I}{\mathrm{d}t} - I\frac{\mathrm{d}L}{\mathrm{d}t}$$

式中 $-L\frac{\mathrm{d}I}{\mathrm{d}t}$ 表示回路中电流变化引起的通过回路的磁通量的变化对自感电动势的贡献，$-I\frac{\mathrm{d}L}{\mathrm{d}t}$ 表示回路的大小、形状以及周围磁介质的分布情况的变化对自感电动势的贡献。

如果自感系数 L 不变，则自感电动势为

$$\mathscr{E}_L = -L\frac{\mathrm{d}I}{\mathrm{d}t}$$

式中的负号说明自感电动势的方向与回路中电流变化率的方向相反，即当回路电流减小时，$\mathscr{E}_L > 0$，自感电动势的方向与回路中电流的方向相同，阻碍回路中电流的减小；当回路电流增加时，$\mathscr{E}_L < 0$，自感电动势的方向与回路中电流的方向相反，阻碍回路中电流的增加。由此可见，如果回路中电流发生变化，那么回路中激发的自感电动势 $\mathscr{E}_L$ 总是阻碍电流变化，自感系数越大，这种阻碍越强，回路中电流越不容易改变。回路的这一性质称为电磁惯性。电磁惯性的大小用回路自感系数 L 来衡量，这类似于力学中物体的惯性，力学中物体惯性的大小用惯性质量 m 来衡

量，物体惯性质量越大，其速度就越不容易改变。在 SI 中，自感系数的单位是亨利，用符号 H 表示。显然 1 H = 1 Wb/A。由于亨利这一单位比较大，所以实用上我们常用微亨（μH）或毫亨（mH）作为自感系数的单位。

关于自感系数的计算，一般有两种方法：其一，从定义出发，设回路中通有电流 I，计算磁感应强度及磁通链，由公式 $L=\frac{\Psi}{I}$ 计算自感系数；其二，让回路电流有一个变化，设法得到回路中的自感电动势，由公式 $L=-\mathscr{E}_L/(\mathrm{d}I/\mathrm{d}t)$ 计算自感系数。在实验上用这种方法可以很方便地测量复杂系统的自感系数。

例 16-11 一空心单层密绕长直螺线管，总匝数为 N，长为 l，半径为 R，且 $l \gg R$。求螺线管的自感 L。

解 用式 $\Psi=LI$ 计算 L 时，应先假设回路通有电流 I，然后求出穿过回路的磁通链 Ψ，代入 $\Psi=LI$，即可求得 L。

设螺线管中通有电流 I，由于 $l \gg R$，所以对于长直螺线管，管内各处的磁场可近似地看作均匀磁场，且磁感应强度的大小为

$$B=\mu_0 nI=\mu_0\frac{N}{l}I$$

磁通链 Ψ 为

$$\Psi=NBS=\mu_0\frac{N^2I}{l}\pi R^2$$

代入 $\Psi=LI$ 中，得

$$L=\frac{\Psi}{I}=\mu_0\frac{N^2}{l}\pi R^2=\mu_0 n^2 V$$

式中 $V=\pi R^2 l$ 是螺线管的体积。可见 L 与 I 无关，仅由 n、V 决定。若采用较细的导线绕制螺线管，则可增大单位长度的匝数 n，使自感 L 变大。另外，若在螺线管中插入磁介质，则可使 L 值增大 μ_r 倍。但用铁磁质作为铁芯时，由于铁磁质的磁导率 μ 与 I 有关，所以此时 L 值与 I 有关。

本题如果用式 $\mathscr{E}_L=-\frac{\mathrm{d}\Psi}{\mathrm{d}t}=-L\frac{\mathrm{d}I}{\mathrm{d}t}$ 计算 L，则在求得 Ψ 后，应假设螺线管中通有随时间变化的电流，求出 $\mathscr{E}_L$ 后代入就可以求得 L，即

$$\mathscr{E}_L=-\frac{\mathrm{d}\Psi}{\mathrm{d}t}=-\frac{\mathrm{d}}{\mathrm{d}t}\left(\mu_0\frac{N^2}{l}\pi R^2 I\right)=-\mu_0\frac{N^2}{l}\pi R^2\frac{\mathrm{d}I}{\mathrm{d}t}$$

$$L=-\frac{\mathscr{E}_L}{\mathrm{d}I/\mathrm{d}t}=\mu_0\frac{N^2}{l}\pi R^2=\mu_0 n^2 V$$

在实际应用中，密绕的多匝线圈常称为自感线圈，它是电子技术中的基本元件之一，多用在稳流、滤波及电磁振荡等电路中。日光灯上的镇流器、电工用的扼流

圈等都是具有一定 L 值的电感元件。大型电动机、发电机、电磁铁等的绕线都具有很大的自感，在电闸接通和断开时，强大的自感电动势可能使电介质击穿，因此必须采取措施以保护人身和设备的安全。

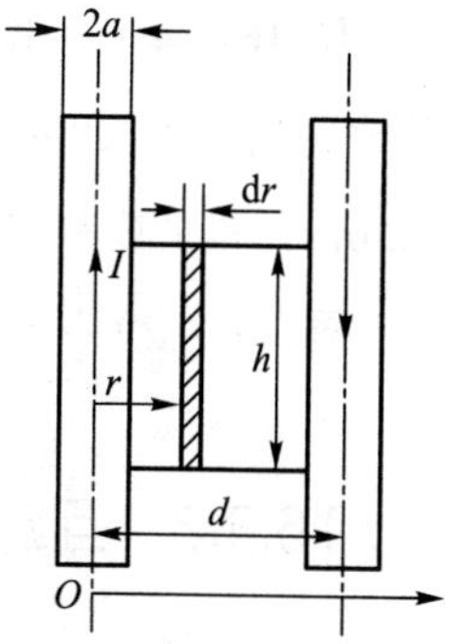

图 16–32

例 16–12 设一载流回路由两根平行的长直导线组成，如图 16–32 所示。求这一对导线单位长度的自感 L，导线内磁场忽略。

解 由题意，设电流回路通有电流 I，则

$$B=\frac{\mu_0 I}{2\pi r}+\frac{\mu_0 I}{2\pi(d-r)}$$

取一段长为 h 的导线，则

$$\begin{aligned}\Phi&=\int_a^{d-a}\boldsymbol{B}\cdot\mathrm{d}\boldsymbol{S}\\&=\int_a^{d-a}\left[\frac{\mu_0 I}{2\pi r}+\frac{\mu_0 I}{2\pi(d-r)}\right]h\mathrm{d}r\\&=\frac{\mu_0 Ih}{\pi}\ln\frac{d-a}{a}\end{aligned}$$

进而有

$$L=\frac{\Phi}{Ih}=\frac{\mu_0}{\pi}\ln\frac{d-a}{a}$$

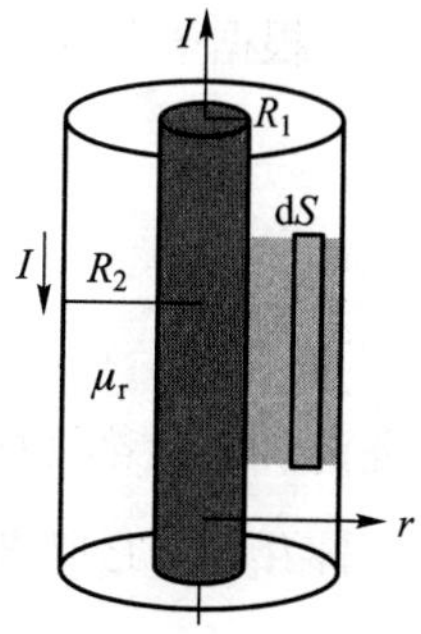

图 16–33

例 16–13 一同轴电缆由半径分别为 R_1 和 R_2 的两个无限长同轴导体和柱面组成，如图 16–33 所示，求无限长同轴电缆单位长度上的自感。

解 由安培环路定理可知，

当 $R_1<r<R_2$ 时，

$$B=\frac{\mu_0\mu_r I}{2\pi r}$$

当 $r<R_1$ 或 $r>R_2$ 时，

$$B=0$$

$$\mathrm{d}\Phi=B\mathrm{d}S=\frac{\mu_0\mu_r I}{2\pi r}l\mathrm{d}r$$

$$\Phi=\int_{R_1}^{R_2}\frac{\mu_0\mu_r I}{2\pi r}l\mathrm{d}r=\frac{\mu_0\mu_r Il}{2\pi}\ln\frac{R_2}{R_1}$$

$$L=\frac{\Phi}{Il}=\frac{\mu_0\mu_r}{2\pi}\ln\frac{R_2}{R_1}$$

例 16–14　一长直螺线管的导线中通以 10.0 A 的恒定电流时，通过每匝线圈的磁通量是 20 μWb；当电流以 4.0 A/s 的速率变化时，产生的自感电动势为 3.2 mV。求此螺线管的自感系数与总匝数。

解　$L=\mathscr{E}/\dfrac{\mathrm{d}i}{\mathrm{d}t}=0.8\times10^{-3}$ H，又 $L=N\Phi/I$，所以 $N=LI/\Phi=400$。

16.3.2　互感电动势　互感

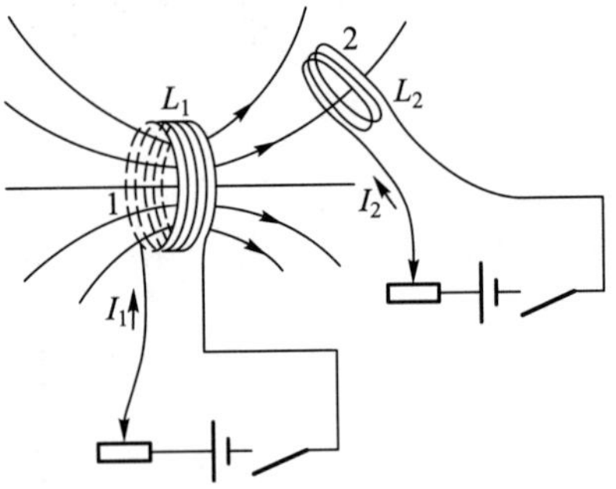

图 16–34　互感现象

如图 16–34 所示，设有两个邻近的载流线圈 1 和 2，其中电流分别为 I_1 和 I_2。线圈 1 中的电流 I_1 产生一磁场，它的部分磁感应线就要通过线圈 2，给线圈 2 一个磁通链 Ψ_{21}。当线圈 1 中的电流发生变化时或两个线圈的尺寸、距离及周围磁介质情况发生变化时，Ψ_{21} 会随之发生变化，根据法拉第电磁感应定律，线圈 2 中就会出现感应电动势 $\mathscr{E}_{21}$。同样，线圈 2 中的电流 I_2 也要产生磁场，其通过线圈 1 的磁通链为 Ψ_{12}，当线圈 2 中的电流发生变化时或两个线圈的尺寸、距离及周围磁介质情况发生变化时，线圈 1 中就会出现感应电动势 $\mathscr{E}_{12}$。像这样两个载流线圈相互在对方线圈中激发感应电动势的现象称为**互感**，产生的电动势称为**互感电动势**。

根据毕奥 – 萨伐尔定律，显然有

$$\Psi_{21}=M_{21}I_1$$

$$\Psi_{12}=M_{12}I_2$$

理论和实验都证明 $M_{12}=M_{21}$，可统一用 M 表示，称之为两线圈之间的互感系数，简称互感，它取决于两个线圈的尺寸、距离及周围磁介质情况，其单位与自感的单位相同。

根据法拉第电磁感应定律，有

$$\mathscr{E}_{21}=-\frac{\mathrm{d}\Psi_{21}}{\mathrm{d}t}=-M\frac{\mathrm{d}I_1}{\mathrm{d}t}-I_1\frac{\mathrm{d}M}{\mathrm{d}t}$$

$$\mathscr{E}_{12}=-\frac{\mathrm{d}\Psi_{12}}{\mathrm{d}t}=-M\frac{\mathrm{d}I_2}{\mathrm{d}t}-I_2\frac{\mathrm{d}M}{\mathrm{d}t}$$

若互感 M 不变，即 $\dfrac{\mathrm{d}M}{\mathrm{d}t}=0$，则

$$\mathscr{E}_{21} = -M\frac{\mathrm{d}I_1}{\mathrm{d}t}$$

$$\mathscr{E}_{12} = -M\frac{\mathrm{d}I_2}{\mathrm{d}t}$$

关于互感的计算，一般有两种方法：其一，从定义出发，给线圈 1 一个电流 I_1，计算它给线圈 2 的磁通链 Ψ_{21}，由公式 $M=\frac{\Psi_{21}}{I_1}$ 计算互感。当然也可以给线圈 2 一个电流 I_2，计算它给线圈 1 的磁通链 Ψ_{12}，由公式 $M=\frac{\Psi_{12}}{I_2}$ 计算互感。这两种作法结果是一样的，但有时难易程度是不一样的，一般设大线圈通有电流，计算通过小线圈的磁通链。其二，让线圈 1 电流有一个变化，设法求其在线圈 2 中激发的互感电动势 $\mathscr{E}_{21}$，由公式 $M=\mathscr{E}_{21}/(\mathrm{d}I_1/\mathrm{d}t)$ 计算互感。在实验上用第二种方法可很方便地测量两复杂系统间的互感。

例 16–15 如图 16–35 所示，一螺线管长为 l，横截面积为 S，密绕导线 N_1 匝，在其中部再绕 N_2 匝另一导线线圈。管内介质的磁导率为 μ，求此二线圈互感 M。

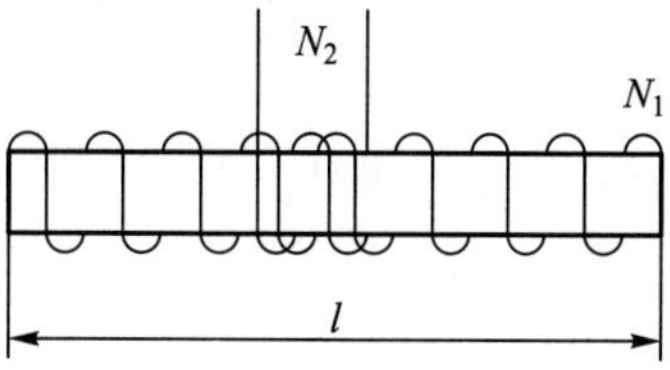

图 16–35

解 设长螺线管导线中电流为 I_1，它在中部产生的 B_1 的大小为

$$B_1 = \mu\frac{N_1}{l}I_1$$

I_1 产生的磁场通过第二个线圈的磁通链为

$$\Psi_{21} = N_2\Phi_{21} = N_2\boldsymbol{B}_1\cdot\boldsymbol{S} = N_2B_1S = N_2\mu\frac{N_1}{l}I_1S$$

依互感定义 $M=\frac{\Phi_{21}}{I_1}$，有

$$M = \mu\frac{N_1N_2}{l}S$$

例 16–16 两同心共面导体圆线圈，半径分别为 r_1 和 r_2（$r_1 \ll r_2$），如图 16–36 所示，小线圈 1 中电流为 $I = kt$，k 为正的常量，求变化磁场在大线圈 2 内激发的感生电动势。

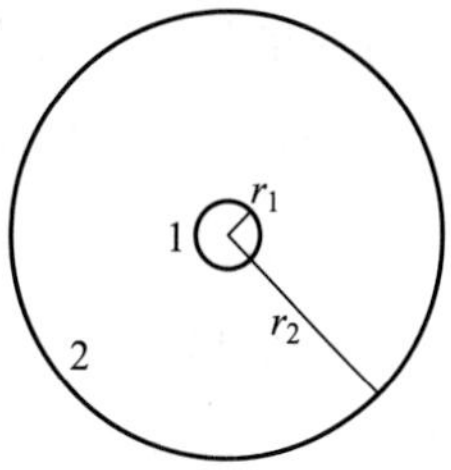

图 16–36

解 给线圈 1 一个电流 I_1，计算它通过线圈 2 的磁通链 Ψ_{21}，也可以给线圈 2 一个电流 I_2，计算它通过线圈 1 的磁通链 Ψ_{12}，由此计算互感得

$$M = \frac{\Psi_{21}}{I_1} = \frac{\Psi_{12}}{I_2}$$

但给线圈 1 一个电流 I_1，不能解析地得到线圈平面内除圆心外任意点的磁感应强度，更别谈磁通链 Ψ_{21} 了。反过来，给线圈 2 一个电流 I_2，虽然也不能解析地得到线圈平面内除圆心外任意点的磁感应强度，但由于 $r_1 \ll r_2$，可以认为小线圈内各点磁感应强度近似相等，等于线圈 2 中的电流 I_2 在圆心处产生的 B_2。这样分析以后，有

$$M = \frac{\Psi_{12}}{I_2} = \frac{B_2 \pi r_1^2}{I_2}$$

其中，

$$B_2 = \frac{\mu_0 I_2}{2r_2}$$

所以，

$$M = \frac{\mu_0 \pi r_1^2}{2r_2}$$

再根据实际情况，有

$$\mathscr{E}_{21} = -\frac{\mathrm{d}\Psi_{21}}{\mathrm{d}t} = -M\frac{\mathrm{d}I}{\mathrm{d}t} = -k\frac{\mu_0 \pi r_1^2}{2r_2}$$

负号表示大线圈中感生电动势的方向与小线圈中电流的方向相反。

16.4 磁场的能量 磁场能量密度

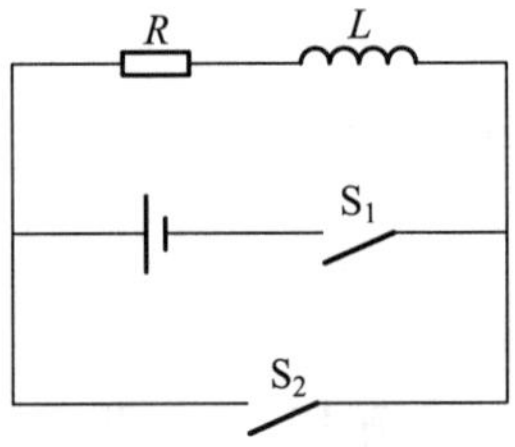

图 16-37 *RL* 电路

在静电场一章中我们讨论过，在形成带电系统的过程中，外力必须克服静电场力而做功，根据功能原理，外界做功所消耗的能量最后转化为电场的能量。同样，在回路系统中通以电流时，由于各回路的自感和回路之间互感的作用，回路中的电流要经历一个从零到稳定值的变化过程，在这个过程中，电源必须提供能量来克服自感电动势及互感电动势而做功，使电能转化为载流回路的能量和回路电流间的相互作用能，也就是磁场的能量。以图 16-37 所示的简单回路为例，设电路接通后回路中某瞬时的电流为 I，自感电动势为 $-L\mathrm{d}I/\mathrm{d}t$，由回路的欧姆定律得

$$\mathscr{E} - L\frac{\mathrm{d}I}{\mathrm{d}t} = IR$$

如果从 $t=0$ 开始，经过了足够长的时间，则可以认为回路中的电流已从零增长到稳定值 I_0，则在这段时间内电源电动势所做的功为

$$\int_0^t \mathscr{E} I\mathrm{d}t=\int_0^{I_0} LI\mathrm{d}I+\int_0^t RI^2\mathrm{d}t \tag{16-11}$$

在自感 L 与电流无关的情况下，上式化为

$$\int_0^t \mathscr{E} I\mathrm{d}t=\frac{1}{2}LI_0^2+\int_0^t RI^2\mathrm{d}t \tag{16-12}$$

这说明电源电动势所做的功转化为两部分能量，其中 $\int_0^t RI^2\mathrm{d}t$ 是 t 时间内消耗在电阻 R 上的焦耳热；$\frac{1}{2}LI_0^2$ 是回路中建立电流的变化过程中电源电动势克服自感电动势所做的功，这部分电能转化为载流回路的能量。由于在回路中形成电流的同时，在回路周围空间也建立了磁场，所以，这部分能量也就是储存在磁场中的能量。当回路中的电流达到稳定值 I_0 后，断开开关 S_1，并同时接通开关 S_2，这时回路中的电流按指数规律 $I=I_0\mathrm{e}^{-\frac{R}{L}t}$ 衰减，此电流通过 R 时，放出的焦耳热为

$$Q=\int_0^{\infty} RI^2\mathrm{d}t=RI_0^2\int_0^{\infty}\mathrm{e}^{-2\frac{R}{L}t}\mathrm{d}t=\frac{1}{2}LI_0^2 \tag{16-13}$$

这表明随着电流衰减引起的磁场消失，原来储存在磁场中的能量又反馈到回路中以热的形式全部释放出来，这也说明了磁场具有能量 $\frac{1}{2}LI_0^2$ 的推断是正确的。因此可知，一个自感为 L 的回路，当其中通有电流 I_0 时，其周围空间的磁场的能量为

$$W_{\mathrm{m}}=\frac{1}{2}LI_0^2 \tag{16-14}$$

（16–14）式是用线圈的自感及其中电流表示的磁能，经过变换，磁能也可用描述磁场本身的量 B、H 来表示。为了简单起见，考虑一个很长的直螺线管，管内充满磁导率为 μ 的均匀磁介质。当螺线管通有电流 I 时，管中磁场近似看作均匀，而且把磁场看作全部集中在管内。螺线管内的磁感应强度 $B=\mu nI$，它的自感 $L=\mu n^2V$，式中 n 为螺线管单位长度的匝数，V 为螺线管内磁场空间的体积。把 L 及 $I_0=B/\mu n$ 代入（16–14）式，得到磁能的另一种表示式：

$$W_{\mathrm{m}}=\frac{1}{2}\mu n^2V\left(\frac{B}{\mu n}\right)^2=\frac{1}{2}\frac{B^2}{\mu}V=\frac{1}{2}BHV \tag{16-15}$$

因而磁场能量密度是

$$w_{\mathrm{m}}=\frac{W_{\mathrm{m}}}{V}=\frac{1}{2}\frac{B^2}{\mu}=\frac{1}{2}\mu H^2=\frac{1}{2}BH \tag{16-16}$$

上述磁场能量密度的公式是从螺线管中均匀磁场的特例导出的，但在一般情况下，磁场能量密度都可以表述为

$$w_m = \frac{B^2}{2\mu} \tag{16-17}$$

磁场能量密度的公式说明，在任何磁场中，某一点的磁场能量密度只与该点的磁感应强度 B 及介质的性质有关，这也说明了磁能是定域在磁场中的这个客观事实。

如果知道磁场能量密度及均匀磁场所占的空间，那么可用上式计算出磁场的总磁能。倘若磁场不是均匀的，那么可以把磁场划分为无数小体积元 $\mathrm{d}V$，在每个小体积元内，磁场可以看成是均匀的，由（16–17）式就能表示这些体积元内的磁场能量密度，于是体积 $\mathrm{d}V$ 内的磁场能量为

$$\mathrm{d}W_m = w_m \mathrm{d}V \tag{16-18}$$

对整个磁场不为零的空间积分，即得磁场的总能量为

$$W_m = \int_V w_m \mathrm{d}V \tag{16-19}$$

因为（16–14）式和（16–19）式都是磁场的能量，所以二式相等，即

$$\frac{1}{2}LI_0^2 = \frac{1}{2}\int_V w_m \mathrm{d}V \tag{16-20}$$

如果能按上式右边的积分先求出电流回路的磁场能量，那么根据上式也可以求出回路的自感 L，这是计算自感很重要的一种方法。

例 16–17 如图 16–38 所示，同轴电缆半径分别为 a、b，电流从内筒端流入，经外筒端流出，筒间充满磁导率为 μ 的介质，电流为 I。求单位长度同轴电缆磁场能量及其自感。

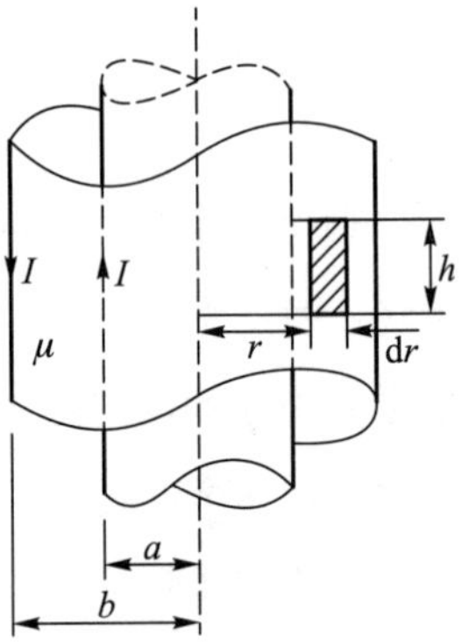

图 16–38

解 由安培环路定理知，

$$B = \begin{cases} 0 & (r < a) \\ \mu I / 2\pi r & (a < r < b) \\ 0 & (r > b) \end{cases}$$

故除两筒间外无磁场能量。在两筒间距轴线 r 处，w_m 为

$$w_m = \frac{1}{2u}B^2 = \frac{\mu I^2}{8\pi^2 r^2}$$

在半径为 r 处、宽为 $\mathrm{d}r$、高为 h 的薄圆筒内的磁场能量为

$$\mathrm{d}W_m = w_m \mathrm{d}V = \frac{\mu I^2}{8\pi^2 r^2} \cdot 2\pi r \cdot \mathrm{d}r \cdot h = \frac{\mu h I^2}{4\pi r}\mathrm{d}r$$

在两筒间磁场能量为

$$W_{\mathrm{m}}=\int \mathrm{d}W_{\mathrm{m}}=\int_{a}^{b}\frac{\mu hI^{2}}{4\pi r}\mathrm{d}r=\frac{\mu hI^{2}}{4\pi}\ln\frac{b}{a}$$

又

$$W_{\mathrm{m}}=\frac{1}{2}LI^{2}$$

有

$$L=\frac{\mu h}{2\pi}\ln\frac{b}{a}$$

单位长度同轴电缆的自感为

$$L_{0}=\frac{L}{h}=\frac{\mu}{2\pi}\ln\frac{b}{a}$$

例 16–18 一无限长圆柱形直导线，其截面各处的电流密度相等，总电流为 I。求导线内部单位长度上所储存的磁能。

解 在 $r<R$ 时，

$$B=\frac{\mu_{0}Ir}{2\pi R^{2}}$$

故

$$w_{\mathrm{m}}=\frac{B^{2}}{2\mu_{0}}=\frac{\mu_{0}I^{2}r^{2}}{8\pi^{2}R^{4}}$$

取

$$\mathrm{d}V=2\pi r\mathrm{d}r\ (\text{导线长度为 } l=1\ \mathrm{m})$$

则

$$W=\int_{0}^{R}w_{\mathrm{m}}\cdot 2\pi r\mathrm{d}r=\int_{0}^{R}\frac{\mu_{0}I^{2}r^{3}\mathrm{d}r}{4\pi R^{4}}=\frac{\mu_{0}I^{2}}{16\pi}$$

例 16–19 一矩形截面的螺线环如图 16–39 所示，共有 N 匝。(1) 求此螺线环的自感系数；(2) 若导线内通有电流 I，则环内磁能为多少？

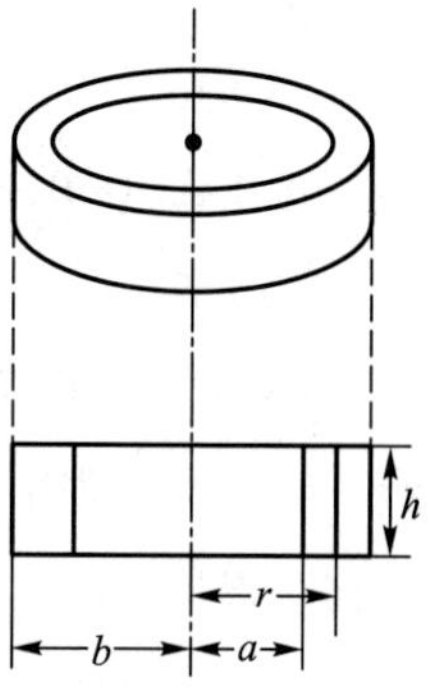

图 16–39

解 (1) 通过横截面的磁通量为

$$\Phi=\int_{a}^{b}\frac{\mu_{0}NI}{2r\pi}h\mathrm{d}r=\frac{\mu_{0}NIh}{2\pi}\ln\frac{b}{a}$$

磁通链为

$$\Psi=N\Phi=\frac{\mu_{0}N^{2}Ih}{2\pi}\ln\frac{b}{a}$$

故

$$L=\frac{\Psi}{I}=\frac{\mu_0 N^2 h}{2\pi}\ln\frac{b}{a}$$

（2）又

$$W_{\mathrm{m}}=\frac{1}{2}LI^2$$

有

$$W_{\mathrm{m}}=\frac{\mu_0 N^2 I^2 h}{4\pi}\ln\frac{b}{a}$$

思 考 题

16-1 如思考题 16-1 图所示，圆形截面区域内存在着与截面相垂直的磁场，磁感应强度随时间变化。

（1）磁场区域外有一与圆形截面共面的矩形导体回路 $abcd$，以 $\mathscr{E}_{ab}$ 表示在导体 ab 段上产生的感生电动势，I 表示回路中的感应电流，则__________。

（A）$\mathscr{E}_{ab}=0$，$I=0$　　（B）$\mathscr{E}_{ab}=0$，$I\neq 0$

（C）$\mathscr{E}_{ab}\neq 0$，$I=0$　　（D）$\mathscr{E}_{ab}\neq 0$，$I\neq 0$

（2）位于圆形区域直径上的导体棒 ab 通过导线与阻值为 R 的电阻连接形成回路，以 $\mathscr{E}_{ab}$ 表示在导体 ab 段上产生的感生电动势，I 表示回路中的感应电流，则__________。

（A）$\mathscr{E}_{ab}=0$，$I=0$

（B）$\mathscr{E}_{ab}=0$，$I\neq 0$

（C）$\mathscr{E}_{ab}\neq 0$，$I=0$

（D）$\mathscr{E}_{ab}\neq 0$，$I\neq 0$

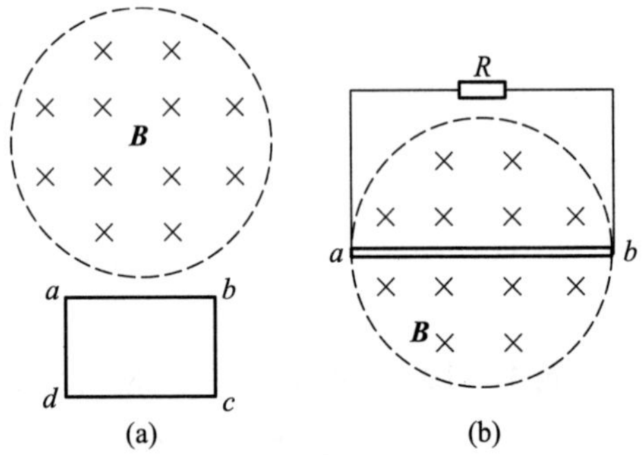

思考题 16-1 图

16-2 一平行板电容器充电以后断开电源，然后缓慢拉开电容器两极板的间距，则拉开过程中两极板间的位移电流为多大？若电容器两端始终维持恒定电压，则在缓慢拉开电容器两极板间距的过程中两极板间有无位移电流？若有位移电流，则它的方向是怎样的？

16-3 空间有限的区域内存在随时间变化的磁场，所产生的感生电场场强为 $\boldsymbol{E}_{\mathrm{i}}$，在不包含磁场的空间区域中分别取闭合曲面 S，闭合曲线 L，则__________。

（A）$\oint_S \boldsymbol{E}_{\mathrm{i}}\cdot \mathrm{d}\boldsymbol{S}=0,\ \oint_L \boldsymbol{E}_{\mathrm{i}}\cdot \mathrm{d}\boldsymbol{l}=0$　　（B）$\oint_S \boldsymbol{E}_{\mathrm{i}}\cdot \mathrm{d}\boldsymbol{S}=0,\ \oint_L \boldsymbol{E}_{\mathrm{i}}\cdot \mathrm{d}\boldsymbol{l}\neq 0$

（C）$\oint_S \boldsymbol{E}_{\mathrm{i}}\cdot \mathrm{d}\boldsymbol{S}\neq 0,\ \oint_L \boldsymbol{E}_{\mathrm{i}}\cdot \mathrm{d}\boldsymbol{l}=0$　　（D）$\oint_S \boldsymbol{E}_{\mathrm{i}}\cdot \mathrm{d}\boldsymbol{S}\neq 0,\ \oint_L \boldsymbol{E}_{\mathrm{i}}\cdot \mathrm{d}\boldsymbol{l}\neq 0$

16-4　在电磁感应定律 $\mathscr{E}_{\mathrm{i}}=-\mathrm{d}\Phi/\mathrm{d}t$ 中，负号的意义是什么？你是如何根据负号来确定感应电动势的方向的？

16-5　如思考题 16-5 图所示，在一长直导线 L 中通有电流 I，$ABCD$ 为一矩形线圈，试确定在下列情况下，$ABCD$ 上的感应电动势的方向：（1）矩形线圈在纸面内向右移动；（2）矩形线圈绕 AD 轴旋转；（3）矩形线圈以直导线为轴旋转。

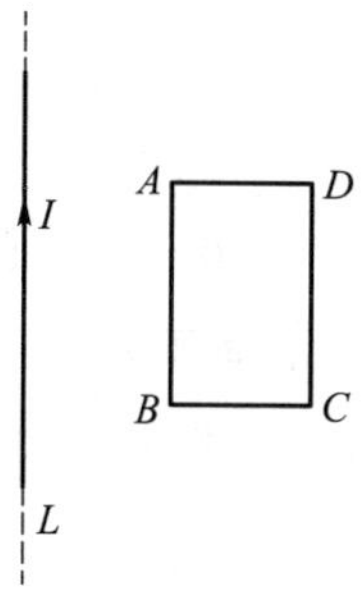

思考题 16-5 图

16-6　当我们把条形磁铁沿铜质圆环的轴线插入铜质圆环中时，铜质圆环中有感应电流和感应电场吗？如用塑料圆环替代铜质圆环，环中仍有感应电流和感应电场吗？

16-7　如思考题 16-7 图所示，铜棒在均匀磁场中作下列各种运动，试问在哪种运动中铜棒上会产生感应电动势？其方向怎样？设磁感应强度的方向竖直向下。（1）铜棒向右平移［图（a）］；（2）铜棒绕通过其中心的轴在垂直于 $\boldsymbol{B}$ 的平面内转动［图（b）］；（3）铜棒绕通过其中心的轴在竖直平面内转动［图（c）］。

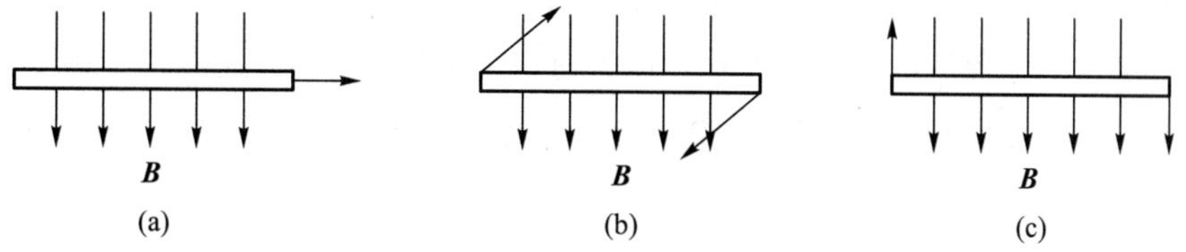

思考题 16-7 图

16-8　如思考题 16-8 图所示，均匀磁场被限制在一半径为 R 的圆柱体内，且其中磁感应强度的大小随时间变化率 $\mathrm{d}B/\mathrm{d}t$= 常量。试问：在回路 L_1 和 L_2 上各点的 $\mathrm{d}B/\mathrm{d}t$ 是否均为零？各点的 E_{k} 是否均为零？$\oint_{L_1} \boldsymbol{E}_{\mathrm{k}}\cdot \mathrm{d}\boldsymbol{l}$ 和 $\oint_{L_2} \boldsymbol{E}_{\mathrm{k}}\cdot \mathrm{d}\boldsymbol{l}$ 各为多少？

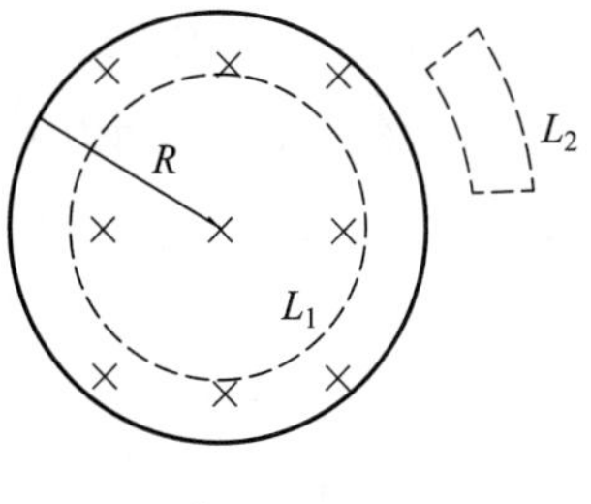

思考题 16-8 图

16-9　自感是由 $L=\Phi/I$ 规定的，能否由此式说明，通过线圈中的电流越小，自感 L 就越大？

16-10　互感电动势与哪些因素有关？要在两个线圈间获得较大的互感，应该用什么办法？

16-11　有两个线圈，长度相同，半径接近相等，试指出在下列三种情况下，哪一种情况的互感最大？哪一种情况的互感最小？（1）两个线圈靠得很近，轴线在同一直线上；（2）两个线圈相互垂直，也是靠得很近；（3）一个线圈套在另一个线圈的外面。

习　　题

16–1　一直导线中通以交流电，如习题 16–1 图所示，置于磁导率为 μ 的介质中，已知 $I=I_0\sin\omega t$，其中 I_0、ω 是大于零的常量。求与其共面的 N 匝矩形回路中的感应电动势。

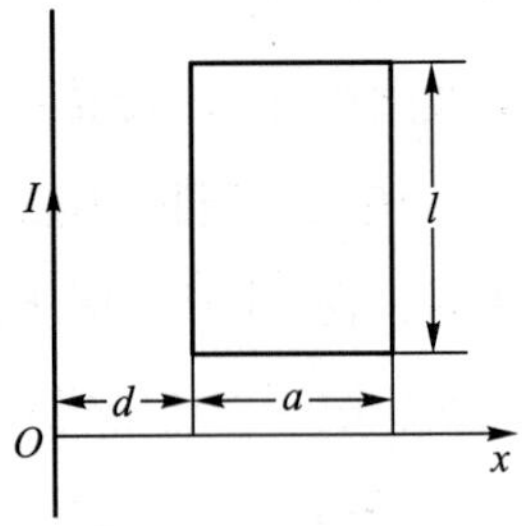

习题 16–1 图

16–2　一半径为 r 的圆形回路放在磁感应强度为 $\boldsymbol{B}$ 的均匀磁场中。回路平面与 $\boldsymbol{B}$ 垂直。当回路半径以恒定速率 v 收缩时，求回路中感应电动势的大小。

16–3　如习题 16–3 图所示，长直导线中通有电流 $I=5.0\ \mathrm{A}$，在与其相距 $d=0.5\ \mathrm{cm}$ 处放有一矩形线圈，共 1 000 匝，设线圈长 $l=4.0\ \mathrm{cm}$，宽 $a=2.0\ \mathrm{cm}$。不计线圈自感，若线圈以速率 $v=3.0\ \mathrm{cm/s}$ 沿垂直于长导线的方向向右运动，则线圈中的感应电动势有多大?

16–4　一电流为 I 的无限长直导线旁有一弧形导线，其圆心角为 120°，几何尺寸及位置如习题 16–4 图所示。求当弧形导线以速度 $\boldsymbol{v}$ 平行于长直导线方向运动时，弧形导线中的动生电动势。

16–5　如习题 16–5 图所示，一半径为 a 的长直螺线管中，有 $\dfrac{\mathrm{d}B}{\mathrm{d}t}>0$ 的磁场，一直导线弯成等腰梯形的闭合回路 $ABCDA$，上底为 a，下底为 $2a$，求：AD 段、BC 段和闭合回路中的感应电动势。

16–6　竖直平面内两条光滑的金属导轨上，紧贴着一质量为 m 的光滑的金属杆，此杆可沿导轨自由滑动。导轨置于均匀磁场中，磁感应强度为 $\boldsymbol{B}$，方向与平面

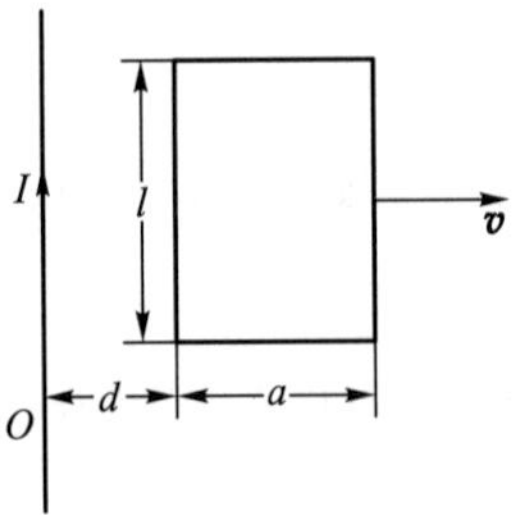

习题 16–3 图

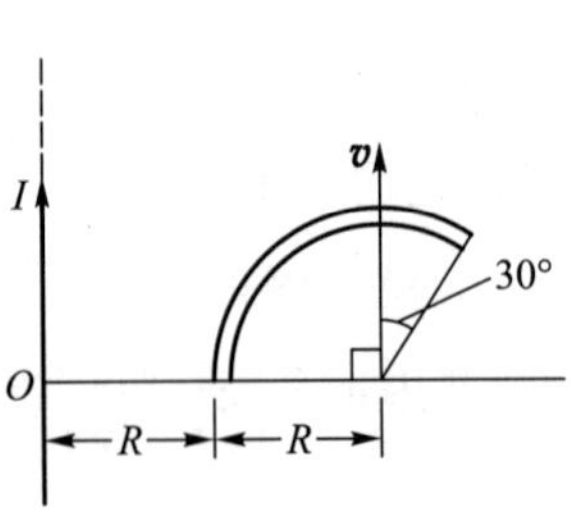

习题 16–4 图

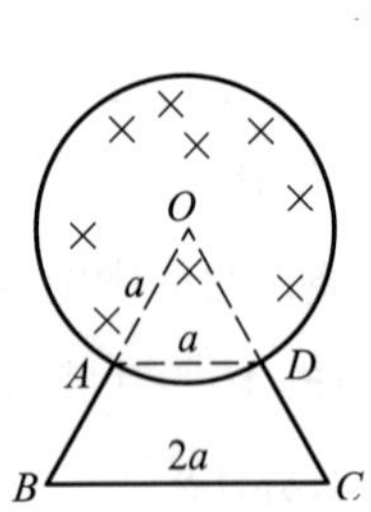

习题 16–5 图

垂直。试问在下列两种回路中，金属滑杆将如何运动？（1）导轨两端接一电动势为 $\mathscr{E}$ 的电源［习题 16–6（a）图］；（2）导轨两端接一电容为 C 的电容器［习题 16–6（b）图］。设回路的电阻可视为不变，其值为 R。

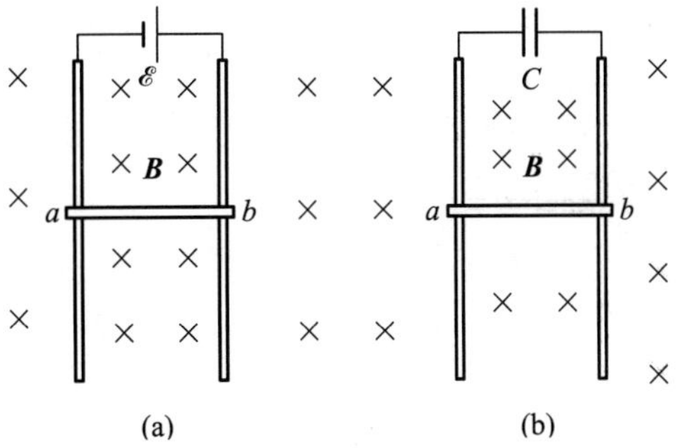

习题 16–6 图

16–7 一螺绕环，每厘米绕 40 匝，铁芯截面积为 3.0 cm^2，磁导率 $\mu = 200\,\mu_0$，绕组中通有电流 5.0 mA，环上绕有两匝次级线圈。（1）求两绕组间的互感系数；（2）若初级绕组中的电流在 0.10 s 内由 5.0 A 降低到 0，求次级绕组中的互感电动势。

16–8 如习题 16–8 图所示，半径分别为 b 和 a 的两圆形线圈（$b \gg a$），在 $t = 0$ 时共面放置，大圆形线圈通有恒定电流 I，小圆形线圈以角速度 ω 绕竖直轴转动，若小圆形线圈的电阻为 R，求：（1）当小圆形线圈转过 90° 时，小圆形线圈所受的磁力矩的大小；（2）从初始时刻转到该位置的过程中，磁力矩所做的功。

16–9 一无限长圆柱形直导线，其截面各处的电流密度相等，总电流为 I，求导线内部单位长度上所储存的磁能。

16–10 在一半径为 R 的圆柱形空间中，存在着磁感应强度为 $\boldsymbol{B}$ 的均匀磁场，其方向与圆柱的轴线平行，如习题 16–10 图所示。有一长为 L 的金属棒放在磁场中，设磁场随时间增强，其变化率为 $\frac{\mathrm{d}B}{\mathrm{d}t}$。（1）试求棒上的感应电动势，并指出哪端的电势高；（2）如棒的一半在磁场范围外，其结果又如何？

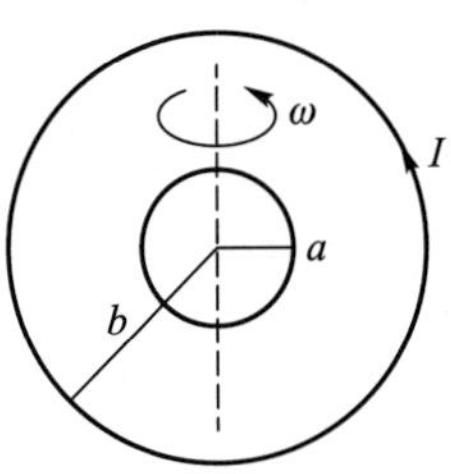

习题 16–8 图

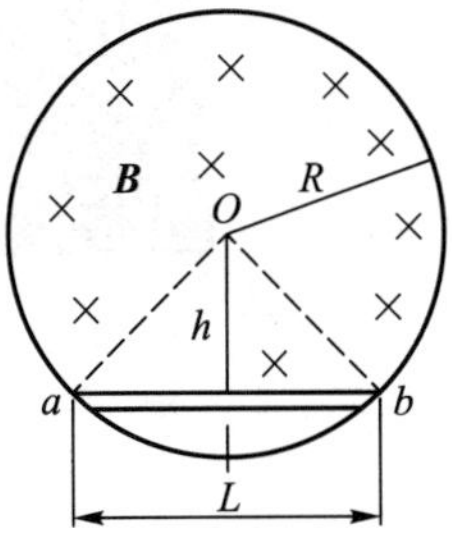

习题 16–10 图

Scientist Synopsis
科学家简介

法拉第
Michael Faraday

楞次
Heinrich Friedrich Emil Lenz

Chapter 17

第 17 章 电磁场和电磁波

前几章我们学习了静电场和恒定磁场，空间中任一点的电场强度和磁感应强度都不随时间变化，并且电场和磁场之间没有联系。本章进一步研究变化的电场和变化的磁场，即随时间变化的电场和磁场之间的联系以及电磁场的传播。麦克斯韦总结了从库仑到安培、法拉第以来电磁学的成就，根据变化磁场能产生电场和变化电场能产生磁场的现象，于 1864 年归纳出电磁场基本方程组；并预言出电磁场能够以波动的形式在空间中传播（称为电磁波），计算出电磁波在真空中的传播速度等于光速。麦克斯韦的电磁场理论说明了光的电磁波本质，把光现象和电磁现象统一了起来。

17.1 麦克斯韦电磁场理论

17.1.1 位移电流

我们学习了恒定电流产生的恒定磁场中的安培环路定理，磁场强度沿着任一闭合回路的环流等于此闭合回路所围传导电流的代数和。那么在非恒定磁场中安培环路定理是否成立？以图 17–1 为例，在传导电流周围取一闭合回路 L，然后以 L 为边界分别取截面 S_1 和 S_2。其中 S_1 穿过导线，而 S_2 将电容器的一个极板包括在内。那么在此种情况下，磁场强度沿闭合回路 L 的积

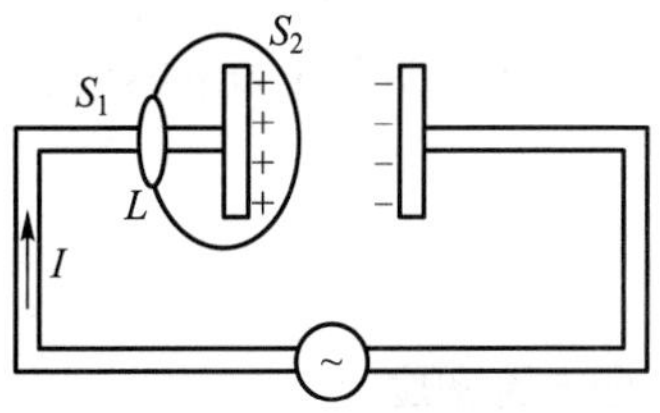

图 17–1　位移电流假设

分是多少？即 $\oint_L \boldsymbol{H}\cdot\mathrm{d}\boldsymbol{l}=?$ 显然，若以 S_1 为 L 的截面，则有 $\oint_L \boldsymbol{H}\cdot\mathrm{d}\boldsymbol{l}=I$；若以 S_2 为 L 的截面，则有 $\oint_L \boldsymbol{H}\cdot\mathrm{d}\boldsymbol{l}=0$。可见，在非恒定磁场中，磁场强度沿着闭合回路的环流与以闭合回路为边界的曲面的选取有关。在非恒定磁场中，安培环路定理不再适用。为修正安培环路定理，麦克斯韦提出了存在一个位移电流的假设。

在图 17–1 中 S_1 和 S_2 构成一个闭合曲面，对此闭合曲面应用高斯定理有

$$\oint_S \boldsymbol{D}\cdot\mathrm{d}\boldsymbol{S}=q$$

同时，根据电荷守恒定律

$$I_\mathrm{c}=\oint_S \boldsymbol{j}_\mathrm{c}\cdot\mathrm{d}\boldsymbol{S}=-\frac{\mathrm{d}q}{\mathrm{d}t}$$

有

$$\oint_S \boldsymbol{j}_\mathrm{c}\cdot\mathrm{d}\boldsymbol{S}=-\oint_S \frac{\partial \boldsymbol{D}}{\partial t}\cdot\mathrm{d}\boldsymbol{S} \tag{17–1}$$

因此有

$$\oint_S\left(\boldsymbol{j}_\mathrm{c}+\frac{\partial \boldsymbol{D}}{\partial t}\right)\cdot\mathrm{d}\boldsymbol{S}=0 \tag{17–2}$$

在上式中，可以看出 $\frac{\partial \boldsymbol{D}}{\partial t}$ 与传导电流密度 $\boldsymbol{j}_\mathrm{c}$ 地位相当。因此麦克斯韦引进位移电流，定义电场中某点位移电流密度 $\boldsymbol{j}_\mathrm{d}$ 等于该点电位移矢量对时间的变化率，通过电场中某一截面的位移电流 I_d 等于通过此截面电位移通量对时间的变化率，即

$$\boldsymbol{j}_\mathrm{d}=\frac{\partial \boldsymbol{D}}{\partial t} \tag{17–3}$$

$$I_\mathrm{d}=\int_S \boldsymbol{j}_\mathrm{d}\cdot\mathrm{d}\boldsymbol{S}=\int_S \frac{\partial \boldsymbol{D}}{\partial t}\cdot\mathrm{d}\boldsymbol{S} \tag{17–4}$$

由上式可以看出，传导电流是电荷定向移动形成的，而在位移电流中并不存在真实移动的电荷，它只是电位移通量随时间的变化率。

17.1.2　全电流安培环路定理

麦克斯韦认为电路中同时存在传导电流和位移电流，它们之和为全电流 I，有

$$I=I_\mathrm{c}+I_\mathrm{d}$$

全电流密度定义为

$$\boldsymbol{j}=\boldsymbol{j}_{\mathrm{c}}+\frac{\partial \boldsymbol{D}}{\partial t} \tag{17-5}$$

它是由传导电流密度和位移电流密度组成的。那么**全电流**为

$$I=\int_S \boldsymbol{j}\cdot \mathrm{d}\boldsymbol{S}=\int_S\left(\boldsymbol{j}_{\mathrm{c}}+\frac{\partial \boldsymbol{D}}{\partial t}\right)\cdot \mathrm{d}\boldsymbol{S} \tag{17-6}$$

则将安培环路定理推广后的公式形式为

$$\oint_L \boldsymbol{H}\cdot \mathrm{d}\boldsymbol{l}=I=I_{\mathrm{c}}+\int_S \frac{\partial \boldsymbol{D}}{\partial t}\cdot \mathrm{d}\boldsymbol{S} \tag{17-7}$$

此公式又称为**全电流安培环路定理**。全电流安培环路定理表明，磁场强度 $\boldsymbol{H}$ 沿着任一闭合回路的环流等于穿过此闭合回路所围曲面的全电流。可见空间磁场的存在既可能是由于传导电流产生的，也可能是由于随时间变化的电场产生的。由此我们可以得到一个结论：变化的电场必然会激发磁场。

17.1.3 麦克斯韦方程组

本节介绍麦克斯韦对电场和磁场进行研究后所总结出来的结论，即**麦克斯韦方程组**。它由四个方程组成，是电磁场的集大成理论，准确而又精练地描述了电磁场的运动规律。其中描述电场的方程是

$$\oint_S \boldsymbol{D}\cdot \mathrm{d}\boldsymbol{S}=q_0 \tag{17-8}$$

式中 q_0 为自由电荷的电荷量，而电场既包含电荷激发的静电场，也包含感生电场。感生电场由于是无源场，所以对电位移通量没有贡献。

麦克斯韦对磁场描述的方程是

$$\oint_S \boldsymbol{B}\cdot \mathrm{d}\boldsymbol{S}=0 \tag{17-9}$$

上式也就是磁场中的高斯定理。其中的磁场既可以是电流激发的磁场，也可以是变化的电场所激发的磁场。同样的道理，磁场本身也是无源场，因此对磁通量没有贡献。

麦克斯韦对电磁感应的描述有两个方程，第一个方程是

$$\oint_L \boldsymbol{E}\cdot \mathrm{d}\boldsymbol{l}=-\int_S \frac{\partial \boldsymbol{B}}{\partial t}\cdot \mathrm{d}\boldsymbol{S} \tag{17-10}$$

即法拉第电磁感应定律，它表明空间变化的磁场必然会激发感生电场。其中的电场既包含感生电场，又包含电荷激发的电场。

第二个方程是

$$\oint_L \boldsymbol{H} \cdot \mathrm{d}\boldsymbol{l} = I_c + \int_S \frac{\partial \boldsymbol{D}}{\partial t} \cdot \mathrm{d}\boldsymbol{S} \tag{17–11}$$

即全电流安培环路定理，它表明空间变化的电场必然会激发磁场。上述两个方程描述了空间电场和磁场相互激发的运动规律。

此前，我们已经知道在上述四个方程中的物理量之间的关系。即在各向同性的介质中，有

$$\boldsymbol{D} = \varepsilon \boldsymbol{E},\ \boldsymbol{B} = \mu \boldsymbol{H},\ \boldsymbol{j} = \gamma \boldsymbol{E}$$

上述关系与上述四个方程将电磁场有机地结合为一个整体。根据电磁场方程组，麦克斯韦预言了电磁波的存在，并且证明了光也是电磁波。

17.2 电磁波

17.2.1 无阻尼自由电磁振荡

1. 振荡电路

振荡电路是产生电磁波的硬件设备。本小节介绍最基本的产生无阻尼自由电磁振荡的振荡电路。如图 17–2 所示，首先对电容器充电，电容器两端的电势差为 U。然后切换开关，使电容器与线圈连接。当电容器放电时，电流从 0 逐渐增加，并在线圈中引发感应电流抵抗原电流的增加。当电容器放电结束时，电容器极板上的电荷量为 0，此时电路中的电流达到最大，并反方向对电容器充电。当电路中的电流为 0 时，电容器极板上的电荷量达到最大值。此后，电容器反方向对线圈放电，并重复上述过程。电容器不断充放电的过程，也是电场能量与磁场能量不断转化的过程。这种电荷量和电流、电场和磁场随时间作周期性变化的现象叫作**电磁振荡**。如果忽略电路中的损耗（如焦耳热等），那么这种振荡将一直持续下去，这种振荡称为**无阻尼自由电磁振荡**。

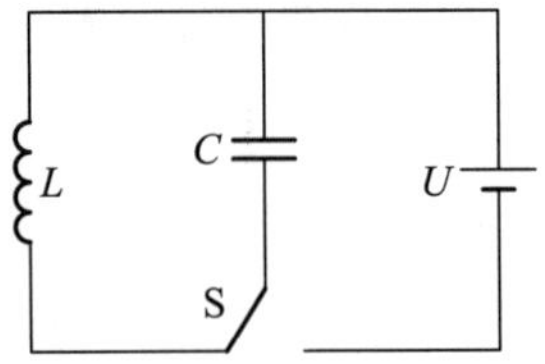

图 17–2　振荡电路

2. 振荡方程

设某时刻电路中的电流为 i，此时电容器两端的电势差为 $U = \frac{q}{C}$，其中 q 为此时电容器极板上的电荷量，C 为电容器的电容。根据自感理论，此时线圈两端的电动势

为 $\mathscr{E}=-L\frac{\mathrm{d}i}{\mathrm{d}t}$。由于在任一时刻有 $U=\mathscr{E}$，且 $i=\frac{\mathrm{d}q}{\mathrm{d}t}$，所以有

$$\frac{1}{C}q=-L\frac{\mathrm{d}i}{\mathrm{d}t}$$

则上式可写成

$$\frac{\mathrm{d}^2q}{\mathrm{d}t^2}=-\frac{1}{LC}q \tag{17-12}$$

令 $\omega^2=\frac{1}{LC}$，有

$$\frac{\mathrm{d}^2q}{\mathrm{d}t^2}=-\omega^2q$$

其方程的解为

$$q=Q_0\cos(\omega t+\varphi) \tag{17-13}$$

式中 q 为任一时刻电容器上的电荷量，Q_0 为极板上电荷量的最大值，ω 是角频率。则此谐振动的频率为

$$\nu=\frac{\omega}{2\pi}=\frac{1}{2\pi\sqrt{LC}} \tag{17-14}$$

根据（17–13）式可求得电路中任一时刻电流为

$$i=\frac{\mathrm{d}q}{\mathrm{d}t}=-\omega Q_0\sin(\omega t+\varphi)=\omega Q_0\cos\left(\omega t+\varphi+\frac{\pi}{2}\right) \tag{17-15}$$

比较（17–13）式和（17–15）式可以看出电流与电荷量的相位相差 $\frac{\pi}{2}$，当电容器极板上的电荷量达到最大时，电路中的电流为 0；反之，当电路中的电流最大时，电容器极板上的电荷量为 0。

以下我们来讨论 LC 振荡电路中的能量问题。

设某时刻电容器极板上的电荷量为 q，则电容器中的电场能量为

$$W_{\mathrm{e}}=\frac{q^2}{2C}=\frac{Q_0^2}{2C}\cos^2(\omega t+\varphi) \tag{17-16}$$

此时，设线圈中的电流为 i，则线圈中的磁场能量为

$$W_{\mathrm{m}}=\frac{1}{2}Li^2=\frac{1}{2}LI_0^2\sin^2(\omega t+\varphi)=\frac{Q_0^2}{2C}\sin^2(\omega t+\varphi) \tag{17-17}$$

于是，LC 振荡电路中的总能量为

$$W=W_{\mathrm{e}}+W_{\mathrm{m}}=\frac{Q_0^2}{2C} \tag{17-18}$$

由此可见，虽然在 LC 振荡电路中的电场能量和磁场能量都在随时间发生周期性的变化，但在任何时刻，其总能量是不变的。

此外，LC 振荡电路的能量守恒也是有条件的。首先，电路中的电阻必须为零，以避免出现焦耳热；其次，电路中不能出现电动势，否则电动势会参与能量交换；最后，电磁能量不能辐射电磁波。

例 17–1 在 LC 振荡电路中，已知 $L = 260\ \mu\text{H}$，$C = 120\ \text{pF}$，初始时刻电容器两极板间的电势差 $U_0 = 1\ \text{V}$，且初始时刻电流为零，试求：（1）振荡频率；（2）最大电流；（3）电场能量随时间变化关系；（4）磁场能量随时间变化关系；（5）振荡电路总能量。

解 （1）振荡频率为

$$\nu = \frac{\omega}{2\pi} = \frac{1}{2\pi\sqrt{LC}} \approx 9.01\times10^{5}\ \text{Hz}$$

（2）当 $t = 0$ 时，$i_0 = 0$，$q_0 = CU_0$，则

$$CU_0 = Q_0\cos\varphi,\quad -\omega Q_0\sin\varphi = 0$$

解得

$$\varphi = 0,\ Q_0 = CU_0$$

因此有

$$I_0 = \omega Q_0 = \omega CU_0 = \sqrt{\frac{C}{L}}U_0 \approx 0.679\ \text{mA}$$

（3）电容器两极板间电场能量为

$$W_{\text{e}} = \frac{q^2}{2C} = \frac{Q_0^2}{2C}\cos^2(\omega t+\varphi) = \frac{1}{2}CU_0^2\cos^2\omega t = (0.60\times10^{-10}\ \text{J})\cos^2\omega t$$

（4）线圈中磁场能量为

$$W_{\text{m}} = \frac{Q_0^2}{2C}\sin^2(\omega t+\varphi) = \frac{1}{2}CU_0^2\sin^2\omega t = (0.60\times10^{-10}\ \text{J})\sin^2\omega t$$

（5）总能量为

$$W = W_{\text{e}} + W_{\text{m}} = 0.60\times10^{-10}\ \text{J}$$

17.2.2 电磁波的产生和传播

理论上已经证明，电磁波在单位时间内传播的能量与其频率的四次方成正比。

因此电磁振荡电路的固有频率越高，电磁波的辐射效果越好。在图 17–2 中的振荡电路的固有频率为 $\nu=\dfrac{\omega}{2\pi}=\dfrac{1}{2\pi\sqrt{LC}}$。可以看出，若要增加电磁波的频率，就必须降低线圈的自感系数 L 和电容器的电容 C。此外，在图 17–2 中电磁波辐射的空间范围很小。为满足上述条件，需要对此振荡电路加以改进。

首先增加电容器两极板之间的距离，以减小电容。然后减少线圈的匝数，以降低线圈的自感系数，直到线圈变成一根直线。同时为增大电磁波的辐射空间，需增加电容器两极板之间的角度，直到两极板之间的角度为 π，如图 17–3 所示。这样，振荡电路产生的电磁波就会辐射到全部空间。

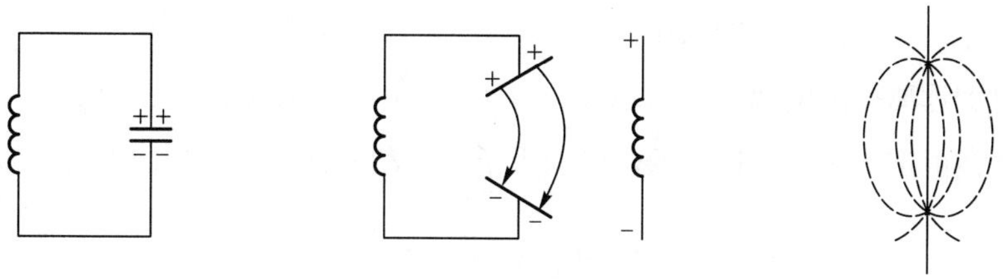

图 17–3　振荡电路的改进

当在上述直线型电路中引发电磁振荡时，在直线的两端会出现作加速运动的等量异号的电荷。这种作加速运动的电荷称为**振荡电偶极子**。

下面我们以振荡电偶极子为例，来解释电磁波的产生和传播。

如图 17–4 所示，从（17–15）式中可以看出，振荡电路中电流的运动方程为简谐振动方程。因此，振荡电偶极子在振荡电路中的运动是简谐振动。设在初始时刻，正、负电荷处于直线中心，如图 17–4（a）所示。此后正、负电荷分别向直线两端运动，此时，空间电场线分布情况如图 17–4（b）所示。振荡电偶极子达到振幅位置后向中心返回，如图 17–4（c）所示。到此，振荡电偶极子完成了半个周期的运动。此后半个周期的运动完全相同，但正、负电荷运动相反，如图 17–4（d）和图 17–4（e）所示。从图 17–4 中可以看出，在离振荡电偶极子足够远的区域中，

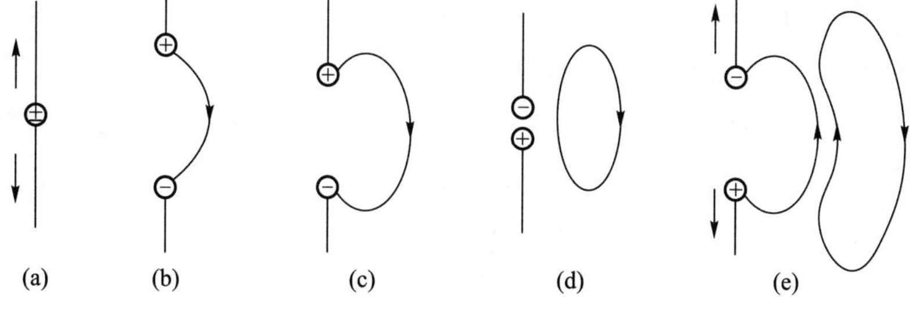

图 17–4　振荡电偶极子

电场线全部是闭合的，而且波面逐渐形成球面。在球形波面上，电场强度方向（电场线切向）与电场传播方向（径矢）垂直。由于变化的电场会产生磁场，所以在垂直于电场方向的平面内还会产生磁场，二者不断地相互激发并向外传播。

由麦克斯韦方程组可以得到在各向同性的介质中，在远离振荡电偶极子的空间内任一点的电磁波方程为

$$E(r,t)=\frac{\omega^2 p_0 \sin\theta}{4\pi\varepsilon u^2 r}\cos\omega\left(t-\frac{r}{u}\right) \tag{17-19}$$

$$H(r,t)=\frac{\omega^2 p_0 \sin\theta}{4\pi u r}\cos\omega\left(t-\frac{r}{u}\right) \tag{17-20}$$

式中 $p_0=ql$，为电偶极矩的大小。

在更加远离振荡电偶极子的地方，$r \gg l$，在角度变化较小的范围内，可以将 E、H 看作振幅恒定的常量，这样振荡电偶极子的波动方程转化为平面电磁波方程：

$$E=E_0\cos\omega\left(t-\frac{r}{u}\right) \tag{17-21}$$

$$H=H_0\cos\omega\left(t-\frac{r}{u}\right) \tag{17-22}$$

对于平面电磁波，其性质可概括如下：

（1）平面电磁波是横波，且 $\boldsymbol{E}$、$\boldsymbol{H}$ 相互垂直。

（2）$\boldsymbol{E}$、$\boldsymbol{H}$ 振动的相位在任意时刻都相同，且 $\boldsymbol{E}\times\boldsymbol{H}$ 的方向指向电磁波的传播方向。

（3）电磁波的波速 $u=\frac{1}{\sqrt{\varepsilon\mu}}$。在真空中，$u=c=\frac{1}{\sqrt{\varepsilon_0\mu_0}}\approx 2.997\,9\times10^8\ \text{m/s}$，其中 $\varepsilon_0\approx 8.854\times10^{-12}\ \text{F}\cdot\text{m}^{-1}$，$\mu_0=4\pi\times10^{-7}\ \text{H}\cdot\text{m}^{-1}$。由此可以确定光是电磁波。

以上结论虽然是从振荡电偶极子得出的，但具有普遍性，适用于任何作加速运动的带电粒子所辐射的电磁波，如原子中的带电粒子、加速器中的带电粒子所辐射的电磁波。

1886 年，德国物理学家赫兹利用感应线圈放电产生高频电磁振荡，然后将两个两端带有金属小球的细铜棒弯成矩形的开路。当其中一个矩形开路与感应线圈相连时，两球间的空气产生火花。此时，在附近的另一个矩形开路的两球间也产生了微弱的火花，这说明第二个矩形开路收到了第一个矩形开路的电磁波，从而证实了电磁波的存在。此后数年，赫兹用实验进一步证明电磁波与光一样，具有相同的速度，能够反射和折射，还具有干涉和衍射及偏振等特性。

17.2.3 电磁波的能量

电磁波的传播本质上是一种能量流动的形式，因此必然伴随着能量的传播。

设垂直于电磁波传播方向的某截面的面积为 dS，电磁场的能量密度为 w。则单位时间内流过此截面的能量为 wudS。那么电磁波的能流密度为

$$S = wu \tag{17-23}$$

电磁波的能量密度应包括电场和磁场的能量密度，分别为

$$w_{\mathrm{e}} = \frac{1}{2}\varepsilon E^2,\quad w_{\mathrm{m}} = \frac{1}{2}\mu H^2$$

因此电磁场的能量密度为 $w = w_{\mathrm{e}} + w_{\mathrm{m}} = \frac{1}{2}\left(\varepsilon E^2 + \mu H^2\right)$，代入（17–23）式中，根据电磁波的波动方程整理后可得

$$S = EH \tag{17-24}$$

由于 $\boldsymbol{E}$、$\boldsymbol{H}$ 的方向和电磁波的传播方向三者互相垂直，且满足右手螺旋定则，所以上式可写成矢量式：

$$\boldsymbol{S} = \boldsymbol{E} \times \boldsymbol{H} \tag{17-25}$$

式中 $\boldsymbol{S}$ 称为**电磁波的能流密度**，也叫**坡印廷矢量**。

对平面电磁波，其能流密度的平均值为

$$\overline{S} = \frac{1}{2}E_0 H_0 \tag{17-26}$$

式中 E_0、H_0 分别是电场强度和磁场强度的幅值。

将（17–19）式、（17–20）式代入（17–24）式，可得振荡电偶极子辐射的电磁波的能流密度为

$$S = EH = \frac{\sqrt{\varepsilon\mu^3}\, p_0^2 \omega^4 \sin^2\theta}{16\pi^2 r^2}\cos^2\omega\left(t - \frac{r}{u}\right) \tag{17-27}$$

振荡电偶极子在单位时间内辐射的能量称为**辐射功率**。如果将上式在以振荡电偶极子为中心、半径为 r 的球面上积分，将所得结果对时间取平均值，则振荡电偶极子的**平均辐射功率为**

$$\overline{P} = \frac{\mu p_0^2 \omega^4}{12\pi u} \tag{17-28}$$

从上式中可以看出，振荡电偶极子的平均辐射功率与振荡电偶极子的频率的四次方成正比。因此，随着振荡电偶极子的频率增加，辐射功率会迅速增大。

17.2.4 电磁波谱

电磁波的范围很广，无线电波、红外线、可见光、紫外线、X射线和γ射线等都是电磁波。它们的基本性质完全相同，但波长和频率有很大差异。为方便比较，人们按照它们的波长或频率大小依次排列，构成电磁波谱，如图 17–5 所示。

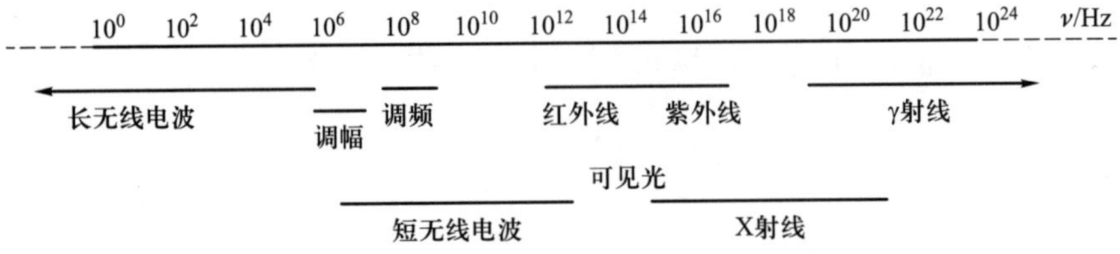

图 17–5 电磁波谱

在电磁波谱中，波长最长的是无线电波。因波长的不同（从几千米到几毫米），无线电波可分为长波、中波、短波、超短波和微波等。长波在空气中传播时损耗很小，故常用于远距离通信和导航；中波多用于航海和航空定向以及无线电广播；短波除可用于无线电广播外，还可用于电报、通信等；超短波和微波多用于电视、雷达以及无线电导航等。

红外线的波长在 0.76~600 μm 之间，由于它在电磁波谱上处于红光外侧，故称为红外线。红外线主要用于雷达、照相和夜视仪等；同时，因为红外线有显著的热效应，它还可用来取暖。波长在 400~760 nm 之间的电磁波可以被人的眼睛感知，叫作可见光。波长在 5~400 nm 之间的电磁波称为紫外线。由于紫外线具有化学效应和荧光效应，所以它常用于杀菌以及农业等方面。

X 射线（又称伦琴射线）的波长在 0.04~5 nm 之间，具有很强的穿透力，因此可以用于医疗透视、检查金属内部损伤和分析物质的晶体结构等方面。

波长最短的是γ射线，其波长在 0.04 nm 以下。γ射线的穿透能力比 X 射线还大，可以用来进行放射性实验和产生高能粒子，还可以用于天体和宇宙的研究。

思 考 题

17–1 试述电磁波的性质。

17–2 思考题 17–2（a）图为一 LC 振荡电路，C 为圆形平行板电容器，L 为长直螺线管，图（b）及图（c）分别表示电容器放电时平行板电容器的电场分布和

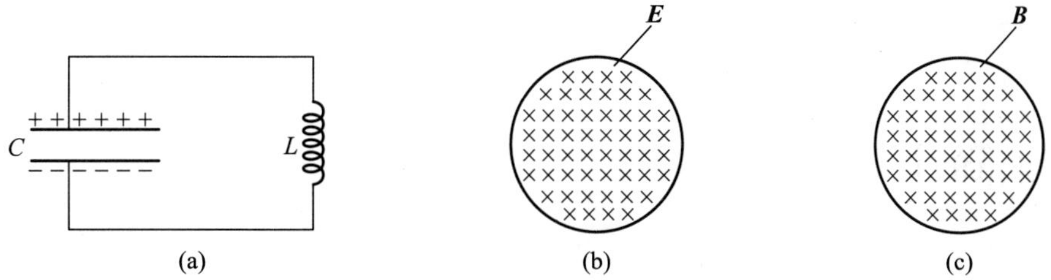

思考题 17–2 图

螺线管内的磁场分布。（1）在图（b）内画出电容器内部的磁场分布和坡印廷矢量分布；（2）在图（c）内画出螺线管内部的电场分布和坡印廷矢量分布。

17–3 如思考题 17–3 图所示，同轴电缆内、外半径分别为 a 和 b，用来作为电源 $\mathscr{E}$ 和电阻 R 的传输线，电缆本身的电阻忽略不计。（1）求电缆中任一点（$a<r<b$）处的坡印廷矢量；（2）求通过电缆横截面的能流，该结果说明什么物理图像？

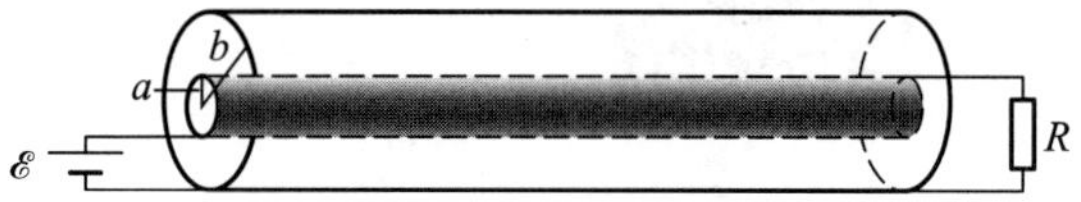

思考题 17–3 图

习　　题

17–1 一圆柱形电容器内、外导体半径分别为 R_1 和 R_2，中间充满电容率为 ε 的电介质，当两极板间的电压随时间的变化率为 $\dfrac{\mathrm{d}U}{\mathrm{d}t}=k$（$k$ 为常量）时，求介质内距圆柱轴线 r 处的位移电流密度。

17–2 在一个 LC 振荡电路中，若电容器两极板上的交变电压 $U=50\cos(10^4\pi t)$（SI 单位），电容 $C=1.0\times10^{-7}$ F，电阻忽略不计，求：（1）振荡周期；（2）电路自感；（3）电流。

17–3 气体激光器的光强可达 $3.0\times10^{18}\ \mathrm{W\cdot m^{-2}}$，计算其对应的电场强度和磁场强度的幅值。

Scientist Synopsis

科学家简介

麦克斯韦

James Clerk Maxwell

赫兹

Heinrich Rudolf Hertz

Part 7

第 7 部分 近代物理应用

19 世纪末物理学的一系列重大发现，使经典物理学理论体系本身遇到了不可克服的危机，从而引起了近代物理学革命。由于生产技术的发展，精密、大型仪器的创制以及物理学思想的变革，这一时期的物理学理论呈现出高速发展的状态。研究对象由低速到高速、由宏观到微观，深入无垠的宇宙深处和物质结构的内部，这使人们对宏观世界的结构、运动规律和微观物质的运动规律的认识，产生了重大的变革。相对论和量子力学的建立，克服了经典物理学的危机，完成了从经典物理学到近代物理学的转变，使物理学的理论基础发生了质的飞跃，改变了物理世界的图景。1927 年以后，量子场论、原子核物理学、粒子物理学、天体物理学和现代宇宙学，得到了迅速的发展。物理学向其他学科领域的推进，产生了一系列物理学的新分支和交叉学科，并为现代科学技术提供了新思路和新方法。近代物理学的发展引起了人们对物质、运动、空间、时间、因果律乃至生命现象的认识的重大变化，人们对物理学理论的认识也发生了重大变化。现在越来越多的事实表明，物理学在揭开微观和宏观世界深处的奥秘方面，正酝酿着新的重大突破。近代物理学的理论成果应用于实践，出现了原子能、半导体、计算机、激光、宇航等许多新技术。这些新技术正有力地推动着新的科学技术革命，促进着生产力的发展。而生产力和新技术的发展，又反过来有力地促进了物理学的发展。这就是物理学的发展与生产力发展的辩证关系。

本部分主要介绍近代物理学在激光、固体、超导和半导体中的应用。

Chapter 18

第 18 章 近代物理的应用

18.1 激光

大家对激光这个名词一点也不陌生。在日常生活中，我们常常接触到激光，如在课堂上我们所用的激光指示器、在计算机或音响组合中用来读取光盘信息的光驱等。在工业上，激光常用于切割或微细加工；在军事上，激光被用来拦截导弹。科学家也利用激光非常准确地测量了地球和月球的距离，产生的误差只有几厘米。激光的用途那么广泛，究竟它有哪些特点，又是如何产生的呢？以下我们将会阐释激光的基本特点和基本原理。

18.1.1 激光的特性

高亮度、高方向性、高单色性和高相干性是激光的四大特性。

1. 激光的高亮度

激光的亮度比太阳表面亮度高 10^{10} 倍。不仅如此，具有高亮度的激光束经透镜聚焦后，能在焦点附近产生数千乃至上万摄氏度的高温，这就使其可以加工几乎所有的材料。

2. 激光的高方向性

激光的高方向性使其能在有效地传输较长距离的同时，还能保证聚焦，从而得到极高的功率密度，这两点都是激光加工的重要条件。

3. 激光的高单色性

激光的单色性极高，从而保证了光束能精确地聚焦到焦点上，得到很高的功率密度。

4. 激光的高相干性

相干性主要用来分析光波各个部分的相位关系。

激光具有如上所述的奇异特性，因此在生活、工业加工、军事、科研等领域中得到了广泛的应用。

18.1.2 激光的产生原理

激光的发展有很长的历史，它的原理早在 1917 年就被著名物理学家爱因斯坦发现了，但直到 1960 年激光器才被首次成功制造出来。激光的英文名是 laser，即 light amplification by stimulated emission of radiation 的缩写。激光的英文全名已完全表达了制造激光的主要过程。但在阐释这个过程之前，我们必须先了解物质的结构与激光的辐射和吸收的原理。

物质由原子组成。图 18–1 是一个碳原子的示意图。原子的中心是原子核，由质子和中子组成。质子带有正电，中子则不带电。原子的外围分布着带负电的电子，电子绕着原子核运动。有趣的是，电子在原子中的能量并不是任意的。描述微观世界的量子力学告诉我们，这些电子会处于一些固定的能级，不同的能级对应于不同的电子能量。为了简单起见，我们可以如图 18–1 所示，把这些能级想象成一些绕着原子核的轨道，距离原子核越远的轨道能量越高。此外，不同轨道最多可容纳的电子数目也不同，如最低的轨道（也是离原子核最近的轨道）最多只可容纳 2 个电子，较高的轨道则可容纳 8 个电子等。事实上，这个过分简化了的模型并不是完全正确的，但它足以帮助我们说明激光的基本原理。

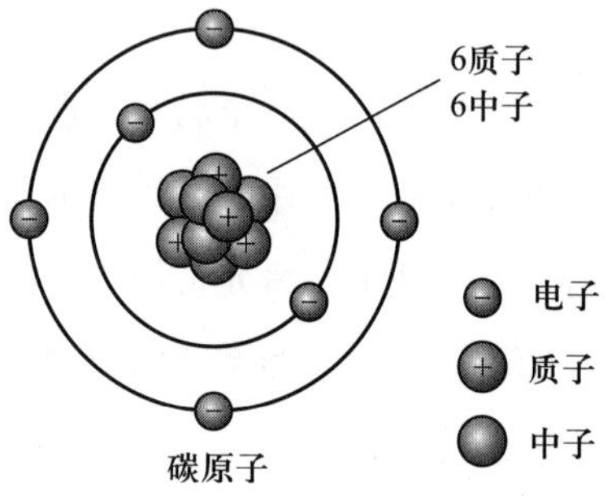

图 18–1　碳原子示意

电子可以通过吸收或释放能量从一个能级跃迁至另一个能级。例如，当电子吸收了一个光子时，它便可能从一个较低的能级跃迁至一个较高的能级，如图 18–2（a）所示。同样地，一个位于高能级的电子也会通过发射一个光子而跃迁至较低的能级，如图 18–2（b）所示。在这些过程中，电子吸收或释放的光子能量总是与这两个能级的能量差相等。由于光子能量决定了光的波长，所以，电子吸收或释放的光子具有固定的颜色。

当原子内所有电子都处于可能的最低能级时，整个原子的能量最低，我们称原

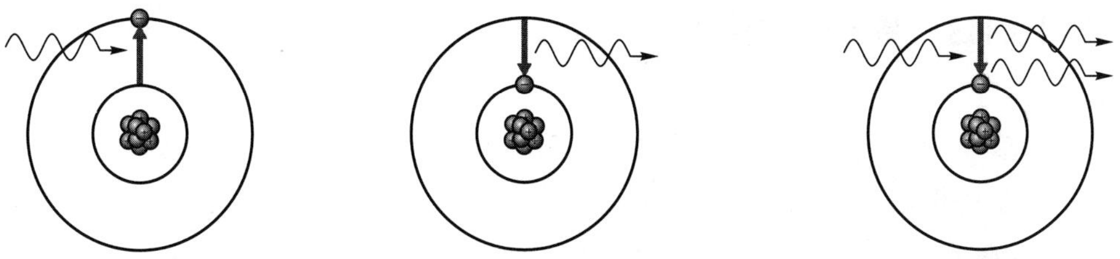

图 18–2　原子内电子的跃迁

子处于**基态**。图 18–1 显示了碳原子处于基态时电子的排列状况。当一个或多个电子处于较高的能级时，我们称原子处于**受激态**。前面说过，电子可通过吸收或释放光子在能级之间跃迁。跃迁又可分为三种形式：

（1）自发吸收：电子通过吸收光子从低能级跃迁到高能级，如图 18–2（a）所示。

（2）自发辐射：电子自发地通过释放光子从高能级跃迁到低能级，如图 18–2（b）所示。

（3）受激辐射：光子射入物质，诱发电子从高能级跃迁到低能级，并释放光子。入射光子与释放的光子有相同的波长和相位，此波长对应于两个能级的能量差。一个光子诱发一个电子发射一个光子，最后就变成两个相同的光子，如图 18–2（c）所示。

激光基本上就是由第三种跃迁所产生的。

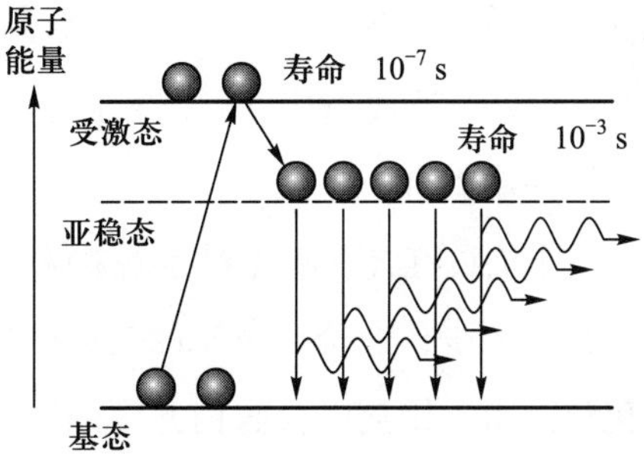

图 18–3　粒子数反转

产生激光还有一个巧妙之处，就是要实现所谓粒子数反转的状态。以红宝石激光为例，如图 18–3 所示，原子首先吸收能量，跃迁至受激态。原子处于受激态的时间非常短，大约 10^{-7} s 后，它便会落到一个称为亚稳态的中间状态。原子停留在亚稳态的时间很长，大约是 10^{-3} s 或更长的时间。电子长时间留在亚稳态，导致在亚稳态的原子数目多于在基态的原子数目，此现象称为**粒子数反转**。粒子数反转是产生激光的关键，因为它使通过受激辐射由亚稳态回到基态的原子，比通过自发吸收由基态跃迁至亚稳态的原子多，从而保证了介质内的光子增多，以输出激光。

18.1.3 激光器的结构

激光器一般包括三个部分。

1. 工作介质

要产生激光必须选择合适的工作介质，工作介质可以是气体、液体、固体或半导体。在工作介质中可以实现粒子数反转，以提供获得激光的必要条件。显然亚稳态能级的存在，对实现粒子数反转是非常有利的。工作介质现有近千种，可产生的激光波长从紫外到远红外，非常广泛。

2. 激励源

为了使工作介质中出现粒子数反转，必须用一定的方法去激励原子体系，使处于高能级的粒子数增加。一般可以用气体放电的办法来利用具有动能的电子去激发介质原子，这称为电激励；也可用脉冲光源来照射工作介质，这称为光激励；还有热激励、化学激励等。各种激励方式被形象地称为泵浦或抽运。为了不断得到激光输出，必须不断地“泵浦”以维持处于高能级的粒子数比低能级多的状态。

3. 谐振腔

有了合适的工作介质和激励源后，可实现粒子数反转，但这样产生的受激辐射强度很弱，无法实际应用。于是人们就想到了用光学谐振腔进行放大。所谓光学谐振腔，实际上是在激光器两端，面对面装上两块反射率很高的镜子。一块镜子几乎全反射，另一块镜子大部分反射、少量透射出去，以使激光可透过这块镜子射出。被反射回工作介质的光，继续诱发新的受激辐射，光被放大。因此，光在谐振腔中来回振荡，造成连锁反应，雪崩似的获得光放大，产生强烈的激光，激光从部分反射镜一端输出。

下面以红宝石激光器为例来说明激光的形成。工作介质是一根红宝石棒。红宝石是掺入少许 3 价铬离子的三氧化二铝晶体，实际是掺入质量比约为 0.05% 的氧化铬。由于铬离子吸收白光中的绿光和蓝光，所以宝石呈粉红色。1960 年，梅曼发明的激光器所采用的红宝石是一根直径约为 0.8 cm、长约为 8 cm 的圆棒。两端面是一对平行平面镜，一端镀上全反射膜，一端有 10% 的透射率，可让激光射出。

红宝石激光器用高压氙灯作“泵浦”，利用氙灯所发出的强光激发铬离子到达激发态 E_3，被抽运到 E_3 上的电子很快（约 10^{-8} s）无辐射跃迁到 E_2。E_2 是亚稳态能级，E_2 到 E_1 的自发辐射概率很小，寿命长达 10^{-3} s，即允许粒子停留较长时间。于是，粒子就在 E_2 上积聚起来，这实现了 E_2 和 E_1 两能级上的粒子数反转。从 E_2 到 E_1 受激辐射的是波长为 694.3 nm 的红色激光。由脉冲氙灯得到的是脉冲激光，每一个光脉冲的持续时间不到 1 ms，能量在 10 J 以上。也就是说，每个脉冲激光的功率可超过 10 kW。上述铬离子从激发到发出激光的过程涉及三个能级，故该系统称为三能级系统。由于在三能级系统中，最低能级 E_1 是基态，通常情况下积聚大量原子，所以要达到粒子数反转，要有相当强的激励才行。

从上面的叙述中我们注意到，激光器要工作必须具备三个基本条件，即工作介质、谐振腔和激励源，其基本结构如图 18–4 所示。

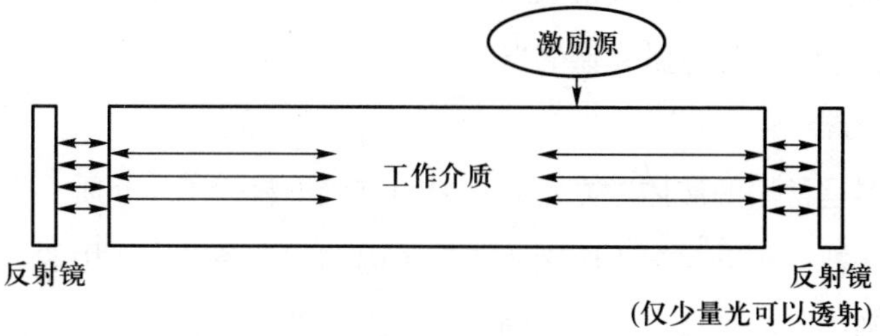

图 18–4　激光器结构图

通过激励源将能量输入工作介质，使其实现粒子数反转，由自发辐射产生的微弱的光在激光工作介质中得以放大。由于工作介质两端放置了反射镜，所以有一部分的光就能够反馈回来再参加激励，这时被激励的光就产生振荡，经过多次激励，从右端反射镜中透射出来的光就是单色性、方向性、相干性都很好的高亮度的激光。不同类型的激光器在工作介质、反射镜以及激励源等方面所用材料有所区别，下文提到的各种激光器也正是基于这些不同进行分类的。

18.1.4　激光器的种类

对激光器有不同的分类方法，按工作介质的不同来分类，激光器可以分为固体激光器、气体激光器、半导体激光器和液体激光器。

1. 固体激光器

固体激光器具有器件小、坚固、使用方便、输出功率大的特点。这种激光器的工作介质是在作为基质材料的晶体或玻璃中均匀掺入了少量激活离子。除了前面介绍的红宝石和玻璃外，常用的工作介质还有掺入三价钕离子的钇铝石榴石（YAG）晶体，这种激光器可以发射 1 060 nm 的近红外激光。固体激光器的连续功率可超过 100 W，脉冲峰值功率可达 109 W。

2. 气体激光器

气体激光器具有结构简单、造价低、操作方便、工作介质均匀、光束质量好以及能长时间较稳定地连续工作的优点。这也是目前品种最多、应用广泛的一类激光器，占有市场份额 60%左右。其中，氦氖激光器是最常用的一种。

3. 半导体激光器

半导体激光器是以半导体材料作为工作介质的。目前较成熟的是砷化镓激光器，它发射 840 nm 的激光。另有掺铝的砷化镓、硫化铬、硫化锌等激光器。激励方式有光泵浦、电激励等。这种激光器体积小、质量小、寿命长、结构简单而坚固，特别适于在飞机、车辆、宇宙飞船上用。在 20 世纪 70 年代末期，光纤通信技术的发展大大推动了半导体激光器的发展。

4. 液体激光器

染料激光器是常用的液体激光器，它采用有机染料为工作介质。染料激光器在大多数情况下是把有机染料溶于溶剂（乙醇、丙酮、水等）中使用的，也有以蒸气状态工作的。利用不同染料可获得不同波长（在可见光范围）激光。染料激光器一般使用激光作激励源，常用的有氩离子激光等。液体激光器工作原理比较复杂。输出波长连续可调、覆盖面宽是它的优点，这使它也得到了广泛应用。

18.1.5 激光简史和我国的激光技术

自 1917 年爱因斯坦提出受激辐射概念后，直到 1958 年，美国两位微波领域的科学家汤斯（C.H.Townes）和肖洛（A.L.Schawlow）才打破了沉寂的局面，发表了著名论文《红外与光学激射器》，指出了受激辐射为主的发光的可能性，以及必要条件是实现“粒子数反转”。他们的论文使在光学领域工作的科学家们马上兴奋起来，纷纷提出各种实现粒子数反转的实验方案，从此开辟了崭新的激光研究领域。

同年，苏联科学家巴索夫和普罗霍洛夫发表了论文《实现三能级粒子数反转和半导体激光器建议》，1959 年 9 月，汤斯又提出了制造红宝石激光器的建议……1960 年，美国的梅曼（T.H.Maiman）制成了世界上第一台红宝石激光器，获得了波长为 694.3 nm 的激光。梅曼利用红宝石晶体作工作介质，用发光密度很高的脉冲氙灯作激励源，实际上，他的研究早在 1957 年就开始了。经过多年的努力，人类终于获得了历史上第一束激光。1964 年，汤斯、巴索夫和普罗霍洛夫由于对激光研究的贡献分享了诺贝尔物理学奖。

中国第一台红宝石激光器于 1961 年 8 月在中国科学院长春光学精密机械研究所研制成功。这台激光器在结构上比梅曼所设计的有了改进。在当时，我国工业水平比美国低得多，研制条件十分艰苦，这台激光器全靠研究人员自己设计、动手制造。在这以后，我国的激光技术得到了迅速发展，并在各个领域中得到了广泛应用。1987 年 6 月，我国的高功率激光装置——神光Ⅰ，在中国科学院上海光学精密机械研究所研制成功，该装置多年来为我国的激光聚变研究作出了很好的贡献。

18.2 固体的能带理论

能带理论（能带论）是目前研究固体中的电子状态、说明固体性质最重要的理论基础。它的出现是量子力学与量子统计在固体中应用最直接、最重要的结果。能带论不但成功地解决了经典电子论和索末菲（Sommerfeld）自由电子论处理金属问题时所遗留下来的许多问题，而且成为解释所有晶体性质（包括半导体、绝缘体等）的理论基础。固体物理中这个最重要的理论是一个年轻人首先提出的。1928 年，23 岁的布洛赫（Bloch）在他的博士论文《论晶格中的量子力学》中，最早提出了解释金属电导的能带概念。1931 年，威尔逊（Wilson）用能带观点说明了绝缘体与金属的区别在于能带是否填满，从而奠定了半导体物理的理论基础。在其后的几十年里，能带论在众多一流科学家的努力中得到完善。能带论虽比自由电子论严格，但依然是一个近似理论。

假定在体积 $V = L^3$ 中有 N 个带正电荷 Ze 的离子实，相应地有 NZ 个价电子，那么该系统的哈密顿量为

$$\begin{aligned}\hat{H} = & -\sum_{i=1}^{NZ}\frac{\hbar^2}{2m}\nabla_i^2 + \frac{1}{2}\sum_{i,j}{}'\frac{1}{4\pi\varepsilon_0}\frac{e^2}{\left|\boldsymbol{r}_i + \boldsymbol{r}_j\right|} - \sum_{n=1}^{N}\frac{\hbar^2}{2M}\nabla_n^2 + \\ & \frac{1}{2}\sum_{m,n}{}'\frac{1}{4\pi\varepsilon_0}\frac{(Ze)^2}{\left|\boldsymbol{R}_n - \boldsymbol{R}_m\right|} - \sum_{i=1}^{NZ}\sum_{n=1}^{N}\frac{1}{4\pi\varepsilon_0}\frac{Ze^2}{\left|\boldsymbol{r}_i + \boldsymbol{R}_n\right|} \\ = & \hat{T}_{\mathrm{e}} + U_{\mathrm{ee}}(\boldsymbol{r}_i,\ \boldsymbol{r}_j) + \hat{T}_n + U_{nm}(\boldsymbol{R}_n,\ \boldsymbol{R}_m) + U_{\mathrm{en}}(\boldsymbol{r}_i,\ \boldsymbol{R}_n)\end{aligned} \tag{18-1}$$

哈密顿量有 5 个组成部分，前两项为 NZ 个电子的动能和电子之间的库仑相互作用能，第三、第四项为 N 个离子实的动能和库仑相互作用能，第五项为电子与离子实之间的相互作用能。

体系的薛定谔方程为

$$\hat{H}\psi(\boldsymbol{r},\ \boldsymbol{R}) = \varepsilon\psi(\boldsymbol{r},\ \boldsymbol{R}) \tag{18-2}$$

但这是一个非常复杂的多体问题，不作简化处理根本不可能求解。首先应用绝热近似，考虑到电子质量远小于离子实质量，电子运动速度远大于离子实运动速度，故相对于电子的运动，可以认为离子实不动，考察电子运动时，可以不考虑离子实运动的影响。最简单的处理就是取系统中的离子实部分的哈密顿量为零。这样，复杂

的多体问题简化为多电子问题。系统的哈密顿量简化为

$$\hat{H}=\hat{T}_{\mathrm{e}}+U_{\mathrm{ee}}\left(\boldsymbol{r}_i,\ \boldsymbol{r}_j\right)+U_{\mathrm{e}n}\left(\boldsymbol{r}_i,\ \boldsymbol{R}_n\right) \tag{18-3}$$

多电子体系中由于相互作用，所有电子的运动都关联在一起，这样的系统仍是非常复杂的。但可以让一个电子对其他电子的相互作用等价为一个不随时间变化的平均场，**即平均场近似**：系统的哈密顿量可以简化为 NZ 个电子的哈密顿量之和，即

$$\hat{H}=-\sum_{i=1}^{NZ}\left[\frac{\hbar^2}{2m}\nabla_i^2+u_{\mathrm{e}}\left(\boldsymbol{r}_i\right)-\sum_{n=1}^{N}\frac{1}{4\pi\varepsilon_0}\frac{Ze^2}{\left|\boldsymbol{r}_i-\boldsymbol{R}_m\right|}\right] \tag{18-4}$$

因此可以用**分离变量法**对单个电子独立求解（**单电子近似**）。

单电子所处的势场为

$$U\left(\boldsymbol{r}\right)=U_{\mathrm{e}}\left(\boldsymbol{r}\right)-\sum_{\boldsymbol{R}_n}\frac{1}{4\pi\varepsilon_0}\frac{Ze^2}{\left|\boldsymbol{r}-\boldsymbol{R}_m\right|} \tag{18-5}$$

无论电子之间相互作用的形式如何，都可以假定电子所处的势场具有平移对称性（周期场近似）：

$$U\left(\boldsymbol{r}+\boldsymbol{R}_n\right)=U\left(\boldsymbol{r}\right) \tag{18-6}$$

平移对称性是晶体单电子势最本质的特点。

通过上述近似，复杂多体问题变为周期势场下的单电子问题，单电子薛定谔方程为

$$\left[-\frac{\hbar^2}{2m}\nabla^2+U\left(r\right)\right]\psi\left(r\right)=E\psi\left(r\right) \tag{18-7}$$

这个单电子方程是整个能带论研究的出发点。求解这个运动方程，讨论其解的物理意义，确定晶体中电子的运动规律是能带论的主题。

从以上讨论中我们可以看到，能带论是在三个近似下完成的：绝热近似，平均场近似，周期场近似。每个电子都在完全相同的严格周期性势场中运动，因此每个电子的运动都可以单独考虑。所以，能带论是单电子近似的理论，尽管能带论经常处理的是多电子问题。多电子是填充在由单电子处理得到的能带上的，可以这样作的原因就在于单电子近似，即每个电子可以单独处理。用这种方法求出的电子能量状态将不再是分立的能级，而是由能量上可以填充的部分（允带）和禁止填充的部分（禁带）相间组成的能带，所以这种理论称为**能带论**。

从原子（a）到分子（b），再到固体（c），其能谱的演变如图 18-5 所示。

通过求解自由锂原子的薛定谔方程，可得到一系列分立的能级，而锂原子的能

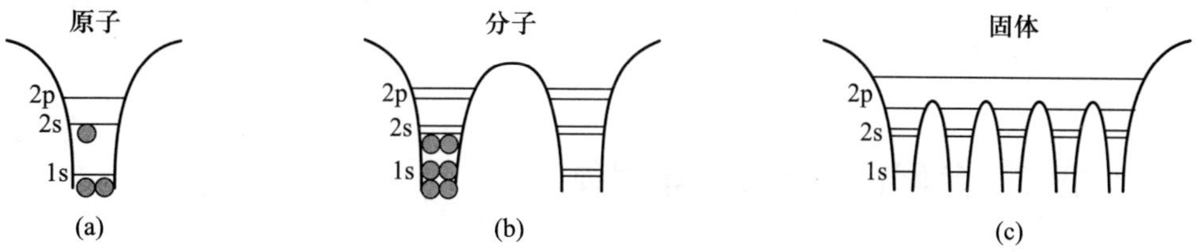

图 18–5

谱由一组分立的双线构成，这是相互作用使二重简并消除的结果。可以想象在 N 个原子组成的固体里，每一个原子能级都分裂为间隔很近的 N 个子能级，由于 N 的数值很大，所以可以认为各子能级紧连在一起而形成**能带**。一般能带宽度约为 5 eV，则子能级间隙为

$$\frac{5}{10^{23}}\ \text{eV} = 5\times10^{-23}\ \text{eV}$$

需要指出的是，在固体物理中，能带论是从周期性势场中推导出来的，这是由于人们对固体性质的研究首先是从晶体开始的。而周期性势场的引入也使问题得到简化，从而使理论计算得以顺利进行。所以，传统固体物理一直以晶体为主要研究对象。然而，周期性势场并不是电子具有能带结构的必要条件，现已证实，在非晶体中，电子同样有能带结构。

电子能带的形成是当原子与原子结合成固体时，原子之间存在相互作用的结果，而并不取决于原子聚集在一起是晶态还是非晶态，即原子的排列具有平移对称性并不是形成能带的必要条件，它只是给我们的理论计算带来方便，使我们找到一个捷径、一个突破口，使晶体问题首先得到了解释而已。

18.3 导体、绝缘体和半导体的能带论

18.3.1 能带的填充与导电性

对满带有

$$E(\boldsymbol{k}) = E(-\boldsymbol{k}) \tag{18–8}$$

式中：

$$E(\boldsymbol{k}) = \frac{\hbar^2 k^2}{2m} + \varDelta \tag{18–9}$$

$\boldsymbol{k}$ 为电子波矢，E 是 $\boldsymbol{k}$ 的偶函数，如图 18–6 所示。对满带，k 与 $-k$ 的电子数相等。

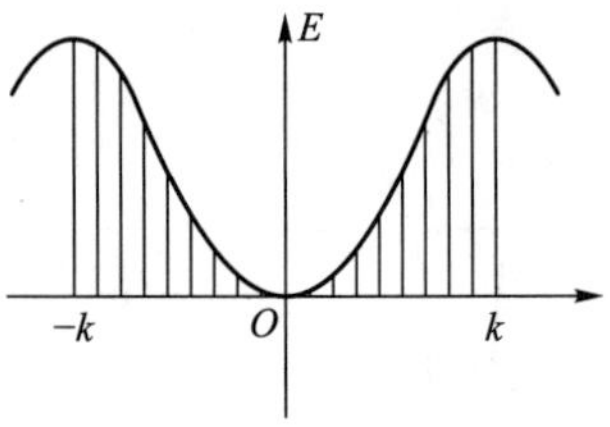

图 18–6

18.3.2 金属、绝缘体和半导体

（1）对 Ag、Au、Cu 及碱金属，每个原子含一个价电子（s 电子），如图 18–7（a）所示。

（2）碱土金属有两个价电子（s 电子），对一维情况，能带填满，它为绝缘体；三维晶体各方向上带宽不等的能带产生重叠，结果仍然是金属，如图 18–7（b）所示。

（3）对 Al、S、P 等，p 带半满，为半金属，如图 18–7（c）所示。

（4）对 C、Si、Ge 等，s、p 带填满，为绝缘体或半导体，如图 18–7（d）所示。

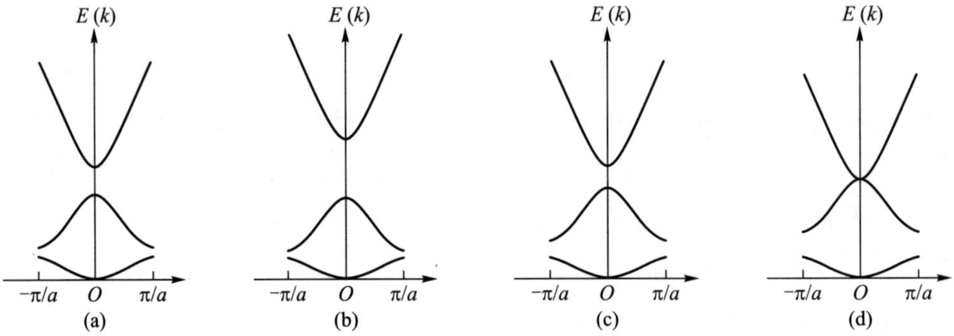

图 18–7

18.3.3 空穴的概念

某些材料中存在正的载流子，我们能否通过能带结构说明这种正载流子的起源呢？在能带中接近满带的空轨道常叫**空穴**。空穴在外电场和外磁场的作用下就像带正电（$+e$）一样。我们通过以下五步来说明：

（1）

$$\boldsymbol{k}_{\mathrm{k}} = -\boldsymbol{k}_{\mathrm{e}} \tag{18–10}$$

对于满带，电子的总波矢为零：

$$\sum \boldsymbol{k} = \mathbf{0}$$

此结果是从布里渊区的几何对称性得到的。即对每一个基本类型的格子，都存在着关于任一格点的反演对称性（$\boldsymbol{r} \to -\boldsymbol{r}$）；从而倒格子及布里渊区亦存在着反演对称性。如果能带中所有的轨道对 $\boldsymbol{k}$、$-\boldsymbol{k}$ 都被填满，则总波矢为零。

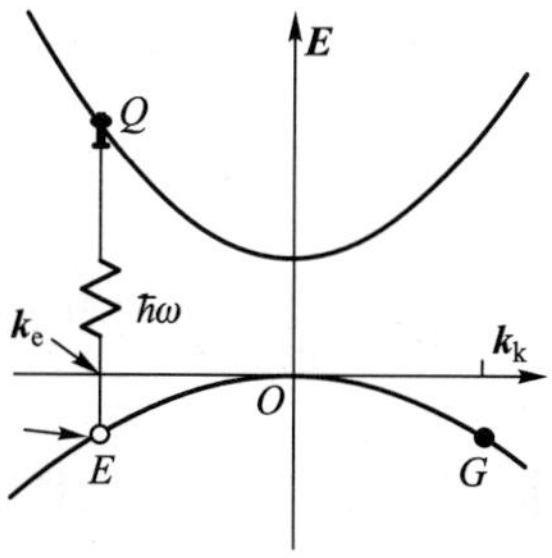

图 18–8

如果轨道中一个波矢为 $\boldsymbol{k}_e$ 的电子逸失，则系统的总波矢为 $-\boldsymbol{k}_e$，这也就是空穴的波矢。结果有点令人吃惊：电子从 $\boldsymbol{k}_e$ 处逸失，于是在色散关系图 18–8 中电子空缺（空轨道）就处于 $\boldsymbol{k}_e$ 的位置，但是空穴真实的波矢 $\boldsymbol{k}_k = -\boldsymbol{k}_e$，亦即如果被逸失的电子在图 18–8 中的 E 点，则空穴波矢在图中的 G 点。空穴波矢加入光子吸收的选择定则。

空穴是能带中一个电子逸失后的另一种描述，我们要么说空穴具有波矢 $-\boldsymbol{k}_e$，要么说一个电子逸失后能带的总波矢为 $-\boldsymbol{k}_e$。

（2）

$$E_k\left(\boldsymbol{k}_k\right) = -E_e\left(\boldsymbol{k}_e\right) \tag{18–11}$$

令价带顶的能量为零，在此价带中电子逸失的能量越低，系统的能量就越高。因为从能带中一个低能量的轨道移走一个电子所做的功要比从高能量的轨道移走一个电子所做的功大，所以空穴的能量与逸失电子的能量符号相反。如果能带是对称的话，那么有

$$E_e\left(\boldsymbol{k}_e\right) = E_e\left(-\boldsymbol{k}_e\right) = -E_k\left(-\boldsymbol{k}_e\right) = -E_k\left(\boldsymbol{k}_k\right)$$

（3）

$$\boldsymbol{v}_k = \boldsymbol{v}_e \tag{18–12}$$

空穴的速度等于逸失电子的速度，从图 18–9 可以看出，显然有 $\nabla E_k(\boldsymbol{k}_k) = \nabla E_e(\boldsymbol{k}_e)$，即

$$\boldsymbol{v}_k(\boldsymbol{k}_k) = \boldsymbol{v}_e(\boldsymbol{k}_e)$$

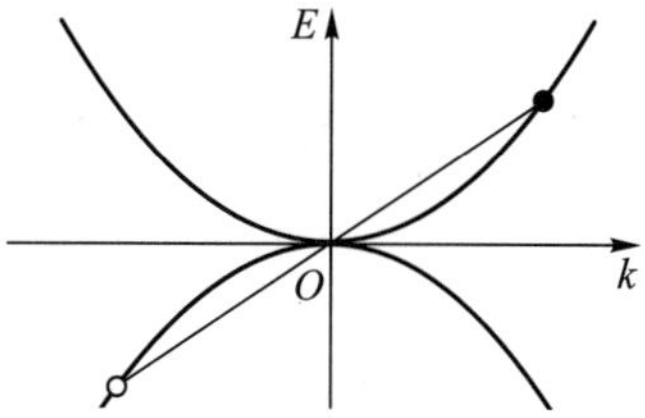

图 18–9

（4）

$$m_k^* = -m_e^* \tag{18-13}$$

因为 $m^* = \hbar^2 \Big/ \left(\dfrac{\partial^2 E}{\partial k^2} \right)$，所以电子价带为倒抛物形，空穴带为抛物形，二阶导数符号相反。在价带的顶部，电子有效质量 m_e^* 为负，所以空穴有效质量 m_k^* 为正。

（5）构造空穴带是阐述问题的关键。我们用逸失电子的 $-\boldsymbol{k}_k$ 来取代式中的 $\boldsymbol{k}_e$；用 $\boldsymbol{v}_k$ 来取代式中的 $\boldsymbol{v}_e$，则得（18–14）式。这就是**空穴的运动方程，**它与一个带正电粒子的运动方程一样。正电荷的图像与图 18–10 中价带电子携带的电流相符：即电流由在轨道 G 未“成对”的电子携带。

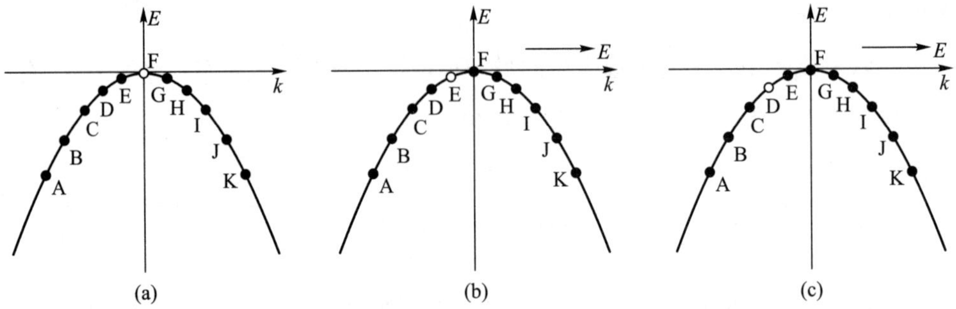

图 18–10

$$\hbar \frac{d\boldsymbol{k}_k}{dt} = e\left(\boldsymbol{E} + \boldsymbol{v}_k \times \boldsymbol{B}\right) \tag{18-14}$$

此式来自运动方程：

$$\hbar \frac{d\boldsymbol{k}_e}{dt} = -e\left(\boldsymbol{E} + \boldsymbol{v}_e \times \boldsymbol{B}\right) \tag{18-15}$$

$$\boldsymbol{j} = (-e)\boldsymbol{v}(G) = (-e)\left[-\boldsymbol{v}(E)\right] = e\boldsymbol{v}(E) \tag{18-16}$$

这正好是具有在 E 处逸失电子速度的带正电荷的粒子的电流密度，如图 18–11 所示。

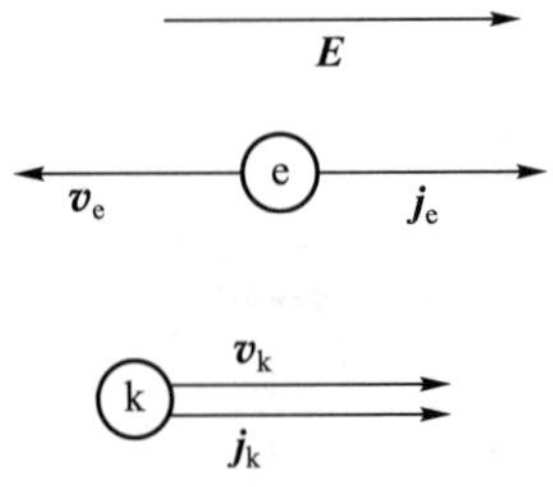

图 18–11

在电磁场的作用下，空穴位置的变化和周围电子的能态变化是一样的（注意这里所说的变化是指 $\boldsymbol{k}$ 空间中的状态变化，而不是坐标空间中的位置变化）。就如同坐标空间前进队伍中缺少了一个人，这个空位可以随着前进队伍一起运动一样。空状态 $\boldsymbol{k}$ 的变化规律为

$$\frac{\mathrm{d}\boldsymbol{k}}{\mathrm{d}t}=\frac{1}{\hbar}\left[-e\boldsymbol{E}-e\left(\frac{1}{\hbar}\nabla_{\boldsymbol{k}}E\times\boldsymbol{B}\right)\right]$$

由于满带顶的电子比较容易受热而激发到导带（或带隙中的杂质能级），所以空穴多位于带顶。在能带顶附近电子的有效质量是负的，即在能带顶的电子的加速度犹如一个具有质量 $-m_{\mathrm{k}}$（$m^*=-m_{\mathrm{k}}<0$）的粒子的加速度，因此有

$$\begin{aligned}\frac{\mathrm{d}\boldsymbol{v}(\boldsymbol{k})}{\mathrm{d}t}&=-\frac{1}{m_{\mathrm{k}}}\left[-e\boldsymbol{E}-e\left(\frac{1}{\hbar}\nabla_{\boldsymbol{k}}E\times\boldsymbol{B}\right)\right]\\&=\frac{1}{m_{\mathrm{k}}}\left[e\boldsymbol{E}+e\left(\frac{1}{\hbar}\nabla_{\boldsymbol{k}}E\times\boldsymbol{B}\right)\right]\end{aligned}\qquad(18\text{–}17)$$

上式犹如一个具有正电荷量 e、正质量 m_{k} 的粒子在电磁场中运动所产生的加速度，因此空穴的运动规律和一个具有正电荷量 e、正质量 m_{k} 的粒子的运动规律完全相同。

设想在满带中有某一个状态未被电子占据，此时能带是不满的，则在电场的作用下，应有电流产生。如果引入一个电子填补这个空的状态，那么这个电子的电流密度等于 $-e\boldsymbol{v}(\boldsymbol{k})$，引入这个电子后，能带又被电子充满，总的电流密度应为零，所以

$$\boldsymbol{j}_{\boldsymbol{k}}+\left[-e\boldsymbol{v}(\boldsymbol{k})\right]=\boldsymbol{0}$$

即

$$\boldsymbol{j}_{\boldsymbol{k}}=e\boldsymbol{v}(\boldsymbol{k})\qquad(18\text{–}18)$$

这是引入空穴的另一种途径。这种途径相对简单，但没有给出空穴的能带图像，不反映空穴的物理本质。

（18–17）式说明，当状态是空的时，能带中的电流就像是由一个正电荷 e 所产生的，而其运动的速度等于处在空状态的电子运动的速度 ，这种空的状态称为空穴。

空穴和空位的区别如下。

空穴：$\boldsymbol{k}$（状态）空间的一种状态空缺，是对存在这一空缺的整个能带的描述；同其他电子一样，在真实空间的位置不确定；在 $\boldsymbol{k}$ 空间的运动方向与其他电子相同；总带正电荷。

空位：真实空间中格点（原子实）的空缺；在真实空间以跳跃的方式运动（实

际上是其他原子实的跳跃运动，而非其他原子实或晶格的总体运动）；不总带正电荷（可正可负）。

能带理论取得了相当大的成功，它是半导体物理、光电物理及技术、微电子技术的基础，但它也有局限性。

（1）对某些过渡金属化合物晶体，其价电子的迁移率甚小，相应的自由程与晶格间距相当，在这种情况下就不能把价电子看作是晶体中所有原子共有的，周期场的描述失去意义，此时能带理论就不适用了。

（2）当晶体尺度很小时（小于电子平均自由程，称之为介观尺度），晶体的平移对称性（周期性）不再成立，能带理论也不再适用（久保效应），由此发展出介观物理。

（3）非晶固体只有短程序，液态金属也只有短程序，它们的电子能谱显然都不是长程序的周期场的结果，由此发展出非晶态物理。

（4）从多体问题的角度来看，电子之间的相互作用不能简单地用平均场代替，原因如下：

① 对强关联系统（如高温超导体、庞磁致电阻体系等），必须计及电子与电子之间的相互作用（强关联理论）；

② 电子与电子之间存在弱相互作用（费米液体理论）；

③ 电子与晶格之间存在相互作用（极化声子理论）；

④ 不仅应考虑电子所带的电荷量，还应考虑电子的内禀自旋（自旋电子）；

⑤ 应把基本粒子中所用的少体理论（方法）应用到凝聚态物理中。

18.3.4 能态密度

在实际工作中，能态密度 $D(E)$ 比状态密度 $g(k)$ 更有意义。$\mathrm{d}N=D(E)\mathrm{d}E$ 为能量在 $E\sim E+\mathrm{d}E$ 之间的状态数。由于在布里渊区内，电子的状态数为 N，所以若电子的重叠积分强，能带的展宽就大，此时有效质量小，共有化运动特征强，能带中心的能态密度就低，如图 18–12 所示。因此，一般 s 电子有较宽的能带，而 p 电子和 d 电子的能带较窄；s 电子的能态密度低，而 p 电子的能态密度较高，d 电子则有很高的能态密度。

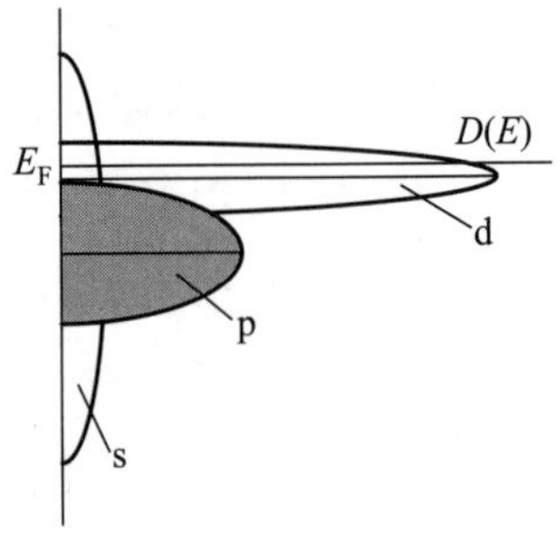

图 18–12

p、d 带的情况较复杂，这里仅讨论 s 带（特点：各向同性）。

取能量为 E 及 $E+\mathrm{d}E$ 的两个等能面，则在这两个等能面之间的状态数为

$$\mathrm{d}N = D(E)\mathrm{d}E = 2\left(\frac{L}{2\pi}\right)^3\int \mathrm{d}^3\boldsymbol{k} \tag{18–19}$$

式中 $\mathrm{d}^3\boldsymbol{k} = \mathrm{d}S_E\mathrm{d}k_\perp$，$\mathrm{d}S_E$ 为等能面上的单位面积；$\mathrm{d}k_\perp$ 为与等能面垂直、两等能面之间的波矢差。沿等能面法向，有

$$\mathrm{d}E = \left|\nabla_{\boldsymbol{k}}E(\boldsymbol{k})\right|\mathrm{d}k_\perp$$

所以

$$D(E) = \frac{V}{4\pi^3}\int_E \frac{\mathrm{d}S_E}{\left|\nabla_{\boldsymbol{k}}E(\boldsymbol{k})\right|} \tag{18–20}$$

考虑到能带可能重叠，设第 n 能带的能态密度为

$$D_n(E) = \frac{V}{4\pi^3}\int_E \frac{\mathrm{d}S_E}{\left|\nabla_{\boldsymbol{k}}E_n(\boldsymbol{k})\right|} \tag{18–21}$$

则总的能态密度为

$$D(E) = \sum_n D_n(E) \tag{18–22}$$

在零点或布里渊区边界，$\left|\nabla_{\boldsymbol{k}}E_n(\boldsymbol{k})\right| = 0$，存在极值，被积函数发散；对二维、三维情况，此函数可积，$D_n(E)$ 值有限。这些奇异点称为范霍夫（van Hove）奇异点。二维情况的奇异性比三维情况强。

18.4 超导

18.4.1 超导现象及其主要特性

1. 什么是超导体

到目前为止，科学家已发现某些金属（包括合金）、有机材料、陶瓷材料在一定的温度 T_c 以下，会出现零电阻的现象，我们称这些材料为超导体。同时，科学家们还发现，强磁场能破坏超导态。每一种超导材料除了有一定的临界温度 T_c 外，还有一个临界磁场强度 H_c，当外界磁场强度超过 H_c 时，即使用低于 T_c 的温度也不可能获得超导态。此外，人们在生物体中也发现有超导现象存在。

超导现象首先是由荷兰莱顿大学的学者昂内斯在 1911 年发现的。早在 1908 年，莱顿实验室就掌握了氦气的液化技术，氦气在一个大气压下液化时，温度为

4.2 K，昂内斯将这一低温技术成果用来研究水银导线的电阻随温度变化的规律。他测得样品在温度为 4.2 K 时，电阻骤降为零。当时，所有的理论都无法圆满地解释金属导体这种非零温下的零电阻效应。几乎经历了半个世纪，这个谜才得到解答。

2. 超导的主要特性

超导现象有许多特性，其中最主要的有五个，即零电阻效应、完全抗磁性效应（迈斯纳效应）、二级相变效应、单电子隧道效应、约瑟夫森效应。下面将分别加以介绍。

（1）零电阻效应

零电阻是超导体的一个最基本的特性。图 18–13 是金属电阻与温度的关系曲线，在 $T > T_c$ 时，R 与 T 呈线性关系。当温度降低时，这种线性关系会失去，从而出现偏离线性的情况。当 T 达到临界温度 T_c 时，电阻 R 突然变为零。由经典理论可知，金属中的电阻是由晶格热振动对自由电子定向漂移的散射所引起的。金属原子容易失去其外层电子而变成带正电的离子，这些离子在金属中有规则地呈周期性排列，形成晶格。在晶格中，正离子只能在平衡位置附近作热振动。当自由电子在外电场作用下进行定向运动时，自由电子各向同性的热运动与沿电场力方向的定向运动就叠加在一起，称之为定向漂移。定向漂移的电子将和作热振动的正离子发生碰撞。在碰撞中，将产生两个结果：一是自由电子在碰撞时把定向漂移的能量传给正离子，使正离子的热振动加剧；二是自由电子在碰撞中，改变了原运动方向，称之为散射。

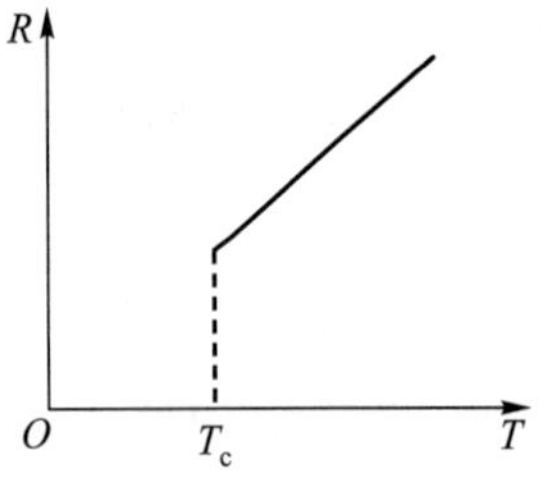

图 18–13　在 T_c 处，R 陡降为 0

我们可以用日常观察到的碰撞来说明这种散射及能量交换效果。当你观察台球运动时，常会看到图 18–14 所示的情况：球 A 与球 B 碰撞后，改变了自己原来的运动方向。如果 A、B 两球的质量相等，且 B 球开始静止不动，则当 A 与 B 正碰时，球 A 将变为静止，球 B 则以 A 球的入射速度前进，如图 18–15 所示，球 A 将自己的动能全部交给了球 B。在金属中，正是类似的效果使自由电子的定向漂移受到阻碍，通常讲的金属中的电阻指的就是这个意思。什么时候电阻才可能为零呢？按照经典理论，只有当温度 T=0 K，即为绝对零度时晶格才停止热振动，不再散射电子，电阻才为零，我们称此理论为零温零电阻论。在较高温度时，电阻与温度呈线性关系，于是由经典理论应得到图 18–16 所示的 R–T 线。显然用这条线是无法解释超导的非零温零电阻效应的。

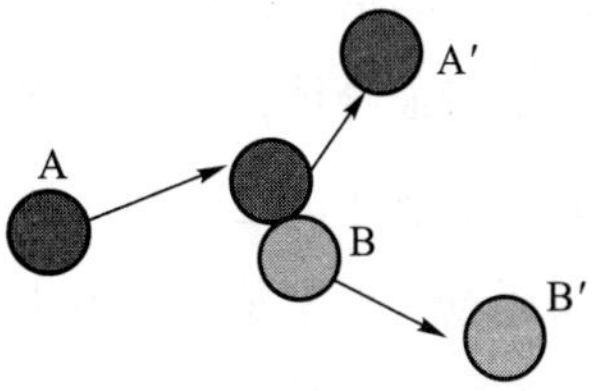

图 18–14　碰撞改变球的运动方向

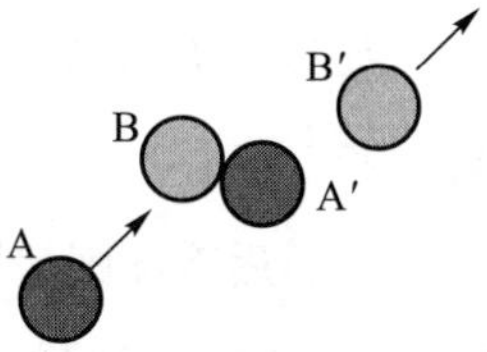

图 18–15

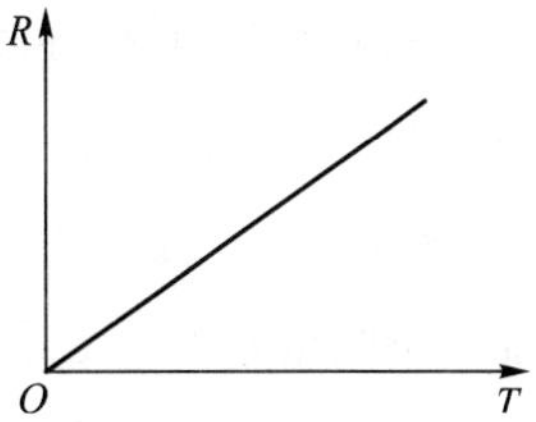

图 18–16　经典理论的 R–T 线

再看看量子理论能否解释它。根据谐振子的量子理论，即使 $T = 0$ K，晶格仍有零点振动能。因此，电阻不能为零。图 18–17 是按量子理论得到的 $R - T$ 曲线，其中 $T = 0$ K 时 $R \neq 0$；在 T 较小时，$R \propto T^5$。由此可见，量子理论也无法解释超导的非零温零电阻效应。

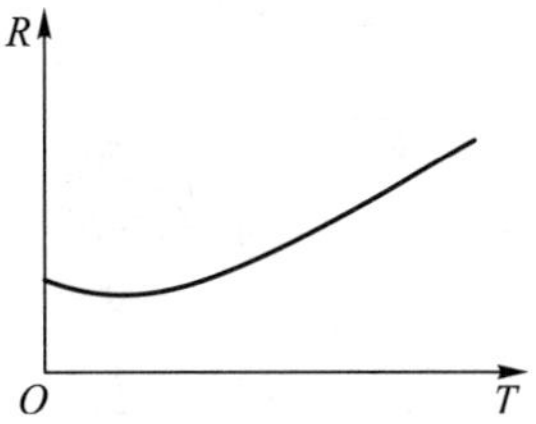

图 18–17　量子理论的 R–T 曲线

（2）完全抗磁性效应（迈斯纳效应）

1933 年，德国学者迈斯纳（Meissner）和奥克森菲尔德（Ochsenfeld）观察到，磁场中的锡样品冷却为超导体时，能排斥磁场进入样品内部，这一现象称为完全抗磁性效应或迈斯纳效应。迈斯纳效应是超导体的根本特性。早期曾有人认为超导体是一种电导率 σ 等于无穷大的导体，即用纯电学的观点去看超导体。实际上，这种观点认为超导体与普通导体没有本质区别，其不同之处仅仅在于电导率的大小存在着差异而已，实验证明这种想法是不正确的。电学中有一个欧姆定律，它反映了电压 U、电流 I 和电阻 R 之间的关系：$U=IR$。如果用场的观点来表示，则欧姆定律有一微分形式：

$$\boldsymbol{j} = \sigma \boldsymbol{E} \tag{18–23}$$

式中 $\boldsymbol{j}$ 是电流密度，$\boldsymbol{E}$ 是电场强度，σ 是电导率。此外，由电磁学的麦克斯韦方程组有

$$\nabla \times \boldsymbol{E} = -\frac{\partial \boldsymbol{B}}{\partial t} \tag{18–24}$$

可知，若将超导体看成 $\sigma \to \infty$ 的普通导体，则在超导体中的磁场 $\boldsymbol{B}$ 应满足方程：

$$\frac{\partial \boldsymbol{B}}{\partial t} = -\nabla \times \boldsymbol{E} = -\frac{\nabla \times \boldsymbol{j}}{\sigma} \xrightarrow[\sigma \to \infty]{} 0 \tag{18–25}$$

上式表明，超导体内的 $\boldsymbol{B}$ 与时间 t 无关，或 $\boldsymbol{B}$ 不随时间改变，而完全由初始条件决定。即在超导体内，如果 $t = 0$ 时有磁场 $\boldsymbol{B}$，则以后磁场 $\boldsymbol{B}$ 的大小和方向皆不改

变；如果 $t=0$ 时超导体内无磁场，则以后恒无磁场。根据以上的结论，我们可以设计两个实验，如图 18–18 所示，如果认为超导体是 $\sigma\to\infty$ 的普通导体，则应出现图 18–18（a）的结果，即超导体内有无磁场，完全取决于初始条件，先冷却，后加磁场则超导体内无磁场；先加磁场，后冷却则超导体内有磁场。但实验结果表明图 18–18（a）的情况并未出现。实验结果是图 18–18（b）所示的情况。无论是先冷却，后加磁场；还是先加磁场，后冷却，超导体内部均无磁场。超导体总是完全排斥磁场的，这是它不同于普通导体的本质特性。磁悬浮现象就是超导体具有完全抗磁性的证明。

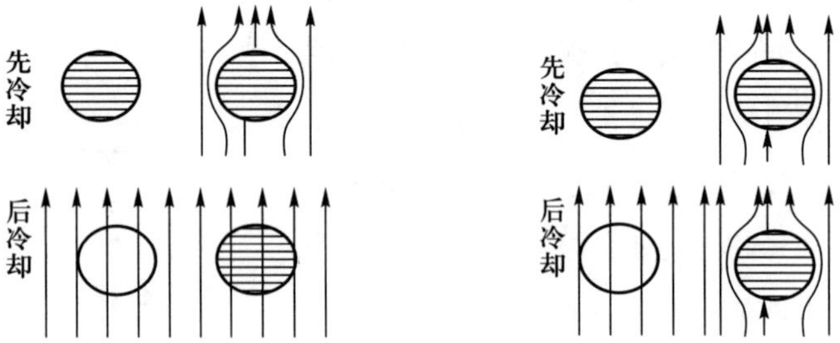

(a) $\sigma\to\infty$，导体内磁场与过程有关

(b) 超导体抗磁性与过程无关

图 18–18

依据超导体的零电阻和迈斯纳效应，可以把超导体分成两类，即第Ⅰ类超导体和第Ⅱ类超导体。零电阻和迈斯纳效应同时出现的超导体，只具有一个临界磁场强度，称为第Ⅰ类超导体，如图 18–19（a）所示；具有两个临界磁场强度的超导体，其体内出现超导相和正常相的界面，我们称它为第Ⅱ类超导体，如图 18–19（b）和图 18–20 所示。

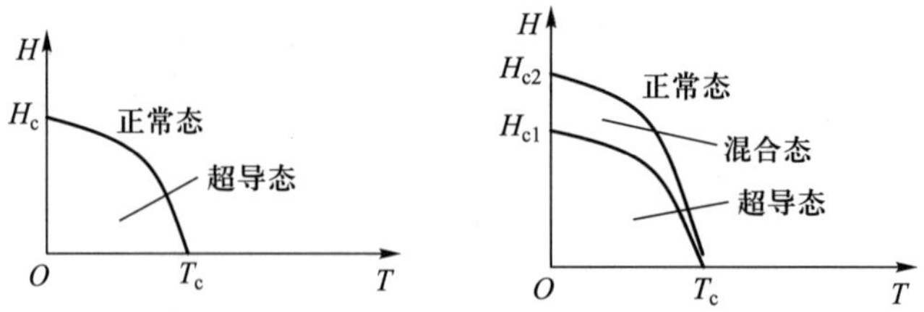

(a) 第Ⅰ类超导体

(b) 第Ⅱ类超导体

图 18–19

（3）二级相变效应

1932 年，荷兰学者基森（Keesom）和考克（Kok）发现，在超导转变的临界

温度 T_c 处，比热容出现了突变。基森 – 考克实验表明，在超导态，电子对比热容的贡献约为正常态的 3 倍（图 18–21）。在水变成冰的相变中，体积改变了，同时伴有相变潜热，这类相变称为一级相变。如果发生相变时，体积不变化，也无相变潜热，而比热容、膨胀系数等物理量却发生变化，则这类相变称为二级相变。正常导体向超导体的转变是一个二级相变。

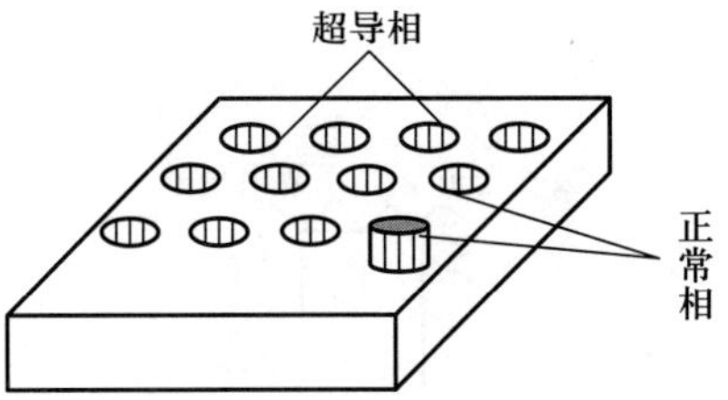

图 18–20　混合态

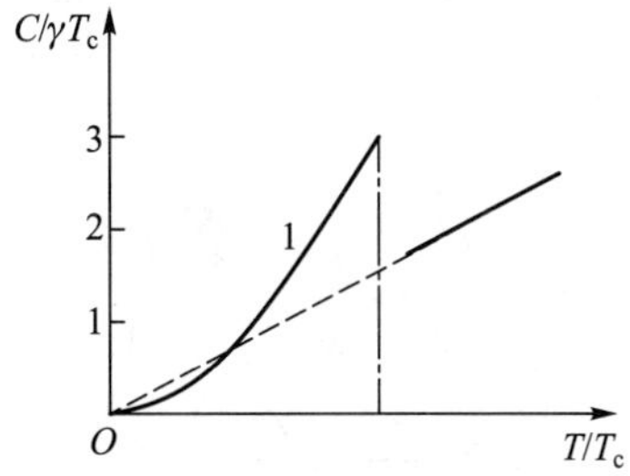

图 18–21　基森 – 考克实验

（4）单电子隧道效应

1960 年，美国技术员贾埃沃（Giaever）从事 Al–Al_2O_3–Al 薄膜的隧道效应实验研究，这是普通导体中的量子隧道效应。贾埃沃在工作之余去一所工业专科学校听物理课，从老师那里获悉了超导能隙的概念，年轻的技术员立即觉察到用自己的实验方法能测量这个能隙的宽度 Δ。他没费多少时间就证实了自己的想法，从而发现了超导的单电子隧道效应。

隧道效应是微观运动中所特有的，在宏观运动中没有这一现象。例如，在地球引力场中，一个小球要越过一个高坡，其动能 E_0 必须满足

$$E_0 = mv_0^2/2 > mgh$$

如果 $E_0 \leqslant mgh$，则小球是不可能越过这一高坡的（图 18–22），高坡就像一堵墙，称为势垒。对于微观粒子，情况就不一样了。譬如，当一个电子在势垒下运动时，电子可以借助真空，从真空吸收一个虚光子，使自己的能量增大而越过势垒，电子一旦越过势垒，便将虚光子还给真空。同时，电子的能量也变回原来的值，图 18–23 示意了这一过程。微观粒子就是凭借这种高超惊人的“魔术戏法”穿过势垒的，量子理论称之为隧道效应。在 Al–Al_2O_3–Al 薄膜中，普通金属 Al 之间的绝缘层 $A1_2O_3$ 相当于一个势垒，一般不能导电，但隧道效应可产生微小电流（图 18–24）。如果换成超导体 - 氧化物 - 超导体，则由于超导体的能带存在能隙，能隙的下面是满带，上面是空带，满带中的能级被电子全部填充，无空位能级，空带中的能级一个电子也没有，故未加外电压时无隧道效应（图 18–25）。左边的电子穿过势垒后，

在右边没有空位能级容纳它。当 $eU < \Delta$ 时，也无隧道效应（图 18–26），因为电子从左至右穿过势垒，正好进入满带或能隙。按照量子理论，能隙中的能态是不容许存在的。可是，一旦电子的能量升高到 $eU \geqslant \Delta$ 时，左边满带中的电子就可以穿过势垒进入右边的空带，于是有电流出现。显然 $U_0 = \Delta/e$ 是开始出现电流的电压值，U_0 可以从贾埃沃的实验中测出，所以能隙 Δ 可以很快算出来，图 18–26 和图 18–27 表示的是电流出现前后的电压与能隙宽度 Δ 的关系。以上公式中的 e 是电子的电荷量的绝对值。

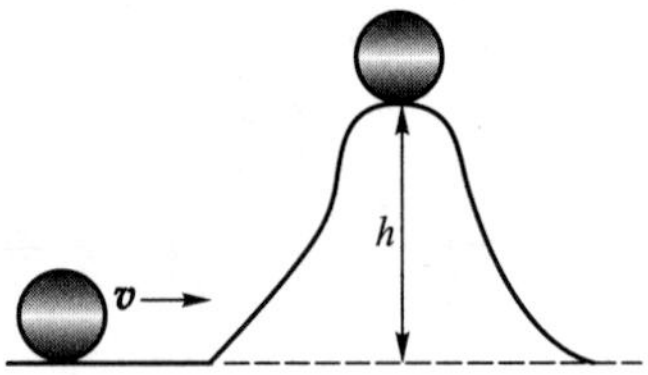

图 18–22　小球在引力场中运动

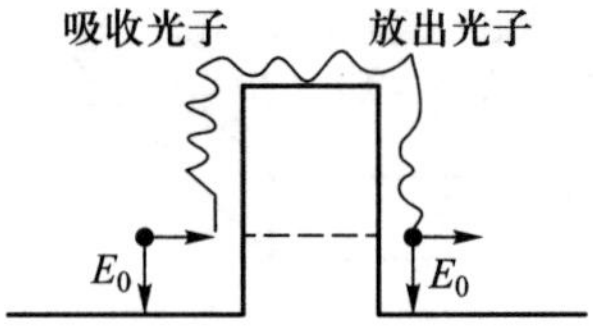

图 18–23　电子从势垒中穿过

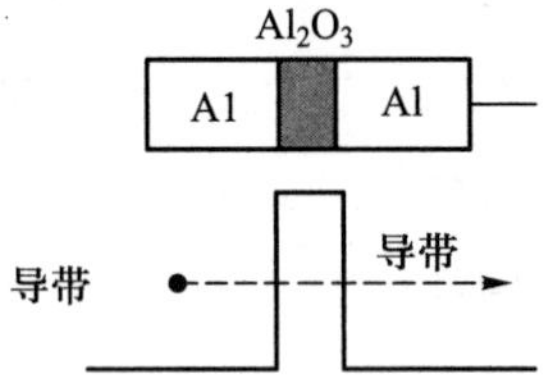

图 18–24　隧道效应

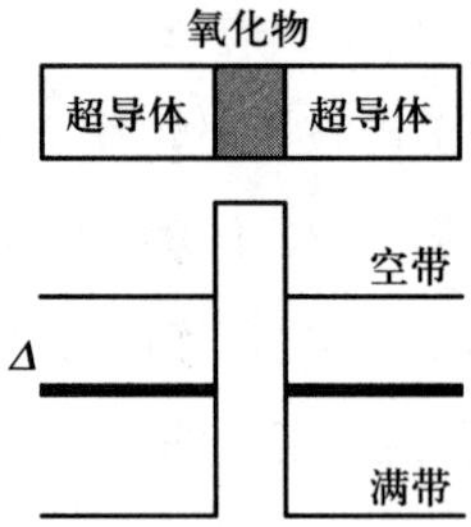

图 18–25　未加外电压时无隧道效应

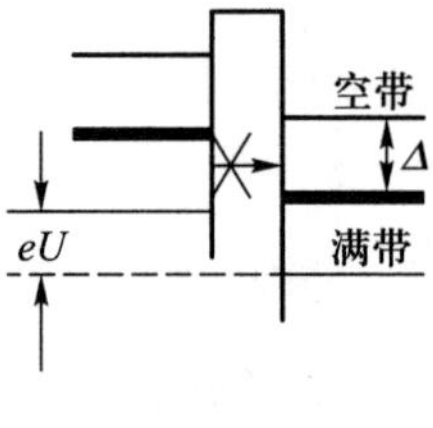

图 18–26　当 $eU < \Delta$ 时无隧道效应

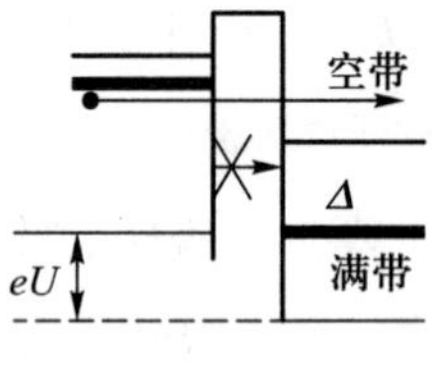

图 18–27　当 $eU \geqslant \Delta$ 时产生隧道效应

（5）约瑟夫森效应（双电子隧道效应）

1962 年，英国剑桥大学物理学博士研究生，22 岁的约瑟夫森（Josephson）提出，应有电子对通过超导体 – 绝缘层 – 超导体隧道元件，即一对对电子成伴地从势垒中贯穿过去。电子对穿过势垒可以在零电压下进行，所以约瑟夫森效应与单电子隧道效应不同，可用实验对它们加以鉴别。零电压下的约瑟夫森效应又称直流约瑟夫森效应。此外还有交流约瑟夫森效应，它们具有共同的特点，都是双电子隧道效应。

我们可以把基本粒子按其自旋的大小分为两类：一类自旋为半整数，称为费米子，如电子、质子、中子，它们的自旋都是1/2；另一类自旋为整数，称为玻色子，如光子自旋为1，电子对的自旋为零，故它们都是玻色子。电子对成为玻色子后不再遵从泡利不相容原理，即同一能级上容纳的玻色子数不受任何限制。所以在零电压下，电子对可以通过势垒。图18–28和图18–29表示零电压下单电子与电子对的不同行为。两个超导体中夹有一薄绝缘层的元件称为约瑟夫森结，利用约瑟夫森结可制成超导量子干涉器件（SQUID），用它测量磁感应强度能精确到10^{-7} T，测量电压能精确到10^{-6} V。在超导的应用部分，我们将向读者较详细地介绍SQUID的构造、原理及应用。

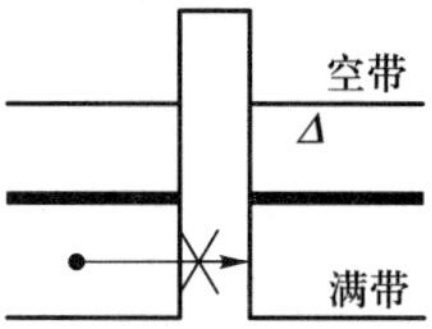

图18–28 单电子无法通过

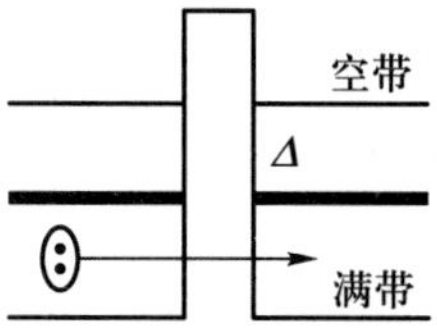

图18–29 双电子隧道效应

3. 高温超导体的发现

上面讨论了超导的特性，在超导体的诸多特性中，人们最感兴趣的是超导临界转变温度（简称临界温度）。提高超导临界转变温度T_c，是科学家们努力追求的主要目标。这里有一张简表，记载着科学家们为此奋斗70多年的漫长历史，见表18–1。

表18–1

物质	T_c/K	发现时间
Hg	4.2	1911（荷兰）
Nb	9.2	1930
V_3Si	17.1	1954
NbSn	18.1	1954
$Nb_3Al_{0.75}Ge_{0.25}$	20.5	1967

续表

物质	T_c/K	发现时间
Nb_3Ga	20.3	1971
Nb_3Ge	23.2	1973
$SrTiO_{3-5}$	0.55	1964
TiO	2.3	1964
NbO	1.25	1964
$MnWO_3$	6.7	1964
Ag_7O_8X	1.04	1966
$Li_{1+x}Ti_{2-x}O_4$	13.7	1973
$BaPb_{1-x}Bi_xO_3$	13	1975
$(TMTSF)_2X$	1	1980
$(BEDT-TTF)ReO_4$	2	1983
$(BEDT-TTF)I_2$	8	1985
BaSrCuO	30	1986（瑞士）
	36	1986（美国）
	40.2	1986（美国）
LaSrCuO	48.6	1987（中国）
	98	1987（美国）
YBaCuO	>100	1987（中国）

从表 18–1 中可看到，自 1911 年发现第一个超导体 Hg 到 1973 年发现合金超导体 Nb_3Ge，时间长达 62 年，但临界温度 T_c 总共只提高了不到 20 K，平均每年约增长（1/3）K；1964 年开始，科学家们在金属氧化物中寻找超导材料，到 1975 年，临界温度只达到 13 K，远不及 Nb_3Ge。后来美国贝尔实验室一个叫麦克米兰的人提出：金属材料超导临界温度上限值为 39 K，这一断言使一部分科学家对金属材料失去信心。1980 年以后有人开始转向在有机材料中寻找超导体，美国的一个研究小组首先合成了一种有机材料 $(TMTSF)_2X$，它在 T_c = 1 K 时成为超导体。其中 TMTSF 的分子结构（示意图）为

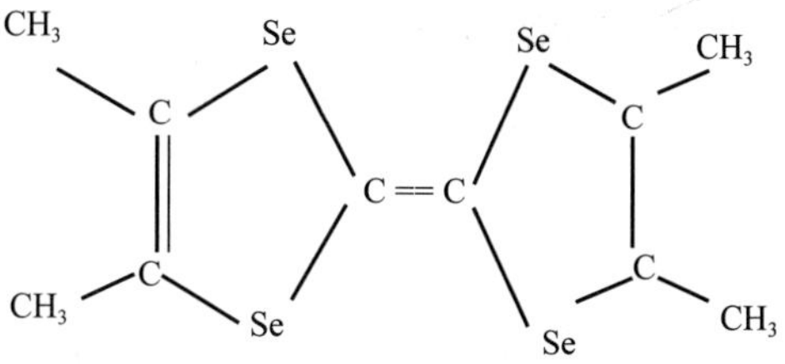

此后短短 5 年，有机超导材料的临界温度提高到 8 K。尽管有机超导材料的临界温度还有待进一步大幅度提高，但有机材料易加工成型，易于人工合成，价格便宜，重量轻，故仍然具有不可抗拒的诱惑力。

明知山有虎，偏向虎山行。在攀登科学技术高峰的道路上，总有一些不畏艰险，勇闯禁区的开拓者。1986 年 4 月，正当提高金属、合金、有机材料的临界温度都遇到困难的时候，瑞士学者米勒和德国学者贝德诺尔茨发现了多相氧化物（或称为陶瓷材料）超导体，激起了人们寻找新陶瓷材料超导体的高度热情，在不到一年时间内，中国、日本、美国等国竞相努力，使陶瓷材料超导体的临界温度提高到 100 K 以上。

18.4.2　超导的微观机制

1. 金属超导的 BCS 理论

从超导现象的发现到第一个超导微观理论的建立，大约经过了半个世纪。1957 年，巴丁（J.Bardeen）、库珀（L.N.Cooper）和施里弗（J.R.Schrieffer）提出了第一个超导微观理论，简称 BCS 理论。1972 年，他们 3 人因此荣获诺贝尔物理学奖。

从电学中，我们知道，越靠近正电荷的地方，电势越高。一个带正电的离子周围的电势分布，可由图 18–30 中的电势曲线表示。电子带负电，它在正电荷附近具有负的电势能，图 18–31 表示的是电子的势能曲线，这是一条向下凹的曲线。在金属中，正离子以一定的周期规则排列，金属界面远离带电粒子，由于整个金属是中性的，故可以认为界面处的净电场为零。因此，电子在金属界面的电势能可取为 0。为简单起见，把电子在金属中的势能曲线以一维形式表示出来，如图 18–32 所示。若将曲线底部的波浪简化为直线，则得到一方势阱。金属中的电子在晶格中运动的最简单模型，就是电子在一个方势阱中运动（图 18–33）。按照量子理论，N 个电子在势阱中分别处在什么样的能量状态呢？结论是：

（1）**电子只能处在一些分立的能级上。**

（2）**由于电子是费米子，所以它遵守泡利不相容原理。**即同一能级上，至多只能容纳两个自旋相反的电子。

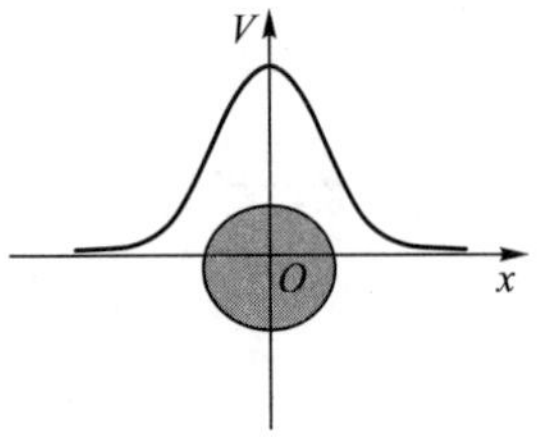

图 18–30　正离子周围电势分布

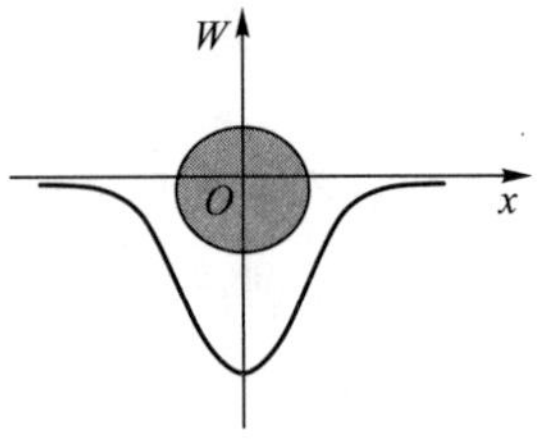

图 18–31　电子的势能曲线

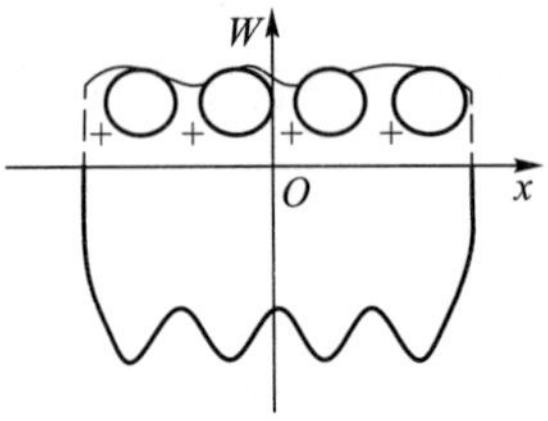

图 18–32　金属中电子的势能曲线

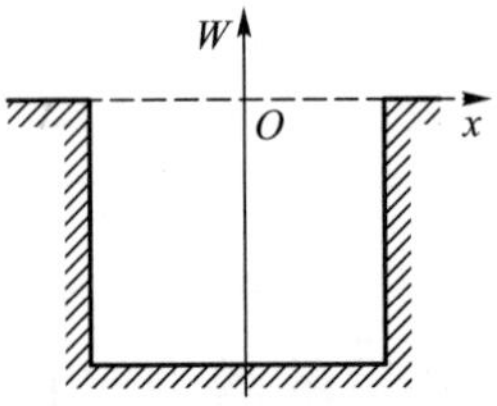

图 18–33　方势阱

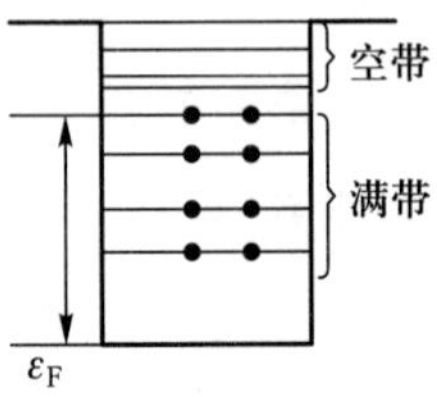

图 18–34　金属中电子能带的分布

依据这两个结论，N个电子在金属方势阱中，从低能级向高能级依次填充，最后第N个电子占据第$N/2$［或$(N+1)/2$］个能级，我们把这个能级叫作费米能级ε_F。在费米能级以下，全部能级都被电子填满，称为满带；在费米能级以上，全部能级都空着，没有电子，称为空带。整个金属的能带实际上是半满半空的，称为导带。图 18–34 表示金属中电子能带的分布情况。在有外加电压时，电子在电场力作用下加速，获得的能量为 eV 数量级，eV 又称为电子伏（$1\ eV \approx 1.6\times10^{-19}\ J$）。在费米能级以下，距$\varepsilon_F$较远的电子无法接收外电场给它的能量，因为其上面的能级已被其他电子填满，没有空位供它占有。只有费米能级附近的电子可接收外电场的能量，产生定向漂移，形成电流。同时晶格热振动的能量也足以使作定向漂移的电子产生散射，这形成了电阻。

但是，如果存在某种机制，使得费米能级附近的电子形成电子对，即使两个自旋相反、动量相反的电子结为一个整体，则情况就会大不一样。电子对是玻色子，它可以不遵守泡利不相容原理，同一能级上可容纳的电子对数目不受任何限制。于是，大量的电子对将在费米能级附近占有同一基态能级，形成一个稳定的状态，这称为玻色子凝聚。似乎玻色子之间有一种吸引力，使玻色子们相互吸引，凝聚在一起，物理上称之为玻色 – 爱因斯坦凝聚，如图 18–35 所示。下面，我们进一步讨论费米子和玻色子按能量状态的粒子数分布。（如果阅读有困难，读者可以不看这一部分。）

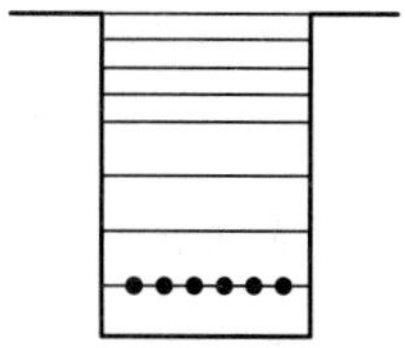

图 18–35　玻色 – 爱因斯坦凝聚

量子统计理论指出：费米子都服从费米 – 狄拉克（Fermi–Dirac）分布。设 ε_F 为电子的费米能量，n_F 为处在 ε 能量状态的电子数，则有

$$n_F = \frac{1}{e^{(\varepsilon-\varepsilon_F)/kT}+1} \tag{18–26}$$

式中 T 是热力学温度，k 是玻耳兹曼常量，不难证明

$$n_F = \begin{cases} 1 & (\varepsilon < \varepsilon_F,\ T \to 0) \\ 0 & (\varepsilon > \varepsilon_F,\ T \to 0) \\ \dfrac{1}{2} & (\varepsilon = \varepsilon_F,\ T \to 0) \end{cases} \tag{18–27}$$

如果电子自旋的两个方向都包括进去，则当 $T \to 0$ 时：

$$n_F = \begin{cases} 2 & (\varepsilon < \varepsilon_F) \\ 0 & (\varepsilon > \varepsilon_F) \\ 1 & (\varepsilon = \varepsilon_F) \end{cases} \tag{18–28}$$

能级分布图就是根据这些数字画出的。

像光子、电子对这样的玻色子都服从玻色 – 爱因斯坦（Bose–Einstein）分布：

$$n_B = \frac{1}{e^{(\varepsilon-\varepsilon_F)/kT}-1} \tag{18–29}$$

这里，ε_F 是负数，因为当 $T \to 0$ 时，对应于 $\varepsilon = 0$ 的粒子数：

$$n_B(\varepsilon = 0) = \frac{1}{e^{-\varepsilon_F/kT}-1} \tag{18–30}$$

若 $\varepsilon_F \geqslant 0$，则会出现 n_B 为负数的荒谬结果。为了保证 n_B 恒为非负的数，要求 ε_F 必须为负数。现在，已有 $\varepsilon_F < 0$，则对于 $\varepsilon = 0$ 的基态，只要 $|\varepsilon_F| \ll kT$，则

$$n_{\mathrm{B}}\left(\varepsilon=0\right)=\frac{1}{\mathrm{e}^{\left|\varepsilon_{\mathrm{F}}\right|/kT}-1}\rightarrow\infty \tag{18-31}$$

上式表明 $\varepsilon = 0$ 的基态将被宏观数目的玻色子占有，这就是前面讲的玻色 – 爱因斯坦凝聚。

经过上面一些准备，我们可以来讨论 BCS 理论了。电子是带负电的，电子与电子之间存在着斥力，那它们是如何约束在一起，形成电子对的呢？BCS 理论认为，自由电子穿过金属格点时，电子与正离子间的静电引力将使格点产生畸变。带负电的电子吸引着周围的正离子；同时，离子间的斥力又产生回复力。于是，格点上的离子在平衡位置附近振动，由于离子比电子重许多，故格点振动比电子运动慢。因此，电子穿过格点后，在相当长的时间内，正离子仍紧靠在一起，形成一个净正电荷区，这个净正电荷区能吸引另一个电子，于是，以格点振动为介质束缚着一对电子，这对电子称为库珀对，如图 18–36 所示。反之，当正离子相互离开时，会形成一个净负电荷区，能对两电子产生斥力，如图 18–37 所示。最后，库珀对好像被一根弦连在一起，来回振动，弦的长度约为 1.8×10^{-7} m。组成库珀对的两个电子，其动量和自旋方向都相反，超导体中的导电性是由库珀对的质心定向运动产生的，图 18–38 表示的是自旋相反、动量相反的一对电子，C 是电子对的质心。库珀对是一个玻色子，它的自旋为 0。在低温下，库珀对还能产生玻色 – 爱因斯坦凝聚。金属中参与导电的单个电子全部配成库珀对后，将使金属由正常态向超导态转变，这是一个二级相变。结合成库珀对的电子是处在费米能级附近的电子，如果用一个动量空间来描述这些电子对，则它们将在一个费米球面上，如图 18–39 所示。

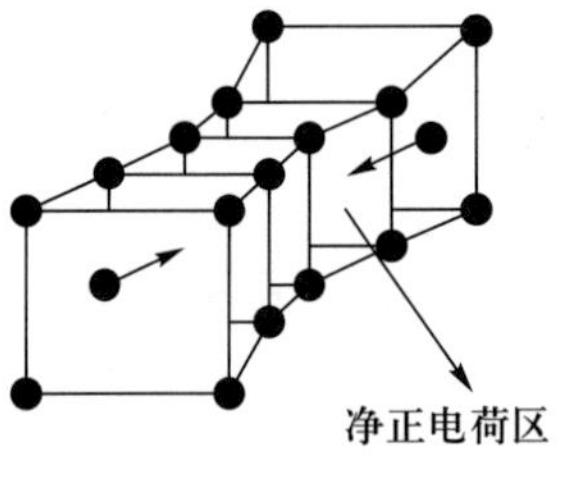

图 18–36

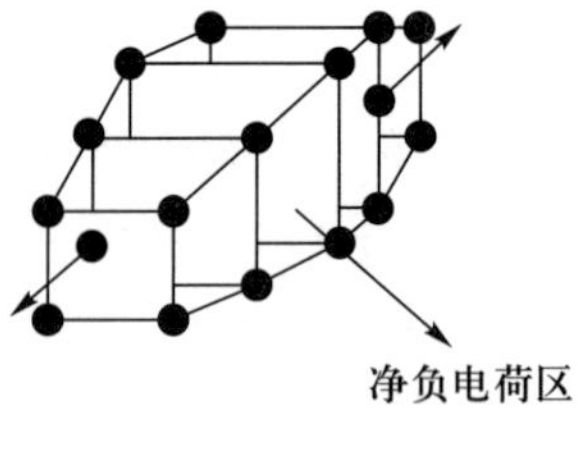

图 18–37

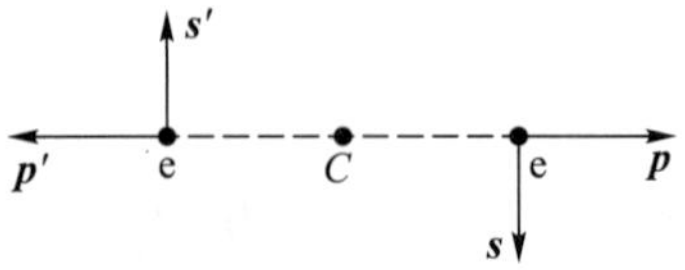

图 18–38　自旋相反、动量相反的一对电子

BCS 理论成功地解释了电子成对的机制及相变过程，由此人们还知道了金属超导体的能谱在费米能级处会出现一个能隙 Δ。能隙是相邻两个能级间的能量间隔，处在能隙中的能态，在量子理论中是不容许存在的。在一般情况下，晶格热振动能 $kT \ll \Delta$，由于出现了能隙，晶格的热振动能不可能使处于超导相的库珀对产生散射，故库珀对必须一次接收相当于 Δ 这么大的能量，才能跃迁到能隙上面的能级上去，否则它拒绝接收。概括以上讨论，可得到 BCS 理论的 3 个观点：

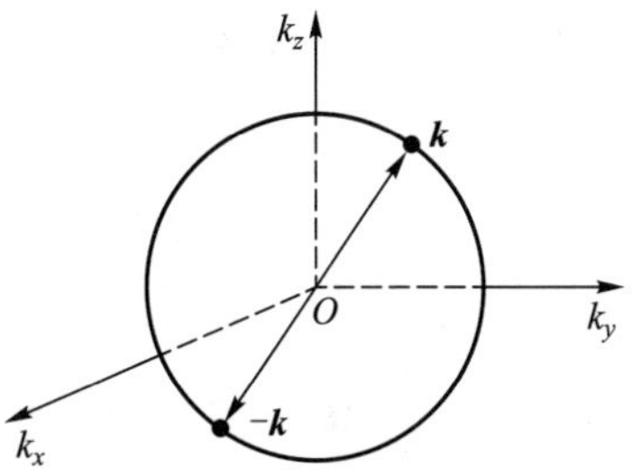

图 18–39　动量空间费米球面上的库珀对

（1）**在一定温度下，金属中参与导电的电子结成库珀对，这是一个相变过程。**

（2）**库珀对凝聚在费米面附近。**

（3）**费米面以上将出现一个宽度为 Δ 的能隙。**

BCS 理论依据以上 3 点，便能圆满解释超导体的零电阻效应。为了使读者对超导体的零电阻效应有直观的理解，我们不妨先打个比喻。图 18–40 表示的是：有一零售车，车上销售的商品价廉物美，一元钱一件。当这辆车穿过一条贸易街市时，顾客们纷纷围上，于是在零售车与顾客之间进行着频繁的物币交换，车被围得水泄不通，这时，我们说车遇到了很大的阻力，难以前进。如果换一辆批发车来销售，一千件物品包装在一起，一整包要一千元才能成交。这时，在批发车与顾客之间无交换发生，批发车的商品无人问津，此车将畅通无阻地穿过这条街，如图 18–41 所示。

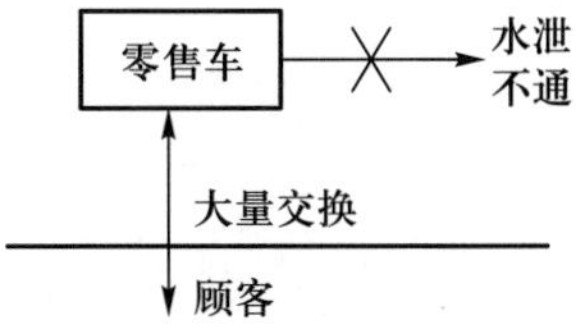

图 18–40　车被围受阻

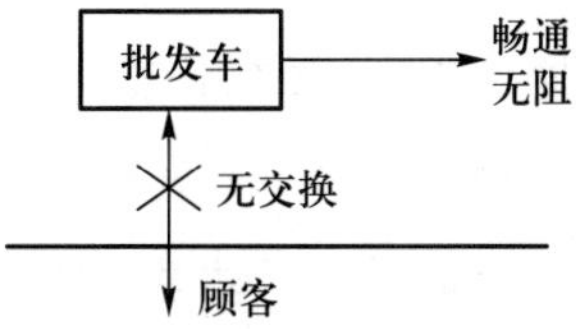

图 18–41　无人问津的车畅通无阻

以上这个生活中的现象与超导体中的零电阻效应可以说十分相似。现在我们来看图 18–42，在普通导体中，单个电子在晶格中穿过时，作热振动的晶格将以能量 kT 与单个电子进行碰撞，实现能量的交换。电子很容易接收这一热振动能，因为它的量级与 eV 相当，这正和零售车的情况相同：在单个电子与晶格之间进行着大量的能量交换，因此电子定向运动受到阻碍。然而，如果我们也能像批发车那样，

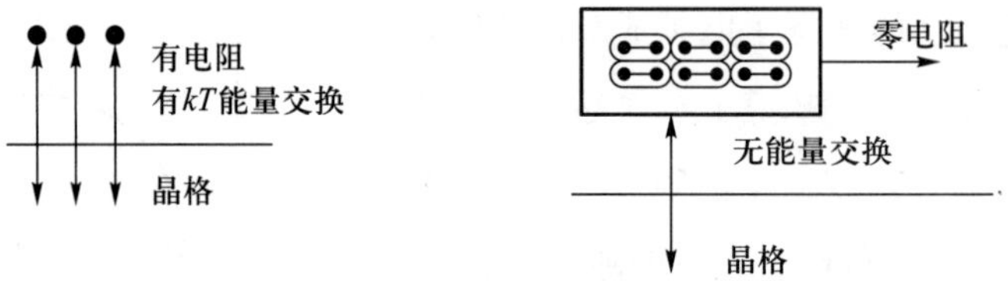

图 18–42　单个电子与电子对集团经过晶格时的运动情况

把众多单个电子集中打成一大包，那么要改变大包电子的能量，就不容易甚至完全不可能了。BCS 理论就是首先让电子配成库珀对，然后借助玻色 – 爱因斯坦凝聚将库珀对打成一大包，当库珀对集体在晶格中作定向运动时，晶格热振动能 kT 就显得太小，故无法再同库珀对们交换能量。从能隙观点来看，由于 $kT \ll \Delta$，所以库珀对吸收 kT 的能量是不可能跃迁到空带上去的，因此它干脆拒绝接收这一能量，正如卖批发的拒绝零售一样。于是，成包的库珀对在通过晶格时，不会遇到任何阻力，它的电阻实际上等于 0。

BCS 理论还能成功地解释超导的单电子隧道效应和约瑟夫森效应，后面讨论超导量子干涉器件（SQUID）时，再作详细分析。

2. 有机超导的利特尔机制

1964 年，美国斯坦福大学的利特尔（W.A. Little）提出：在有机超导中，另有一种形成库珀对的机制——侧链极化的机制。图 18–43 的中间是一条由碳原子构成的长链，称之为碳脊链，碳原子是 4 价的。C 原子在碳脊链上用去了 3 价，剩下的 1 价与 H 原子结合，于是在碳脊链两侧，形成了由氢原子排列成的侧链。图 18–43 中，矩形方框表示 H 原子，其中打细点的部分，是 H 原子的电子云分布。

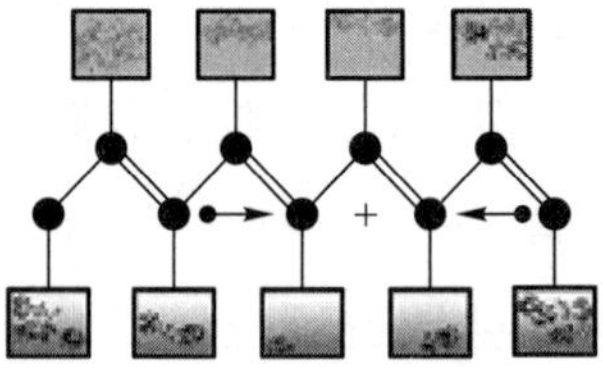

图 18–43　利特尔机制示意图

当一电子沿碳脊链运动时，侧链 H 原子被极化，电子云被排斥到距碳脊链较远处，所以在碳脊链中心附近区域内形成一个净正电荷区。这个净正电荷区可以吸引另一个电子，构成库珀对。利特尔指出，由于侧链电子云比格点灵活得多，且电子质量远小于晶格中离子的质量，所以从原则上讲，可以使临界温度提高到室温以上，尽管对利特尔的思想至今仍有争论，但它使人们对于研究有机超导材料产生了浓厚的兴趣。

3. 高温超导理论研究现状

高温超导的实验研究成果日新月异，但是，关于高温超导的理论却进展缓慢。这是因为高温超导材料的成分是多元的，结构复杂。其中既有金属键，又有共价键和离子键，这说明超导材料是由多种形式的混合键结合成的晶体。YBaCuO 超导体的 4 种晶体结构如图 18–44 所示。

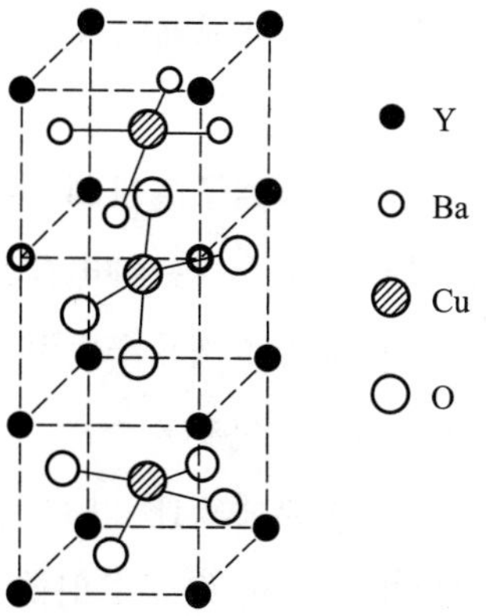

图 18–44　YBaCuO 晶体

下面列出一些高温超导材料及其超导临界温度。

（1）LaSrCuO，$T_c \approx 35$ K；

（2）BiBrCaO，$T_c \approx 80$ K；

（3）YBaCuO，$T_c \approx 100$ K；

（4）TiBaCaCuO，$T_c \approx 120$ K。

实验发现，高温超导材料的主要性质有：

（1）晶体结构有强低维特点，3 个晶格常量相差 3~4 倍；

（2）输运系数具有很大的各向异性；

（3）磁场穿透深度较大；

（4）相干长度较短或者库珀对的空间局域性较强；

（5）载流子数密度较低，且为空穴型导电；

（6）存在电子对；

（7）迈斯纳效应不完全；

（8）同位素效应弱甚至无。

要从理论上解释这些实验结果，显然不是一件容易的事。但是，科学家们仍作了许多探讨和设想，提出了种种理论，其中有 6 种较为典型。

（1）**BCS 理论**。它的困难在于无法解释弱同位素效应及空穴型导电。

（2）**共振价键理论**。它是由安德森提出的，他认为电子由强相关联定域在各个格点附近，相邻的两个格点上的两个电子自旋相反，形成单重态共价键，通过掺杂驱动使之在空间流动并保持配对关系。大量定域电子理论，与晶格振动无关，可以解释弱同位素效应。

（3）**双极化子机制**。这种机制认为正、负离子交替排列的复式晶格中有极化电场存在，因而产生了电声作用，即电子在晶体中运动，使晶体产生畸变并携带畸变一起运动，我们把它看成一个等效粒子，称之为极化子或穿外衣的电子。两个极化子靠近时，畸变合一，形成双极化子。双极化子流动产生超导态。

（4）**激子机制**。这是一种低维的理论，它将超导体视为一种金属 – 半导体 – 金属式的三明治。金属层中的电子波通过隧道效应穿入半导体层时，在半导体中形成空穴，于是产生了电子 – 空穴束缚对，称之为激子。同时，两电子由空穴联系在一起，形成库珀对。类似地，在半导体 – 金属 – 半导体型的结构中将形成空穴对。

（5）**等离子体机制**。如果将固体看成正离子背景下的电子气，则当电子密度有起伏时，可形成一种电荷密度波，这种元激发称为等离激元（plasmon）。两个电子可以借助等离激元产生引力，形成库珀对。这是一种严格的二维理论，否则不易实现等离激元交换。

（6）**杂质跃迁**。掺杂使半导体禁带中出现杂质能级，杂质能级与价带或导带之间的跃迁，正好能发射能量相当于 0.1 eV 的等离激元，这些等离激元可以在电子之间实现交换。

但尽管如此，也还是没有一种理论能得到科学家们的一致公认。谁能最后揭开高温超导之谜，谁就将是科学王国中的佼佼者。

18.4.3 超导的意义及应用

1. 材料是生产的物质基础

材料在生产中占有重要地位，特别是新材料和具有优异性能的材料。历史上，三次大的工业革命，无不以新材料作为其基本条件和先导。原子能的应用，火箭、卫星及太空技术的应用，都需要以材料科学的发展作为前提。每当人类掌握或使用一种新的材料时，工业、科技和生活就会发生深刻的变化。

人类最初使用的材料是天然石头或经过简单加工的石器，历史上称之为石器时代。人类从使用工具起便进入了文明时期，从石头到石器，随之就出现了工艺、文字。石器有一定的加工外形，这就是最早的艺术；锋利的石器可以在树皮上刻写符号，这就产生了文字。石器时代之后，接着是青铜和铁器时代，这标志着人类已能够掌握并使用金属材料，这是一个影响深远且统治人类社会时间很长的时期。从奴隶社会、封建社会直到资本主义社会，金属材料都在发挥重要作用，甚至今天，人类也不可能完全离开金属材料。铁器时代的到来，为以后的工业革命打下了坚实的物质基础，并创造了数千年的繁荣与文明。很难设想，如果没有金属材料，机器化和电气化革命会是一个什么样子。真空管电子技术早已被人类掌握，但是把电子时代推向高峰的，却是半导体材料与器件的问世。从 20 世纪 60 年代人类造出第一个晶体管以后，电子时代才跨入它最光辉夺目的时期。上面这些历史事实，充分证明了材料及其应用技术在生产发展中的重要地位。

今天，随着陶瓷高温超导体的发现及其材料器件的试制，可以想象，一旦这一新材料、新技术被广泛应用到各个生产领域和科学技术研究中去，那么无疑将会把各种工业，包括机械、电子、电力、交通、医疗、军事等方面的生产推进到一个崭新的水平，整个世界和人类将会发生一次重大的改变，伴随而来的一定是一系列的工业大革命。这正是科学家们为陶瓷材料高温超导体的发现而感到惊喜的真正原因。

2. 超导技术的主要应用

自世界上第一个磁感应强度超过 6 T 的超导体问世以来，人们对超导技术的发展日趋关注。1986 年，在美国巴尔的摩召开的超导应用会议，肯定了进行超导国际协作的重要性。数百个实验室在对超导技术进行深入研究，有许多方面已进入实用技术阶段。

超导技术用于电力输送，可以节省大量能源；用于医疗的核磁共振成像系统，可以在不接触人体的条件下，检查人体的种种疾病；用于分离技术，可以将小到病毒大到矿石的颗粒分离出来；用于电子计算机，可以大幅度地缩小体积，提高计算速度，降低成本；用于交通，可以制成磁悬浮车；用于测量，可以制成超导磁共振成像仪和超导量子干涉器件。此外，在一些科学研究装置中，从小型磁体到同步加速器等大规模系统的磁体，都可用超导磁体取而代之，这样既可以提高设备的效率，又可以节省能源，减小体积。1984 年，美国制成了名为“双质子”的超导质子同步加速器，以内径为 80 cm、长为 6 m 的马鞍形磁体为主体的约 1 200 个超导磁体被安置在 7 km 长的圆周上，它能对质子进行加速，使之具有 800 GeV 的高能。下面结合超导的特性分别介绍一些超导技术的主要应用。

（1）零电阻效应的应用

在工业生产及科学技术研究中，人们往往需要大电流和强磁场。仅仅依靠普通的导体及磁体是无法作到这一点的，其主要原因是所有导体都具有电阻，并且电阻随温度升高而增大。例如，一个 5×10^3 kW 功率的环形电流只能产生强度为地磁场 100 倍的磁场，况且，线圈中的电阻要产生大量的热量，这个装置每分钟需要用 3 064 吨水来冷却，方能避免受热而引起的爆炸。普通电磁铁一般至多能产生 3 T 的磁感应强度，要超过这一数值是相当困难的。

零电阻效应能使我们获得大电流和强磁场。瑞士的一个等离子体研究所的陀螺仪中有一绕组采用超导线圈，它能产生 8 T 的磁感应强度。此外，在许多装置或仪器中，都有超导线圈与超导磁体，如单极发电机、磁场闭合型核聚变炉、电力储存装置、电感脉冲电源、船用电力推进器和电磁推进器、磁分离器、介子癌照射装置、核磁共振断层摄影装置、高分辨率电子显微镜、核磁共振分析器、高能电子检测器、磁石电子存储环、磁搅拌器、磁流体发电机、强磁场化学反应装置等。

与我们关系最密切的水对航行、发电和日常生活有着极为重要的作用，但污染后的水是极有害的。由于水中的污染物太微小，所以常规的过滤方法无法分离它们，而超导磁分离却能分离这些水中污染物。任何物质都会受到强磁场的吸引，不同的物质所受的力的大小不同，根据这一简单原理，麻省理工学院的费尔设计了一个能产生旋转磁场的装置，用它来分离混在水中的细菌、化合物、尘埃等极微小的物质。超导体产生的强磁场像筛子一样，能将水中所有的杂质吸引并分离出去，其速度比普通过滤快几百倍。超导磁分离技术还可以用于燃料加工及燃料使用前的杂质清除。图 18–45 表示的是麻省理工学院的超导磁分离装置。

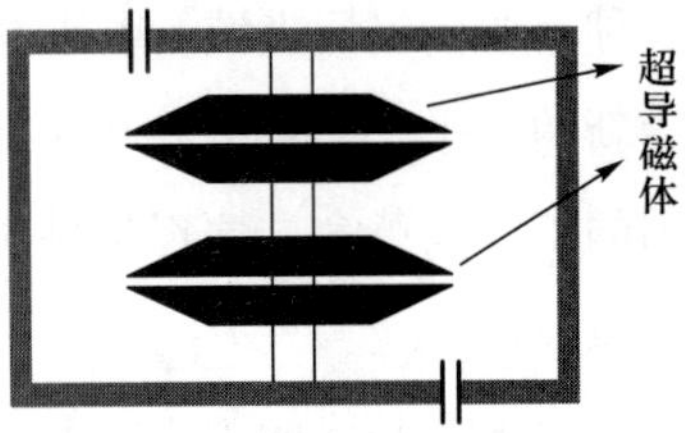

图 18–45　超导磁分离装置

零电阻效应还有两个直接应用。一是用来制作超导电缆，如图 18–46 所示，它是一根内壁镀了一层超导薄膜的管子，管内流过温度为 77 K 的液氮，电流能无电阻损耗地沿超导薄膜流动。若用它来输电，则其造价与普通电缆相当。目前，超导薄膜的电流密度可达 $10^6\ A\cdot cm^{-2}$。二是由于零电阻对应一个临界磁场强度或临界温度，所以可以利用零电阻出现时正常态到超导态的转变，制成转换元件，如速调管、磁通泵、红外线检测器和超低温反应器等。

（2）完全抗磁性的应用

利用超导体的完全抗磁性，可制成磁封闭系统，如超导陀螺、磁轴承、超导重力仪等，图 18–47 是一个超导轴承的原理图，转轴悬浮在超导轴承 – 超导线圈中，无摩擦的超导轴承是机械中最理想的构件，它的应用会使许多机械的面目为之一新。

磁悬浮车是超导技术在交通运输中的重要应用成果，它具有安全、舒适、高速的优点。图 18–48 是磁悬浮列车的原理模型图，车身底部截面呈凹形，装有超导磁

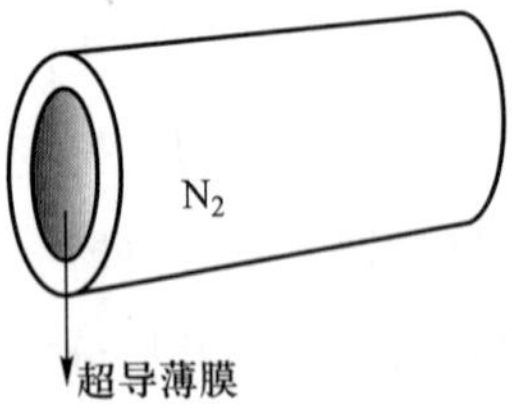

图 18–46　内壁镀有超导薄膜的管子

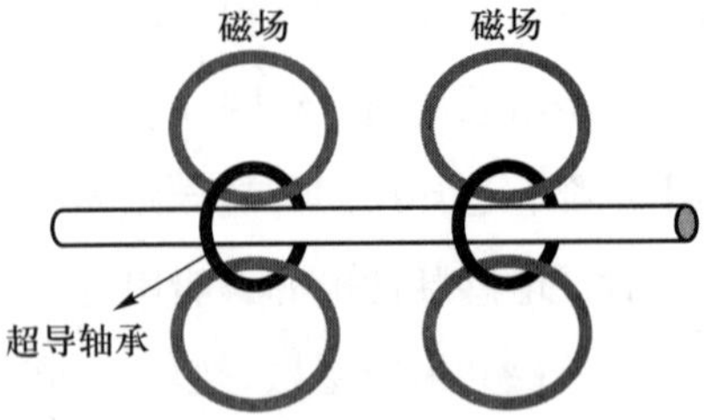

图 18–47　超导轴承

体，导轨是铝制的，截面呈凸形。列车前进时，车身底部的超导磁体产生的磁场在铝制导轨内引起感应电流，感应电流的磁场排斥车身的磁场，使车身悬浮在导轨上。

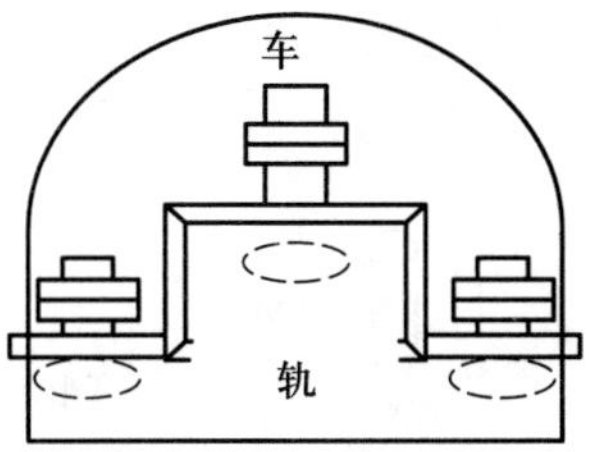

图 18–48 磁悬浮列车

（3）量子隧道效应的应用

如果说前面介绍的是超导的强电技术应用，那么下面我们将讨论超导的弱电技术应用。利用超导的约瑟夫森效应可以制成精密测量元件、超导量子干涉器件（SQUID）及转换元件，可用它们来检测微小位移、微小磁场或者作为电压、电流的标准计量仪器。超导电子器件具有体积小、无热损耗的优点，超导计算机具有微型化、巨型化和计算速度高的优点。约瑟夫森结的开关速度为晶体管的 1 000 倍，如果用超导电子元件取代晶体管元件，将会给电子工业又带来一次大的更新换代的革命。

最后还得补充一点：超导技术在国防上的应用也是不容忽视的。超导在军事指挥、军事侦察、军事测量及军事武器等方面均可得到重要的应用，例如电磁炮就是用电磁力来加速炮弹的。目前普通的电磁装置已能把弹丸加速到 4 $km \cdot s^{-1}$，如果采用超导技术可大大提高其速度，使其能拦截洲际导弹。

3. 超导量子干涉器件（SQUID）的构造原理及其应用

1962 年，约瑟夫森提出，超导体 – 绝缘体 – 超导体结会出现零电压的超导电流，这称为直流约瑟夫森效应。如果在结上加一电压 U，则超导电流将是频率 $\nu = 2\ eV/h$ 的交变电流，这称为交流约瑟夫森效应。利用前者可制成磁强计和灵敏检流计，利用后者能测量常量 h/e。

约瑟夫森结的含义很广，超导体之间的点接触［如图 18–49（a）所示］，超导体中间夹金属薄层或夹绝缘介质都可以称为约瑟夫森结。超导量子干涉器件（SQUID）通常由两个约瑟夫森结组成。

（1）SQUID 的构造

图 18–49（b）是通常用的 SQUID 的构造简图。在圆柱形的石英管上，先蒸发出一层 10 mm 宽的 Pb 膜，再蒸发出一层 Au 膜在下方用作分流电阻；然后溅射两条 Nb 膜，待其氧化后再蒸发出一层 T 形 Pb 膜。这样在 Pb 膜和 Nb 膜的交叉处形成两个 $Nb-NbO_x-Pb$ 结，即约瑟夫森结。

在交叉处的约瑟夫森结中，Nb 膜的宽度为 150 μm，T 形 Pb 膜的宽度为 50 μm，如图 18–49（c）所示，管的一端有电压和电流引线。

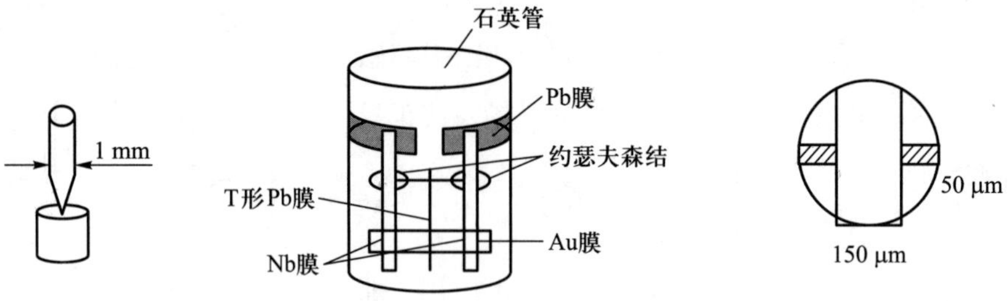

(a) 点结　　(b) SQUID构造　　(c) 交叉处的约瑟夫森结

图 18–49

（2）SQUID 的简单原理

先讨论一个结的情况。对于直流约瑟夫森效应，前面已用能谱图作了解释。因为库珀对是玻色子，故它能通过隧道效应穿过势垒。当 $U \neq 0$ 时，库珀对从结的一侧贯穿到另一侧，必须将多余的能量释放出来，即发射一个频率为 ν 的光子，其中

$$\nu = \frac{2eU}{h}$$

相当于电子对穿过结区时，将在结区产生一个沿与结区平面平行的方向传播的、频率为 ν 的电磁波，这表明在结区有一交变的电流分布，如图 18–50 所示。

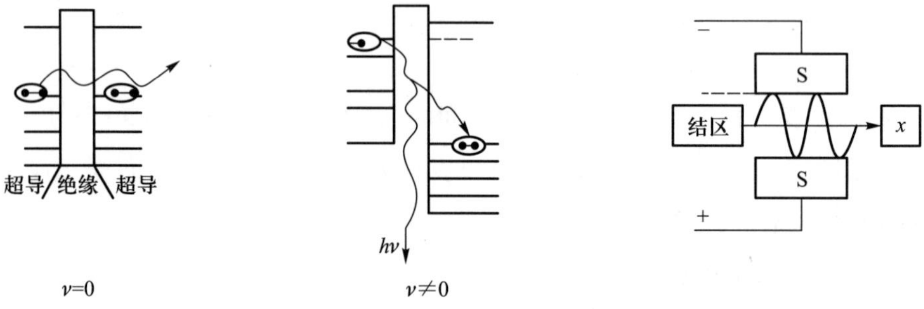

图 18–50　结区的交变电流

为了表示这一交变电流在结区形成的波，可以将电流 i 写成

$$i = i_c \sin\left(2\pi \frac{2eU}{h} t - \frac{2\pi}{\lambda} x + \varphi_0\right) \tag{18–32}$$

或

$$i = i_c \sin\left(\frac{2eU}{\hbar}t - \frac{p}{\hbar}x + \varphi_0\right) \tag{18-33}$$

式中 $\hbar = \frac{h}{2\pi}$，$p = \frac{h}{\lambda}$，φ_0是初相位。现在，给结区加一垂直于纸面向外的磁场 $\boldsymbol{B}$，由于释放的光子或电磁波与磁场会产生相互作用，所以根据电磁理论中的最小耦合原理，应将动量 $\boldsymbol{p}$ 换成 $\boldsymbol{p} - \frac{2e}{c}\boldsymbol{A}$，其中 $\boldsymbol{A}$ 是磁场沿 x 方向的矢势。于是

$$i = i_c \sin\left(\frac{2eU}{\hbar}t - \frac{p}{h}x + \frac{2e}{ch}Ax + \varphi_0\right) \tag{18-34}$$

因此，$\boldsymbol{B}$ 的大小或 $\boldsymbol{A}$ 的大小将影响电流 i 的相位，决定其沿 x 轴的分布，我们利用一组 i 沿 x 轴的分布曲线图来说明这种影响（图 18–51）。总之，由于磁场在交变电流中起着相位作用，而波的频率 $\frac{2eU}{\hbar}$ 又相当大，故磁场的一个微小变化也会导致一个显著的相位改变，使得电流也有一个相当大的变化。

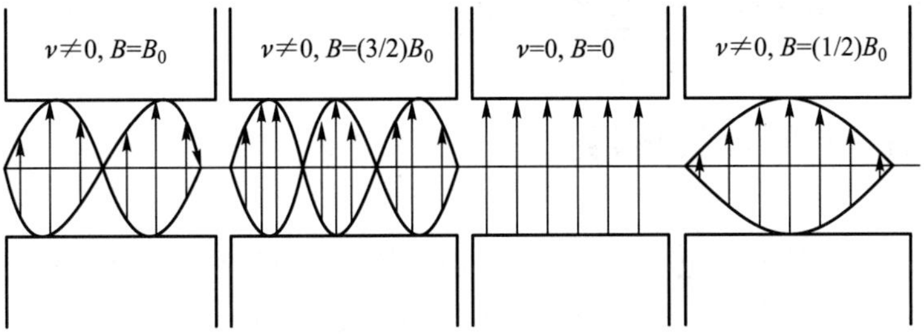

图 18–51　i 沿 x 轴的分布曲线图

如果使用两个结，利用两个电流的相干作用，效果会更好，会使电流的值更大。这和光学中用双缝加强光度比用单缝的效果要好一样。SQUID 就是根据这一原理设计而成的。

（3）SQUID 的应用

① 用作磁强计，可精确到 10^{-7} T。为了对这个量级有所理解，下面列举一些例子。

地磁场的磁感应强度约为 10^{3} T；环境磁噪声的磁感应强度为 10^{-4}~10^{-1} T；人的肺、心、脑都有一定的生物磁感应强度，分别约为 10^{-1} T、10^{-2} T 和 10^{-5} T。由此可见，比人脑磁场还弱 100 倍的磁场，SQUID 都能准确地测量出来。

② 用作磁场梯度计。测量微弱磁场时，必须消除强磁场的干扰。为此，可设计一个如图 18–52 所示的线圈，其中 A_2 和 A_3 绕向相反。均匀的地磁场与噪声磁场在 A_2、A_3 中产生的磁通量会互相抵消，对 A_1 不产生影响。而非均匀的待测磁场

在 A_2、A_3 中不会抵消，因而对 A_1 有影响。用 SQUID 测出的 A_1 的磁通量便无地磁场和噪声磁场的干扰。

③ 用作低温温度计。它是利用核磁化率在 10^{-5} K 的低温时与温度成正比设计而成的。用 SQUID 测出核磁化率就可测定温度。

④ 用作检流计。将待测的电流引入超导线圈，利用 SQUID 测出电流产生的磁通量，从而确定电流的大小，且能精确到 10^{-9} A，改装成电压表可精确到 10^{-16} V。

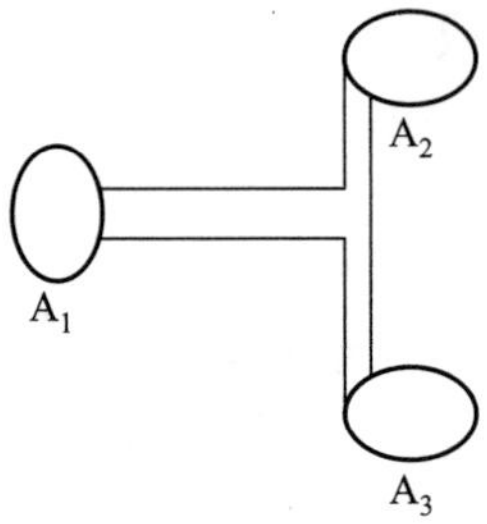

图 18–52　线圈

此外，SQUID 还可以用作超低频信号的接收器，进行水下、地下通信。

利用 SQUID 可测量磁悬超导铌棒的微小振动。当铌棒振幅为 10^{-18} cm 时，其磁场波动能立即被 SQUID 测出。

18.5　半导体的基本知识

18.5.1　半导体及 PN 结

半导体器件是 20 世纪中期开始发展起来的，具有体积小、重量轻、使用寿命长、可靠性高、输入功率小和功率转换效率高等优点，因而在现代电子技术中得到了广泛的应用。半导体器件是构成电子电路的基础。半导体器件和电阻、电容、电感等器件连接起来，可以组成各种电子电路。顾名思义，半导体器件都是由半导体材料制成的。

1. 半导体的基本特性

在自然界中存在着许多不同的物质，根据其导电性能的不同大体可分为导体、绝缘体和半导体三大类。通常将很容易导电、电阻率小于 10^{-4} Ω · cm^{-1} 的物质称为导体，如铜、铝、银等金属材料；将很难导电、电阻率大于 10^{10} Ω · cm^{-1} 的物质称为绝缘体，如塑料、橡胶、陶瓷等材料；将导电能力介于导体和绝缘体之间、电阻率在 10^{-4}~10^{10} Ω · cm^{-1} 范围内的物质称为半导体，常用的半导体材料是硅（Si）和锗（Ge）。

用半导体材料制作电子元器件，不是因为它的导电能力介于导体和绝缘体之间，而是由于其导电能力会随着温度、光照的变化或掺入杂质的多少发生显著的变化，这就是半导体不同于导体的特殊性质。

（1）热敏性

所谓**热敏性**就是半导体的导电能力随着温度的升高而迅速增加。半导体的电阻率对温度的变化十分敏感。例如，纯净的锗从 20 ℃升高到 30 ℃时，它的电阻率几乎减小为原来的 1/2。而一般的金属导体的电阻率则变化较小，比如铜，当温度同样升高 10 ℃时，它的电阻率几乎不变。

（2）光敏性

半导体的导电能力随光照的变化有显著改变的特性叫作**光敏性**。一种硫化铜薄膜在暗处其电阻为几十兆欧姆，受光照后，其电阻可以下降到几万欧姆。自动控制用的光电二极管和光敏电阻，就是利用半导体的光敏性制成的。而金属导体在阳光下或在暗处其电阻率一般没有什么变化。

（3）杂敏性

所谓**杂敏性**就是半导体的导电能力因掺入适量杂质而发生很大的变化。在半导体硅中，只要掺入亿分之一的硼，电阻率就会下降到原来的几万分之一。所以，利用这一特性，可以制造出不同性能、不同用途的半导体器件。而金属导体即使掺入千分之一的杂质，对其电阻率也几乎没有什么影响。

半导体之所以具有上述特性，根本原因在于其特殊的原子结构和导电机理。

2. 本征半导体

原子由原子核和电子构成，原子核由带正电的质子和不带电的中子构成，电子带负电并围绕原子核旋转。电子以不同的距离在核外分层排布，距核越远，电子的能量就越高，最外层的电子称为**价电子**，物质的化学性质就是由价电子的数目决定的。

由于现在所用的半导体材料仍然主要是硅和锗，所以我们在这里只讨论硅和锗的原子结构，如图 18-53 所示是硅和锗的原子结构简化模型。硅和锗的外层电子都是 4 个，它们是四价元素。随着原子相互靠近，价电子相互作用并形成晶体。晶体的最终结构是四面体，每个原子（硅或锗）周围都有 4 个临近的（硅或锗）原子，分布在两个原子间的价电子构成共价键，如图 18-54 所示是硅和锗四面体结构。

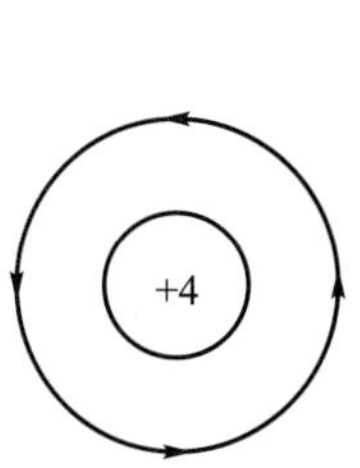

图 18-53　硅和锗的原子结构简化模型

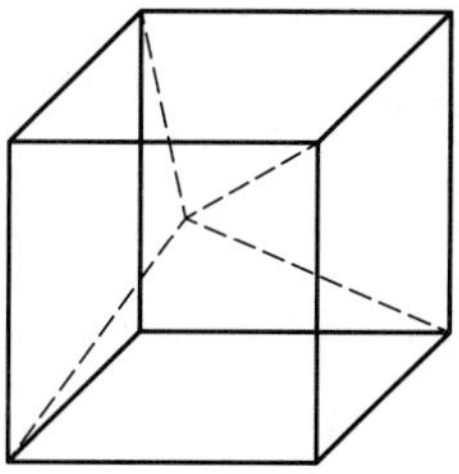

图 18-54　硅和锗四面体结构

硅和锗四面体结构一般用二维平面图来表示，如图 18–55 所示是硅和锗晶体结构平面图。在晶体中，通过电子运动，每一半导体原子最外层的 4 个价电子与相邻的 4 个半导体原子的各一个价电子组成 4 对共价键，并按规律排列，图中的原子间每条线代表一个价电子。

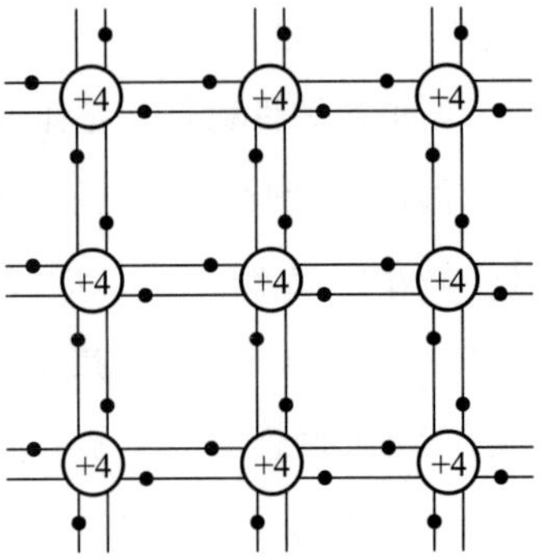

图 18–55　硅和锗晶体结构平面图

本征半导体就是以上所说的一种纯净的半导体晶体。在热力学温度 $T = 0$ K 且无外部激发能量时，每个价电子都处于最低能态，价电子没有能力脱离共价键的束缚，没有能够自由移动的带电粒子，这时的本征半导体被认为是绝缘体。

若在外部能量（如温度升高、光照）作用下，一部分价电子脱离共价键的束缚成为自由电子，则这一过程叫**本征激发**。自由电子是带负电的粒子，它是本征半导体中的一种载流子。在外电场作用下，自由电子将逆着电场方向运动而形成电流。载流子的这种运动叫**漂移**，所形成的电流叫**漂移电流**。价电子脱离共价键的束缚成为自由电子后，在原来的共价键中便留下一个空位，这个空位叫**空穴**。空穴很容易被邻近共价键中跳过来的价电子填补上，于是在邻近共价键中又出现新的空穴，这个空穴再被别处共价键中的价电子来填补；这样，在半导体中出现了价电子填补空穴的运动。在外部能量的作用下，填补空穴的价电子作定向移动，这样也会形成漂移电流。但这种价电子的填补运动是由于空穴的产生引起的，而且始终是在原子的共价键之间进行的，它不同于自由电子在晶体中的自由运动。同时，价电子填补空穴的运动无论在形式上还是在效果上都相当于空穴在与价电子运动相反的方向上运动。为了区分电子的这两种不同的运动，人们把后一种运动叫作**空穴运动**，空穴被看作带正电荷的带电粒子，称为空穴载流子。图 18–56 所示是半导体中的两种载流子。

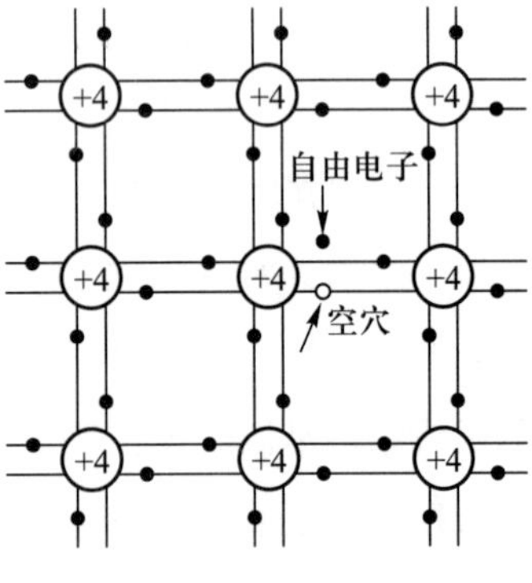

图 18–56　半导体中的两种载流子

综上所述，本征半导体中存在两种载流子：带负电荷的自由电子和带正电荷的空穴。它们是成对出现的，也叫电子空穴对。由于两者电荷量相等、极性相反，所以本征半导体是电中性的。在外界的作用下，本征半导体中的电子形成电子电流，空穴形成空穴电流，虽然两种载流子的运动方向相反，但因为它们所带的电荷极性也相反，所以两种电流的实际方向是相同的，它们的和就是半导体中的电流。

另外需要指出的是，价电子在热运动中获得能量产生了电子空穴对，这种物理现象称为**激发**；同时自由电子在运动中与空穴相遇，使电子空穴对消失，这种现象称为**复合**。在一定温度下，载流子的激发过程和复合过程是相对平衡的，载流子数密度是一定的。本征半导体中的载流子数密度，除了与半导体材料本身的性质有关以外，还与温度有关，而且随着温度的升高，基本上呈指数规律增加。因此，半导体载流子数密度对温度十分敏感。

3. 杂质半导体

本征半导体的电阻率比较大，载流子数密度又小，且对温度变化敏感，因此它的用途很有限。在本征半导体中，人为地掺入少量其他元素（称为杂质），可以使半导体的导电性能发生显著的变化。利用这一特性，可以制成各种性能不同的半导体器件，这样使得它的用途大大增加。掺入杂质的本征半导体叫**杂质半导体**，根据掺入杂质性质的不同，可分为两种：**电子型半导体**和**空穴型半导体**。载流子以电子为主的半导体叫电子型半导体，因为电子带负电，取英文单词“负”（Negative）的第一个字母“N”，所以电子型半导体又称为 **N 型半导体**。载流子以空穴为主的半导体叫空穴型半导体，取英文单词“正”（Positive）的第一个字母“P”，空穴型半导体又称为 **P 型半导体**。下面以硅为例进行讨论。

（1）N 型半导体

在本征半导体中掺入正五价元素（如磷、砷）使每一个五价元素都取代一个四价元素在晶体中的位置，可以形成 N 型半导体。掺入的元素原子有 5 个价电子，其中 4 个与硅原子结合成共价键，余下的 1 个不在共价键之内，掺入的五价元素原子对它的束缚力很小，因此只需较小的能量便可激发而成为自由电子。由于掺入的五价元素原子很容易贡献出 1 个自由电子，故称之为“**施主杂质**”。掺入的五价元素原子提供 1 个电子后，它本身因失去电子而成为正离子。

在上述情况下，半导体中除了大量的由掺入的五价元素原子提供的自由电子外，还存在由本征激发产生的电子空穴对，它们是少数载流子。这种杂质半导体以自由电子导电为主，因而称为电子型半导体，或 N 型半导体。在 N 型半导体中，由于自由电子是多数，故自由电子称为多数载流子（简称多子），而空穴称为少数载流子（简称少子）。

（2）P 型半导体

当本征半导体中掺入正三价杂质元素（如硼、镓）时，三价元素原子为形成 4 对共价键使结构稳定，常吸引附近半导体原子的价电子，从而产生 1 个空穴和 1 个负离子，故这种杂质半导体的多数载流子是空穴，因为空穴带正电，所以称之为 P

型半导体，也称为空穴半导体。除了多数载流子空穴外，还存在由本征激发产生的电子空穴对，可形成少数载流子自由电子。由于所掺入的杂质元素原子易于接收相邻的半导体原子的价电子成为负离子，故称之为“**受主杂质**”。在 P 型半导体中，由于空穴是多数，故空穴称为多数载流子（简称多子），而自由电子称为少数载流子（简称少子）。

P 型半导体和 N 型半导体均属非本征半导体，其中多数载流子数密度取决于掺入的杂质元素原子的数密度；少数载流子数密度主要取决于温度。而所产生的离子，不能在外电场作用下作漂移运动，不参与导电，不属于载流子。

4. PN 结

如果将一块半导体的一侧掺杂成 P 型半导体，而另一侧掺杂成 N 型半导体，则在二者的交界处将形成一个 PN 结。

（1）PN 结的形成

在 P 型和 N 型半导体的交界面两侧，由于自由电子和空穴数密度相差悬殊，所以 N 区中的多数载流子自由电子要向 P 区扩散，同时 P 区中的多数载流子空穴也要向 N 区扩散，并且当自由电子和空穴相遇时，它们将发生复合而消失，如图 18-57 所示。于是，在交界面两侧将分别形成不能移动的正、负离子区，正、负离子处于晶格位置而不能移动，所以称之为**空间电荷区**（亦称为内电场）。由于空间电荷区内的载流子数量极少，近似分析时可忽略不计，所以也称其为耗尽层。空间电荷区一侧带正电，另一侧带负电，所以形成了内电场 $\boldsymbol{E}_{in}$，其方向由 N 区指向 P 区。在内电场 $\boldsymbol{E}_{in}$ 的作用下，P 区和 N 区中的少子会向对方漂移，同时内电场将阻止多子向对方扩散，当扩散运动的多子数量与漂移运动的少子数量相等，两种运动达到动态平衡的时候，空间电荷区的宽度一定，PN 结就形成了。

一般来说，空间电荷区的宽度很小，为几微米至几十微米；由于空间电荷区内几乎没有载流子，所以其电阻率很高。

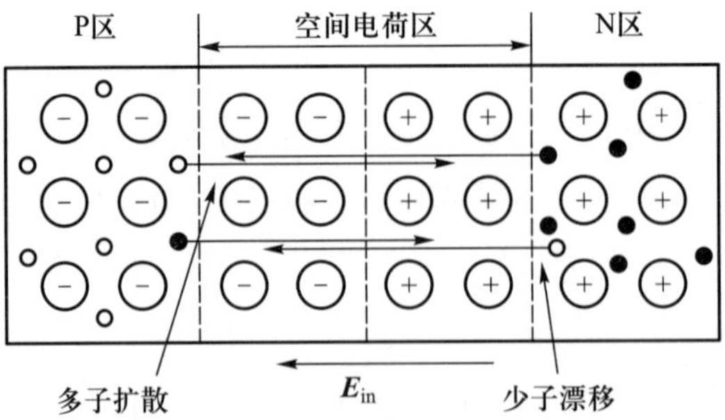

图 18-57　PN 结的形成

（2）PN 结的单向导电性

在 PN 结的两端引出电极，P 区的一端称为阳极，N 区的一端称为阴极。在 PN 结的两端外加不同极性的电压时，PN 结表现出截然不同的导电性能，称之为 PN 结的**单向导电性**。

① 在外加正向电压时，PN 结处于导通状态。

当外加电压使 PN 结的阳极电势高于阴极时，称 PN 结外加正向电压或 PN 结正向偏置（简称正偏），如图 18–58 所示。图中实心点代表电子，空心圈代表空穴。此时，外加电场 $\boldsymbol{E}_{\text{out}}$ 与内电场 $\boldsymbol{E}_{\text{in}}$ 的方向相反，其作用是增强扩散运动而削弱漂移运动。所以，外电场驱使 P 区的多子空穴进入空间电荷区抵消一部分负电荷，也使 N 区的多子电子进入空间电荷区抵消一部分正电荷，其结果是使空间电荷区变窄，PN 结呈现低电阻（一般为几百欧姆）；同时由于扩散运动占主导，所以将形成较大的正向电流（mA 级），此时 PN 结导通，相当于开关的闭合状态。由于 PN 结导通时，其电势差只有零点几伏，且呈现低电阻，所以应该在其所在回路中串联一个限流电阻，以防止 PN 结因过流而损坏。

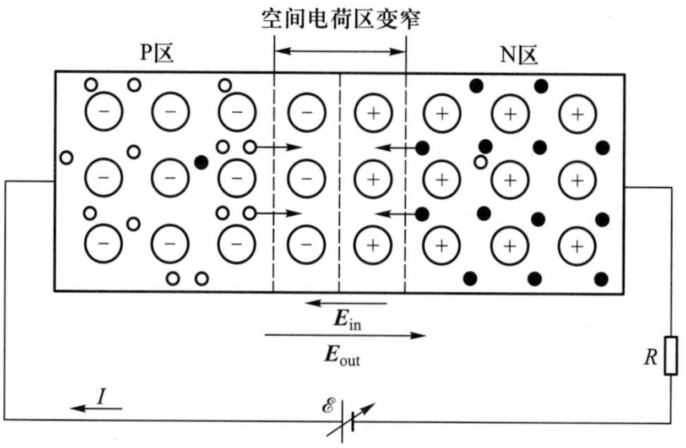

图 18–58　PN 结正向偏置

② 在外加反向电压时，PN 结处于截止状态。

当外加电压使 PN 结的阳极电势低于阴极时，称 PN 结外加反向电压或 PN 结反向偏置（简称反偏），如图 18–59 所示。此时，外加电场 $\boldsymbol{E}_{\text{out}}$ 与内电场 $\boldsymbol{E}_{\text{in}}$ 的方向一致，并与内电场一起阻止扩散运动而促进漂移运动，其结果是使空间电荷区变宽，PN 结呈现高电阻（一般为几千欧姆至几十万欧姆）。同时由于漂移运动占主导，而少子由本征激发产生，数量极少，所以由少子形成的反向电流很小（μA 级），近似分析时可忽略不计。此时 PN 结截止，相当于开关的断开状态。在一定温度下，当外加反向电压超过某个值（大约零点几伏）后，反向电流将不再随外加反向电压的增加而增大，所以又称其为反向饱和电流 I_s。

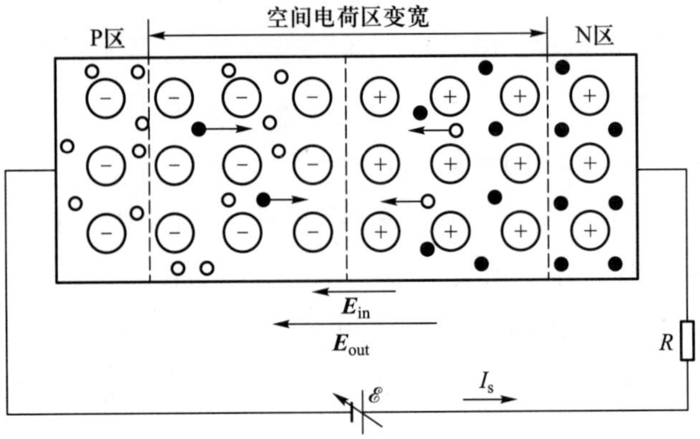

图 18–59　PN 结反向偏置

由上可知，PN 结正偏时，正向电阻很小，正向电流较大，PN 结呈导通状态；PN 结反偏时，反向电阻很大，反向电流非常小，PN 结呈截止状态。这就是 PN 结的单向导电性，它是一些二极管应用电路的基础。

需要指出的是，当反向电压超过一定数值后，反向电流将急剧增加，这种现象称为 PN 结的反向击穿，此时 PN 结的单向导电性被破坏。

18.5.2　半导体二极管

在一个 PN 结的两端加上电极引线并用外壳封装起来，就构成了**半导体二极管**（简称二极管）。由 P 型半导体引出的电极，叫作正极（或阳极），由 N 型半导体引出的电极，叫作负极（或阴极）。二极管通常用图 18–60（c）所示的符号表示。按照结构工艺的不同，二极管有点接触型和面接触型两类。它们的结构和符号如图 18–60 所示。

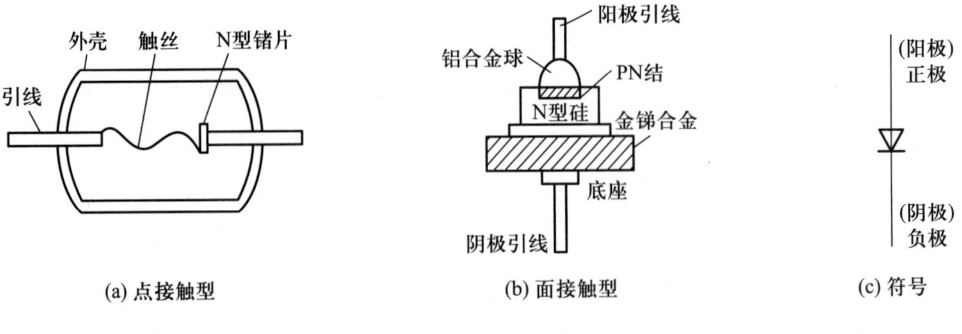

(a) 点接触型　(b) 面接触型　(c) 符号

图 18–60　二极管的结构和符号

点接触型二极管（一般为锗管）的PN结的结面积很小（结电容小），工作频率高，适用于高频电路和开关电路；面接触型二极管（一般为硅管）的PN结的结面积大（结电容大），工作频率较低，适用于大功率整流等低频电路。

半导体二极管的种类和型号很多，我们用不同的符号来代表它们。例如2AP9，“2”表示二极管，“A”表示采用N型锗材料为基片，“P”表示普通用途管，“9”为产品性能序号；又如2CZ8，“C”表示由N型硅材料作为基片，“Z”表示整流管。

1. 二极管的伏安特性

既然二极管是一个PN结，那么它必然具有单向导电性。其伏安特性曲线如图18-61所示。所谓伏安特性，就是指加到二极管两端的电压与流过二极管的电流的关系曲线。二极管的伏安特性曲线可分为正向特性和反向特性两部分。

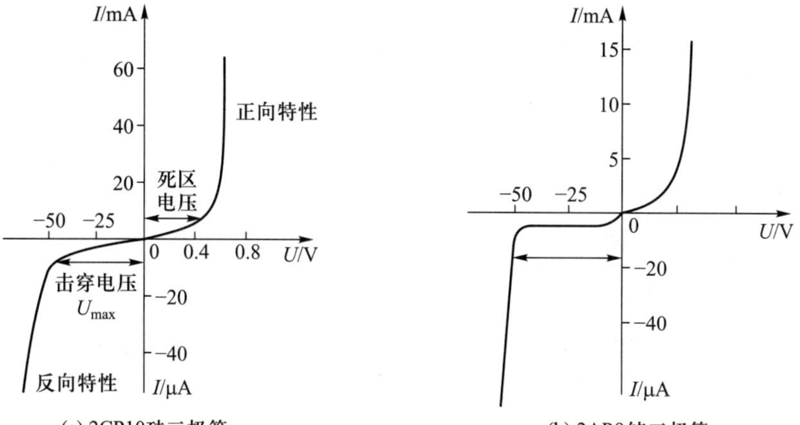

(a) 2CP10硅二极管　　(b) 2AP9锗二极管

图 18–61　二极管的伏安特性曲线

（1）正向特性

当二极管加上很低的正向电压时，外电场还不能克服PN结内电场对多数载流子扩散运动所形成的阻力，故正向电流很小，二极管呈现很大的电阻。当正向电压超过一定数值即死区电压后，内电场被大大削弱，电流增长得很快，二极管电阻变得很小。死区电压又称**阈值电压**，硅管为0.6~0.7 V，锗管为0.2~0.3 V。二极管正向导通时，硅管的压降一般为0.6~0.7 V，锗管的则为0.2~0.3 V。

（2）反向特性

二极管加上反向电压时，由于少数载流子的漂移运动，因而形成很小的反向电流。反向电流有两个特性：一是它随温度的上升增长得很快；二是在反向电压不超过某一数值时，反向电流不随反向电压改变而改变。故这个电流称为**反向饱和**

电流。

当外加反向电压过高时，反向电流将突然增大，二极管失去单向导电性，这种现象称为电击穿。发生电击穿的原因有两个，一是处于强电场中的载流子获得足够大的能量并碰撞晶格而将价电子碰撞出来，产生电子空穴对，新产生的载流子在电场作用下获得足够大的能量后又通过碰撞产生电子空穴对，如此形成连锁反应，反向电流越来越大，最后使得二极管反向击穿；二是强电场直接将共价键的价电子拉出来，产生电子空穴对，形成较大的反向电流。二极管被击穿后，一般不能恢复原来的性能。发生击穿时加在二极管上的反向电压称为反向击穿电压 U_{BR}。

有时为了讨论方便，在一定条件下，可以把二极管的伏安特性理想化，即认为二极管的死区电压和导通电压都等于零。这样的二极管称为**理想二极管**。

2. 二极管的主要参量

二极管的特性除可用伏安特性曲线表示外，还可用一些数据来说明，这些数据就是二极管的参量。各种参量都可从半导体器件手册中查出，下面只介绍几个常用的主要参量。

（1）最大整流电流 I_F

最大整流电流是指二极管长时间使用时，允许流过二极管的最大正向平均电流。当电流超过这个值时，二极管会因过热而烧坏，使用时务必注意。

（2）反向峰值电压 U_{RM}

它是指保证二极管不被击穿而得出的反向峰值电压，一般是反向击穿电压的一半或三分之二。

（3）反向峰值电流 I_{RM}

它是指在二极管上加反向峰值电压时的反向电流。反向电流大，说明二极管单向导电性差，并且受温度的影响大。

18.5.3 二极管基本电路及其应用

二极管的应用范围很广，主要都是利用它的单向导电性。它可用于钳位、限幅、整流、开关、稳压、元件保护等，也可在脉冲与数字电路中作为开关元件。

在进行电路分析时，一般可将二极管视为理想元件，即认为其正向电阻为零，正向导通时为短路特性，正向压降忽略不计；反向电阻为无穷大，反向截止时为开路特性，反向漏电流忽略不计。

1. 整流应用

利用二极管的单向导电性可以把大小和方向都变化的正弦交流电变为单向脉动的直流电，如图 18–62 所示。这种方法简单、经济，在日常生活及电子电路中经常采用。根据这个原理，还可以构成整流效果更好的单相全波、单相桥式等整流电路。

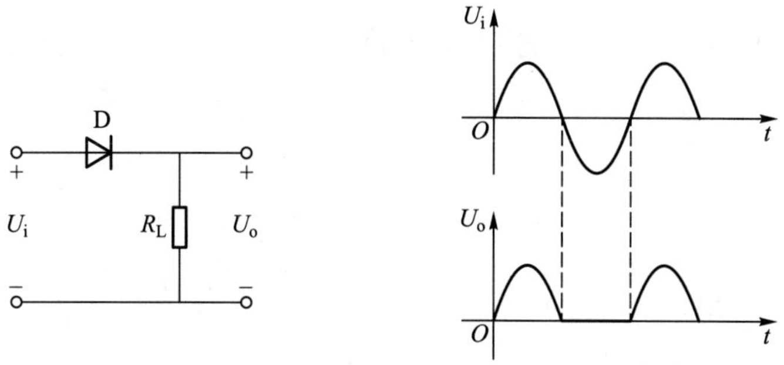

(a) 二极管整流电路　　(b) 输入与输出波形

图 18–62　二极管的整流应用

2. 钳位应用

二极管的单向导电性在电路中可以起到钳位的作用。

例 18–1　在图 18–63 所示的电路中，已知输入端 A 的电势 $V_A = 3$ V，B 的电势 $V_B = 0$ V，电阻 R 接 −12 V 电源，求输出端 F 的电势 V_F。

解　因为 $V_A > V_B$，所以二极管 D_1 优先导通，设二极管为理想元件，则输出端 F 的电势为 $V_F = V_A = 3$ V。当 D_1 导通后，D_2 上加的是反向电压，D_2 因而截止。

在这里，二极管 D_1 起钳位作用，把 F 端的电势钳位在 3 V；D_2 起隔离作用，把输入端 B 和输出端 F 隔离开来。

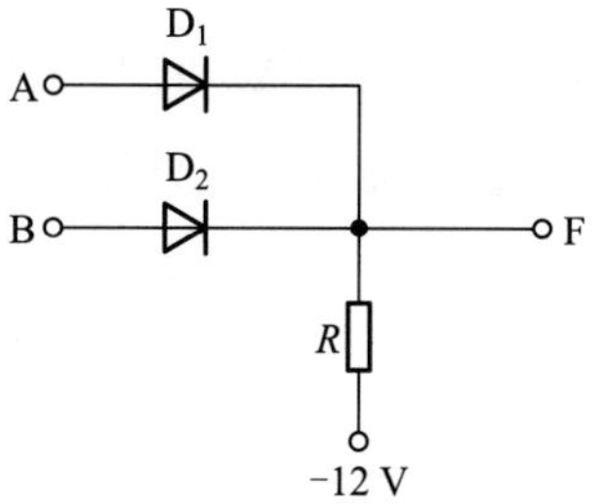

图 18–63

3. 限幅应用

利用二极管的单向导电性，可将输入电压限定在要求的范围之内，称之为**限幅**。

例 18-2　在图 18-64（a）所示的电路中，已知输入电压 $U_i = (10\ \text{V})\sin \omega t$，电源电动势 $\mathscr{E} = 5$ V，二极管为理想元件，试画出输出电压 U_o 的波形。

解　根据二极管的单向导电特性可知，当 $U_i \leqslant 5$ V 时，二极管 D 截止，相当于开路，因电阻 R 中无电流流过，故输出电压与输入电压相等，即 $U_i = U_o$；当 $U_i > 5$ V 时，二极管 D 导通，相当于短路，故输出电压等于电源电动势，即 $U_o = \mathscr{E} = 5$ V。所以，在输出电压 U_o 的波形中，5 V 以上的波形均被削去，输出电压被限制在 5 V 以内，波形如图 18-64（b）所示。在这里，二极管起限幅作用。

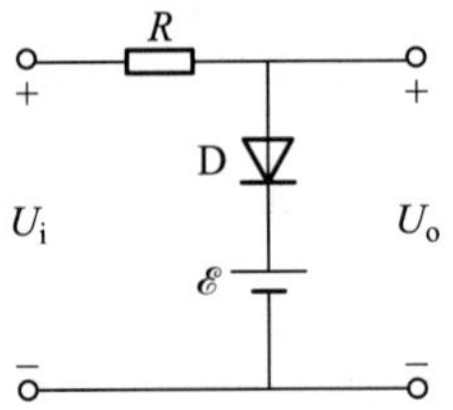

(a) 电路

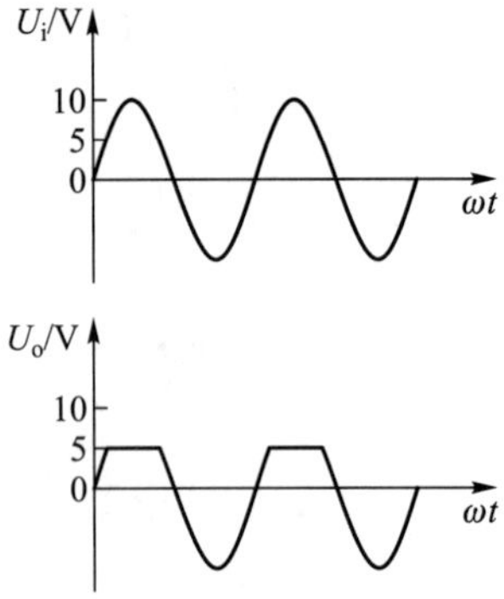

(b) 输入与输出电压波形

图 18-64

4. 稳压应用

在需要不高的稳定电压输出时，可以利用几个二极管的正向压降串联来实现这个目标。

还有一种稳压二极管，可以专门用来实现稳定电压输出。稳压二极管有不同的系列以实现稳定电压输出。

5. 开关应用

在数字电路中，人们经常将半导体二极管作为开关元件来使用，因为二极管只有单向导电性，可以相当于一个受外加偏置电压控制的无触点开关。

如图 18-65 所示为监测发电机组工作状态的某种仪表的部分电路。其中 V_s

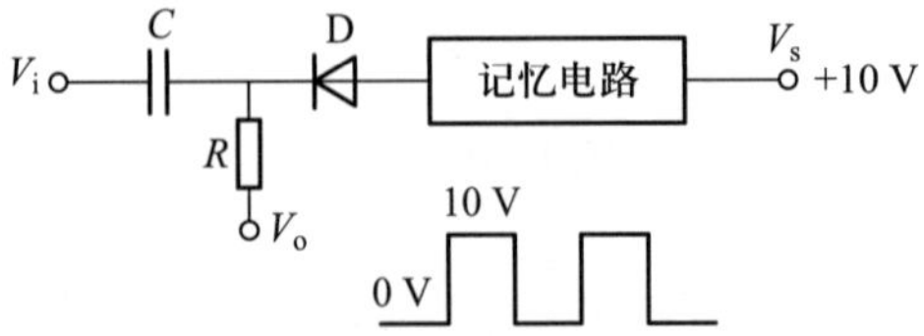

图 18-65　二极管的开关应用

是需要定期通过二极管D加入记忆电路的信号，V_i为控制信号。当控制信号$V_i = 10$ V时，D的负极电势被抬高，二极管截止，相当于“开关断开”，V_s不能通过D；当$V_i = 0$ V时，D正偏导通，V_s可以通过D加入记忆电路。此时二极管相当于“开关闭合”情况。这样，二极管D就在信号V_i的控制下，实现了接通或关断V_s信号的作用。

6. 二极管的识别与简单测试

（1）二极管的极性判别

有的二极管从外壳的形状上可以区分正、负极；有的二极管的极性用二极管符号印在外壳上，箭头指向的一端为负极；还有的二极管用色环或色点来标识正、负极（靠近色环的一端是负极，有色点的一端是正极）。若标识脱落，则可用万用表测其正、反向电阻值来确定二极管的正、负极。测量时把万用表置于$R\times100$挡或$R\times1$k挡，不可用$R\times1$挡或$R\times10$k挡，前者电流太大，后者电压太高，有可能对二极管造成不利的影响。将万用表的黑表笔和红表笔分别与二极管两极相连。对于指针式万用表，当测得电阻较小时，与黑表笔相接的极为二极管正极；当测得电阻很大时，与红表笔相接的极为二极管正极。对于数字万用表，由于表内电池极性相反，所以红表笔为表内电池正极，这一点在实际测量中必须要注意。对于数字万用表，还可以用专门的二极管挡来测量，当二极管被正向偏置时，显示屏上将显示二极管的正向导通压降，单位是毫伏。

（2）性能测试

二极管正、反向电阻的测量值相差越大越好，一般二极管的正向电阻为几百欧姆，反向电阻为几万欧姆到几十万欧姆。如果测得正、反向电阻均为无穷大，则说明内部断路；若测量值均为零，则说明内部短路；如测得正、反向电阻几乎一样大，则这样的二极管已经失去单向导电性，没有使用价值了。

一般来说，硅二极管的正向电阻为几百到几千欧姆，锗二极管的正向电阻小于1 kΩ，因此如果正向电阻较小，那么基本上可以认为它是锗二极管。若要更准确地知道二极管的材料，可将管子接入正偏电路中测其导通压降：若压降为0.6~0.7 V，则是硅二极管；若压降为0.2~0.3 V，则是锗二极管。当然，利用数字万用表的二极管挡，也可以很方便地测出二极管的材料。

18.5.4 特殊二极管

除了上述普通二极管外，还有一些特殊二极管，如稳压二极管（简称稳压管）、光电二极管和发光二极管等，下面我们对它们仅作简单的介绍。

1. 稳压管

（1）稳压管的稳压作用

稳压管是一种特殊的硅二极管，由于它在电路中与适当数值的电阻配合后能起稳定电压的作用，故称为**稳压管**。稳压管的伏安特性曲线与普通二极管类似，如图 18-66（a）所示，其差异是稳压管的反向伏安特性曲线比较陡。如图 18-66（b）所示为稳压管的符号。稳压管正常工作于反向击穿区，且在外加反向电压撤除后，稳压管又恢复正常，即它的反向击穿是可逆的。从反向伏安特性曲线上可以看出，当稳压管工作于反向击穿区时，电流虽然在很大范围内变化，但稳压管两端的电压变化很小，即它能起稳压的作用。如果稳压管的反向电流超过允许值，那么它将会因过热而损坏。因此，与稳压管配合的电阻要适当，这样才能起稳压作用。

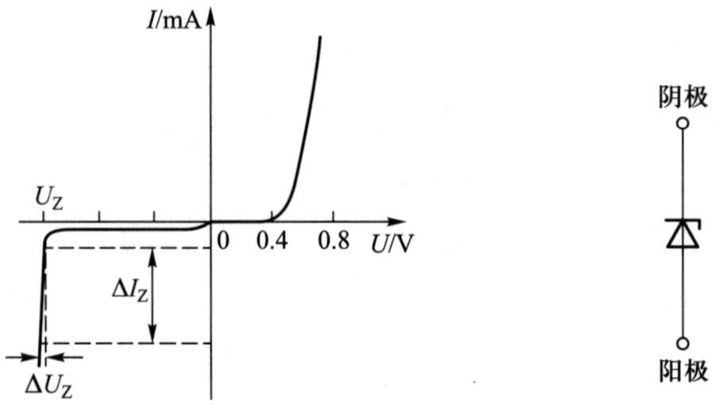

(a) 伏安特性曲线　　(b) 符号

图 18-66　稳压管的伏安特性曲线与符号

（2）稳压管的主要参量

① 稳定电压 U_Z。U_Z 指稳压管的稳压值。由于制造工艺和其他的原因，稳压值也有一定的分散性。同一型号的稳压管的稳压值可能略有不同，手册给出的都是在一定条件（工作电流、温度）下的数值。例如，2CW18 稳压管的稳压值为 10~12 V。

② 稳定电流 I_Z。I_Z 指稳压管工作电压等于稳定电压 U_Z 时的工作电流。稳压管的稳定电流只是一个作为依据的参考数值，设计选用时要根据具体情况（例如工作电流的变化范围）来考虑。但对每一种型号的稳压管都规定有一个最大稳定电流 I_{ZM}。

③ 动态电阻 R_Z。R_Z 指稳压管两端电压的变化量与相应电流的变化量的比值，即

$$R_Z = \frac{\Delta U_Z}{\Delta I_Z}$$

稳压管的反向伏安特性曲线越陡，动态电阻就越小，稳压性能就越好。

④ 最大允许耗散功率 P_{ZM}。P_{ZM} 指管子不致发生热击穿的最大功率损耗，即

$$P_{ZM} = U_Z I_{ZM}$$

稳压管在电路中的主要作用是稳压和限幅，也可和其他电路配合构成欠压或过压保护、报警环节等。

2. 光电二极管

光电二极管也是一种特殊二极管。它的特点是：在电路中它一般处于反向工作状态，当没有光照射时，其反向电阻很大，PN 结流过的反向电流很小；当光照射在 PN 结上时，就在 PN 结及其附近产生电子空穴对，电子和空穴在 PN 结的内电场作用下作定向运动，形成光电流。如果光的照度发生改变，则电子空穴对数密度也相应改变，光电流也随之改变。可见光电二极管能将光信号转变为电信号。

光电二极管可作为光控元件。大面积的光电二极管能将光能直接转化为电能，可作为一种能源，因而称为**光电池**。

光电二极管的管壳上有一个玻璃口，以便接收光照，光电二极管的伏安特性曲线及符号如图 18-67 所示。

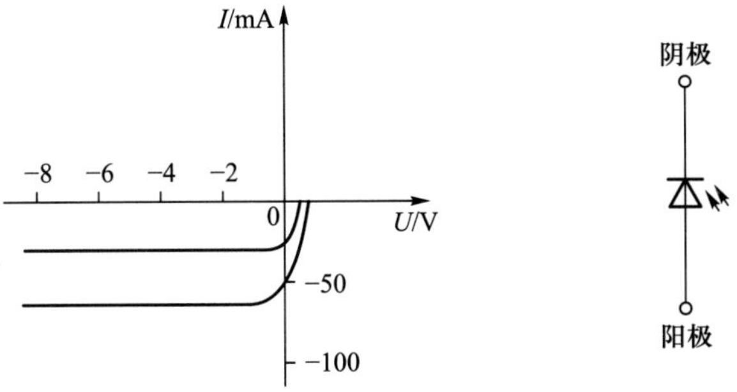

(a) 伏安特性曲线　　(b) 符号

图 18-67　光电二极管的伏安特性曲线及符号

3. 发光二极管

发光二极管简写为 LED，其工作原理与光电二极管相反。它采用砷化镓、磷化镓等半导体材料制成，因此在通过正向电流时，它由于电子与空穴的直接复合而发出光来。如图 18-68 所示为发光二极管的符号及其正向导通发光时的工作电路。

当发光二极管正向偏置时，其发光亮度随注入的电流的增大而提高。为限制其工作电流，通常要串联限流电阻 R。由于发光二极管的工作电压低（1.5~3 V）、工

作电流小（5~10 mA），所以用发光二极管作为显示器件具有体积小、显示快和寿命长等优点。

(a) 符号

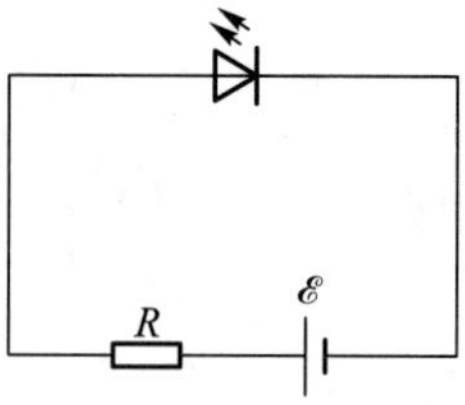

(b) 工作电路

图 18–68　发光二极管的符号及其工作电路

习题参考答案

扫码获取习题参考答案